高等教育系列教材

微型计算机原理及应用技术

第3版

朱金钧　麻新旗　等编著

机 械 工 业 出 版 社

本书以 Intel 86 系列微处理器为背景，从微处理器的角度介绍了 Intel 86 系列微处理器的结构、工作原理、指令系统及汇编语言、程序设计等内容；从微型机系统组成的角度介绍了存储器结构、中断系统和接口技术；从应用角度介绍了典型的微型机系统及工业 PC 系统，并引入适量的可直接引用的编程实例。书中采用软硬件结合的方法，全面介绍了微型计算机系统的组成原理及应用。

本书内容丰富，注重系统性、先进性和实用性，可作为高等学校计算机及电类有关专业教材或技术人员培训教材，也适合于广大从事微型计算机科研、生产、教学和应用开发的科技人员自学或参考。

本书配有电子教案，需要的教师可登录 www.cmpedu.com 免费注册，审核通过后下载，或联系编辑索取（微信：15910938545，电话：010-88379739）。

图书在版编目（CIP）数据

微型计算机原理及应用技术/朱金钧等编著．—3 版．—北京：机械工业出版社，2015.1（2023.8 重印）
高等教育系列教材
ISBN 978-7-111-48266-6

Ⅰ.①微… Ⅱ.①朱… Ⅲ.①微型计算机-高等学校-教材 Ⅳ.①TP36

中国版本图书馆 CIP 数据核字（2014）第 271219 号

机械工业出版社（北京市百万庄大街 22 号 邮政编码 100037）
责任编辑：和庆娣 责任校对：张艳霞
责任印制：邓 博
北京盛通商印快线网络科技有限公司印刷

2023 年 8 月第 3 版・第 10 次印刷
184mm×260mm・21.5 印张・532 千字
标准书号：ISBN 978-7-111-48266-6
定价：69.00 元

电话服务
客服电话：010-88361066
010-88379833
010-68326294

网络服务
机 工 官 网：www.cmpbook.com
机 工 官 博：weibo.com/cmp1952
金 书 网：www.golden-book.com
机工教育服务网：www.cmpedu.com

出版说明

当前,我国正处在加快转变经济发展方式、推动产业转型升级的关键时期。为经济转型升级提供高层次人才,是高等院校最重要的历史使命和战略任务之一。高等教育要培养基础性、学术型人才,但更重要的是加大力度培养多规格、多样化的应用型、复合型人才。

为顺应高等教育迅猛发展的趋势,配合高等院校的教学改革,满足高质量高校教材的迫切需求,机械工业出版社邀请了全国多所高等院校的专家、一线教师及教务部门,通过充分的调研和讨论,针对相关课程的特点,总结教学中的实践经验,组织出版了这套"高等教育系列教材"。

本套教材具有以下特点:

1)符合高等院校各专业人才的培养目标及课程体系的设置,注重培养学生的应用能力,加大案例篇幅或实训内容,强调知识、能力与素质的综合训练。

2)针对多数学生的学习特点,采用通俗易懂的方法讲解知识,逻辑性强、层次分明、叙述准确而精炼、图文并茂,使学生可以快速掌握,学以致用。

3)凝结一线骨干教师的课程改革和教学研究成果,融合先进的教学理念,在教学内容和方法上做出创新。

4)为了体现建设"立体化"精品教材的宗旨,本套教材为主干课程配备了电子教案、学习与上机指导、习题解答、源代码或源程序、教学大纲、课程设计和毕业设计指导等资源。

5)注重教材的实用性、通用性,适合各类高等院校、高等职业学校及相关院校的教学,也可作为各类培训班教材和自学用书。

欢迎教育界的专家和老师提出宝贵的意见和建议。衷心感谢广大教育工作者和读者的支持与帮助!

机械工业出版社

前　言

本书是高等院校计算机及相关专业非常重要的专业基础课教材，同时也是计算机科学工作者研发计算机有关项目的得心应手的参考书，书中很多实例来自作者的科研成果，并有大量最新计算机资料供读者查阅。本书从八五级计算机、电子、自动化等专业开始使用，结合二十多年的教学实践，历经三次结构性的改写和多次调整，本书日益成熟。此次改版主要的是把近年来微处理器等新产品、新技术补充进来，使本书成为名副其实的具备最新计算机资料的专业基础教科书。

本书以 8086 系统为基础，系统地讲述了微型计算机的 CPU 结构、指令系统与汇编语言程序设计、存储器、接口设计和总线等一系列技术。书中大部分内容是作者多年来从事教学实践和科学研究的工作总结，同时对大量有关微型计算机技术和应用的文献资料进行了提炼和综合。本书力求做到以下几点。

1）重点突出、层次清楚、由浅入深、循序渐进。例如：在第 1.3 节中补充了计算机组织与结构的核心内容，为后续章节的学习奠定了基础，便于读者顺利地入门并学习微型计算机的工作原理。全书共分为 9 章，每一章均可作为一个相对独立的层次，从计算机基础知识到计算机系统组成，从 CPU 到指令系统、汇编语言设计，从接口设计到计算机应用，引导读者由浅入深、循序渐进地学习。

2）理论与实践相结合。计算机科学本身是一门软硬相结合的科学，需要大量实践才能掌握，故在汇编语言程序设计、接口设计等章节中，本书给出了一些可以直接引用的程序实例和接口设计的软硬件设计实例，便于读者学习和使用。

3）既强调基础，又突出先进性。本书以 16 位的 8086CPU 作为范本，追踪 32 位系列主流高档微型计算机的技术发展，介绍了从 80286 到 Pentium 4 的结构、特点和多核微处理器。

4）在文字叙述上力求语言精炼、通俗易懂，并将书中不能详述的内容收入附录，便于读者查询。

由于学时限制，在教学中建议第 3 章和第 9 章简讲，但不会影响知识的连贯性。全书由朱金钧统稿，第 1 ~ 3 章由麻新旗编写，第 4、5 章由张会莉编写，第 6 章和附录由周万珍编写，第 7、9 章由朱金钧、朱薇编写，第 8 章由薛增涛编写。

本书在编写过程中得到多位同志的帮助，在此深表谢意。

由于作者水平有限，书中难免存在疏漏和不妥之处，敬请读者批评指正。

编　者

目　　录

第1章　计算机基础知识

电子数字计算机是20世纪最重大的科技成就之一。自1946年第一台电子计算机问世以来，计算机得到迅速发展，并已广泛应用于工农业生产、科学研究、国防及人们日常工作和生活的各个领域。伴随人类进入21世纪，以高科技为支撑的信息化社会已经到来，以“信息”为主导的新兴产业正在全球经济领域掀起一场空前的革命。“知识”是这场革命的直接推动力，而计算机及其应用技术则是知识经济的基础。随着信息化时代的到来，计算机技术的进一步发展和应用必将对社会发展和人类文明产生更大的促进作用，对社会政治、经济、文化和人类生活的各个方面产生巨大而深远的影响。

1.1　计算机发展概述

本节主要讲述计算机的发展历史，分析计算机的主要特点和分类，指出计算机的应用范畴和发展趋势。

1.1.1　计算机发展概况

“计算”是人类生活中的一项重要活动。人类祖先在史前时期就知道用石块和贝壳计数。随着人类文明的发展，人类创造了简单的计算工具，如我国在唐宋时期就开始使用算盘。经过长期艰苦的努力和探索，科学家们发明了机械式计算器、继电器式计算机，在1946年终于研制成功第一台电子数字计算机ENIAC。

在推动计算机发展的诸多因素中，电子元器件的发展是最活跃的因素。因此，人们常常把计算机的发展以所采用的电子元器件为标志进行划分。

第一代(1945~1958年)：电子管计算机。采用水银延迟线作内存，磁鼓作外存；体积大、耗电多、运算速度慢。最初只能使用二进制表示的机器语言，到20世纪50年代中期才出现汇编语言。这个时期，计算机主要用于科学计算和军事方面，应用很不普遍。

第二代(1958~1964年)：晶体管计算机。内存主要采用磁芯，外存大量采用磁盘，输入/输出设备有了较大改进；体积显著减小、可靠性提高、运算速度可达每秒百万次；软件方面出现了高级程序设计语言和编译系统。计算机开始广泛应用于以管理为目的的信息处理。

第三代(1964~1971年)：固体组件计算机。主要采用中、小规模集成电路；运算速度达每秒千万次，可靠性大大提高，体积进一步缩小，价格大大降低；软件方面进步很大，有了操作系统，开展了计算机语言的标准化工作并提出了结构化程序设计方法，出现了计算机网络。计算机应用开始向社会化发展，其应用领域和普及程度迅速扩大。

第四代(1971年至今)：大规模集成电路计算机。大规模集成电路的出现使计算机发生了巨大的变化，特别是出现了微处理器，从而推出了微型计算机。微型计算机的出现和发展是计算机发展史上的重大事件，使得计算机在存储容量、运算速度、可靠性和性能价格比等方面都比上一代计算机有了较大突破。各种系统软件、应用软件大量推出，功能配置空前完善，充分发挥了计算机的功能，把计算机的发展和应用带入到了一个全新的时代，计算机已经应用到几乎所有的领域，成为人类社会活动中不可缺少的工具。

微型计算机的发展过程，也就是微处理器的发展过程，自 1971 年第一个微处理器出现以来，其发展已经经历了 4 代，目前正处在第 5 代微处理器发展阶段，每一代的性能都提高了近一个数量级。几乎每两年就有一个质的变化，目前仍在向多功能、多媒体方向发展。

1971 ~ 1973 年为第一代微处理器，代表产品为 Intel4004 和 Intel8008。前者为 4 位机，后者为 8 位机。集成度约为 2000 个等效晶体管/片，时钟频率为 1MHz，指令周期为 20μs。

1973 ~ 1975 年为第二代微处理器，代表产品有 Intel8080、M6800，字长为 8 位，集成度为 5000 个晶体管/片，时钟频率为 2MHz，指令周期为 2μs。

1975 ~ 1977 年为第三代微处理器，代表产品有 Intel8085、Z80、M6802 等，字长为 8 位，集成度为 10000 个晶体管/片，时钟频率为 2.5 ~ 5MHz，指令周期为 1μs。

1978 ~ 1980 年为第四代微处理器，代表产品有 Intel8086、M6809、Z8000 等，字长为 16 位，集成度约为 30000 个晶体管/片，时钟频率为 5MHz，指令周期小于 0.5μs。

1980 年之后为第 5 代微处理器，代表产品有 80286、Motorola68010 等，字长为 16 位，集成度达 100000 个晶体管/片，时钟频率为 10MHz，指令周期约为 0.2μs。1983 年之后又出现了 Intel80386、Motorola68020 等微处理器，字长为 32 位，时钟频率为 16MHz 以上，集成度高达 15 ~ 500 000 个晶体管/片，指令周期为 0.1μs。其后又出现了 Intel80486、Pentium 系列，集成度达数百万个晶体管/片，时钟频率高达上千兆赫兹，指令周期只有几至几十纳秒。在这些处理器的芯片上已经包含大容量的高速缓冲存储器（CACHE），原来属于大型机的存储管理技术已经移植到芯片上。

1.1.2 计算机的主要特点

电子计算机是一种不需要人的直接干预，能够高速、自动地进行算术和逻辑运算的电子装置。存储程序与程序控制是计算机的重要工作原则，是它能够高速自动运算的基础。

存储程序是把计算过程表示为由许多条命令（指令）组成的命令序列（程序），与数据一起预先存入计算机的存储器内。只要发出运行命令，计算机就会按照规定的顺序一条一条地取出指令和执行指令，自动地完成预定的信息处理任务。由于在程序执行过程中不需要人的干预，因此，计算机能自动高速地执行程序。人们可以把任何信息处理任务分解成一系列基本的算术和逻辑操作，并按照执行的先后顺序把它们组成程序，存入计算机并使之执行，因此计算机可以完成任何信息处理任务，具有很强的通用性。

计算机处理的各种符号，包括数值、文字、符号、图像、声音等，都通过数字化编码技术，用数字量表示，所以计算机运算非常准确。同时，计算机可以对这些数字量进行各种大小关系的比较判断，并根据比较结果决定下一步的处理，这就是“条件转移”概念，即计算机的逻辑性。

综上所述，计算机具有 5 大特点：自动性、高速性、准确性、逻辑性和通用性。

1.1.3 计算机的分类

电子计算机的分类方法多种多样。从原理上，可分为处理连续变化信号的模拟计算机和处理离散信号的数字计算机；从用途上，可分为专用计算机和通用计算机。人们现在常说的“计算机”实际上是指通用电子数字计算机，并可分成巨型机、大型机、小型机和微型机等。微型机按字长又可分为 4 位、8 位、16 位、32 位和 64 位机，按结构可分为位片机、单片机、单板机和微机系统等。

1.1.4 计算机的应用

计算机的应用形式和应用领域千变万化、日新月异，已深入到人类社会生活的各个领域，从国防技术、航空航天技术、核能技术、管理信息系统、科学研究、工业设计和仿真、生产过程控制、多媒体与信息高速公路技术、文化教育、医疗等，到智能仪表、家用电器等，无一不是计算机信息处理与控制的应用领域。按照计算机应用的性质和形式，可分为数值计算、数据处理（包括办公自动化、数据库应用系统）、生产自动化（包括过程控制、计算机辅助系统——如计算机辅助设计CAD、辅助制造 CAM、辅助测试 CAT、辅助工程 CAE、计算机集成制造系统 CIMS 等）、计算机模拟、人工智能、计算机网络应用、远程教育等。

1.1.5 计算机技术的发展趋势

当今计算机的发展趋势主要有以下几方面。

1）两极化。即巨型计算机和微型计算机。前者代表着计算机科学技术的发展水平，主要应用于大型领域如国防尖端技术、航空航天技术等。后者则反映了计算机的应用普及程度。多媒体技术是当前微型计算机研究的热点，并行处理则是巨型计算机的核心技术。

2）多媒体技术。多媒体技术是将数值、文字、声音、图形、图像、视频等多种媒体信息进行综合处理的技术，是当前微型计算机研究和开发的热点，其中的关键技术是音频和视频数据的压缩/解压缩、多媒体数据的通信传输，以及各种多媒体信息设备的接口技术。

3）网络化。网络技术是计算机技术与通信技术的结合，是今后计算机应用的主流。Internet的迅速发展与广泛应用，使人类进入了信息化时代，信息的快速获取和共享已成为影响经济发展与社会进步的重要因素之一。

4）智能化。应用人工智能技术，使计算机模仿人的推理、思维、联想、学习等功能，并具有声音识别、图像识别能力，在某种程度上具备人的智能，这种智能计算机是未来计算机发展的总方向。

5）非冯·诺依曼体系结构的计算机是现代计算机技术研究的另一个焦点。冯·诺依曼体系结构的“存储程序和程序控制”原理表现为“集中顺序控制”这一串行机制，已成为限制计算机性能提高的障碍。要从根本上提高计算机性能，就必须突破冯·诺依曼体系结构的限制，方法之一就是采用并行处理技术。

目前计算机科学家正在研究新一代计算机，如神经网络计算机、生物计算机、光子计算机等。

1.2 运算基础

计算机的基本功能是对数的运算和处理。计算机中，通过数字化编码技术对所表示的数值、文字、符号及控制信息等进行数字编码，这种数字化表示方法不仅要符合人的自然习惯，同时要满足机器中所用器件、线路的工作状态以及数据可靠传输与易于校验纠错等方面的要求。一个具有两种不同的稳定状态且能相互转换的器件，就可以用来表示一位二进制数，由于表示二进制的器件易于制造且工作可靠，并且二进制数的运算规则也最简单，因此目前计算机中均采用二进制数来表示各种信息及进行信息处理。

1.2.1 进位计数制

按进位的方法进行计数称为进位计数制。数是客观事物的量在人头脑中的反映，可用不同的数制来度量。同一个量用不同的数制度量的结果不同。在日常生活中，人们最熟悉、最常用的是十进制、七进制（星期）、十二进制和六十进制（时间）等。在计算机中，常用二进制和十六进制。

一个 R 进制数具有以下主要特点：

1）具有 R 个不同的数字符号：0、1、2、…、R－1。

2）逢 R 进一。

任一 R 进制数 S 可用其若干个数字符号的组合来表示，如 $a_{n-1}a_{n-2}\cdots a_1a_0.a_{-1}a_{-2}\cdots a_{-m}$（这种书写方法称为位置表示法），其中 n 为小数点前的位数，m 为小数点后的位数，a_i 是 R 进制的一个数字符号，R 称为基数。上述 R 进制数 S 可用多项式（称为按权展开式）表示：

$$
\begin{aligned}
S &= a_{n-1}a_{n-2}\cdots a_1a_0.a_{-1}a_{-2}\cdots a_{-m} \\
&= a_{n-1}\times R^{n-1} + a_{n-2}\times R^{n-2} + \cdots + a_1\times R^1 + a_0\times R^0 + a_{-1}\times R^{-1} + \cdots + a_{-m}\times R^{-m}
\end{aligned}
$$

显然，位置表示法中，每个数码 a_i 所代表的数值等于该数码乘以一个与所在数位有关的常数 R^i，如 R^1、R^0、R^{-1}、R^{-2} 等，这些常数称为位权，简称“权”。显然，同一个数码所处位置不同，其权也不同，代表的数值大小也不同，这正是位置表示法的含义。

1. 十进制数

特点：1）具有 10 个不同的数字符号，即 0～9。

2）逢十进一。

一个十进制数可以用它的按权展开式表示。例如：

$$(758.75)_{10} = 7\times10^2 + 5\times10^1 + 8\times10^0 + 7\times10^{-1} + 5\times10^{-2}$$

其中用$(\ )_{10}$的形式表示括号中的数是十进制数，其他进制数也用类似的形式表达。

2. 二进制数

特点：1）具有 2 个不同的数字符号，即 0 和 1。

2）逢二进一。

一个二进制数可以用它的按权展开式表示。例如：

$$
\begin{aligned}
(10110.101)_2 &= 1\times2^4 + 0\times2^3 + 1\times2^2 + 1\times2^1 + 0\times2^0 + 1\times2^{-1} + 0\times2^{-2} + 1\times2^{-3} \\
&= (22.625)_{10}
\end{aligned}
$$

3. 十六进制数

特点：1）具有 16 个不同的数字符号，即 0～9 和 A～F。

2）逢十六进一。

一个十六进制数可以用它的按权展开式表示。例如：

$$(1AF.4)_{16} = 1\times16^2 + 10\times16^1 + 15\times16^0 + 4\times16^{-1} = (431.25)_{10}$$

表 1-1 给出了上述 3 种进位计数制的对应关系。

表 1-1　3 种数制对照表

十进制	二进制	十六进制	十进制	二进制	十六进制
0	0000	0	9	1001	9
1	0001	1	10	1010	A
2	0010	2	11	1011	B
3	0011	3	12	1100	C
4	0100	4	13	1101	D
5	0101	5	14	1110	E
6	0110	6	15	1111	F
7	0111	7	16	10000	10
8	1000	8	17	10001	11

4. 各种数制之间的转换

1）二进制、十六进制转换成十进制。采用按权展开式计算求和的方法，如前例。

2）十进制转换成二进制、十六进制。整数部分采用除基取余法，小数部分采用乘基取整法。

【例 1-1】 十进制数 22.625 转换为二进制数。

整数部分：

2 | 22		
2 | 11	…余 0	（低位）
2 | 5	…余 1	
2 | 2	…余 1	
2 | 1	…余 0	
0	…余 1	（高位）

小数部分：

0.625		
× 2		
[1].25	…取整数 1	（高位）
× 2		
[0].5	…取整数 0	
× 2		
[1].0	…取整数 1	（低位）

所以：$(22)_{10}=(10110)_2$　　$(0.625)_{10}=(0.101)_2$

故：$(22.625)_{10}=(10110.101)_2$

【例 1-2】 十进制数 430.25 转换为十六进制数。

整数部分：

16 | 430		
16 | 26	…余 14→E	（低位）
16 | 1	…余 10→A	
0	…余 1	（高位）

小数部分：

0.25	
× 16	
[4].0	…取整数 4

故：$(430.25)_{10}=(1AE.4)_{16}$

注意：① 整数部分转换，每次只求整数商，将余数作为转换结果的一位，重复对整数商除基数，一直除到商为 0 为止；② 小数部分转换，每次把乘积的整数取走作为转换结果的一位，对剩下的小数继续进行乘法运算。对某些数可以乘到积的小数为 0（如上述两例），这种转换结果是精确的；对某些数（如 0.3）永远不能乘到积的小数为 0，这时要根据精度要求，取适当的结果位数即可，这种转换结果是不精确的。

3）二进制与十六进制间的相互转换。因为 $2^4=16$，所以每 1 位十六进制数对应 4 位二进制数（参见表 1-1），因此，只要用 4 位二进制数代替对应的 1 位十六进制即可完成十六进制到二进制的转换。

例如：

十六进制数	1	A	E	.	4
	↓	↓	↓	↓	
	0001	1010	1110	.	0100

即 $(1AE.4)_{16}=(110101110.01)_2$

反之，若要将二进制数转换为十六进制数，只要以小数点为分界，分别向左和向右每 4 位二进制位分为一组（若最高位或最低位不够 4 位则补 0），对应转换为十六进制数即可。

例如：二进制数　110101110.01

↓

	0001	1010	1110	.	0100
	↓	↓	↓		↓
十六进制数	1	A	E	.	4

即 $(110101110.01)_2=(1AE.4)_{16}$

5. 二进制数的算术运算

二进制算术运算与十进制的运算方法基本相同,但在二进制运算时,逢二进位,借一当二。

【例1-3】10100 + 1101 = 100001

```
    10100
+    1101
---------
   100001
```

【例1-4】100001 - 10100 = 1101

```
   100001
-   10100
---------
     1101
```

【例1-5】1101 × 1011 = 10001111

```
       1101
   ×   1011
   --------
       1101
      1101
     0000
 +  1101
 ----------
   10001111
```

【例1-6】11100 ÷ 101 = 101……11

```
         101……商
    ----------
101 ) 11100
      101
      ------
       1000
        101
      ------
         11   ……余数
```

6. 二进制数的逻辑运算

逻辑运算又称为布尔运算,是计算机中二进制的基本运算。常用的逻辑运算有逻辑与运算(AND)、逻辑或运算(OR)、逻辑非运算(NOT)和逻辑异或运算(XOR)。其运算规则如表1-2所示。

表1-2 二进制数的运算规则

a	b	NOT a	NOT b	a AND b	a OR b	a XOR b
0	0	1	1	0	0	0
0	1	1	0	0	1	1
1	0	0	1	0	1	1
1	1	0	0	1	1	0

【例1-7】10100101 AND 10001011 = 10000001

```
    10100101
AND 10001011
------------
    10000001
```

【例1-8】10100101 OR 10001011 = 10101111

```
   10100101
OR 10001011
-----------
   10101111
```

【例1-9】NOT 10100101 = 01011010

```
NOT 10100101
------------
    01011010
```

【例1-10】10100101 XOR 10001011 = 00101110

```
    10100101
XOR 10001011
------------
    00101110
```

1.2.2 二进制编码

如上所述,在计算机中,数是用二进制表示的。而计算机还应该能够识别和处理各种文字信息,如大小写英文字母、标点符号、运算符号等,这些符号又怎样表示呢?由于计算机的基本物理器件是具有两个状态的器件,所以各种文字信息也只能用若干位的二进制编码组合来表示。

1. 二进制编码的十进制数(BCD码—Binary Coded Decimal)

因为二进制数实现容易、可靠,且运算规律简单,所以在计算机内部采用二进制数。但是,二进制数不直观,在计算机进行输入和输出与人交换信息时,通常还是采用十进制数。为了转换直观方便,要将十进制数用二进制编码来表示,这就是BCD码。

1 位十进制数需要用 4 位二进制编码，编码的表示方法很多，较常用的是 8421BCD 码，表 1-3列出了 8421BCD 码和十进制数的对应关系。

表 1-3　8421BCD 码和十进制数的对应关系

十 进 制	8421BCD 码	十 进 制	8421BCD 码
0	0000	6	0110
1	0001	7	0111
2	0010	8	1000
3	0011	9	1001
4	0100	10	0001 0000
5	0101	11	0001 0001

BCD 码是十进制数，有 10 个不同的数字符号，且是逢十进位的；但它的每一位是用4 位二进制编码来表示的，因此称为二进制编码的十进制数。BCD 码比较直观，例如十进制数 65 用 BCD 码书写为 01100101，BCD 码 01001001. 0111 表示的十进制数为 49. 7。

所以，只要熟悉了 BCD 码的 10 个编码，就可以很容易地实现十进制与 BCD 码之间的转换。

虽然 BCD 码是用二进制编码方式表示的，但它与二进制之间不能直接转换，要用十进制作为中间桥梁，即先将 BCD 码转换为十进制数，然后再转换为二进制数；反之亦然。

2. 字母与字符的编码

如上所述，字母和字符也必须按照特定的规则，用二进制编码才能在机器中表示。编码可以有各种方式，目前微机中最普遍采用的是 ASCII 码（American Standard Code for Information Interchange，美国标准信息交换码），编码表见附录 C。

ASCII 码采用 7 位二进制编码，故可表示 $2^7=128$ 个字符，其中包括数码 0 ~ 9 以及英文字母等可打印的字符。从表中可以看到，数码 0 ~ 9 用 0110000 ~ 0111001 来表示。因微型机字长或内存单元通常是 8 位，所以通常把最高位用作奇偶校验位，但在机器中表示时，一般认为是 0，故用一个字节（8 位二进制数）来表示一个字符的 ASCII 码值。于是 0 ~ 9 的 ASCII 码为 00110000B ~ 00111001B 即 30H ~ 39H，大写字母 A ~ Z 的 ASCII 码为 41H ~ 5AH，小写字母 a ~ z 的 ASCII 码为 61H ~ 7AH。

另外，在计算机中，汉字编码采用国标码（GB 18030 - 2005），它采用单、双、四字节混合编码，每个字节的最高位为 1，并以此来区分汉字和 ASCII 码。

1.2.3　带符号数的表示

上面提到的二进制数没有涉及符号问题，故是一种无符号数的表示。但是在实际应用中，数当然会有正负，那么计算机中如何表示数的符号呢？通常规定数据的最高位为符号位，即若是字长为 8 位，则 D_7 位是符号位，$D_6 \sim D_0$ 为数字位。并规定符号位用 0 表示正，用 1 表示负。

如：$X=(00001100)_2$，则 X 的值为 +12；$Y=(10001100)_2$，则 Y 的值为 -12。

在计算机中，带符号数有 3 种表示法——原码、反码和补码。用原码、反码、补码表示的数称为机器数，机器数对应的数学值称为真值。

1. 原码

如上所述，正数的符号位用 0 表示，负数的符号位用 1 表示，数值位保持不变，这种表示法称为原码。原码的定义：

若 $X \geqslant +0$，则 $[X]_{原}=X$；

若 $X \leqslant -0$，则 $[X]_{原} = 2^{n-1} - X$；其中 n 为原码的位数。

例如，设用 8 位表示原码，则 $[+124]_{原} = 01111100$，$[-124]_{原} = 11111100$。

其中，最高位 D_7 为符号位，后 7 位 $D_6 \sim D_0$ 是数值位。如果字长是 16 位，则 D_{15} 是符号位，$D_{14} \sim D_0$ 是数值位。在用原码表示时，8 位二进制原码真值范围为 −127 ～ +127；16 位二进制原码真值范围为 −32767 ～ +32767。8 位二进制原码的表示见表 1-4。

原码表示法简单易懂，而且与真值转换方便。但若是两个异号数相加（或两个同号数相减）就需要做减法。为了简化运算器设计（把减法运算转换为加法运算），引入了反码和补码。

表 1-4　8 位二进制原码的表示

十进制数	二进制数	原　码	反　码	补　码
−128	−10000000	——	——	10000000
−127	−1111111	11111111	10000000	10000001
−126	−1111110	11111110	10000001	10000010
…	……	……	……	……
−2	−0000010	10000010	11111101	11111110
−1	−0000001	10000001	11111110	11111111
−0	−0000000	10000000	11111111	00000000
+0	+0000000	00000000	00000000	00000000
+1	+0000001	00000001	00000001	00000001
+2	+0000010	00000010	00000010	00000010
…	……	……	……	……
+126	+1111110	01111110	01111110	01111110
+127	+1111111	01111111	01111111	01111111

2. 反码

反码的定义：

若 $X \geqslant +0$，则 $[X]_{反} = X$；

若 $X \leqslant -0$，则 $[X]_{反} = 2^n - 1 + X$；其中 n 为反码的位数。

显然，正数的反码表示与原码相同，最高位为符号位，其余位为数值位。

例如：$X = +4$，则 $[X]_{反} = [X]_{原} = 00000100$。

而负数的反码应当表示为该数的原码除符号位外其余位按位取反。

例如：$X = -4$，则 $[X]_{原} = 10000100$，$[X]_{反} = 11111011$。

$X = -31$，则 $[X]_{原} = 10011111$，$[X]_{反} = 11100000$。

负数的反码表示与原码有很大的区别：最高位相同，仍是“1”，但数据位的值完全相反，这一点要特别注意。8 位二进制反码的表示见表 1-3，它有以下特点：

1）“0”有两种表示方法：$[+0]_{反} = 00000000$，$[-0]_{反} = 10000000$。

2）8 位二进制反码真值范围为 −127 ～ +127，16 位反码真值范围为 −32767 ～ +32767。

3）当一个带符号数用反码表示时，最高位为符号位。若符号位为 0，说明该数是正数，后面各位即是其真值；若符号位为 1，说明该数为负数，其真值为后面各位按位取反。例如：已知 $[X]_{反} = 00000101$，则 $X = +5$；$[Y]_{反} = 11111110$，则 $Y = -1$。

反码表示对计算机的结构有特殊要求，现在很少采用。

3. 补码

1）模的概念。在钟表上，指针正拨 12 小时或倒拨 12 小时，其时间值是相等的，即在钟表上 $X + 12 = X - 12 \pmod{12}$。对钟表来说，它的模为 12。

对于 n 位二进制计数器，其计数范围为 $0 \sim (2^n - 1)$，在该计数器上加 2^n 或减 2^n 结果是不变的，人们称 2^n 为 n 位计数系统的模。

由上述可见，一个计数系统，某数加(或减)其模，结果不变。

2）补码的引入。在钟表上，如果现在的时间是 6 点整，而钟表却指着 8 点整，快了 2 小时，校准的方法是正拨 10 小时或倒拨 2 小时，结果都正确，即：

$$8 + 10 = 6(\text{MOD } 12)\text{顺拨} \qquad 8 - 2 = 6(\text{MOD } 12)\text{倒拨}$$

即加 10 和减 2 效果相同，那么可以用加 10 运算来代替减 2 运算。

在数学上，如 a 和 b 满足：a MOD M = (nM + b) MOD M(其中 n 为正整数，M 为模)，则称 a 和 b 对 M 同余，也称 a 和 b 互为补数(以 M 为模)。

在时钟上，+10 与(-2)，+7 与(-5)，+6 与(-6)对 12 同余或称互为补数。

引入补数的概念后就可以将减法转化为加法来计算。

3）补码的求法。对 n 位二进制数，模为 2^n，则 $[X]_{补} = (2^n \times i + X)\ \text{MOD}\ 2^n$，i 为正整数。

补码的定义：

若 X≥+0，则 $[X]_{补} = X$（即取 i=0）；

若 X≤-0，则 $[X]_{补} = 2^n + X$（即取 i=1）；其中 n 为补码的位数。

当 X≥0 时，$[X]_{补} = X$，即正数的补码为原正数不变，显然正数的原码、反码、补码相同。当 X≤0，$[X]_{补} = 2^n - 1 + X + 1 = [X]_{反} + 1$，即负数的补码等于负数的反码加 1，也就是等于负数原码除符号位外按位取反、最低位加 1。下面举例说明补码的求法与应用。

$[+3]_{补} = [+3]_{原} = [+3]_{反} = 00000011 \quad [-3]_{补} = [-3]_{反} + 1 = 11111100 + 1 = 11111101$

$[+0]_{补} = [+0]_{原} = [+0]_{反} = 00000000 \quad [-0]_{补} = [-0]_{反} + 1 = 11111111 + 1 = 00000000$

特别注意，$[+0]_{补} = [-0]_{补} = = 00000000$，即 0 的补码为 0，且只有一种表示方法。

8 位带符号数的补码表示也列在表 1-4 中，它有以下特点：

① $[+0]_{补} = [-0]_{补} = 00000000$。

② 8 位二进制补码真值范围为 -128 ~ +127，16 位补码真值范围为 -32768 ~ +32767。

③ 一个用补码表示的二进制数，最高位为符号位，当符号位为“0”即正数时，其余位即为此数的二进制值；但当符号位为“1”即负数时，其余位不是此数的二进制值，其值为后面各位按位取反、最低位加 1。

例如：$[X]_{补} = 00001111$，则 X = +15；$[X]_{补} = 11110001$，则 X = -15；

$[X]_{补} = 10000000$，则 X = -128。

当采用补码表示时，可以把减法运算转换为加法运算，即 $[X \pm Y]_{补} = [X]_{补} + [\pm Y]_{补}$。

例如：X = 64 - 9 = 64 + (-9)，则 $[X]_{补} = [64]_{补} + [-9]_{补}$。

$[+64]_{补} = 01000000$，$[+9]_{原} = 00001001$，$[-9]_{补} = 11110111$，

于是：

```
   0 1 0 0 0 0 0 0          0 1 0 0 0 0 0 0
 + 1 1 1 1 0 1 1 1        - 0 0 0 0 1 0 0 1
 -----------------        -----------------
[1]0 0 1 1 0 1 1 1          0 0 1 1 0 1 1 1
 └→自然丢失
```

显然，加法和减法运算的结果完全相同。原因是对 8 位二进制数，当运算结果超过 $2^8 = 256$ 时，在机器上体现为又从零开始，即 8 位字长的最大数不能超过 256，也就是模是 256。正是由于此，减法运算才能转换为加法运算。

4. 补码运算的溢出及其判断方法

溢出是指运算结果超出了规定长度数据的表数范围，在此特指带符号数的补码运算溢出。例如，对字长为 n 位的补码表示的带符号数，其最高位表示符号，其余 n－1 位表示数值，其表数范围为 $-2^{n-1} \sim +2^{n-1}-1$。如果一个运算的结果超出了这个范围，就称为补码溢出（简称溢出），这时的运算结果将是错误的。

例如，对于 8 位字长的二进制补码数，其表数范围为 －128 ~ ＋127。如果运算结果超出了此范围，就会产生溢出。

例如，用 8 位二进制补码分别计算 60＋100、(－60)＋(－100)、60＋(－100)。

已知 $[60]_补=00111100$，$[-60]_补=11000100$，$[100]_补=01100100$，$[-100]_补=10011100$。

$$\begin{array}{r} [60]_补= \quad 00111100 \\ +\ [100]_补= \quad 01100100 \\ \hline 10100000 \\ \downarrow \\ 符号 \end{array} \qquad \begin{array}{r} [-60]_补= \quad 11000100 \\ +\ [-100]_补= \quad 10011100 \\ \hline 101100000 \\ 自然丢失 \leftarrow\!\!\lrcorner\downarrow \\ 符号 \end{array} \qquad \begin{array}{r} [60]_补= \quad 00111100 \\ +\ [-100]_补= \quad 10011100 \\ \hline 11011000 \\ \downarrow \\ 符号 \end{array}$$

即 $[60+100]_补=10100000$，两个正数相加，结果却为负数，显然是错误的；

$[(-60)+(-100)]_补=01100000$，两个负数相加，结果却为正数，显然也是错误的；

$[60+(-100)]_补=11011000=-40$。

前两个运算结果之所以不正确，是因为其相加结果分别为 ＋160 和 －160，均超出了表数范围，使结果的数值部分占据了符号位，产生了溢出错误。但一个正数与一个负数相加，一定不会产生溢出错误。

判断溢出的方法很多，上例根据参加加法运算的两个数据的符号及运算结果的符号可以判断是否溢出。在计算机中，经常根据加法运算中在最高位与次高位的两个进位来判断。设 8 位二进制数的各位记为 $D_7D_6D_5\cdots D_0$，运算中两个 D_6 位的进位记为 C_6，两个 D_7 位的进位记为 C_7，用 $OV = C_7\ XOR\ C_6$（XOR 是逻辑异或运算）判别式可以判断溢出情况。如果 OV＝0，表示结果无溢出，否则当 OV＝1 时，表示结果有溢出。

请注意进位与溢出的区别。进位是指运算结果的最高位向更高位的进位，如上所述的 8 位运算中的 C_7。进位通常记做 C_y，$C_y=0$ 表示无进位，$C_y=1$ 表示有进位。而溢出是用最高位进位（即 C_y）与次高位进位的逻辑异或结果来判断的。通过上例可以看出，有进位不一定就有溢出，无进位也不一定就无溢出。同理，有溢出不一定就有进位，无溢出也不一定就无进位（请计算 (－60)＋100 来验证）。可见，进位和溢出是两个不同性质的概念，不能混淆。

1.2.4 数的定点和浮点表示

在实际中，计算机所处理的数一般是带有小数点的数，它既有整数部分，又有小数部分，这就提出一个小数点放在什么位置的问题。在计算机中，通常有两种方法，即定点表示法和浮点表示法。采用定点表示法的计算机称为定点机，采用浮点表示法的称为浮点机。所谓定点与浮点，意指计算机中数的小数点位置是固定的还是浮动的。

1. 定点表示法

在定点表示法中，小数点的位置是固定不变的。一般有以下两种简单的约定：

1）定点小数法。约定小数点在符号位之后、数值部分最高位之前，因此数据是纯小数，故又称定点小数，其格式：

符号位	数值部分(尾数)

↑—小数点位置

采用定点小数表示数据时,在机器中参与运算的数总是小于1的纯小数;但实际中需要计算机处理的数总有大于1的,这就要求机器在解题之前,选择适当的比例因子,使参加运算的所有数都缩小若干倍,化为小于1的数,而计算结果又必须用相应的比例增大若干倍,使其恢复为原有的数值。这就需要预先对每步计算结果给予估计(应该小于1),否则计算机将产生“溢出”,机器无法表示即发生错误。

定点小数法比例因子的选择:例如有两个数为010.01和001.100,若进行两数相加时,如 $010.01+001.100=(0.1001+0.0110)\times 2^2$。

该比例因子选为 2^2,而且两数相加结果仍小于1。如果比例因子选得太小,定点小数缩小比例不够,其结果可能有溢出(结果不小于1),如缩小比例过大,又会损失有效精度。

2)定点整数法。约定小数点的位置固定在数值部分的最低位之后,也就是把数表示为纯整数,机器中参与运算的数都是纯整数,其格式如下:

符号位	数值部分(尾数)

小数点位置—↑

定点整数法也有比例因子的选择问题,例如上例两个数化为定点整数运算则为 $(010.01+001.100)=(01001+00110)\times 2^{-2}$,该比例因子选为 2^{-2}。

在计算机中,小数点实际上是不表示出来的,需要编程人员事先约定小数点的位置,即选择适当的比例因子。这种做法并不完美,因为在一个定点运算程序中的比例因子要适用于多个不同位数、值大小差异很大的浮点数据,很难同时满足在有限位数内既不扩大数的表示范围以免溢出,又可保证数的有效精度的要求。解决这个矛盾的办法,是将比例因子以恰当的形式表示在数之中,使之能根据每一个数的需要而浮动,尽可能地协调该数在表示范围与精度两方面的要求。因此,引入了数的浮点表示法。

2. 浮点表示法

在浮点表示法中,小数点的位置是不固定的或者说是可浮动的。例如,十进制数63.8可表示为 0.638×10^2 或 6.38×10^1 或 63.8×10^0 或 638×10^{-1} 等,二进制数1101.001可表示为 0.1101001×2^4 或 0.01101001×2^5 或 110100.1×2^{-2} 等。一般来说,任何一个二进制浮点数可表示为 $N=2^P\times S$。

其中,P为阶码,S为尾数,它们都有各自的符号位。阶码的符号位又称阶符,用 P_f 表示,阶码由 P_1、$P_2\cdots P_m$ 位组成,一般为整数;尾数的符号位又称数符,用 S_f 表示,尾数由 S_1、$S_2\cdots S_n$ 位组成,一般为纯小数。式中的2是阶码的“底”,它与尾数的基数应是相同的,如对二进制来说,尾数部分是二进制数码,那么阶的“底”也应取2。

浮点数在计算机中的表示形式如下:

P_f	$P_1P_2\cdots P_m$	S_f	$S_1S_2\cdots S_n$
↑	↑	↑	↑
阶符	阶码	数符	尾数

在这种表示中,尾数和阶码可以采用原码、反码或补码形式。浮点数的表示范围主要由阶码决定,阶码规定了小数点的位置,它相当于定点表示法中的比例因子,但现在阶码成为了浮点数

的一部分。由于阶码的值是可以变化的,因此数的小数点是可以浮动的。

例如,二进制数 $N=2^{+11}\times 0.1011$,在浮点机中的表示格式:

0	0011	0	1011
↑	↑	↑	↑
阶符	阶码	数符	尾数

在上述定点表示法和浮点表示法中,两者都有一个尾数"规格化"问题。由于有效数字的精度主要由尾数决定,为了充分利用尾数的有效位数,要把尾数的绝对值限定在某个范围内,规定当尾数满足 $0.5\leqslant|S|<1$ 时,即为规格化数。从而看出,所谓规格化数,即尾数的最高有效位是有效数字 1,而不是 0。对定点小数来说,用选择恰当的比例因子实现规格化;对浮点表示法,需要调整阶码的数值实现规格化。

例如:$N=2^{+11}\times 0.0101$ 是非规格化浮点数,若改写成:$N=2^{+10}\times 0.1010$,即为规格化浮点数。

3. 定点表示方法与浮点表示法的比较

1) 数值表示范围。假定某机器字长 32 位,数符占 1 位,尾数占 31 位,则:

定点小数表示范围为 $-(1-2^{-31})\sim+(1-2^{-31})$;

定点整数表示范围为 $-(2^{31}-1)\sim+(2^{31}-1)$;

用浮点表示,若字长 32 位,其中阶码 8 位(包括 1 位阶符),24 位尾数(包括 1 位数符),其最大阶码为 $2^7-1=127$。

故它能表示数的范围为 $2^{-128}\times 2^{-23}\leqslant|S|\leqslant 2^{127}\times(1-2^{-23})$。

近似为 $0\leqslant|S|\leqslant 2^{127}$,即数的表示范围近似为 $-2^{127}\sim+2^{127}$。

显然,用浮点表示法比定点表示法表示数的范围大得多。尽管它的尾数只有 24 位,精度稍许降低,但它换来更大的数据表示范围,因而编制程序时,不必担心出现"溢出"错误。

2) 浮点数的运算比定点数的运算复杂。由于浮点数的小数点位置隐含于阶码之中,阶码不同的两个尾数不能直接加减,需先把两个数的阶码调整到一致,这称为"对阶",然后两个尾数才能相加减。这些操作控制复杂,其硬件代价较高。

在微型机中一般采用定点表示法,是定点机。但可通过软件手段即浮点运算子程序来实现浮点运算;也可附加浮点运算的扩充部件,指令系统可借助于传送指令将数据送往浮点扩充部件中进行浮点运算。在高性能的微型机或小、中、大型计算机中,一般都有浮点运算指令并配有浮点运算部件。

1.3 计算机系统的组成及程序执行过程

计算机系统由硬件系统和软件系统两部分组成。硬件是指组成计算机的各种电子的、机械的、光磁学的物理器件和设备,它们构成了计算机的物理实体。软件则是指为了运行、管理和维护计算机而编制的各种程序及其有关的文档资料的总称。硬件是基础,软件是灵魂,两者既相互独立,又相互依存,缺一不可。硬件和软件合起来才能组成一个完整的计算机系统。

1.3.1 计算机硬件系统组成及程序执行过程

1946 年,美籍匈牙利科学家冯·诺依曼(Von Neumann)就提出了计算机体系结构设计的一些思想,包含以下 3 个基本要点:

1）采用二进制数的形式表示指令和数据。

2）将指令序列（程序）和数据预先存入计算机的存储器中；程序执行时，能自动、连续地从存储器中逐一取出指令并执行之。

3）计算机硬件由运算器、控制器、存储器、输入设备、输出设备 5 大部分组成。

按照这种思想设计的计算机称为冯·诺依曼型计算机，其工作原理的核心是“存储程序”和“程序控制”，即“集中顺序控制”。冯·诺依曼提出的这些基本概念奠定了现代计算机体系结构的基本框架，并由此产生了程序设计思想。尽管从计算机诞生到现在已经历了半个多世纪，计算机的体系结构已发生了很大变化，计算机的性能也有了巨大提高，但目前大多数计算机仍遵从冯·诺依曼体系结构理论。

1. 计算机硬件的基本结构

电子数字计算机一开始是作为一个计算工具出现的。若要计算机能脱离人的直接干预，自动地完成计算，它应具有哪些主要部分呢？

首先，计算机要进行计算，必须有能完成算术运算和逻辑运算的部件，称之为算术逻辑部件（Arithmetic Logic Unit，ALU），简称运算器。仅有运算器是不能够自动计算的，进行运算还必须有原始数据，这些数据到什么地方去找呢？计算结果也必须有地方保存，以备后面的计算使用。此外，要脱离人的直接干预，也必须把进行计算的顺序、过程和步骤以命令序列（程序）的形式预先存放好，以备计算机执行。因此，计算机还必须有一个专门存放原始数据、中间结果和最终结果以及程序的地方，称之为存储器。当计算机执行命令时，这是个什么命令呢？执行这个命令需要做哪些动作或操作呢？完成这些操作需要哪些部件执行哪些动作呢？因此，计算机还必须有一个能分析命令并指挥协调各部件统一行动完成命令规定的各种动作或操作的部件，称之为控制器。

有了运算器、存储器和控制器，计算机似乎可以自动完成运算了，但原始数据和程序如何进入到存储器呢？计算结果又如何通知用户呢？这就需要计算机有能与外界交换信息的输入设备和输出设备（简称 I/O 设备或外围设备，如键盘、鼠标、光笔、扫描仪、显示器、打印机、绘图仪、磁盘机、光驱等），以及把由运算器、存储器和控制器组成的系统与 I/O 设备连接起来的接口电路和其他辅助电路，这样便形成了计算机的硬件系统，如图 1-1 所示。

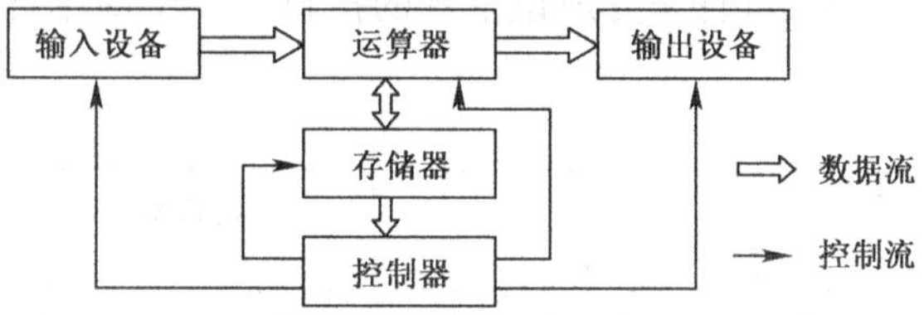

图 1-1　计算机的基本硬件组成

图 1-1 是典型的冯·诺依曼型计算机的结构。可以看出，计算机内部有两类信息在流动，一是数据流，二是控制流。程序和数据通过输入设备送入到存储器中；控制器从存储器中逐条取出命令并加以分析，按照命令的功能规定向各个部件发出一系列的控制信号来执行这条命令；存储器把参加运算的数据送给运算器；运算器按规定的运算操作进行计算，并把结果送回到存储器中保存。最后把处理的结果通过输出设备送给外界。这就是计算机工作的基本过程。

综上所述，控制器是计算机的大脑和控制指挥中心，计算机的每一步工作都离不开控制器的控制。为了帮助读者更好地理解计算机的组成和工作过程，下面简单讨论一下运算器、存储器和控制器。

2. 运算器、存储器和控制器

运算器主要包括能完成加、减、乘、除算术运算及逻辑运算的电路以及多个寄存器。在控制信号的指挥下，运算器完成诸如算术运算、逻辑与移位运算、暂存操作数或运算结果以及数据传送等工作。

存储器由许多存储单元组成，每一个存储单元可以存放若干个二进制位(bit)，在微型机中存储单元通常以 8 位即 1 字节为单位。为了能唯一确定并找到任一个存储单元，计算机对每一存储单元都指定一个唯一的编号，称之为存储单元的地址，地址通常从 0 开始顺序编排。这里读者必须把存储单元的地址与其所存储的内容区分开来。人们可以把存储器想像成一个含有许多小抽屉的大柜子。小抽屉即相当于存储单元，每个小抽屉都有一个编号——相当于存储单元的地址，在小抽屉内放有书、本等各种东西——相当于存储单元中存放的各个数据即内容，如图 1-2 所示。

地址	内容
0	20
1	35
2	-18
⋮	⋮
⋮	⋮
⋮	⋮
n	186

图 1-2　存储单元的地址与内容

当需要把某一单元的内容读出或把数据写入到某一单元中时，存储器就必须能根据地址找到该存储单元，这些工作要由存储器的地址译码器和读/写控制电路等来完成。

由于计算机的速度很高，每秒能执行数百万条指令，通常每条指令需要若干个操作数，因此就要求存放程序和数据的存储器容量极大、速度极高，这从性能、价格和技术上都是难以同时实现的。为解决这一问题，通常把存储器分为内存(主存)和外存(辅存)两类。内存是用高速电子线路制造的，速度极高、容量较小、价格较贵，用于存放当前正在运行的程序块和正在处理的数据块。外存主要有磁盘、磁带和光盘等，速度稍慢、容量极大、价格低廉，用于存放那些暂不急需或不使用的程序和数据，当需要时，再把外存上的程序和数据调入内存去执行和处理。通常把外存归入到 I/O 设备类，本书所讲存储器主要是指内存。

控制器主要由指令指针寄存器(IP)、指令寄存器(IR)、指令译码器(ID)和控制信号发生器组成。指令指针寄存器中存放将要执行的指令的地址，按此地址从内存取出指令，并送到指令寄存器中暂存，然后由指令译码器进行分析译码，根据译码结果由控制信号发生器发出一系列控制信号到运算器、存储器等各功能部件来完成该指令的执行。一个简单计算机的硬件电路结构框图如图 1-3 所示。

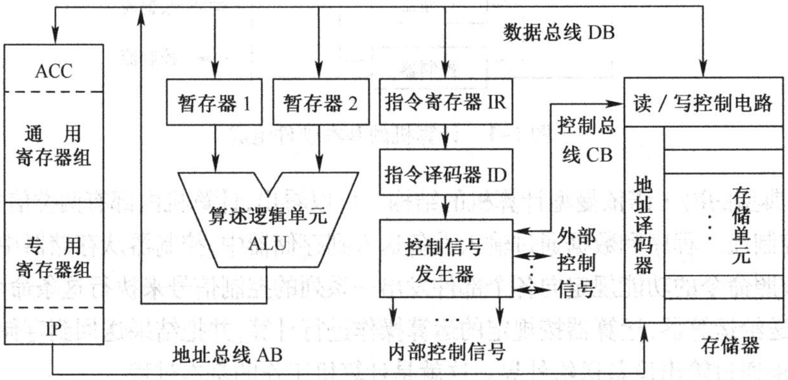

图 1-3　简单计算机的硬件电路结构框图

3. 程序执行过程

计算机的工作过程就是执行程序的过程，而程序是由一系列指令组成的，因此程序的执行过程就是执行指令序列的过程，也就是一条一条地执行指令的过程。每一条指令的执行都要先从存储器中取出指令(称为取指阶段)，然后由控制器进行分析译码、发出一系列控制信号完成该指令的执行(称为分析执行阶段)。

下面以一个简单的例子来说明计算机执行程序的主要过程。假设人们已通过输入设备把程序和数据存入到存储器中，如图 1-4 所示。本例中，假设程序段共有 3 条指令，每条指令占用 1 个存储单元。第一条指令 MOV ACC,[265]的功能是将内存地址为 256 的单元内容读出并送入 CPU 内部寄存器 ACC 中；第二条指令 ADD ACC,[266]的功能是将 ACC 的内容与 266 单元的内容相加，结果存到 ACC 中；第三条指令 MOV [267],ACC 的功能是将 ACC 的内容存到 267 单元中。

地址	内容	
	⋮	
100	MOV ACC, [265]	程
101	ADD ACC, [266]	序
102	MOV [267], ACC	区
	⋮	
265	10	数
266	8	据
267		区
	⋮	

图 1-4　示例程序和数据

当执行该程序时，用户首先通过键盘把程序第一条指令的地址(100)送到 CPU 的指令指针寄存器(IP)中并启动执行。执行过程如下。

1) 取指阶段：把 IP 中存放的指令地址送到存储器(M)：IP→M；之后，IP 自动加 1，指向下一条指令：IP+1→IP。

存储器对地址译码，找到 100 单元，并读出其内容，送入指令寄存器(IR)：M→IR。

2) 分析执行阶段：IR 把指令送入指令译码器(ID)，ID 对指令译码后，由控制信号发生器产生如下一系列控制信号来执行这条指令：

① 操作数地址(265)送到存储器：addr→M。

② 读存储器，把指定单元的内容送到规定的累加器 ACC 中：M→ACC。

至此，第一条指令执行完毕。由上可以看出，一条指令的执行分成取指阶段和分析执行阶段。需要强调的是，不管是取指阶段还是分析执行阶段，每一项操作如地址传送、存储器读写、数据传送等，都是在控制器发出的控制信号指挥下按照严格的时间顺序一步一步完成的。由于在取指阶段取出指令后 IP 已自动加 1，指向了下一条指令，因此，以后的执行过程就是周而复始地重复上述的取指、分析执行阶段。

3) 取指阶段：IP→M，IP+1→IP，M→IR。

4) 分析执行阶段：IR→ID，译码、执行。① addr→M；② M→暂存器 1；③ ACC→暂存器 2；④ ALU 执行"ADD"运算；⑤ ALU 结果→ACC。

5) 取指阶段：IP→M，IP+1→IP，M→IR。

6) 分析执行阶段：IR→ID，译码、执行。① addr→M(送地址)；② ACC→M(送数据)；③ 存储器写操作。

至此，上述程序段执行完毕。

4. 控制器设计

如上所述，在计算机工作过程中，控制器每时每刻都在发出各种控制信号，统一指挥各部件协调一致地工作，那么控制器该如何设计呢？

用计算机解决问题的基本方法是把一个复杂的问题分解成许多小的简单的问题，这就是所谓的"自顶向下，逐步细化"的方法。在计算机内部设计中同样采取这种方法，如上例中的指令"MOV ACC,[265]"执行过程就分成了 IP→M，IP+1→IP，M→IR，IR→ID，addr→M，M→ACC 6

个基本操作(称为微操作)。在电子线路中,这些基本操作主要是靠逻辑元器件的开门电平和接收脉冲实现的,例如微操作 IP→M,就是首先给出 IP 寄存器的开门电平,IP 的内容就送到了 AB 总线上,然后再给出存储器的地址接收脉冲,这样就把 AB 上的内容存入到存储器的地址译码器中了。可以看出,信息在电路中流动的过程即为指令的执行过程。人们把这些控制各种信息在电路中流动的基本操作控制信号称为微操作控制信号。控制器的主要功能就是根据指令译码结果,严格按时间节拍产生各种微操作控制信号。需要说明的是,执行一条指令需要产生多个微操作控制信号,同一个微操作控制信号也可能在多条不同指令执行时以及不同的时间节拍中都需产生,如前面讲到的地址送存储器这一微操作,在 3 条指令执行时均数次被用到,所以存储器的地址接收脉冲这一微操作控制信号在每条指令执行时均要产生,甚至还要产生多次。一种型号计算机通常有数百条指令,因此,微操作控制信号的产生条件非常繁多且复杂。

控制器按照其产生微操作控制信号的方式分成传统的组合逻辑控制器和微程序控制器。组合逻辑控制器是把产生每一个微操作控制信号的所有条件综合在一起,列出它的逻辑表达式并化简,然后用组合电路来实现这些逻辑表达式。组合逻辑控制器存在许多缺点:控制网络非常复杂且杂乱无章、设计正确性难以检查、难以扩充功能等。随着微电子技术的发展,微程序技术迅速发展成为设计控制器的主要方法。

众所周知,计算机工作的基本方法是把复杂问题分解成多个简单问题,用一些简单的指令编成程序来解决复杂问题。用类似的方法,可以把指令的执行分解成若干个微操作,用微指令将这些微操作编成微程序,通过执行微程序来完成这些微操作,即执行了指令。这就是微程序技术的基本原理。

微程序控制器就是根据上述原理,把执行每一条指令的微操作按步骤编成微程序,存到位于控制器内的控制存储器中。执行某一指令时,首先找到该条指令对应微程序的开始地址,逐条取出微指令,由微指令直接产生微操作控制信号,就实现了指令的执行。

微程序控制器具有很多优点,每条指令对应一个微程序,因此控制器设计相对独立和简单,而且只要检查每条指令的微程序就可以验证控制器的设计是否正确。当需要扩充系统和指令功能时,只要增加新指令的微程序就可以很方便地实现。

尽管微程序控制器采用的是微程序技术,但读者一定要明白,这样的控制器是用硬件或固件实现的,并非一般意义上的软件或程序。

1.3.2 计算机的软件系统

如上节所述,仅有硬件,计算机是不能工作的。若要计算机正确地运行以解决各种问题,就必须为它编制程序。为了运行、管理和维护计算机所编制的各种程序及其相关文档资料统称为软件。软件的种类很多,各种软件开发的目的都是为了扩大计算机的功能和方便用户使用,以及使用户编制解决各种问题的源程序更为简单、方便和可靠。

1. 系统软件

在计算机的发展初期,人们采用二进制编码来编写程序,这种二进制编码就称为机器语言。但是这种用一串 0、1 书写的机器语言程序太烦琐,不易记忆,且难理解,不便于推广使用。所以人们采用助记符来代替操作码,用符号来代替地址,这便是汇编语言阶段。汇编语言的指令比较容易理解、记忆和交流,但是汇编语言程序不能直接在机器上运行。要运行一个汇编语言程序,必须要把它翻译成机器语言程序,机器才能识别和执行。在早期阶段这种翻译工作是人工完成的,但这项工作非常烦琐。计算机正是解决这类问题的高手,人们便编制了一个称之为汇编程序的翻译程序，把用汇编语言编写的程序交给汇编程序翻译成机器语言程序。虽然如此，由于汇编语言的语句和机器语言的指令是一一对应的，所以编制汇编语言程序仍然是一件很困难的工作。

为了使用户编程更容易，程序中的语句与实际应用更接近，而且用户不必了解具体的机器就能编写程序，出现了各种高级语言，例如：BASIC、FORTRAN、PASCAL 等。高级语言易于学习、理解和掌握，用高级语言编程比较简单，大大提高了工作效率。但是，高级语言编制的程序仍不能直接在机器上执行，为了执行该程序也需要把高级语言程序翻译成机器语言程序。这就需要各种翻译程序，例如 BASIC 的解释程序、编译程序等。

随着计算机技术的发展以及计算机的普及和推广，计算机的操作也由手工方式过渡到多道程序成批地在计算机中运行，于是出现了控制计算机中的所有资源、使多道程序能成批自动运行、充分发挥各种资源最大效能并方便用户使用的操作系统。

以上这些都是由机器的设计者提供的，这些使用和管理计算机的软件，统称为系统软件。系统软件包括：①各种语言的汇编或解释、编译程序；②机器的监控管理程序、操作系统、调试程序、故障诊断程序；③程序库。

2. 应用软件

用户用各种语言编制的解决各种问题的软件统称为应用软件。目前随着计算机的普及，各种各样的应用软件竞相推出，例如财务管理软件、银行管理软件、文字处理软件等。这些应用软件有着广阔的市场和美好的发展前景，并且各种各样的应用软件能更好地解决实际问题，使人们解决问题的能力越来越强，使用计算机越来越简单方便，自动化程度越来越高。

总之，硬件建立了计算机的物质基础，而各种软件则扩大了计算机的功能。硬件和软件只有结合起来，才能完成各种功能，才是一个完整的计算机系统。图 1-5 给出了微处理器、微型计算机和微型计算机系统的结构关系。

计算机系统硬件、软件与用户之间的关系如图 1-6 所示，软件可看做是用户与计算机硬件系统的接口，而软件之间又是逐层依赖的。

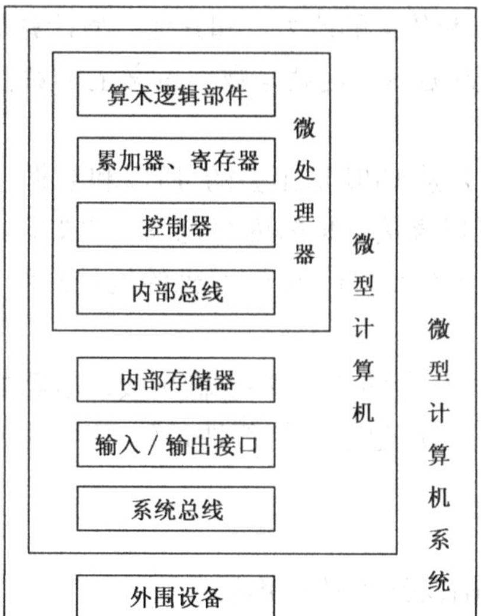

图 1-5　微处理器、微型计算机和微型计算机系统的结构关系

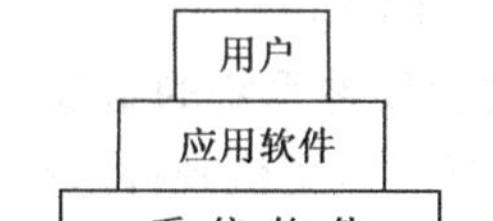

图 1-6　计算机系统硬件、软件与用户之间的关系

1.3.3 微型计算机系统的组成及特点

微型计算机系统与其他计算机系统一样，由硬件和软件两部分组成（见图 1-5）。

1. 微型机硬件结构及特点

在计算机中，把运算器和控制器合在一起称为中央处理机（Center Processing Unit，CPU）。在微型机中，CPU 通常是一个大规模集成电路芯片，也称为微处理器（Microprocessor，μP）。CPU 与内存合起来称为主机。主机、总线、接口电路与外围设备组成了微型机的硬件。

总线是微型机中连接各功能部件并传送信息的一组信号线，分为 3 类，即地址总线（Address Bus，AB）、数据总线（Data Bus，DB）和控制总线（Control Bus，CB）。总线结构是微型机的独特结构，如图 1-7 所示。

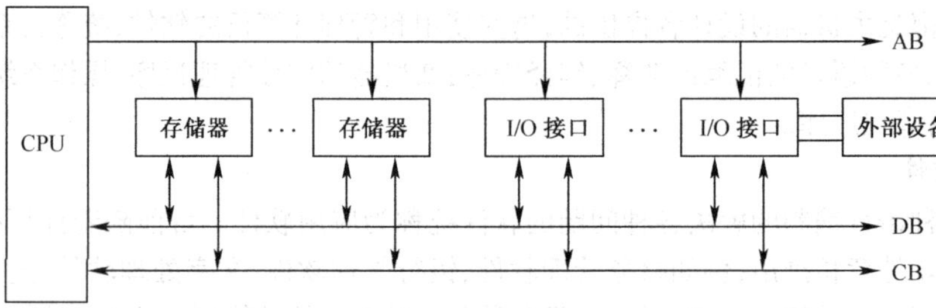

图 1-7　微型机的总线结构

有了总线结构以后，系统中各功能部件之间的相互关系变为各个部件面向总线的单一关系。一个部件或设备只要符合总线标准，就可以连接到采用这种总线标准的系统中，使系统功能能很简便地得到扩展。

数据总线用来传输数据。从结构上看，数据总线是双向的，即数据既可以从 CPU 送到其他部件，也可以从其他部件传送到 CPU。数据总线的位数（也称宽度）是微型机的一个重要指标，它和微处理器的位数相对应，反映计算机数据运算和传送的能力。和其他类型计算机一样，微型机中数据的含义也是广义的。数据总线上传送的数据不一定就是数学意义上的数值，还可以是其他编码、指令代码、状态量，或者是一个控制量。

地址总线专门用来传送地址信息。因地址总是从 CPU 送出去的，所以和数据总线不同，地址总线是单向的。地址总线的位数决定了 CPU 可以直接寻址的内存范围。比如，8 位微型机的地址总线一般是 16 位，因此，最大内存容量为 $2^{16}=64$KB；16 位微型机的地址总线为 20 位，因此，最大内存容量为 $2^{20}=1$MB。

控制总线用来传输控制信号，其中包括 CPU 送往存储器和输入/输出接口电路的控制信号，如读信号、写信号、中断响应信号、DMA 响应信号等；还包括其他部件送到 CPU 的信号，如准备好信号、中断请求信号、总线请求信号等。

2. 微型机硬件系统的组成

目前流行的微型机硬件系统一般由主机和外围设备两部分组成。

主机一般封装在主机箱中，主要包括主机板（CPU、内存槽与内存条、芯片组、总线扩展槽等）、各种接口卡（显卡、声卡、视频卡、调制解调器、网卡等）、软盘驱动器、硬盘驱动器、光盘驱动器、电源系统等。

外围设备包括输入设备和输出设备，常见的有显示器、键盘、鼠标、打印机、扫描仪、音箱等。

3. 微型机的软件系统

由于微型机体积小、价格便宜、性能相对较低，主要用在小规模应用领域，其系统软件和应用软件规模相对较小、功能相对较简单。目前常用的操作系统有 Windows 8、Windows 7、Windows NT、UNIX、Linux 等，常用的软件包有 Office、IE 浏览器，以及 VB、VC ++ 、Java 等语言处理程序和 VFP、Oracle 等数据库系统。

1.3.4 微型计算机系统的主要技术指标

1. 常用的名词术语

1）位（bit）。位是计算机所能表示的最基本最小的数据单位。它只能有两种状态："0"和"1"，即二进制位。

2）字（Word）。计算机中作为一个整体参与运算、处理和传送的一串二进制数，是计算机中信息的基本单位。

3）字长（Word Length）。计算机中每个字所包含的二进制位数称为字长。字长通常等于数据总线的位数和通用寄存器的位数。8 位微处理器的字长为 8 位，32 位微处理器的字长为 32 位。

4）字节（Byte）。8 位二进制数称为一个字节。字节的长度是固定的，但不同计算机的字长是不同的。8 位机的字长就等于 1 字节，而 16 位机的字长等于 2 字节。

5）指令。指挥计算机进行基本操作的命令，是计算机能够识别的一组二进制编码。通常一条指令由操作码和操作数两部分组成，前者指出应该进行什么操作，后者指出参与操作的数据的来源。

6）指令系统。计算机所能执行的全部指令的集合称为计算机的指令系统。

7）程序。完成某一任务的指令（或语句）的有序集合称为程序。也就是根据执行过程，将对应的操作指令按一定顺序排列在一起。

2. 主要技术指标

一台计算机性能的优劣，是由它的系统结构、指令系统、硬件组成、外围设备以及软件配备齐全与否等因素决定的。只有综合各项指标，才能正确评价与衡量计算机性能的高低。下面介绍几项主要性能指标。

1）字长。计算机的字长是计算机内部一次可以处理的二进制代码的位数。它决定着计算机的通用寄存器和加法器（运算器一次能处理的二进制码位数）、数据总线等部件的位数，因此直接影响硬件的成本。

字长是表征计算机运算精度的主要参数。字长越长，一个字所能表示的数据精度就越高。在完成同样精度的运算时，字长较长的计算机比字长较短的计算机速度快。

2）内存储器容量。内存储器容量是衡量它存储二进制信息量大小的一个重要指标。它可以以内存的字长为单位计算，如 32768 × 16 表示有 32768 个存储单元，每个单元字长 16 位；微型计算机中的内存一般以字节（B）为单位（$1B = 8bit$，$1KB = 2^{10}B = 1024B$，$1MB = 2^{10}KB = 1024KB$，$1GB = 2^{10}MB = 1024MB$），如 32MB 表示有 32M 个字节存储单元。内存容量常常有一个变化范围，同一型号微型机，实际配备的内存容量大小也有一个变化范围，这主要是由其用途、成本及价格等因素来决定的。

3）运算速度。指令执行时间的长短反映计算机运算速度的快慢。因为执行不同指令所需的时间不同，这就产生了如何评估计算机速度问题。常用方法有以下 3 种：

① 根据各类指令在计算过程中出现的频度不同，将它的执行时间乘以不同系数，求得平均值。因此这里所说的运算速度为平均速度，常以百万条指令/秒（MIPS）作单位。

② 以执行时间最短的指令为标准来估算运算速度。

③ 用 CPU 的时钟频率（主频）来表征（微型机中常用主频来衡量运算速度）。

4）外围设备配备。在现代计算机系统中，外围设备占重要地位。一台计算机配备多少外围设备，或者说配有多少外围设备的接口电路，对程序的研制和系统应用都有重大影响。在微型计算机系统中，外存储器容量、打印机型号、显示屏幕的分辨率以及多媒体设备、网络连接等，都是外围设备选用中要考虑的问题。

微型计算机系统的性能是由它的各个组成部分综合决定的，其中最重要的因素是主机板和 CPU，包括主机板的结构类型、系统芯片组类型、系统总线的类型、位数及传输速率、CPU 的性能等。其他因素包括外设配置（如显示器的类型与分辨率）、软件配置等。因此在微型计算机选型时，应重点考虑的是 CPU 型号（字长、主频）、主板和芯片组、内存容量及其性能标准、扩展槽总线标准、高速缓存容量、显示器和显卡及其他外设接口的配备等。

1.4 习题

1. 计算机中为什么都采用二进制数而不采用十进制数？

2. 写出下列用原码或补码表示的机器数的真值。

（1）01101101　（2）10001101　（3）01011001　（4）11001110

3. 填空。

（1）$(1234)_{10}=(\quad)_2=(\quad)_{16}$

（2）$(34.6875)_{10}=(\quad)_2=(\quad)_{16}$

（3）$(271.33)_{10}=(\quad)_2=(\quad)_{16}$

（4）$(101011001001)_2=(\quad)_{10}=(\quad)_{16}$

（5）$(1AB.E)_{16}=(\quad)_{10}=(\quad)_2$

（6）$(10101010.0111)_2=(\quad)_{10}=(\quad)_{16}$

4. 已知 $X=36$，$Y=-136$，$Z=-1250$，请写出 X、Y、Z 的 16 位原码、反码和补码。

5. 已知$[X]_{补}=01010101B$，$[Y]_{补}=10101010B$，$[Z]_{补}=1000111111111111B$，求 X、Y、Z 及 $X+Y$、$Y-Z$ 的十进制值为多少？

6. 用 8 位补码进行下列运算，并说明运算结果的进位和溢出。

（1）$33+114$　（2）$33-114$　（3）$(-33)+114$　（4）$(-33)-114$

7. 将下列十进制数表示为 8421BCD 码。

（1）8609　（2）5254　（3）2730　（4）2998

8. 将下列 8421BCD 码表示为十进制数和二进制数。

（1）01111001　（2）001010000101　（3）011000000111　（4）010110010000

9. 将下列数值或字符串表示为相应的 ASCII 码。

（1）51　（2）7FH　（3）C6H　（4）Computer　（5）how are you？

10. 定点数和浮点数表示方法各有什么特点？

11. 微处理器、微型计算机和微型计算机系统三者之间有什么不同？

12. 微型计算机由哪几部分组成？各部分的功能是什么？

13. CPU 在内部结构上由哪几部分组成？CPU 应具备什么功能？

14. 简述计算机执行指令和执行程序的过程。以书中的例子为例，说明在此 3 条指令执行中，哪些信号属于数据流，哪些信号属于控制流。

15. 微型计算机外部为什么采用三总线结构？

16. 数据总线和地址总线在结构和作用上有什么不同？

17. 如果某几种 CPU 的地址总线分别有 8、16、20、32 条，它们各自能寻址的存储器的容量是多少？

18. 什么是硬件？什么是软件？硬件和软件的关系如何？

19. 说明位、字节、字长的概念及它们之间的关系。

20. 计算机的发展趋势有哪些？如何看待冯·诺依曼计算机体系结构理论？

21. 说出几种型号的 CPU，并说明它们各有什么特点。

22. 说出目前流行的几种主机板的类型以及它们的性能特点。

23. 常用的外围设备有哪些？它们各有什么特点？如何衡量它们的性能？

24. 计算机软件包括哪些种类？它们有什么不同？

25. 你知道或用过哪些系统软件？它们各有什么功能特点？

26. 说出计算机的一种主要性能指标。

第 2 章　8086 微处理器及其系统

1978 年,Intel 公司推出 16 位微处理器 8086。8086CPU 具有 16 位数据总线和 20 位地址总线,数据总线与地址总线分时复用,寻址范围为 1MB。8086 的一个突出特点是多重处理能力,用 8086CPU 与 8087 数学协处理器以及 8089I/O 处理器组成的多处理器系统,可大大提高其数据处理和输入/输出能力。另外,与 8086 配套的各种外围接口芯片非常丰富,方便用户开发各种系统。8086 是构成 IBM PC 的核心。几乎在推出 8086 的同时,Intel 公司还推出了准 16 位微处理器 8088。8088 的内部结构和指令功能与 8086 完全相同,只是为了和原有的 8 位微处理器外围芯片兼容,其外部数据总线是 8 位的。

2.1　8086 微处理器简介

8086 微处理器由执行部件(EU)和总线接口部件(BIU)组成。其中,EU 部分主要完成计算机内的算术逻辑运算;BIU 部分主要完成 CPU 与存储器、I/O 设备之间传送数据、地址、状态和控制信息。

2.1.1　8086 的编程结构

8086/8088 CPU 的内部结构如图 2-1 所示,可以看出 8086CPU 由执行部件(EU)和总线接口部件(BIU)两部分组成。

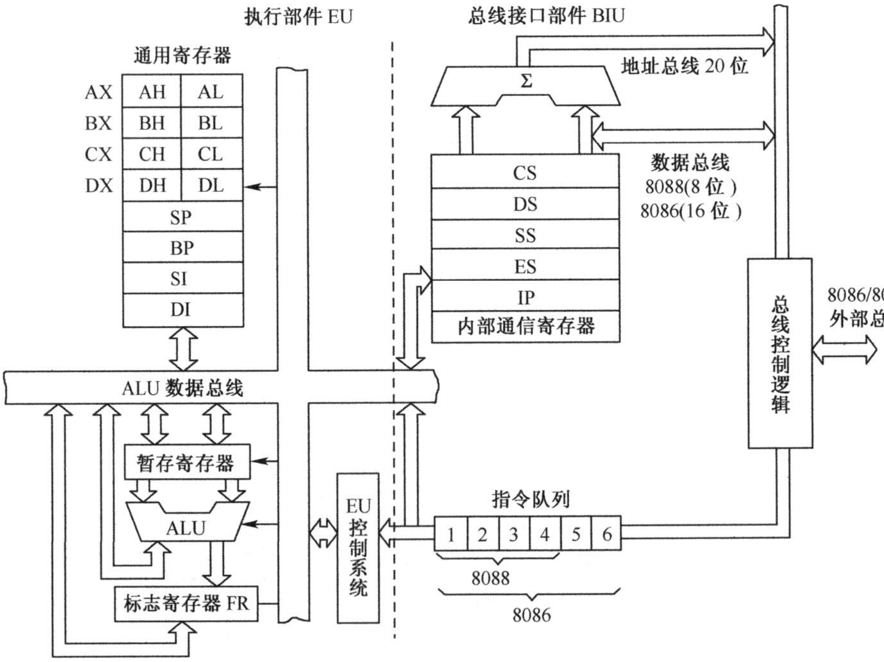

图 2-1　8086/8088 CPU 内部结构

1. 执行部件(EU)

执行部件由内部寄存器组、算术逻辑运算单元(ALU)与标志寄存器(FR)、内部控制逻辑电路3部分组成。

1) 内部寄存器组。8086共有8个16位的内部寄存器,分为两组。

① 通用数据寄存器。4个通用数据寄存器AX、BX、CX、DX均可作为16位寄存器,也可用作8位寄存器。用作8位寄存器时分别记为AH、AL、BH、BL、CH、CL、DH、DL。

- AX(AH、AL):累加器。有些指令约定以AX(或AL)为源或目的寄存器。实际上大多数情况下,8086的所有通用寄存器均可充当累加器。
- BX(BH、BL):基址寄存器。BX可用作间接寻址的地址寄存器和基地址寄存器,BH、BL可用作8位通用数据寄存器。
- CX(CH、CL):计数寄存器。CX在循环和串操作中充当计数器,指令执行后CX内容自动修改,因此称为计数寄存器。
- DX(DH、DL):数据寄存器。除用作通用寄存器外,在I/O指令中可用作端口地址寄存器,乘除指令中用作辅助累加器。

② 指针和变址寄存器。

- BP(Basic Pointer Register):基址指针寄存器。
- SP(Stack Pointer Register):堆栈指针寄存器。
- SI(Source Index Register):源变址寄存器。
- DI(Destination Index Register):目的变址寄存器。

BP、SP称为指针寄存器,用来指示相对于段起始地址的偏移量,一般用于堆栈段。SI、DI称为变址寄存器,可用作间接寻址、变址寻址和基址变址寻址的寄存器。SI一般用于数据段,DI一般用于数据段或附加段。

2) 算术逻辑单元(ALU)及标志寄存器(FR)。算术逻辑单元完成16位或8位算术逻辑运算。运算结果送上ALU内部数据总线,同时在标志寄存器中建立相应的标志。标志寄存器是一个16位寄存器,使用其中的9位作为条件标志和控制标志。条件标志(6位)根据算术逻辑运算结果由硬件自动设定,它们反映运算结果的某些特征或状态,可作为后继操作(如条件转移)的判断依据。控制标志(3位)由用户通过指令来设定,它们可控制机器或程序的某些运行过程。标志寄存器的内容如下:

15	14	13	12	11	10	9	8	7	6	5	4	3	2	1	0
				OF	DF	IF	TF	SF	ZF	--	AF	--	PF	--	CF

① 条件标志(状态标志)。共6位,用于寄存程序运行的状态信息,这些标志往往用作后续指令判断的依据。

- CF(Carry Flag):进位标志,反映在运算结果的最高位有无进位或借位。如果运算结果的最高位产生了进位(加法)或借位(减法),则CF=1,否则CF=0。
- PF(Parity Flag):奇偶标志,反映运算结果中“1”的个数的奇偶性,主要用于判断数据传送过程中是否出错。若结果的低8位中有偶数个“1”,则PF=1,否则PF=0。
- AF(Auxiliary Carry Flag):辅助进位标志,又称半进位标志。加减运算时,若D_3向D_4产生了进位或借位,则AF=1,否则AF=0。在BCD码运算时,该标志用于十进制调整。
- ZF(Zero Flag):零标志,反映运算结果是否为零。若结果为零,则ZF=1,否则ZF=0。

- SF(Sign Flag):符号标志,反映运算结果最高位即符号位的状态。如果运算结果的最高位为1,则 SF =1(对带符号数即为负数),否则 SF =0(对带符号数即为正数)。
- OF(Overflow Flag):溢出标志,反映运算结果是否超出了带符号数的表数范围。若超出了机器的表数的范围,即为产生溢出,则 OF =1,否则 OF =0。对于字节运算,结果范围应是 -128 ~ +127,字运算的结果范围是 -32768 ~ +32767。机器实际处理时判断是否溢出的方法是根据最高位的进位(CF)与次高位的进位是否相同来确定,若两者不相同,则 OF =1(表示有溢出),否则 OF =0(表示无溢出)。

为简化书写以字节操作为例:10001000 +10001100。

二进制运算	十六进制运算	带符号数运算	无符号数运算	
1000 1000	88H	-120	136	
+ 1000 1100	+ 8CH	+ -116	+ 140	
[1] 0001 0100	[1] 14H	-236	276	=256 +20

方框中的1表示结果超出字节部分。运算结果标志位如下:CF =1,PF =1,AF =1,ZF =0,SF =0,OF =1。因为 D_7 位进位为1,D_6 位进位为0,所以产生溢出,OF =1。由运算结果应为 -236 也可以看出,显然已经超出了单字节带符号数的表示范围。因此有溢出时,运算结果对带符号数来说是错误的,程序员应做适当处理。

如果把运算看作是无符号数运算,CF =1 表示最高位有进位,进位的二进制真值相当于 2^8 =256,加上本字节结果 00010100B 即 20,显然结果是正确的。因此对于无符号数,进位位是有效结果的一部分,程序员必须在随后的运算中予以正确处理。

② 控制标志(3位)。用于控制机器或程序的某些运行过程。

- DF(Direction Flag):方向标志,用于串处理指令中控制串处理的方向。当 DF =1 时,每次操作后变址寄存器 SI、DI 自动减量,因此处理方向是由高地址向低地址方向进行。当 DF =0,则 SI、DI 自动增量,处理方向由低地址向高地址方向进行。该标志由方向控制指令 STD 或 CLD 设置或清除。
- IF(Interrupt Flag):中断允许标志,用于控制 CPU 是否允许响应可屏蔽中断请求。IF =1 为允许响应可屏蔽中断请求,IF =0 则禁止响应可屏蔽中断请求。该标志可由中断控制指令 STI 或 CLI 设置或清除。
- TF(Trap Flag):陷阱标志,用于单步操作。TF =1 时,每执行一条用户程序指令后自动产生陷阱,进入系统的单步中断处理程序。TF =0 时,用户程序会连续不断地执行,不会产生单步中断。

3)内部控制逻辑电路。它是 EU 的内部控制系统,主要功能为从指令队列缓冲器中取出指令,对指令进行译码,并产生各种控制信号,控制各部件的协同工作以完成指令的执行过程。控制信号如图2-1中单线所示。

2. 总线接口部件(BIU)

总线接口部件负责 CPU 与存储器、I/O 设备之间传送数据、地址、状态及控制信息,它由段寄存器(CS、DS、SS、ES)、指令指针寄存器(IP)、地址加法器、内部暂存器(对用户透明,用户无权访问)、指令队列缓冲器及 I/O 控制逻辑等部分组成,分别介绍如下。

1)段地址寄存器(CS、DS、SS、ES)。8086CPU 内部数据结构是16位的,即所有的寄存器都是16位的,而外部寻址空间为1MB,即需要20位地址线。为了能用内部寄存器中的16位地址来寻址1MB空间,8086将1MB空间以16字节为一个内存节(Paragraph),共分成64K个节,如

图 2-2a 所示。节的起始地址分别为 00000H、00010H、00020H、…、FFFF0H，称为段基址。节的起始地址的后 4 位二进制数为全 0，故只需记住高 16 位地址即可，分别为 0000H、0001H、…、FFFFH，称为节的段地址。用于存放段地址的寄存器称为段寄存器，根据其主要用途，分为代码段寄存器 CS、数据段寄存器 DS、堆栈段寄存器 SS、附加段寄存器 ES。

- 代码段寄存器 CS：代码段是存放程序代码的存储区域，代码段寄存器用来存放代码段存储区域的起始地址。
- 数据段寄存器 DS：数据段是存放程序中所使用的数据的存储区域，数据段寄存器用来存放程序的数据存储区的起始地址。
- 堆栈段寄存器 SS：堆栈是按照后进先出原则组织的一段特殊存储区域，主要用于子程序调用时断点和返回地址的保存和恢复，也可用于数据的传送。堆栈段寄存器用来存放堆栈存储区的起始地址。由堆栈段寄存器 SS 与堆栈指针寄存器 SP 来确定当前堆栈指令的操作地址。
- 附加段寄存器 ES：附加段是为某些字符串操作指令存放目的操作数而设置的一个附加的数据段，附加段寄存器用来存放该附加数据段存储区域的起始地址。

对内存寻址需要找到某一个单元的实际地址（称为物理地址），它是一个 20 位的地址。物理地址的获得方法是：将段寄存器的内容左移 4 位（即 ×16），与逻辑地址（又称偏移地址或有效地址，即对段首的偏移量）相加，得到 20 位物理地址（如图 2-2b 所示）。根据寻址方式的不同，偏移地址可以来自程序计数器（IP）或其他寄存器。

程序运行期间，段寄存器内容很少变化。段地址不变，偏移地址从 0000H ~ FFFFH 变化时，对应 64KB 的空间，所以一个程序段空间最大可达 64KB。这 64KB 的空间，根据段寄存器内容的变化，可放在 1MB 空间中任意节起始位置上，从此开始的 64KB 内存空间称为一个内存段（简称为段）。各段可以互不重叠（如图 2-2c 所示），也可将某几个段安排在同一个 64KB 的空间上（如图 2-2d 所示），或使某些段重迭部分存储空间，如使代码段从 20000H 单元开始，数据段从 21000H 单元开始。

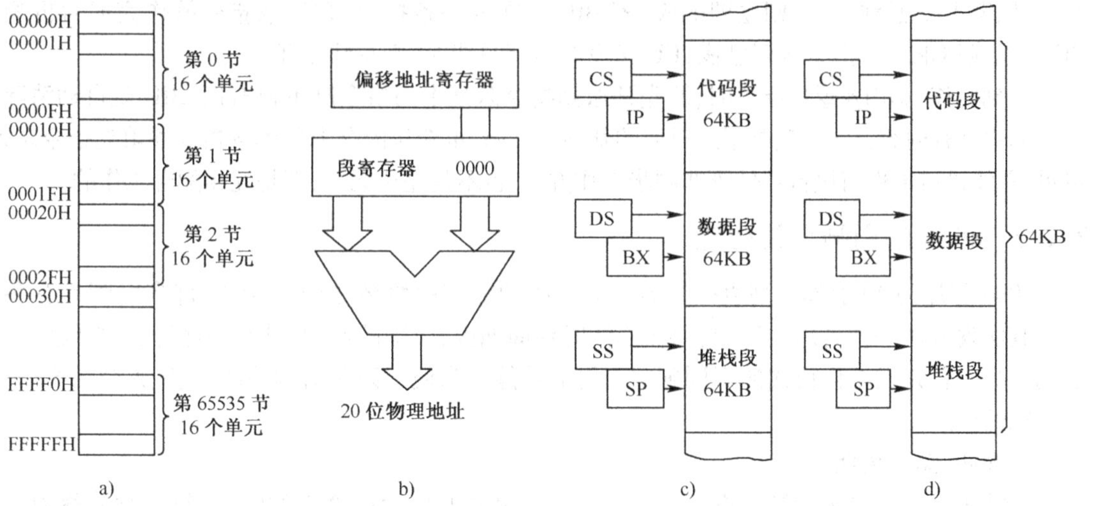

图 2-2 存储器的分段、物理地址形成及存储地址分配

a) 存储器的分段 b) 物理地址分配 c) 存储地址分配 d) 几段安排在同一 64 KB 空间

采用段地址的好处在于：①解决了 16 位寄存器访问大于 64KB 内存空间问题；②可以实现程序重定位，即一个不到 64KB 大小的程序可通过改变段寄存器的内容（一般由操作系统来完

成）放到1MB空间中任意段位置，从而为运行多道程序提供了方便。

2）地址加法器。用于产生20位物理地址。两个加数，一个来自段寄存器并左移4位，另一位来自IP或内部暂存器。内部暂存器的内容根据不同的寻址方式，可以通过内部总线由内部寄存器提供，也可由输入/输出控制电路从存储器中读取。

3）指令指针寄存器（IP）。又称程序计数器，是16位寄存器。IP中存放当前将要执行的指令的有效地址，每取出一条指令IP自动增量，即指向了下一条指令（亦即下次要执行的指令），因此可以说IP总是指向将要执行的指令。

4）指令队列缓冲器。一个与CPU速度相匹配的高速缓冲寄存器。8086缓冲器为6字节，8088缓冲器为4字节。在EU执行指令的同时，BIU可以从内存中取出下一条或下几条指令放到指令缓冲器中，EU执行完一条指令后，可以立即从指令缓冲器中执行下一条指令。因此取指令和执行指令可以并行进行，从而提高了总线的利用率，也提高了处理器总的处理速度。当遇到转移、调用及返回指令时，要清除指令队列缓冲器中的指令，从内存中取新的指令，以适应新的指令执行顺序。

5）输入/输出控制电路（总线控制逻辑）。它是CPU外部三总线（AB、DB、CB）的控制电路，控制CPU与其他部件交换数据、地址、状态及控制信息。

3. 总线接口部件和执行部件的管理

前已述及，由于指令队列缓冲器的存在，实现了执行部件（EU）与总线接口部件（BIU）的并行工作，因而提高了8086系统的效率。但这两部分又不是完全独立工作的，现就这两部分的动作管理简要说明如下：

当8086指令队列中有2字节空闲（8088有1字节空闲）时，总线接口部件就自动将指令从内存中预取到指令队列缓冲器中。

每当EU部件要执行一条指令时，它就从指令队列头部取出指令，后续指令自动向前推进。EU要花几个时钟周期执行指令，指令执行中若需要访问内存或I/O设备，EU就向BIU申请总线周期，若BIU总线空闲，则立即响应，若BIU正在取一条指令，则待取指令操作完成后再响应EU的总线请求。当指令队列已满，EU又没有申请总线时，则总线空闲。

遇到转移、调用及返回指令时，原先预取到指令队列中的指令已不再有用，BIU就自动清除指令队列中已有内容，从转移、调用或返回的新地址开始，重新从内存中预读取指令并填充指令队列。可见，总线接口部件与执行部件既非同步工作方式，也不是完全无关，而是互相配合工作的。

2.1.2 8086的引脚及其功能

8086芯片为40引脚双列直插封装。为解决功能与引脚数之间的矛盾，许多引脚具有多功能。其实现方法一种是总线复用，即在不同时钟周期内，引脚的作用不同，如地址、数据线的分时复用。另一种是按工作模式的不同确定引脚的功能。为便于说明引脚功能，这里先介绍8086总线周期的概念。

1. 8086总线周期

计算机是由一串脉冲控制进行工作的。这一串脉冲称为计算机的时钟，每个脉冲称为一个时钟脉冲或一个T状态。若干个时钟脉冲完成一个基本操作。一种基本操作称为一个总线周期。CPU有若干种典型操作，构成相应的总线周期，如存储器读总线周期、存储器写总线周期、I/O读总线周期、I/O写总线周期等。完成一条指令需要若干个总线周期。8086典型的时钟脉冲与总线周期如图2-3所示。可以看出，一个基本的8086总线周期一般包括T_1、T_2、T_3、T_4共4

个 T 状态。有时根据需要在 T_3 与 T_4 间插入若干个等待状态 T_W，在总线空闲时插入空闲状态 T_I。各个 T 状态的基本功能如下：

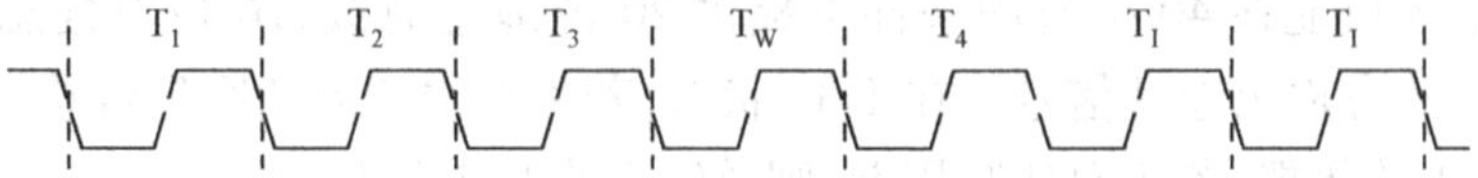

图 2-3　典型的 8086 总线周期时序

- T_1 状态：CPU 向多路复用总线上发送地址信息，指出要寻址的内存单元地址或 I/O 端口地址。这期间 CPU 还要送出地址锁存信号 ALE（正向脉冲），在 ALE 的下降沿将内存单元地址或 I/O 端口地址存入地址锁存器。
- T_2 状态：CPU 从总线上撤销地址，使总线低 16 位呈现高阻状态，为数据传输作准备。总线高 4 位（$A_{19}\sim A_{16}$）输出总线周期的状态信息，用以表示中断允许状态及正在使用的段寄存器名等。
- T_3 状态：$A_{19}\sim A_{16}$上状态信息不变，总线低 16 位上出现 CPU 要写出的数据或准备读入的数据。若外设或内存来不及与总线交换数据，以使在 T_4 状态下结束该总线周期，则应通过 CPU 的 READY 信号，在 T_3 前沿（下降沿）之前向 CPU 申请插入等待状态 T_W。在 T_3 及 T_W 的前沿查询 READY 线，查到为高电平则结束等待状态，进入下一状态。否则继续插入等待状态。
- T_4 状态：总线周期结束，若为总线读周期则在 T_4 前沿将数据读入 CPU。
- T_I 总线空闲周期：一个特殊的总线周期，由一个或多个 T_I 状态组成。只有与内存或 I/O 设备交换数据时，CPU 才执行总线周期。在一个总线周期之后，若不立即进入下一个总线周期，则 BIU 不执行任何总线操作，系统总线处于空闲状态，这时在总线上插入 T_I，形成总线空闲周期。

2. 8086 的引脚及功能

本节只介绍在最小模式和最大模式下的通用引脚，如图 2-4 所示，与工作模式有关的引脚在相应工作模式中介绍。

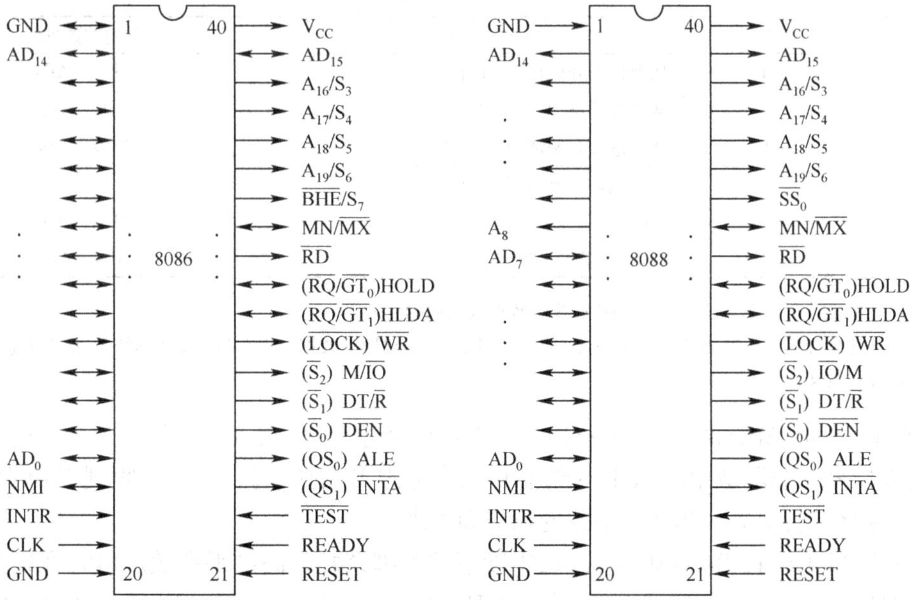

图 2-4　8086/8088 引脚分配图

注：( ) 中为多 CPU（最大）模式信号

1）GND（地）和 V_{CC}（电源）。V_{CC}引脚接 +5V 电源，GND 引脚接地。

2）$AD_{15} \sim AD_0$（Address Data Bus）：地址/数据复用引脚，双向、三态。8086 由于采用地址/数据总线复用方式，才可能在 40 引脚的条件下提供 20 位地址总线、16 位数据总线。$AD_{15} \sim AD_0$ 在总线周期的 T_1 状态输出地址信号。在 T_2T_3 状态，若为总线读周期则先将总线浮空，然后接收从内存或外设读入的数据；若为总线写周期，则总线上为写出的数据。

3）$A_{19}/S_6 \sim A_{16}/S_3$（Address/Status）：地址/状态复用引脚，输出、三态。在总线周期的 T_1 状态，$A_{19} \sim A_{16}$输出最高 4 位地址信号；在 $T_2T_3T_WT_4$ 状态，$S_6 \sim S_3$ 输出状态信息，其意义如下：

S_6 为 0 表示 CPU 占用总线。S_5 表明中断允许标志 IF 的设置情况。如 IF = 1，为允许可屏蔽中断，则 $S_5 = 1$；如 IF = 0 则为禁止可屏蔽中断，则 $S_5 = 0$。S_4、S_3 指明正在使用的段寄存器，其组合情况见表 2-1。

表 2-1　S_4、S_3 代码组合的意义

S_4	S_3	意　义
0	0	正在使用 ES
0	1	正在使用 SS
1	0	正在使用 CS
1	1	正在使用 DS

注意，当系统总线处于“总线保持响应”状态，即 CPU 让出总线控制权时，则 $A_{19}/S_6 \sim A_{16}/S_3$、$AD_{15} \sim AD_0$ 等三态总线均为高阻状态或称为浮空状态。

4）$\overline{BHE}/S_7$（Bus High Enable/Status）：高 8 位数据线允许/状态复用引脚，输出、三态。在 T_1 状态，$\overline{BHE}/S_7$ 引脚输出$\overline{BHE}$信号，表示高 8 位数据线 $D_{15} \sim D_8$ 上数据是否有效（低电平则数据有效）。在其他 T 状态，$\overline{BHE}/S_7$ 信号输出状态信号 S_7，S_7 实际上未使用。$\overline{BHE}$与 A_0 合起来可向总线上存储器接口传送表 2-2 所示信息。

表 2-2　$\overline{BHE}$与 A_0 信号的意义

$\overline{BHE}$	A_0	操　作	所用的数据线
0	0	从偶地址开始读/写 1 个字	$AD_{15} \sim AD_0$
1	0	从偶地址读/写 1 字节	$AD_7 \sim AD_0$
0	1	从奇地址开始读/写 1 字节	$AD_{15} \sim AD_8$
		从奇地址开始读/写 1 个字	
0	1	（第 1 个总线周期）	$AD_{15} \sim AD_8$
1	0	（第 2 个总线周期）	$AD_7 \sim AD_0$

注：1. 从奇地址读写 1 字节，$\overline{BHE} = 0$，说明高 8 位数据线上数据有效。

2. 从奇地址读写一个字，需要占用两个总线周期。第 1 个总线周期数据出现在高 8 位数据线上，第 2 个总线周期数据出现在低 8 位数据线上。

5）NMI（Non - Maskable Interrupt）：非屏蔽中断请求引脚，输入。该信号为一个由低到高的上升沿有效信号。非屏蔽中断请求不受中断允许标志 IF 的影响。一旦接收到 NMI 信号，CPU 处理完一条指令后，即进入非屏蔽中断的响应和处理。

6）INTR（Interrupt Request）：可屏蔽中断请求引脚，输入、高电平有效。CPU 在每条指令的最后一个时钟脉冲对 INTR 信号进行采样，当 INTR 为高电平时，如果 CPU 的中断允许标志 IF = 1，则在当前指令结束后即响应中断请求，进入中断处理。

7) $\overline{RD}$(Read):读信号,输出、三态、低电平有效。在 CPU 执行读操作时,在 T_2、T_3、T_W 期间有效。到底是读存储器还是读 I/O 端口取决于 $M/\overline{IO}$,若 $M/\overline{IO}$为高则为读存储器,$M/\overline{IO}$为低则为读 I/O 端口。

8) CLK (Clock):时钟输入引脚。8086 要求时钟占空比为 1/3,即一个周期中 1/3 为高电平、2/3 为低电平。CPU 的所有操作均是在时钟的同步下进行的。

9) RESET (Reset):复位引脚,输入、高电平有效。8086 要求复位信号至少维持 4 个时钟周期的高电平,以完成 CPU 内部寄存器的复位操作。复位信号一出现,CPU 就立即结束当前的操作,进入复位操作,即将标志寄存器(FR)、IP、DS、SS、ES 清 0,指令队列清空, CS 置为 FFFFH,当复位信号降为低电平后,CPU 从 CS:IP 开始取出指令并执行它,即系统复位后执行的第一条指令的物理地址为 FFFF0H。系统程序一般在该物理地址单元放一条转移指令,转到引导程序的入口。

10) READY (Ready):准备好引脚,输入、高电平有效。当 CPU 执行总线读写周期访问存储器或 I/O 设备时,如果存储器或 I/O 设备的读写速度较慢,来不及在 T_4 状态结束数据传输,就需要设计一个硬件电路,在 T_3 之前向 CPU 提供一个低电平 READY 信号。CPU 在 T_3 前沿查询 READY 线,当查到为低电平时,则在 T_3 之后插入一个 T_W 等待状态,并在 T_W 前沿继续查询 READY 线,直到 READY 升为高电平,才进入 T_4 状态,完成数据传送过程。

11) $\overline{TEST}$(Test):测试引脚,输入、低电平有效。$\overline{TEST}$和 WAIT 指令配合使用,执行 WAIT 指令时,CPU 暂停执行程序,进入空转状态等待。当$\overline{TEST}$引脚接收到一个低电平信号时,CPU 就结束等待,继续向下执行指令。$\overline{TEST}$和 WAIT 配合,可以实现 CPU 与外设同步工作。

12) $MN/\overline{MX}$(Minimum/Maximum Mode Control):最小/最大模式控制引脚,输入。该引脚接 +5V 时,8086 工作在最小模式;该引脚接地,则 8086 工作于最大模式。

2.2 8086 系统的存储器组织及 I/O 组织

8086 系统的存储器结构是由 1MB 的存储空间分成两个 512KB 的物理存储体。一个存储体由偶地址识别,另一个存储体由奇地址识别。本节主要介绍读/写 1 字节或 1 个字时的完成方法,8086 存储器的编址方法,8086 系统的地址栈用区域和系统的 I/O 组织。

2.2.1 8086 系统的存储器组织

1. 8086 存储器的结构

8086 系统中将 1MB 存储空间分成两个 512KB 的物理存储体。一个存储体由偶数地址组成,另一个存储体由奇数地址组成,用 A_0 位来区分两个存储体。对任何一个存储体的访问只需要 19 位地址码($A_{19} \sim A_1$)。存储体地址空间分配情况如图 2-5 所示。每个存储体与总线的连接如图 2-6 所示。由图可以看出,用$\overline{BHE}$和 A_0 的组合来选择存储体,其组合关系及操作情况已在表 2-2 中介绍。现就几种读写情况作进一步说明。

1) 从偶地址读写 1 字节($\overline{BHE}$ A_0 = 10)。如图 2-7a 所示,$AD_{15} \sim AD_8$ 上的数据被忽略,字节内容通过 $AD_7 \sim AD_0$ 传送。

2) 从奇地址读写 1 字节($\overline{BHE}$ A_0 = 01)。如图 2-7b 所示,在 $AD_{15} \sim AD_8$ 上传送的数据有效,$AD_7 \sim AD_0$ 上数据被忽略。

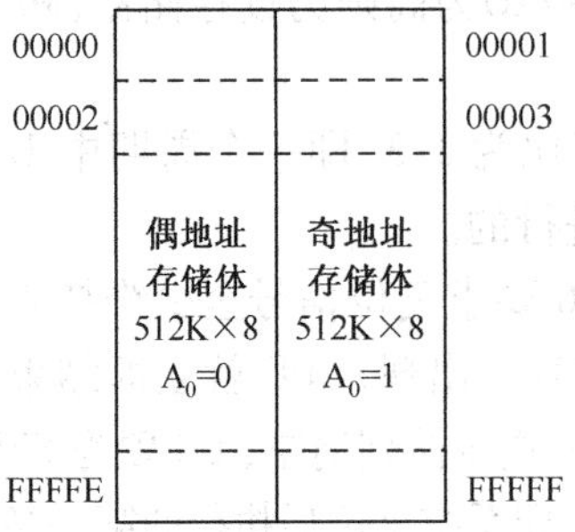

图 2-5　存储体地址空间分配

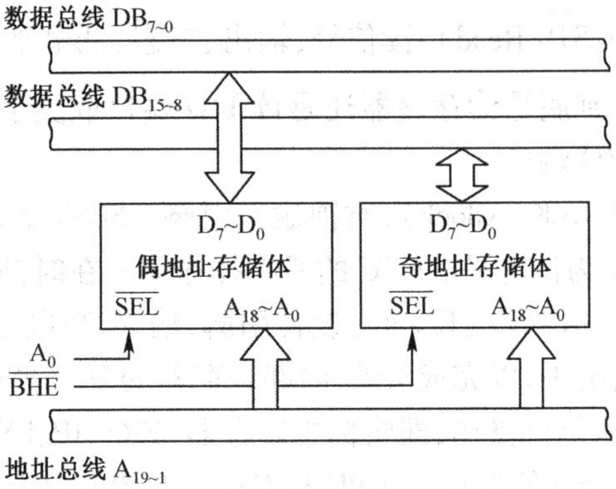

图 2-6　存储体与总线的连接

3）从偶地址开始读写 1 个字（$\overline{BHE}$ A_0 = 00）。如图 2-7c 所示，在 AD_{15} ~ AD_0 上传送的数据同时有效。

以上 3 种情况读写操作都是在一个总线周期中完成的。

4）从奇地址开始读写 1 个字。这种操作要占用两个总线周期，如图 2-7d 所示。第一个总线周期 $\overline{BHE}$ A_0 = 01，从奇地址读写低字节，在 AD_{15} ~ AD_8 上传送的数据有效。第二个总线周期 $\overline{BHE}$ A_0 = 10，从偶地址读写高字节，在 AD_7 ~ AD_0 上传送的数据有效。可以看出，从奇地址开始读写一个字，CPU 要花费更多的时间，所以为提高 CPU 的利用率，字变量应尽量分配到偶地址开始的存储单元。

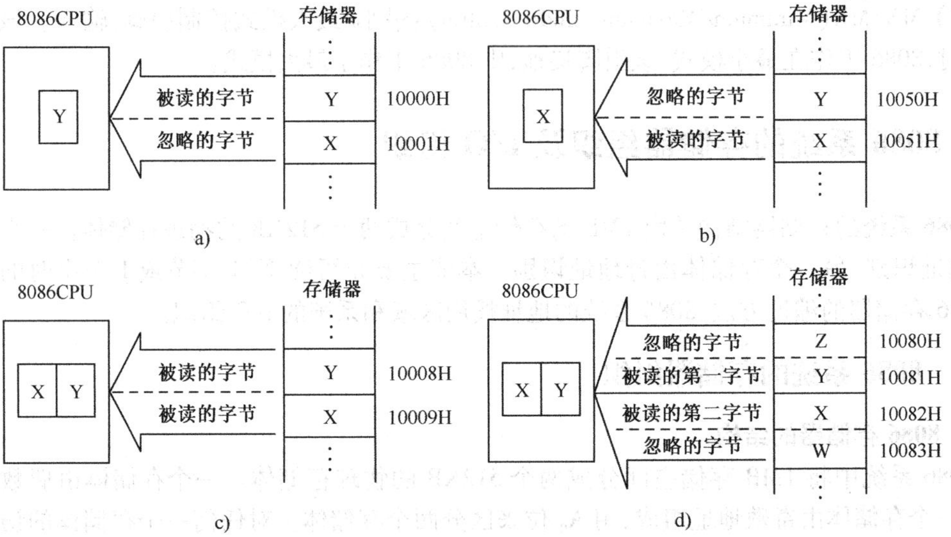

图 2-7　读存储器操作过程示意图

a）从偶地址读 1 字节　b）从奇地址读 1 字节　c）从偶地址读 1 个字　d）从奇地址读 1 个字

2. 8086 系统存储器的地址

1）物理地址的计算公式：物理地址 = 段地址 ×16 + 偏移地址。段地址由段寄存器（CS、DS、SS、ES）提供，偏移地址由 IP、SP、BP、SI、DI 等寄存器或存储器提供，也可通过计算而得。不同指令有不同的组合方式。

2）段地址的引入，为程序在内存中浮动创造了条件，一般用户程序只涉及偏移地址。段地址在程序装入内存时由操作系统分配，所以一个程序可在内存中任何一个逻辑段(64KB 空间)中运行。

3）同一物理地址可以由不同的段地址和偏移地址表示。

例如：CS = 2000H　IP = 1000H　物理地址 = 21000H

　　　CS = 2100H　IP = 0000H　物理地址 = 21000H

3. 8086 系统内存地址的一些专用区域

0000H ~ 003FFH 1KB 空间用于存放中断向量表，可存放 256 个中断服务程序的入口地址，每个地址占 4 字节。

B0000H ~ B0FFFH 4KB 为单色显示器显示缓冲区，存放屏幕当前显示字符的 ASCII 码。

B8000H ~ BBFFFH 16KB 彩色显示器显示缓冲区，存放当前屏幕像素代码。

FFFF0H 启动地址，一般用来存放一条无条件转移指令，转到系统初始化程序。

2.2.2　8086 系统的 I/O 组织

8086 系统有专用的输入(IN)、输出(OUT)指令，用于外设端口(即外设接口中的内部寄存器)的寻址。I/O 端口与内存分别独立编址。I/O 端口使用 16 位地址 $A_{15} \sim A_0$，I/O 端口地址范围为 0000H ~ FFFFH，可寻址空间为 64KB。在以 8086 为 CPU 的 PC/XT 微机中，只使用了 10 位有效端口地址 $A_9 \sim A_0$，共 1KB 空间。其中，A_9 用于指明外设端口是否在系统板上。$A_9 = 0$ 是系统板上的 512 个端口，$A_9 = 1$ 是 I/O 通道上的 512 个端口。

PC/XT 微机系统已占用的端口地址见表 2-3，其余的端口地址用户可以使用。

表 2-3　PC/XT 系统占用的端口地址

地址号		用途
系统板	000H ~ 00FH	DMA 控制器 8237A 占用
	020H ~ 02FH	中断控制器 8259A 占用
	040H ~ 043H	定时器/计数器 8253A 占用
	060H ~ 063H	并行外围接口芯片 8255A 占用
	0A0H ~ 0AFH	NMI 屏蔽寄存器
	0C0H ~ 1FFH	保留
I/O 通道	2F8H ~ 2FFH	异步通信端口(第二个)
	300H ~ 31FH	试验板
	378H ~ 37FH	并行打印机接口
	3B0H ~ 3BFH	单色显示器/打印机适配器
	3D0H ~ 3DFH	彩色显示器/图形打印机适配器
	3F0H ~ 3F7H	软盘适配器
	3F8H ~ 3FFH	异步通信端口

2.3　8086 系统的工作模式

8086 系统的工作模式有两种：最小模式和最大模式。最小模式的显著特点是系统中只有一个微处理器——8086/8088，所有总线的控制信号都由它发出。最大模式的系统中有两个或两个以上的微处理器，以 8086/8088 为主处理器，其他处理器为协处理器，总线控制信号由主/协处理器共同发出。

2.3.1　最小模式和最大模式的概念

为了适应各种应用场合的要求，8086/8088CPU 在设计中提供了两种工作模式，即最小模式和最大模式。实际机器中究竟工作在哪一种模式，根据需要由硬件连接决定。

1. 最小模式

如果系统中只有一个微处理器 8086（或 8088），所有总线控制信号由它产生，则系统中总线控制逻辑信号可减少到最小，因此称这种系统为最小模式系统。

2. 最大模式

如果系统中包括两个以上处理器，其中一个为 8086/8088 作为主处理器，其他处理器作为协处理器，这样的系统称为最大模式系统。一般多用于复杂的大中型系统。与 8086 协同工作的协处理器有 8087 和 8089 两种，分别为数学协处理器和输入/输出协处理器。

8087 协处理器主要用于数值运算。它由硬件实现高精度的数值运算，因此处理速度快，不仅可进行整数、浮点数运算，还可处理三角函数等多种超越函数。

8089 是输入/输出协处理器，它有一套专门用于输入/输出操作的指令系统，可直接为I/O设备服务。

配置协处理器的系统，主处理器不用处理费时的复杂运算和 I/O 操作，因此可大大提高主处理器的运行效率。

2.3.2 最小模式系统

当系统只有一个微处理器 8086 时，将 $MN/\overline{MX}$ 引脚接向 +5V，构成最小模式系统，其原理如图 2-8 所示。

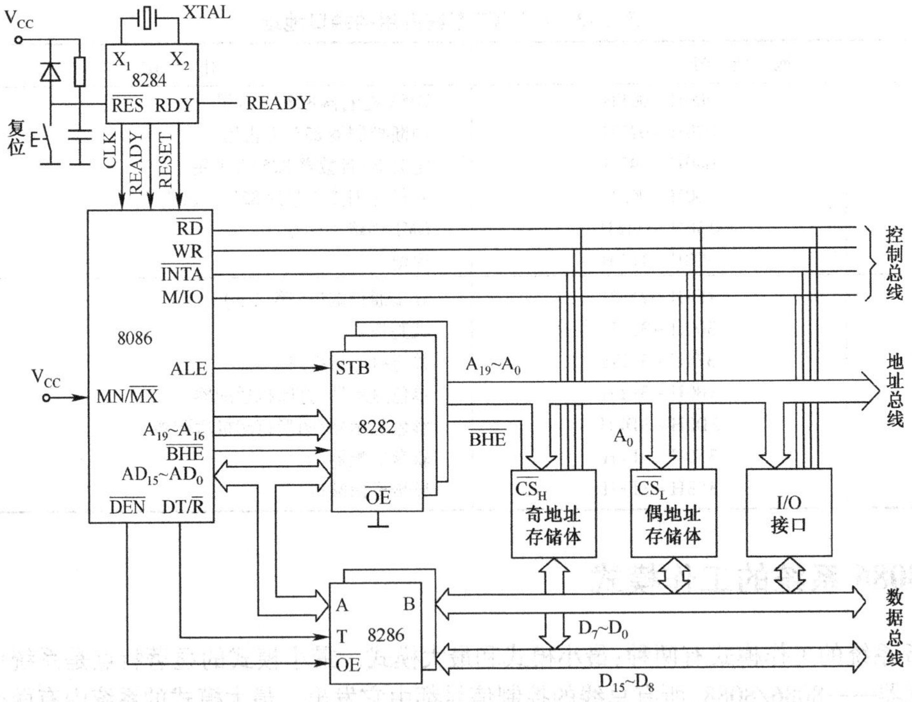

图 2-8 8086 单 CPU 模式（最小模式）系统

1. 最小模式系统的典型配置

一片 8284A 时钟发生器产生系统所需要的时钟信号 CLK，同时对外部 READY 信号和系统复位信号 RESET 进行同步，其输出送向 8086 相应引脚。三片 8282（或 74LS373）地址锁存器用于 20 位地址和$\overline{\text{BHE}}$信号锁存，使得整个总线读写周期期间地址信号始终有效，以支持 8086CPU 地址/数据总线分时复用的工作方式。两片 8286 总线驱动器（又称总线收发器或总线驱动器），当系统所连存储器和外设较多时，为了提高数据总线的驱动能力，可以接入 8286 芯片。

2. 8284A 时钟发生器与 8086 的连接

8284A 时钟发生器与 8086 的连接如图 2-9 所示。外接晶振和电容接向 X1、X2 输入端。F/C 频率/晶振输入选择端接地，由 8284 内部振荡器产生自激振荡，在 CLK 端输出频率为1/3 晶振频率、占空比为 1/3 的时钟脉冲。上电复位及按钮复位信号送 8284 $\overline{\text{RES}}$输入端，经 8284 同步后送 8086 RESET 端。来自内存或外设的等待请求信号送 RDY1，经 8284 同步后送 8086 READY 输入端。PCLK 引脚输出占空比为 1/2、频率为 1/2 CLK 的时钟脉冲，用作外部时钟，8284 的其他不使用端接地。

3. 地址锁存器 8282 与 8086 的连接

8086 地址总线与数据总线是分时复用的，高 8 位数据有效信号也是复用信号。在 T_1 状态，总线上输出 20 位地址信号及$\overline{\text{BHE}}$信号，而在 $T_2 \sim T_4$ 状态，总线用于数据传送，$\overline{\text{BHE}}$信号也失效。为了正确地交换数据，地址信号及$\overline{\text{BHE}}$信号在 $T_2 \sim T_4$ 期间必须保持，所以需要设一组地址锁存器（3 片 8282），用于锁存地址及$\overline{\text{BHE}}$信号（如图 2-10 所示）。

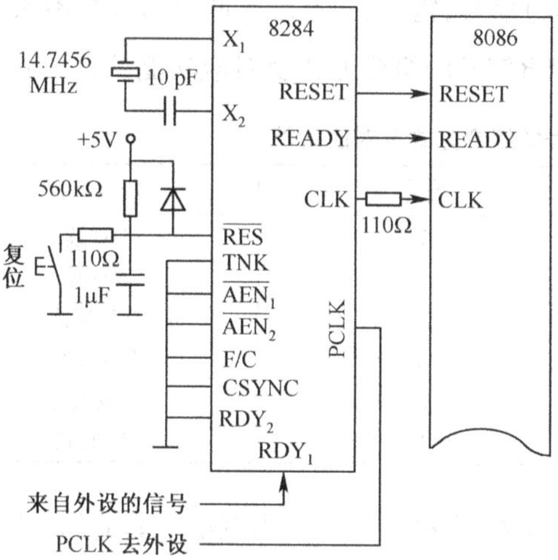

图 2-9　8284 时钟发生器与 8086 的连接图

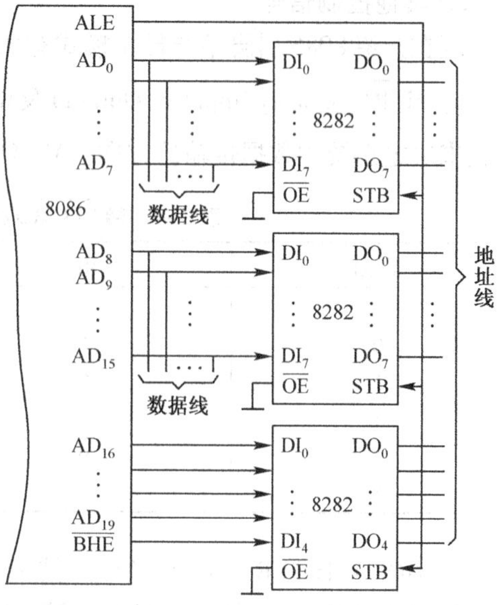

图 2-10　8282 锁存器与 8086 的连接

在 T_1 状态，CPU 送出地址锁存允许信号 ALE，将 ALE 接向 8282 的选通输入端 STB。当 ALE =1 时，8282 输出跟随输入变化，用 ALE 的下降沿将总线上已经稳定的地址信号锁入 8282。由于地址等信号要一直保持有效，所以 8282 的输出允许端$\overline{\text{OE}}$直接接地。

4. 总线驱动器 8286 与 8086 的连接

8286 与 8086 的连接如图 2-11b 所示。8286 为双向总线驱动器，其内部结构如图 2-11a 所示，$\overline{\text{OE}}$为输出使能端，当$\overline{\text{OE}}$ =1 时，控制门关，A_i 与 B_i 断开，且均呈现高阻状态。当$\overline{\text{OE}}$ =0 时，控制门开，8286 接通，数据传送方向受 T 端控制。当 T = 1 时，数据从 A_i 传向 B_i，当 T =0 时，数据

从 B_i 传向 A_i。

8286 与 8086 连接时，两片 8286 的 $A_0 \sim A_7$ 分别接向 8086 的 $AD_{15} \sim AD_8$ 和 $AD_7 \sim AD_0$。$\overline{OE}$ 端接向 8086 的数据使能端 $\overline{DEN}$。T 端接向 8086 的数据发送/读入控制端 $DT/\overline{R}$。当 $\overline{DEN}$ 有效时，若 $DT/\overline{R}=1$，数据从 A 传向 B，即 8086 向外部发送数据；若 $DT/\overline{R}=0$ 时，数据从 B 传向 A，即 8086 接收外部传来的数据。

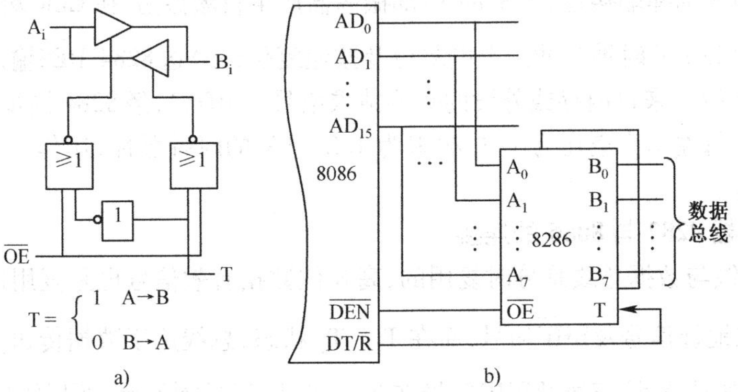

图 2-11　8286 总线驱动器与 8086 的连接

5. 其他控制信号

现在介绍 8086 引脚中与最小模式有关的控制信号（见图 2-4）。

1）$M/\overline{IO}$（Memory/Input & Output）及 $\overline{WR}$（Write）信号，输出、三态。这两个信号与 $\overline{RD}$ 信号组合起来决定系统中数据传输的方向。$M/\overline{IO}$、$\overline{RD}$ 及 $\overline{WR}$ 信号的组合方式及对应功能见表 2-4。

表 2-4　$M/\overline{IO}$、$\overline{RD}$ 及 $\overline{WR}$ 信号的组合方式及对应功能

$M/\overline{IO}$	$\overline{RD}$	$\overline{WR}$	功　能
0	0	1	I/O 读
0	1	0	I/O 写
1	0	1	存储器读
1	1	0	存储器写
X	0	0	无效组合
X	1	1	非读/写状态

2）HOLD（Hold Request）：总线保持请求信号，输入、高电平有效。当系统中其他部件需要占用总线时，通过该引脚向 CPU 发出申请，如 DMA 控制器就是通过这种方式申请总线的。

3）HLDA（Hold Achknowledge）：总线请求响应信号，输出、高电平有效。CPU 在每个时钟周期都要检测 HOLD 引脚，当检测到 HOLD 信号，并且 CPU 允许其他部件占用总线，则在当前总线周期的 T_4 状态从 HLDA 引脚发出总线请求响应信号，同时 CPU 的所有三态总线进入浮空状态。总线申请部件接到 HLDA 有效信号后即可接管总线进行操作，直到操作完成、撤销 HOLD 信号，CPU 才重新接管总线。

4）$\overline{INTA}$（Interrupt Acknowledge）：中断响应信号，输出、三态、低电平有效。外设申请可屏蔽中断，CPU 响应后，在两个连续的中断响应周期发出两个 $\overline{INTA}$ 负脉冲信号。第一个 $\overline{INTA}$ 通知外设，中断请求已被允许（主要用于中断优先权排队），第二个 $\overline{INTA}$ 信号通知中断请求被响应的外设将其中断类型码送到数据总线上。

5）ALE（Address Latch Enable）：地址锁存允许信号，输出、高电平有效。该信号用于向地址锁存器 8282 提供地址锁存信号。在任何一个总线周期的 T_1 状态，ALE 输出一个正名称，其高电平表示当前在地址/数据复用总线上输出的是地址信息，用其下降沿将地址信息锁存于地址锁存器。

6）$\overline{DEN}$（Data Enable）：数据允许信号，输出、三态、低电平有效。该信号为总线收发器 8286 提供一个控制信号，表示 CPU 当前准备发送或接收一个数据，8286 将它作为输出允许信号 $\overline{OE}$。

7）DT/$\overline{R}$（Data Transmit/Receive）：数据收发控制信号，输出、三态。该信号用来控制总线收发器 8286 的数据传送方向。当它为高电平时表示为数据发送，为低电平时表示为数据接收。

2.3.3 最大模式系统

将 MN/$\overline{MX}$ 引脚接地就构成了 8086CPU 的最大工作模式，下面介绍最大模式下 8086 的有关引脚信号、8288 总线控制器、最大模式的系统配置。

1. 最大模式下的有关引脚信号

1）QS_0、QS_1（Instruction Queue Status）：指令队列状态信号，输出。这两个信号合起来提供前一个时钟状态（指总线周期的前一个状态）中指针队列的情况，以便于外部对 8086 内部指令队列的动作进行跟踪。QS_0、QS_1 组合的意义见表 2-5。

表 2-5　QS_0、QS_1 代码组合的意义

QS_0	QS_1	意　义
0	0	无操作
0	1	从指令队列的第 1 个字节取走代码
1	0	队列为空
1	1	除第 1 个字节外，还取走了后续字节中的代码

2）$\overline{S_2}$、$\overline{S_1}$、$\overline{S_0}$（Bus Cycle Status）：总线周期状态信号，输出。这些信号组合起来，可以指出当前总线周期中数据传输过程的类型。最大模式下，总线控制器 8288 就是利用这些状态产生对存储器和 I/O 接口的控制信号。其组合意义见表 2-6。

表 2-6　$\overline{S_2}$、$\overline{S_1}$、$\overline{S_0}$ 代码组合的意义

$\overline{S_2}$	$\overline{S_1}$	$\overline{S_0}$	对 应 操 作	8288 发出的控制命令
0	0	0	发中断响应信号	$\overline{INTA}$
0	0	1	读 I/O 端口	$\overline{IORC}$
0	1	0	写 I/O 端口	$\overline{IOWC}$　$\overline{AIOWC}$
0	1	1	暂停	
1	0	0	取指令	$\overline{MRDC}$
1	0	1	读内存	$\overline{MRDC}$
1	1	0	写内存	$\overline{MWTC}$　$\overline{AMWC}$
1	1	1	无源状态	

对 $\overline{S_2}$、$\overline{S_1}$、$\overline{S_0}$ 来讲，在前一个总线周期的 T_4 状态和本总线周期的 T_1、T_2 中，至少有一个为低电平，每种情况都对应一种总线操作过程，称为有源状态。在 T_3 和 T_W 状态，且 READY 为高电平时，$\overline{S_2}$、$\overline{S_1}$、$\overline{S_0}$ 均为高电平，它表示一个总线周期即将结束，新的总线周期还未开始，这种状态称为无源状态。在 T_4 状态，$\overline{S_2}$、$\overline{S_1}$、$\overline{S_0}$ 中任何一个信号由 1 变为 0，则说明新的总线周期开始。

3）$\overline{LOCK}$(Lock)：总线封锁信号，输出、低电平有效。当$\overline{LOCK}$为低电平时，系统中其他部件不得占用总线。$\overline{LOCK}$信号由指令前辍 LOCK 产生。一旦使用该前辍，在执行其后的指令期间总线被封锁，其他部件不能占用总线而打断本指令的执行。本指令执行完，$\overline{LOCK}$信号失效。在中断响应过程中 CPU 会自动产生$\overline{LOCK}$信号，以防止其他总线部件占用总线而打断中断响应过程。

4）$\overline{RQ}/\overline{GT_1}$、$\overline{RQ}/\overline{GT_0}$(Request/Gtant)：总线请求/允许信号，双向。这两个引脚可供 CPU 以外的两个处理器分别通过一条$\overline{RQ}$申请总线，主 CPU 响应后，在同一条线上输出总线允许信号($\overline{GT}$)。可见，申请与允许信号在同一引脚上是分时双向传输的，$\overline{RQ}/\overline{GT_0}$ 的优先级高于$\overline{RQ}/\overline{GT_1}$。

2. 8288 总线控制器

在最大模式系统中要用到总线控制器 8288，它根据 CPU 提供的$\overline{S_2}$、$\overline{S_1}$、$\overline{S_0}$信号产生各种总线控制信号。为便于理解最大模式系统的组成，这里先介绍 8288 总线控制器的组成及工作原理。8288 逻辑框图如图 2-12 所示。

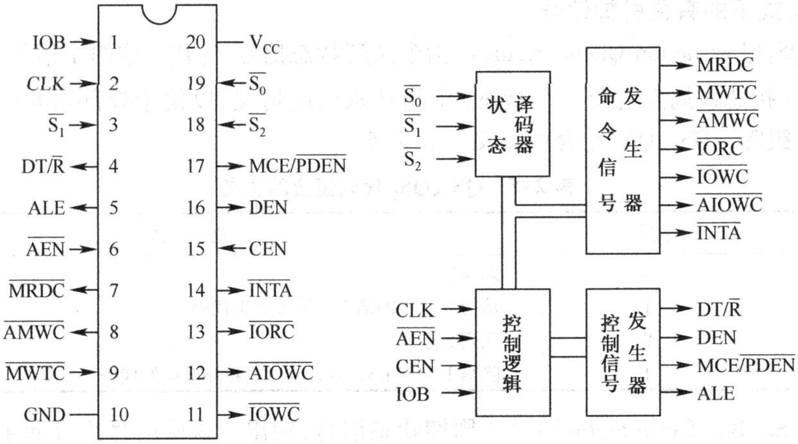

图 2-12　8288 总线控制器引脚图及结构示意图

1）$\overline{S_2}$、$\overline{S_1}$、$\overline{S_0}$：来自 8086CPU 的状态信号。8288 对这些状态进行译码产生相应的总线命令信号和输出控制信号。

2）CLK：时钟输入端，通常接 8284 的 CLK 端。

3）$\overline{AEN}$：地址允许信号，输入。在系统总线方式下，当$\overline{AEN}$为低时，允许 8288 输出命令信号，$\overline{AEN}$为高时，各命令信号输出线处于高阻状态。局部总线方式下，此信号无关。

4）CEN：命令允许信号，输入。CEN 必须为高电平。如果 CEN 为低电平，则 8288 所有命令信号输出线都为无效电平。

5）IOB：总线方式控制信号，输入。8288 有两种工作方式，由 IOB 进行选择。

① IOB 为低时，8288 工作于系统总线方式(多处理器系统)。在多处理器系统中，如果存储器和 I/O 设备需被多个处理器所共享，这样的系统就需要使用总线仲裁。这种方式下，总线仲裁电路通过向 8288 的$\overline{AEN}$端送一个低电平信号来指示总线可供使用。

② IOB 为高时，8288 工作于局部总线方式(单处理器系统)。在此方式下，所有的 I/O 命令都是允许的，即处理器进行 I/O 操作期间，不需要仲裁电路送$\overline{AEN}$信号，8288 就会立即发出相应

的命令输出信号如$\overline{\text{IORC}}$等，并通过$\overline{\text{PDEN}}$和 DT/$\overline{\text{R}}$端控制总线收发器的工作。在单处理器系统中使用 8288，是为了增加控制总线的驱动能力。在多处理器系统中，如果外部设备不是共享的，而是某些外设从属于某一处理器，则也可用局部总线方式。

6）$\overline{\text{AIOWC}}$：超前 I/O 写命令，输出。在总线周期中，由该信号提前一个时钟周期发出 I/O 写命令，以便于 I/O 设备早作准备。

7）$\overline{\text{AMWC}}$：超前存储器写命令，输出。其功能与$\overline{\text{AIOWC}}$信号相似。

8）$\overline{\text{IOWC}}$：I/O 写命令，输出。指示数据总线上数据有效，可将数据写入被选中的 I/O 端口。一般用作 I/O 端口写选通信号。

9）$\overline{\text{IORC}}$：I/O 读命令，输出。通知外设端口将数据发送到数据总线上。

10）$\overline{\text{MRDC}}$、$\overline{\text{MWTC}}$：存储器读和存储器写命令，输出。它们的操作与$\overline{\text{IORC}}$、$\overline{\text{IOWC}}$作用相似，只是用于存储器读写。

11）MCE/$\overline{\text{PDEN}}$：总线主模块允许/外部数据允许双功能信号，输出。在系统总线方式中为 MCE 信号，用于中断控制器级连的控制信号。在局部总线方式中为$\overline{\text{PDEN}}$信号，作数据总线驱动器的选通信号。

12）$\overline{\text{INTA}}$、DT/$\overline{\text{R}}$、ALE 及 DEN 与 8086 最小模式的相应引脚信号功能相同，只有 DEN 信号的相位与最小模式相应引脚的相位相反。

3. 8086 最大模式下系统的典型配置

8086 最大模式下系统的典型配置如图 2-13 所示。与最小模式系统相比，增加了总线控制

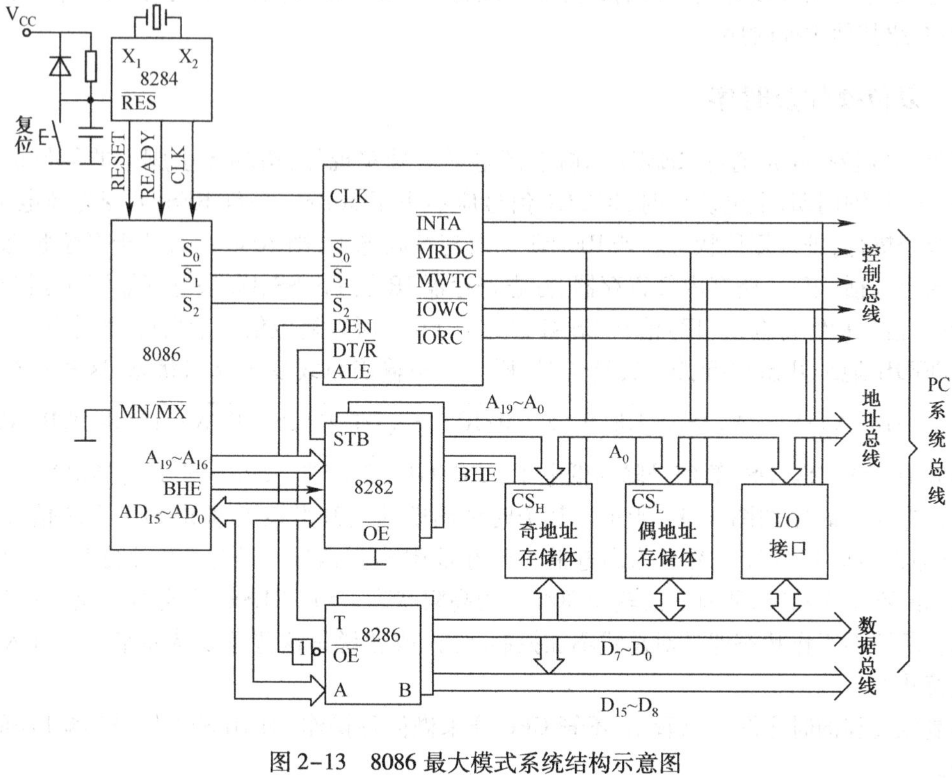

图 2-13　8086 最大模式系统结构示意图

器芯片 8288。所有总线控制信号均由$\overline{S_2}$、$\overline{S_1}$、$\overline{S_0}$信号经 8288 译码处理后产生。采用 8288 可以实现多处理器配置,8288 用于协调各处理器间的工作。即使不配多处理器,增加 8288 之后也可增强控制总线的驱动能力。

8282 地址锁存器和 8286 总线驱动器的接法与最小模式下的接法相似,只是其控制信号不是来自 CPU,而是来自总线控制器 8288,即 8282 的地址锁存信号 STB 来自 8288。8282 输出使能信号$\overline{OE}$由 8288 数据输出使能信号 DEN 反相后获得。而传输方向控制信号 T 由 8288 DT/$\overline{R}$信号产生。8288 的 DT/$\overline{R}$信号与最小模式下 DT/$\overline{R}$信号意义相同。

8288 提供了单 CPU 和多 CPU 工作的可能性。当 IOB、$\overline{AEN}$接地,CEN 接 +5V 时,选择单 CPU 工作方式,这时 MCE/$\overline{PDEN}$线用作 MCE 信号。当 IOB、CEN 均接 +5V 时,则为多 CPU 工作方式,MCE/$\overline{PDEN}$线用作外部设备数据允许信号$\overline{PDEN}$。

2.4 8086 的操作时序

一个微处理器要完成预定的功能,需要执行许多操作。上电时要执行复位操作,执行一条指令要经过取指令、指令译码和执行指令的操作。执行指令时,根据指令的不同又有存储器读写操作、I/O 读写操作等。由于 8086CPU 有执行部件(EU)和总线接口部件(BIU)两部分,执行指令和总线操作是并行进行的。执行指令过程中,EU 若需要总线操作则向 BIU 申请总线周期。8086 的总线周期主要有内存或 I/O 读写总线周期、中断响应总线周期、暂停总线周期、最小模式下的总线保持周期、最大模式下的总线请求/允许总线周期等。掌握总线操作时序是理解总线操作的关键,是进行系统设计及扩展的必要知识准备。中断响应周期时序在第 7 章的中断部分叙述,本节介绍其他主要时序。

2.4.1 复位操作及时序

8086 的复位操作是通过 RESET 引脚上高电平信号实现的,RESET 引脚上的复位信号至少要保持 4 个时钟周期,上电复位时,RESET 信号应不小于 50μs。一旦 RESET 变为高电平,则立即停止指令执行,进入复位状态。若 RESET 一直持续高电平,则 8086 一直处于复位状态。复位操作的内容包括:第一,所有内部寄存器、标志寄存器 IR 及 ES、SS、DS 段寄存器清 0,指令队列缓冲器清空,指令指针寄存器(IP)清 0,CS 被置为 FFFFH,所以复位信号消失后,程序从 CS × 16 + IP 即 FFFF0H 地址开始执行;第二,复位时,所有三态输出总线变为高阻状态,这些三态总线包括:AD_{15} ~ AD_0,A_{19}/S_6 ~ A_{16}/S_3,$\overline{BHE}/S_7$,$\overline{S_2}(M/\overline{IO})$,$\overline{S_1}(DT/\overline{R})$,$\overline{S_0}(\overline{DEN})$,$\overline{LOCK}$,$\overline{WR}$,$\overline{RD}$,$\overline{INTA}$等。ALE、HLDA、$QS_0$、$QS_1$ 等信号降为低电平,$\overline{RQ}/\overline{GT_0}$、$\overline{RQ}/\overline{GT_1}$ 等信号上升为高电平。

复位操作的时序如图 2-14 所示。某个时钟周期的上升沿检测到 RESET 引脚信号为高电平,则立即将内部 RESET 信号置为高电平。在内部 RESET 信号上升为高电平之后,经过 0.5 个时钟周期的不工作状态,所有三态输出总线变为高阻状态,且在 RESET 信号失效前,一直处于高阻状态。所谓不工作状态即是对总线不加控制状态,或者说是这些总线从原来状态进入高阻状态的过渡状态。

从复位过程的时序图可以看出,不管 CPU 原来做何种操作,对 RESET 信号的响应都是立即进行的。

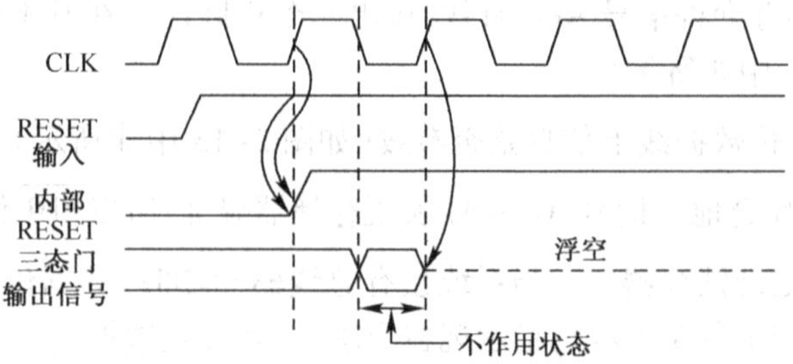

图 2-14　8086 的复位时序

2.4.2　最小模式下的总线读周期

在指令执行过程中，执行部件（EU）可能需要从内存或外设端口读取数据，因而进入总线读周期。图 2-15 给出了 CPU 从存储器或外设端口读取数据的工作时序。

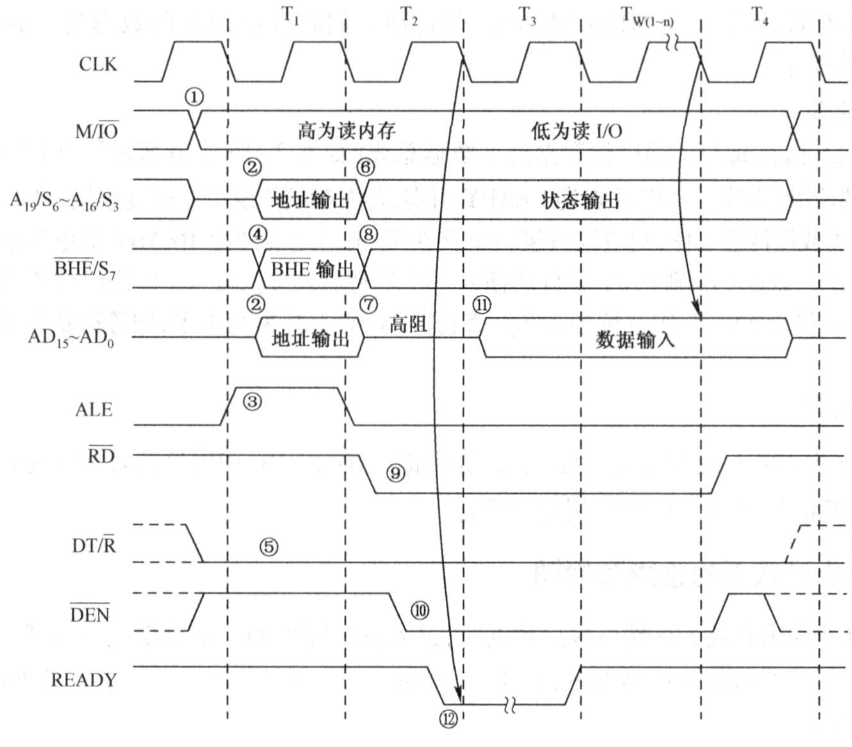

图 2-15　8086 最小模式下的读周期时序

一个总线读周期包括 4 个 T 状态，即 T_1 ~ T_4。当存储器或外设速度较慢时，可通过 READY 引脚在 T_3 和 T_4 之间插入一个或几个等待状态 T_W。下面按 T_1 ~ T_4 的顺序说明各个 T 状态总线上信号的变化。

1. T_1 状态

在进入总线读周期之前，即 T_1 前沿之前，M/$\overline{IO}$信号应该有效。若要读内存则 M/$\overline{IO}$上升为高电平，若要读 I/O 端口则 M/$\overline{IO}$下降为低电平（如图 2-15 中①所示）。A_{19} ~ A_{16}、AD_{15} ~ AD_0 线上输出地址信号（如图 2-15 中②所示），并持续一个 T 状态。

在 T_1 状态，地址锁存允许信号 ALE 有效，输出一个正脉冲。在其下降沿，将地址锁入 8282 地址锁存器（如图 2-15 中③所示）。

$\overline{BHE}$输出指示高 8 位数据线上信息是否有效（如图 2-15 中④所示）。$\overline{BHE}$信号常用作奇地址存储体的体选信号，配合地址信号 A_{19} ~ A_1 实现存储器寻址，所以$\overline{BHE}$信号也应和地址信号一起由 ALE 信号锁入到地址锁存器中。当系统接有总线驱动器时，数据传输方向控制信号 $DT/\overline{R}$ 应降为低电平（如图 2-15 中⑤所示），指示现在为总线读（接收数据）。

2. T_2 状态

在 T_2 状态，地址信号消失（如图 2-15 中⑦所示），地址/数据复用总线进入高阻状态，为总线读操作作准备。A_{19} ~ A_{17}及$\overline{BHE}$线上输出状态信息 S_7 ~ S_3（如图 2-15 中⑥、⑧所示）。S_7 在 8086 系统没有用。

$\overline{DEN}$信号降为低电平，使数据总线驱动器信息收发使能（如图 2-15 中⑩所示）。

$\overline{RD}$信号有效，该信号送到内存或 I/O 端口，使它们将选中地址的数据送上数据总线（如图 2-15 中⑨所示）。

3. T_3 状态

在 T_3 状态内存或 I/O 端口将数据送上数据总线（如图 2-15 中⑪所示）。CPU 准备读入数据。在 T_3 的前沿（下降沿），CPU 查询 READY 引脚，若内存或外设工作速度较慢，来不及在基本总线周期内完成数据传送工作，则应通过逻辑电路在 T_3 前沿之前产生 READY 低电平信号；T_3 前沿若查到 READY 为低电平，则在 T_3 后自动插入一个等待状态 T_W；在 T_W 前沿继续查询 READY 信号，若 READY 仍为低电平，则继续插入 T_W，直到 READY 上升为高电平，则等待状态结束，进入 T_4 状态。

4. T_4 状态

在 T_4 前沿 CPU 将数据读入，总线读周期完成。$\overline{RD}$、$DT/\overline{R}$、$\overline{DEN}$等信号变为无效，所有三态总线变为高阻状态，为下一个总线周期作准备。

2.4.3 最小模式下的总线写周期

当 CPU 要向内存或 I/O 端口输出数据时，进入总线写周期。该周期也具有 T_1 ~ T_4 基本状态，在内存或外设速度较慢的情况下，在 T_3 之后插入若干个 T_W 状态。各个 T 状态的具体操作如图 2-16 所示。

1. T_1 状态

T_1 状态的操作与总线读相同，即 $M/\overline{IO}$应在 T_1 前沿之前有效。

写内存时 $M/\overline{IO}$为高电平，写 I/O 端口时 $M/\overline{IO}$为低电平。A_{19} ~ A_{16}、AD_{15} ~ AD_0 输出地址信号。$\overline{BHE}$有效则说明高 8 位数据线信息有效。ALE 信号用于地址锁存。与总线读不同的是 $DT/\overline{R}$上升为高电平，指示现在为总线写（数据发送），如图 2-16 中①、②、③、④、⑤所示。

2. T_2 状态

A_{19}/S_6 ~ A_{16}/S_3 引脚输出状态信息 S_6 ~ S_3（如图 2-16 中⑥所示），AD_{15} ~ AD_0 复用总线上输出要写出的数据信息，并一直保持到 T_4 状态的中间（如图 2-16 中⑦所示）。$\overline{BHE}$信号失效。$\overline{WR}$

信号降为低电平，并保持到 T_4 中部（如图 2-16 中⑨所示），该信号用于将输出数据写入选中的存储器或 I/O 端口。$\overline{DEN}$信号有效，使总线驱动器信息收发使能，它与 $DT/\overline{R}$信号配合，决定数据传输方向。

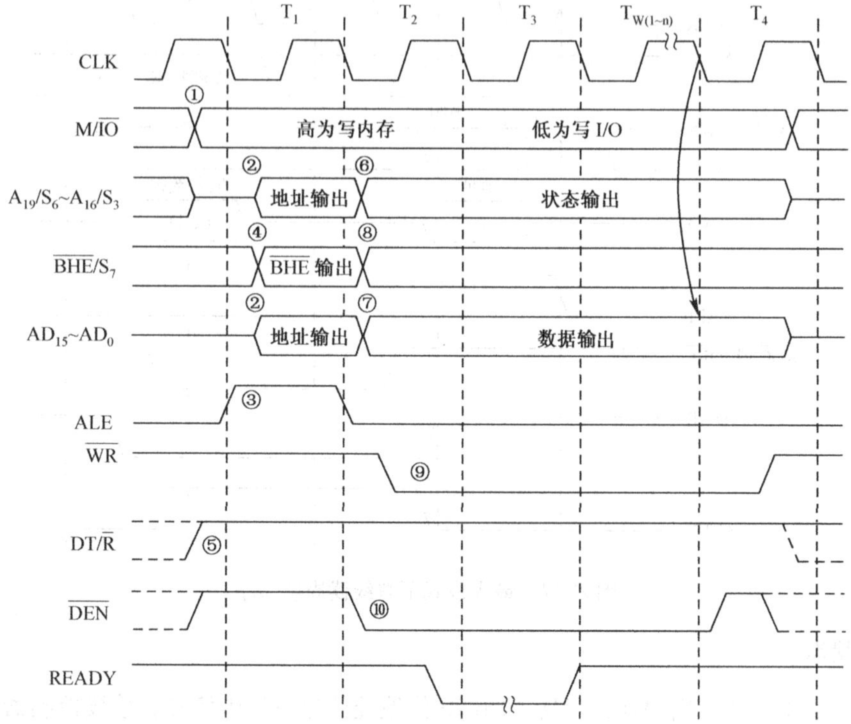

图 2-16　8086 最小模式下的写周期时序

3. T_3 及 T_W 状态

在 T_3 状态中，T_2 状态有效的信号继续保持有效，继续向外部写数据。在 T_3 的下降沿查询 READY，若内存或 I/O 端口在标准总线周期内来不及接收数据，则应通过逻辑电路在 T_3 前沿之前产生 READY 低电平信号。CPU 查到 READY 为低，则在 T_3 之后插入一个 T_W，并在 T_W 前沿继续查询 READY，直到 READY 上升为高电平，则结束等待进入 T_4 状态。

4. T_4 状态

总线写状态结束，所有控制信号变为无效状态，所有三态总线变为高阻态。

2.4.4　最大模式下的总线读周期

最大模式与最小模式的总线读周期操作在逻辑上基本相同，只是在最大模式下要同时考虑 CPU 发出的信号和总线控制器 8288 发出的信号。最大模式下，CPU 仍发出$\overline{RD}$信号，而总线控制器由$\overline{S_2}$、$\overline{S_1}$、$\overline{S_0}$译码产生存储器读控制信号$\overline{MRDC}$和 I/O 读控制信号$\overline{IORC}$，如把它们看做是 $M/\overline{IO}$ 与$\overline{RD}$的组合信号则最大模式与最小模式读周期没有区别。而$\overline{MRDC}$和$\overline{IORC}$信号除区分出存储器与 I/O 端口外，交流特性也比较好。所以本节讨论$\overline{MRDC}$和$\overline{IORC}$作读控制信号的情况。时序图中由总线控制器产生的信号前标有 * 号。

最大模式下，每个总线周期开始前，$\overline{S_2}$ ~ $\overline{S_0}$被置为无源状态，总线控制器一旦检测到其中任一个为 0,则进入一个总线周期。最大模式下总线读周期时序如图 2-17 所示。

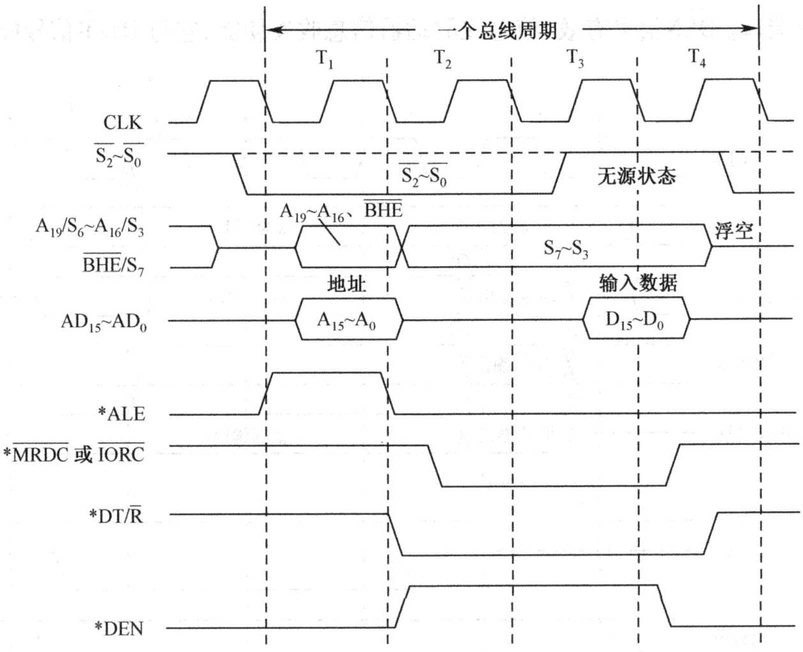

图 2-17　最大模式下总线读周期时序

1. T_1 状态

CPU 经 $A_{19}/S_6\sim A_{16}/S_3$、$AD_{15}\sim AD_0$ 送出 20 位地址信号及$\overline{BHE}$信号。总线控制器送出地址锁存允许信号 ALE,用于地址锁存。总线控制器还使 DT/$\overline{R}$降为低电平,表示当前执行总线读操作。

2. T_2 状态

CPU 送出状态信号 $S_7\sim S_3$,并将地址数据/复用总线置为高阻状态,以准备数据读入。$\overline{DEN}$信号有效。总线控制器根据$\overline{S_2}\sim\overline{S_0}$的组合,产生$\overline{MRDC}$信号或$\overline{IORC}$信号送向存储器或 I/O 端口,用于数据读入操作,该信号持续到 T_4 中间。

3. T_3 状态

如果存储器或 I/O 端口速度足够快,这时应将数据送上数据总线,否则同样要插入等待状态。T_3 状态中,$\overline{S_2}\sim\overline{S_0}$全部上升为高电平,进入无源状态,并一直继续到 T_4。一旦进入无源状态,说明很快可以启动下一个总线周期。

4. T_4 状态

一个总线周期结束。数据从总线上撤销,数据/地址总线进入高阻状态。$\overline{MRDC}$(或$\overline{IORC}$)、DT/$\overline{R}$、$\overline{DEN}$等信号失效。$\overline{S_2}\sim\overline{S_0}$信号按照下一个总线周期的操作内容变化,准备进入下一个总线周期。

2.4.5　最大模式下的总线写周期

最大模式下 CPU 通过总线控制器为存储器和 I/O 端口提供两组写信号,一组为普通的存储器写信号$\overline{MWTC}$和普通 I/O 写信号$\overline{IOWC}$(这组信号相当于最小模式下 M/$\overline{IO}$与$\overline{WR}$的组合信号),

另一组为提前的存储器写信号$\overline{AMWC}$和提前的I/O写信号$\overline{AIOWC}$。提前信号比普通信号提前一个时钟周期。最大模式下总线写周期的时序如图2-18所示。$\overline{S_2} \sim \overline{S_0}$信号仍应在$T_1$之前置为有源状态。各个T状态的具体操作如下：

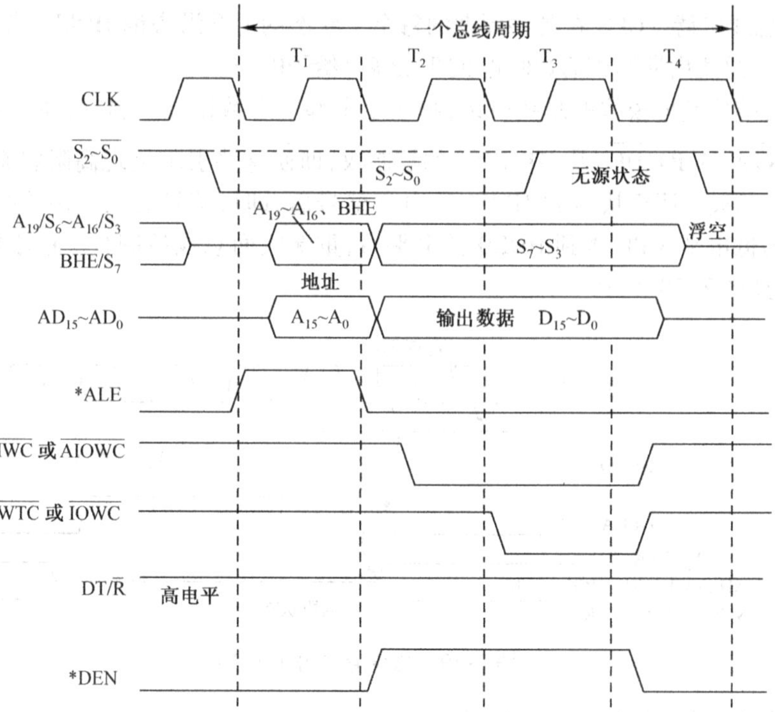

图2-18 最大模式下的写操作时序

1. T_1 状态

$A_{19}/S_6 \sim A_{16}/S_3$ 及 $AD_{15} \sim AD_0$ 输出地址信号。高8位数据线有效信号$\overline{BHE}$输出相应电平，总线控制器使DT/$\overline{R}$信号变为高电平，即控制总线驱动器作数据输出。总线控制器发出ALE信号用于地址锁存。

2. T_2 状态

总线控制器输出DEN高电平使数据总线驱动器使能。提前的存储器写信号$\overline{AMWC}$或I/O写信号$\overline{AIOWC}$降为低电平。$S_7 \sim S_3$ 输出状态信号，CPU的输出数据送到数据总线 $AD_{15} \sim AD_0$。T_2 状态出现的信号均持续到 T_4 中间。

3. T_3 状态

总线控制器使普通的写控制信号$\overline{MWTC}$或$\overline{IOWC}$生效。可以看出，提前的写控制信号比普通写控制信号提前一个时钟周期。慢速存储器芯片或I/O设备可采用提前信号作为写控制信号。T_3 状态中$\overline{S_2} \sim \overline{S_0}$进入无源状态。同样在 T_3 之后，根据READY信号可适当插入等状态 T_W。

4. T_4 状态

总线写周期结束。$A_{19}/S_6 \sim A_{16}/S_3$、$AD_{15} \sim AD_0$ 复用总线变为高阻状态。总线写控制信号$\overline{AMWC}$（或$\overline{AIOWC}$）、$\overline{MWTC}$（或$\overline{IOWC}$）等控制信号失效。$\overline{S_2} \sim \overline{S_0}$状态按下一个总线周期的操作改

变,准备进入新的总线周期。

2.4.6 最小模式下的总线请求/响应周期

当系统中有多个总线驱动模块时,CPU 以外的总线驱动模块必须通过总线申请信号 HOLD 向 CPU 提出总线申请。CPU 在各种周期的每个 T 状态的上升沿查询 HOLD,当查到 HOLD 为高电平时,则在本总线周期结束后(即 T_4 或 T_I 之后)给予响应。

CPU 一旦响应其他模块的总线申请,则让出全部三态数据/地址总线、状态及控制总线(包括$\overline{RD}$、$\overline{WR}$、$\overline{INTA}$、M/$\overline{IO}$、$\overline{DEN}$及 DT/$\overline{R}$等)的控制权,即使这些引脚呈现高阻状态,并以 HLDA 作为回答信号。总线申请模块接到 HLDA 高电平信号后,即可接管总线。待总线操作完成后,再将 HOLD 降为低电平,CPU 查到 HOLD 低电平后,重新收回总线控制权。最小模式下的总线请求/响应时序如图 2-19 所示。

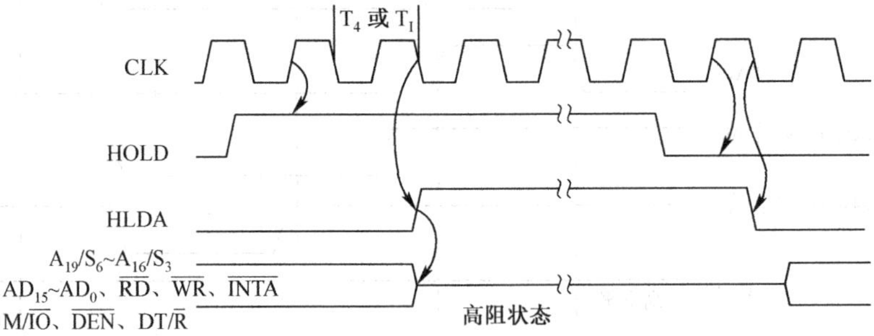

图 2-19 总线请求/响应时序

对总线请求响应周期的进一步说明:

1) 总线申请模块使 HOLD 变为高电平后,在其后的时钟脉冲上升沿 CPU 才能查到,且要等当前总线周期结束后,即在 T_4 或空闲周期 T_I 之后才能发出 HLDA 信号,让出总线,这期间会有几个时钟周期的延迟。

2) HOLD 信号直接影响总线接口部件(BIU)的工作,对执行部件 EU 的影响是间接的。即 CPU 让出总线后,EU 照样从指令队列中取出指令执行,直到需要总线操作或指令队列已空时才停下来。

3) 其他总线部件完成工作交回总线控制权后,CPU 接管总线,但并不一定马上控制总线,直到程序执行中需要总线操作时才恢复对总线的控制。为了防止总线切换过程中没有任何模块控制总线导致控制线上电平过低,控制线应接上拉电阻。

2.4.7 最大模式下的总线请求/响应周期

最大模式下也提供了 8086 CPU 与其他总线主模块(如 DMA 控制器、协处理器等)之间传递总线控制权的功能。这时不是通过 HOLD 和 HLDA 信号来联络,而是将这两条线扩充成两个双向线$\overline{RQ}/\overline{GT_0}$、$\overline{RQ}/\overline{GT_1}$,这两个双向线均称为总线请求/总线允许信号线。$\overline{RQ}/\overline{GT_0}$ 比$\overline{RQ}/\overline{GT_1}$ 有较高的优先级,但总线的使用不能嵌套。通过总线控制权的转移,各个总线主模块可以共享内存、外设端口、总线控制器、数据总线驱动器和地址锁存器等硬件资源。

最大模式下总线请求/允许的时序如图 2-20 所示。其操作过程如下:

1) CPU 外的总线主模块要使用总线时,在$\overline{RQ}/\overline{GT}$线上发出一个时钟周期宽的低电平总线请求信号$\overline{RC}$。

2）CPU 在每个时钟脉冲的上升沿查询$\overline{RQ}$引脚，如查到低电平，则在下一个 T_4 状态或 T_1 状态在同一引脚上送出一个时钟周期宽的低电平允许信号$\overline{GT}$。CPU 一旦发出$\overline{GT}$，则所有三态引脚（包括地址数据线、地址/状态线等）都变为高阻状态。

3）其他总线模块接到 CPU 发出的$\overline{RQ}/\overline{GT}$低电平信号后，便得到了总线控制权，可以占用一个或多个总线周期。外部模块要释放总线时，只要在$\overline{RQ}/\overline{GT}$线上发一个时钟周期的低电平释放信号，CPU 检测到此信号，在下一个时钟周期便收回总线控制权。

关于总线请求/允许过程还有些情况要补充说明：

1）如 CPU 正在执行存储器或 I/O 端口读写周期，则总线请求信号必须在 T_2 之前到达才有效，否则要重新申请。

2）如 CPU 正在用低 8 位数据线传送数据，则总线请求无效，等到数据传输结束，外部主模块必须重新发出总线请求信号。

3）CPU 正在执行第一个中断响应周期时，总线请求无效。

4）CPU 正在执行总线封锁指令，总线请求无效。

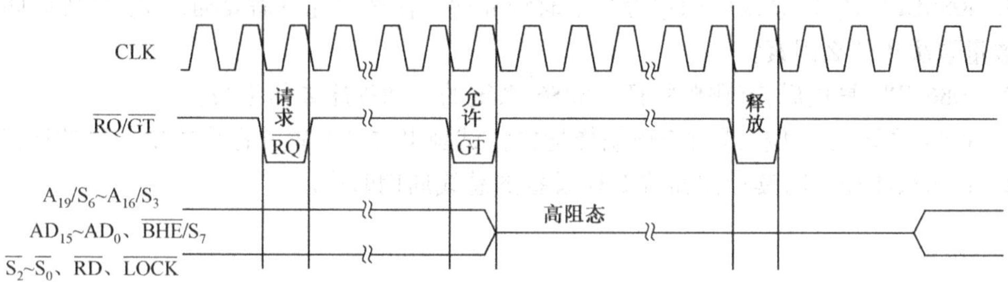

图 2-20　最大模式下总线请求/允许/释放时序

2.5　习题

1. 8086CPU 由哪两部分构成？它们的主要功能是什么？在执行指令期间，EU 能直接访问存储器吗？为什么？

2. 8086CPU 与传统的计算机相比在执行指令方面有什么不同？这样的设计思想有什么优点？

3. 8086CPU 中有哪些寄存器？各有什么用途？

4. 状态标志与控制标志有何不同？程序中是怎样利用这两类标志的？标志寄存器有哪些标志位？各在什么情况下置位？

5. 求出下列运算后各个标志的状态，并说明进位标志和溢出标志的区别。

（1）1278H + 3469H　　（2）54E3H - 27A0H

（3）3881H + 3597H　　（4）01E3H - 01E3H

6. 8086CPU 中存储器的逻辑地址和物理地址之间有什么关系？各有多少值？

7. 8086CPU 使用的存储器为什么要分段？怎样分段？为什么要设置段寄存器？有几个段寄存器？各段寄存器有什么意义？

8. 简述 A_0 与 $\overline{BHE}$ 在 8086 系统中的应用。

9. 8086 系统中为什么要采用地址锁存器 8282？采用什么方法从分时复用地址/数据线中将数据和地址信号分离出来？

10. 8086 和 8088 CPU 的主要区别是什么？

11. 8086 系统中的存储器采用什么结构？如何与地址、数据线连接？

12. 8086 的 I/O 端口寻址范围是多少？什么是 I/O 端口与内存分别独立编址？

13. 在对存储器和 I/O 设备读/写时，要用到 $\overline{IOR}$(IO 读)、$\overline{IOW}$(IO 写)、$\overline{MR}$(存储器读)、$\overline{MW}$(存储器写)信号，这些信号的作用是什么？它们在最小模式时分别可用怎样的电路得到？请画出示意图。

14. 什么是基地址和位移量？它们之间有何联系？

15. 设 CS = 1200H，IP = 0FF00H，此时指令的物理地址是多少？指向这一物理地址的 CS 和 IP 的值是唯一的吗？

16. 若 CS = 1000H，指出当前代码段可寻址的存储空间的大小和地址范围。

17. 简述 8086 单 CPU 和多 CPU 系统各自的主要特点，并说明有何差别。

18. 时钟周期、T 状态、总线周期、指令周期的定义是什么？什么情况下会出现空闲周期？

19. 8086CPU 读/写总线周期包含几个时钟周期？什么情况下需要插入 T_W 等待周期？插入 T_W 的数量取决于什么因素？

20. 8086CPU 复位后，有哪些特征？8086 系统的启动程序如何去找？

21. 8086 系统在最小模式时应该怎样配置？试画出这种配置并标出主要信号的连接关系。

22. 画出最小模式时读存储器或 I/O 设备的总线周期时序。

第3章　从8086到Pentium系列微处理器的技术发展

目前世界上大多数微型计算机系统的微处理器都属于Intel公司的8086微处理器家族。各种微机系统的兼容性(即可以运行同一目标代码的可执行程序,且得到相同的结果),都是建立在8086微处理器家族成员具有相同的基本体系结构基础之上的,即由8086微处理器和8087数学协处理器组成的体系结构。Intel 8086家族的其他成员在体系结构上有许多新的发展,但必须包括8086和8087微处理器的基本体系结构的功能,这是兼容性的基础。

自从1978年Intel公司推出16位微处理器8086之后,随着微型计算机应用领域的扩大和应用技术的深入,只能处理单任务、内存容量最大为1MB的8086/8088已不能满足应用的需要。在迅速发展的集成电路技术的支持下,Intel公司相继推出了一系列功能更强、性能更高的微处理器。1982年Intel推出了与8086向下兼容的微处理器80286。80286有16条数据线,24条地址线,寻址空间为16MB。相同时钟频率下,其执行速度可比8086快2.5倍。80286的主要目的是多任务处理,但这个目标并没有很好地实现。针对80286存在的问题,Intel公司于1985年推出了32位微处理器80386,其数据、地址总线都是32位,寻址范围达4GB,真正实现了多任务。

1989年又推出了80486,它实际上是80386的增强型,除保留80386的所有功能外,片内增加了协处理器和高速缓存(CACHE),并采用了精简指令集计算机(Reduction Instruction Set Computer,RISC)技术,相同时钟频率下80486的处理速度是80386的2倍。

继80486之后,Intel公司于1993年又推出了Pentium系列微处理器第一代产品(称为P5或80586);1995年又发布了代号为P6(Pentium Pro)的微处理器;1998年和1999年又相继推出了PentiumⅡ、Pentium Ⅲ(即奔腾2代和奔腾3代,简称奔2和奔3);2001年推出了Pentium 4(奔4),它采用了超标量双流水线结构、高性能浮点运算、独立的指令和数据高速缓存、分支指令预测、增强的64位数据总线、超线程HT()等多项新技术,使其达到甚至超过了高档工作站的性能。

表3-1给出了80X86系列微处理器的概况。

表3-1　80X86系列微处理器的概况

型　　号	发布年份/年	字长/bit	集成度/万个晶体管	主频/MHz	引脚数/个	数据总线/位	地址总线/位	寻址空间	高速缓存(CACHE)
8086	1978	16	2.9	4.77	40	16	20	1MB	无
80286	1982	16	13.4	20	68	16	24	16MB	无
80386	1985	32	27.5	133	132	32	32	4GB	有
80486	1990	32	120	100	168	32	32	4GB	8KB
Pentium ~ Pentium 4	1993 ~ 2001	64	60 ~ 4200	60 ~ 3200	296 ~ 478	64	32 ~ 36	4 ~ 64GB	8KB数据,8 ~ 32KB指令,512KB二级高速缓存

本章主要介绍80386CPU,同时也对80286、80486及Pentium微处理器的改进之处和特点做简单介绍。

3.1　80286微处理器简介

尽管8086微处理器获得了巨大的成功,得到了广泛的应用,但随着应用领域的扩大和应用技术的深入,其功能和性能已不能满足需求。8086 存在的问题主要表现在以下两个方面:首先,1MB 的存储器地址空间在很多应用中显得太小了,应该扩大;其次,8086 的硬件不适合在系统中同时运行多道程序、执行多个任务。但是,由于技术的发展,要求微处理器的硬件像小型计算机、甚至大型计算机那样,能适应多任务的要求。另外,由于已经有相当数量的软件在 8086 系统机上运行,为了不遗弃这些软件资源,要求后继开发的 CPU 与 8086 兼容。1982 年,Intel 推出了 80286。在开发时 80286 就提出了设计目标,即解决 8086 存在的上述问题。

3.1.1 80286 的特点及相对 8086 体系结构的增强点

80286 采用68 引脚的4 列直插式封装,具有独立的16 条数据线和24 条地址线,最多可寻址 16MB 的实际存储空间和 64KB 的 I/O 地址空间。

80286 对 8086 体系结构进行了很多改进,主要如下:

① 将 8086 的 BIU(总线接口部件)分成了 AU(地址部件)、IU(指令部件)和 BU(总线部件)3 个部件。CPU 内部的 4 个处理部件(EU、AU、IU、BU)可以并行操作,提高了处理速度。

② 数据线和地址线完全分离。在一个总线周期中,当有效数据出现在数据总线上时,下一个总线周期的地址已经送到地址总线,形成总线周期的流水作业。

③ 具有“实地址模式”(Real Address Mode,简称为“实模式”)和“保护虚地址模式”(Protected Virtual Address Mode,简称为“保护模式”)两种工作模式。

④ 能运行实时多任务操作系统,支持存储管理和保护功能。存储管理功能实现在实模式和保护模式两种模式下访问存储器;保护功能包括对存储器进行合法操作和对任务实现特权级的保护。

⑤ 实现了虚拟存储管理。在 8086 系统中,程序能够占有的存储器就是 CPU 能够访问的物理存储器,其大小为 1MB。80286 在保护模式下支持对虚拟存储器的访问。虚拟存储器与物理存储器是有区别的,其存储空间的大小也是不同的。所谓虚拟存储器,是指程序可以占有的存储空间,但它并不是 CPU 能够直接访问的内存的实际物理地址空间,而是由外存(如硬盘)提供的大容量的所谓虚拟地址空间。用户编写的应用程序并不受限于实际内存容量的大小,是放在虚拟存储器上的。当程序运行时,首先将要执行的程序和要存取的数据从虚拟存储器加载到物理存储器上,这就需要把程序和数据从虚拟地址空间转换到物理地址空间,这种转换称为映射。80286 中,虚拟存储器(虚拟地址空间)的大小可达 $2^{30}B = 1GB$,而物理存储器(内存地址空间)的大小只能达到 $2^{24}B = 16MB$。采用虚拟存储管理技术,就是为了解决适应多任务、多用户问题。

⑥ 与 80286 配合使用的数学协处理器是 80287。80287 基本与 8087 相同,但可以适应 80286 的两种工作模式。

3.1.2 80286 的保护模式

80286 具有两种工作模式,即实模式和保护模式。

当 80286 工作于实模式时,它的 24 条地址线中只有低 20 位地址有效,其寻址空间和寻址方法与 8086 完全相同。对于程序员来说,相当于 8086 的最大模式系统,且寄存器结构和寻址方式与 8086 相同。不同的是 20 位地址总线和 16 位数据总线不再分时复用芯片的引脚,并且增加了某些新指令。8086 的应用程序不需要修改就可以移到该方式下运行,但是运行速度更快。

80286 的另一工作模式,即保护模式提供了许多新的功能。与实模式相比,最明显的差别是它的 24 条地址线全部有效,可寻址存储器空间扩大到 16MB。

保护模式体现了 80286 的特色,主要是对存储器管理、虚拟存储和对地址空间的保护。虽然 80286 的实存地址空间只有 16MB,但在保护模式下,可为每个任务提供多达 1GB 的虚拟存储空间和保护机制,有力地支持了多用户、多任务的操作。在保护模式下,80286 的存储管理仍然分段进行,每个逻辑段的最大长度为 64KB,但每个任务可使用的逻辑空间却高达 1GB。

在保护模式下,那些内存装不下的逻辑段,将以文件形式存在外存储器中,当处理器需要对它们进行存取操作时就会产生中断,通过中断服务程序把有关的程序或数据从外存储器调入到内存,从而满足程序运行的需要。

在保护模式下,80286 提供了保护机制,它们由硬件提供支持,一般不会增加指令的执行时间,这些保护包括:对逻辑段的操作属性(可执行、可读、只读、可写)和长度界限(1 ~ 64KB)进行检查,禁止错误的段操作。

为不同程序设置了 4 个特权级别(Privilege Level),提供若干特权级参数,可让不同程序在不同的特权级别上运行。8086 系统程序和用户程序处于同一级别,并存放在同一存储空间,所以系统程序有可能遭到用户程序的破坏。而 80286 依靠这一机制,可支持系统程序和用户程序的分离,并可进一步分离不同级别的系统程序,大大提高了系统运行的可靠性。

应该指出的是,80286 实际上并没有很好地实现多任务处理特性。在处理多任务时,经常导致程序运行非正常停止,特别是在实模式与保护模式之间进行转换时,这个问题尤其突出。因此,Intel 公司很快推出了性能更加优良的微处理器 80386。

3.2 80386 微处理器

80386 是一个与 80286 兼容的高性能全 32 位微处理器,它成功地实现了从 16 位微处理器体系结构向 32 位微处理器体系结构的过渡。

80386 微处理器采用 1.5 μm CHMOS - Ⅲ工艺,在一片芯片上集成了超过 27.5 万个晶体管。80386 在体系结构设计上进行了革命性变革,实现了全 32 位结构,硬件组织上采用硬件乘/除部件、流水线结构、指令重叠执行、高速缓存、虚拟存储等技术,并充分考虑对操作系统的支持,在芯片级实现了段页式存储管理机制、快速多任务硬件切换开关等,使 80386 达到单片小型机的水平。

3.2.1 80386 的特点及其体系结构

1. 80386 的特点

80386 是全 32 位结构,它的外部数据总线和内部数据通道,包括寄存器、ALU 和内部总线都是 32 位的,提供 32 位的存储空间寻址能力和 32 位的外部总线接口单元,能灵活处理 8 位、16 位、32 位 3 种数据类型。

80386 有以下 3 种工作模式:

其一为实模式。复位后自动进入这一模式,其工作模式与 8086 相同,地址总线仍为 20 位,数据总线为 32 位,数据总线与地址总线是相互独立的,内部寄存器主要作为 16 位使用,也可以按 32 位使用。

保护模式又分两种。一种为虚拟 86 模式,即与 80286 的保护模式相同,主要指操作数和段内偏移地址保持为 16 位;另一种是 386 保护模式,操作数和段内的偏移地址都是 32 位,地址总线也是 32 位，物理地址空间为 2^{32}B = 4GB。

80386 的硬件结构可分成 6 个逻辑单元，它们以流水线方式工作，CPU 主频可达 133MHz。其硬件设计有支持段页式存储管理部件，易于实现虚拟存储系统。在保护模式下的分段寻址体系，与操作系统相配合可以组成虚拟存储器系统，而且虚拟地址空间远远大于物理空间，一个任务的最大虚拟空间可达 2^{46}B = 64TB(1TB = 1024GB)。

80386 硬件支持多任务处理，用一条指令就可以实现任务切换。

80386 设置了 4 级特权级，按优先顺序依次为 0 级、1 级、2 级、3 级，前 3 级用于操作系统程序，后 1 级用于用户程序。

2. 80386 的体系结构

80386 的内部结构如图 3-1 所示。由图可以看出，80386 主要由 6 个部件组成：总线接口部件(BIU)、指令预取部件(IPU)、指令译码部件(IDU)、执行部件(EU)、段管理部件(SU)、页管理部件(PU)。为方便理解，这里将这 6 个部件按功能分成总线接口部件(BIU)、中央处理部件(CPU)和存储管理部件(MMU)3 大部分。

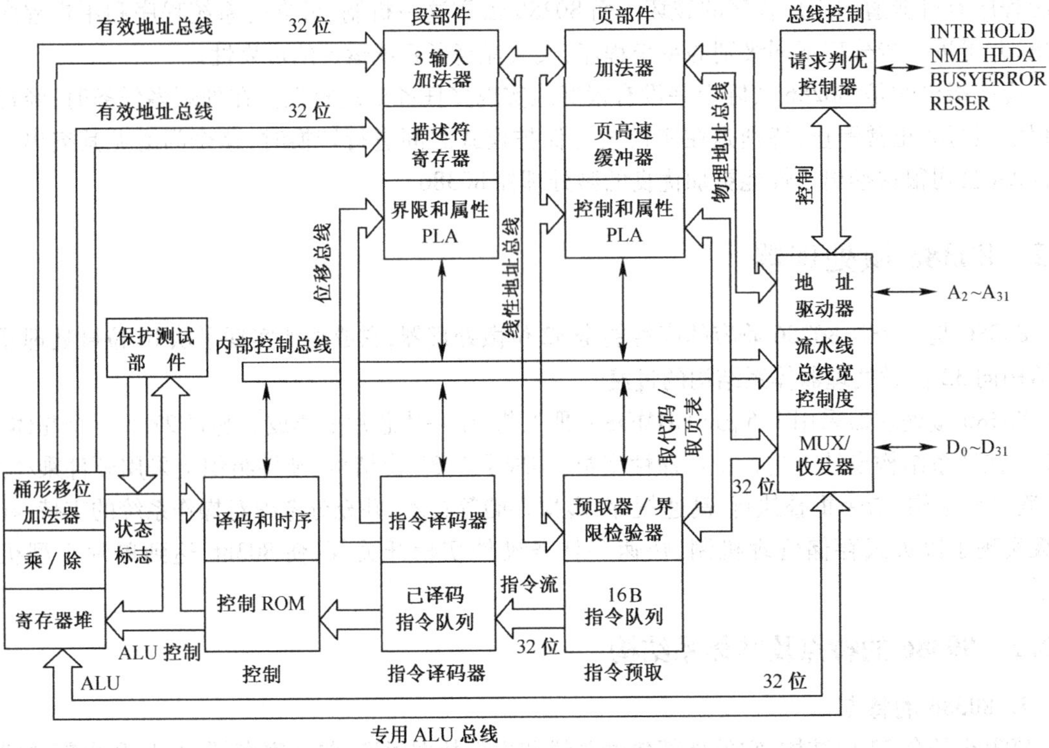

图 3-1　80386 的内部结构

1) 总线接口部件(BIU)是 80386 与外界的接口，它通过数据总线、地址总线和控制总线将外部部件与 80386 连接起来，完成对存储器和 I/O 端口的访问、80386 与 80387 数学协处理器的协调等功能。当取指令、取数据和分页部件产生请求时，总线接口部件能够响应请求，并按优先权进行排队，充分利用总线宽度传送数据。由于总线数据传送与总线地址形成可同时进行，所以总线周期只用两个时钟周期，一旦没有总线请求，总线接口部件能将下一条指令自动送到指令预取队列。

2）中央处理部件（CPU）包括指令预取部件（IPU）、指令译码部件（IDU）和执行部件（EU）。

指令预取部件是一个16B的指令队列寄存器（大约可存放5条指令），与8086相似，每当指令预取队列不满或发生控制转移时，指令预取部件就向总线接口部件发出总线请求，如果这时总线处于空闲状态时，它从存储器预先读取待执行的指令代码并存放到指令队列寄存器中。由于指令预取的优先级别低于数据传送等总线操作，因此，绝大部分是利用总线空闲时间预取指令。

指令译码部件对预取得指令代码译码后，送入已译码指令队列中等待执行部件执行。已译码指令队列可以容纳3条已经译码的指令，当已译码指令队列中有空闲字节时，译码部件就从指令队列寄存器中取出下一条指令进行译码。

执行部件主要包括寄存器、32位的算术逻辑单元（ALU）、桶形移位加法器和乘/除运算部件以及对存储保护功能进行测试的测试部件。桶形移位加法器是一个64位的可实现移位、环移及位处理功能的高效移位器。指令队列中有一个字段指出本指令在微程序ROM中的开始地址，并由此顺序执行微指令，直到本指令执行完成。

3）存储管理部件（MMU）包括段管理部件（SU）和页管理部件（PU），它们的功能是实现存储器的段、页式管理，从而实现虚拟存储器系统和多任务处理。段管理部件的作用是应执行部件的请求，把逻辑地址转换成线性地址，在完成地址转换的同时还要执行总线周期分段的违章检验工作。页管理部件的作用是把由段管理部件或指令预取部件产生的线性地址转换成物理地址，并且要检验访问是否与页属性相符合。为了加快线性地址到物理地址的转换速度，80386内设有一个页描述符高速缓冲存储器（TLB），可以存储32项页描述符。所以在地址转换期间，绝大部分情况不需要到内存中查页目录表和页表。试验证明其命中率可达98%，因此大大加快了地址转换速度。对于TLB没有命中的地址转换，80386设有硬件查表功能，这使因查表而引起的速度下降明显好转。

上述6个部件既能各自独立操作，也能与其他部件协调一致地并行工作。当取一条指令和执行一条指令时，每个部件都会完成一项任务或完成某一操作步骤。这样，既可以同时对不同指令进行操作，又可以同时对同一指令的不同部分并行地进行操作。例如，当总线接口部件正在执行某一条指令的写存储器操作的同时，指令译码部件可能正在对另一条指令进行译码，而执行部件却可能正在处理第3条指令。这样，80386整个处理器就分成指令流水线、地址流水线和执行流水线3部分，这3部分既可协调一致工作，也可以并行工作，大大提高了处理器的工作效率。

3.2.2 80386引脚的功能

80386CPU共有132个引脚，其中20个用作V_{CC}，21个用作GND，34个地址线，32个数据线，17个控制线，其余8个引脚未用。下面简要说明它们的功能。

1. 数据线 $D_{31} \sim D_0$ 和总线宽度控制信号 $\overline{BS_{16}}$

这32条数据线是双向三态的，在总线宽度控制信号$\overline{BS_{16}}$的控制下，可实现16位或32位数据传送。当$\overline{BS_{16}}$为高电平时，使用$D_{31} \sim D_0$进行32位数据传送；当$\overline{BS_{16}}$为低电平时，使用$D_{15} \sim D_0$进行16位数据传送。

2. 地址线 $A_{31} \sim A_2$ 和字节控制信号 $\overline{BE_0} \sim \overline{BE_3}$

这34个引脚是三态、输出引脚，由$\overline{BE_0} \sim \overline{BE_3}$译码产生$A_1$和$A_0$，加上$A_{31} \sim A_2$ 32条地址线，可寻址4GB物理存储器地址。只要当$\overline{BE_0}$为低电平时，译码结果为$A_1 = 0$、$A_0 = 0$，对该类地址的

内存单元数据的传送在数据总线 $D_7 \sim D_0$ 上进行；当$\overline{BE_0}$为高电平时，只要$\overline{BE_1}$为低电平，译码结果为 $A_1 = 0$、$A_0 = 1$，对该类地址的内存单元数据的传送在数据总线 $D_8 \sim D_{15}$上进行；当$\overline{BE_0}$和$\overline{BE_1}$为高电平时，只要$\overline{BE_2}$为低电平，译码结果为 $A_1 = 1$、$A_0 = 0$，对该类地址的内存单元数据的传送在数据总线 $D_{16} \sim D_{23}$上进行；当$\overline{BE_0} \sim \overline{BE_2}$为高电平、$\overline{BE_3}$为低电平时，译码结果为 $A_1 = 1$、$A_0 = 1$，对该类地址的内存单元数据的传送在数据总线 $D_{24} \sim D_{31}$上进行。这样，通过$\overline{BE_0} \sim \overline{BE_3}$可控制选择访问内存的任一字节。

3. 协处理器接口信号

80386 可与数学协处理器 80287、80387 连接，以进行快速复杂的数学运算。为实现 80386 与 80387 协调一致地工作，需要使用下述 3 个接口信号。

1）PEREQ：协处理器向 80386 发出的请求信号，有效时表示协处理器请求与存储器之间传送数据。80386 响应该请求后，将按照指令的要求控制对存储器的读写。

2）$\overline{BUSY}$：协处理器向 80386 发出的状态信号，有效时表示协处理器正在执行指令，处于忙状态，暂时不能接收新的指令。

3）$\overline{ERROR}$：协处理器向 80386 发出的状态信号，有效时表示协处理器出错。80386 在检测到$\overline{ERROR}$信号后，将转到错误处理子程序来处理该类错误。

80386 在每个总线周期都将自动检测这 3 个信号，以决定是否能让协处理器执行下一条指令。

4. 其他信号

1）$D/\overline{C}$：数据/控制信号，输出，表示当前是数据传送周期还是控制周期。

2）$\overline{NA}$："下一个地址"请求信号，输入，有效时则允许地址流水线进行操作。

3）$\overline{ADS}$：地址状态信号，三态输出，类似于 8086 的 ALE 信号。

4）其余如 $W/\overline{R}$、$M/\overline{IO}$、INTR、NMI、HOLD、HLDA、RESET、$\overline{READY}$、$\overline{LOCK}$、CLK 等信号与 8086 的同名信号相似，不再赘述。

3.2.3 80386 的寄存器组

80386 共有 34 个寄存器，按功能可分为通用寄存器、段寄存器、状态和控制寄存器、系统地址寄存器、调试寄存器及测试寄存器。其示意图如图 3-2 所示。

1. 通用寄存器

8 个通用寄存器和 8086 通用寄存器相同，只是扩展到 32 位，寄存器名字前加一个字符 E，即 EAX、EBX、ECX、EDX、ESI、EDI、EBP、ESP，支持 8 位、16 位和 32 位操作，用法和 8086 系统相似。例如，AX 是 EAX 的低 16 位，AH 是 AX 的高 8 位。

2. 段寄存器

6 个 16 位段寄存器包括 CS 代码段寄存器，DS 数据段寄存器，SS 堆栈段寄存器，ES、FS、GS 为 3 个附加段寄存器。在实模式下，段寄存器的用法和 8086 系统相同，只是增加了两个附加段寄存器 FS、GS。在保护模式（即支持多任务的工作模式）下，段寄存器称为段选择符（Selector），与描述符配合实现段寻址。

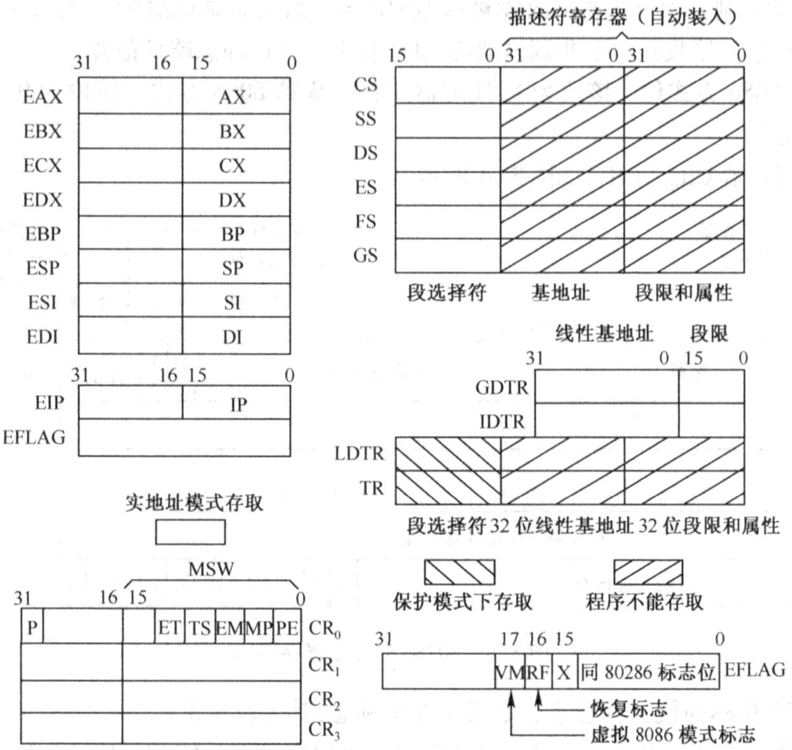

图 3-2　80386 寄存器配置

3. 段描述符寄存器

64 位的段描述符寄存器对程序员是不可见的。为了加快对内存中描述符表的查询速度，在段选择符内容装入时，段描述符同时装入段描述符寄存器。这样，只要段选择符内容不变（一般选择符内容很少变化），就不需要到内存中查描述符表，从而加快了段地址寻址的速度。描述符寄存器的内容包括段基地址、段限和段属性。段限指出本段的实际长度，与段属性一起主要用于段保护，防止不同任务进入不该进入的段进行操作。

4. 状态和控制寄存器

状态和控制寄存器由标志寄存器（EFLAGS）、指令指针寄存器（EIP）和 4 个控制寄存器 CR0 ~ CR3（Control Register）组成。

1）标志寄存器。标志寄存器的内容如图 3-3 所示。

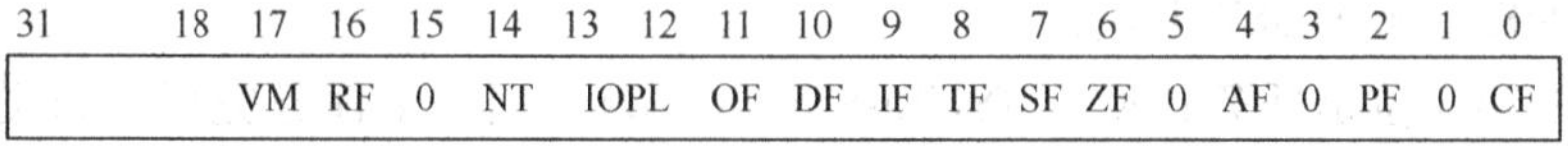

图 3-3　标志寄存器

标志寄存器 0 ~ 11 位为 6 个条件标志、3 个控制标志，其意义与 8086CPU 下的意义相同。12 ~ 17 位为新增加的标志，18 ~ 31 位未用。

IOPL：两位宽的特权级字段，支持保护模式。IOPL 指出要执行的 I/O 指令的特权级。如果当前的特权级别数值上小于等于 IOPL，则 I/O 指令可以执行，否则将发生一个保护。

NT：嵌套任务控制位。NT = 0，IRET 执行一般的中断返回；NT = 1，用一个任务转换代替一般的中断返回。

RF:重启动控制。RF=0 调试故障被接收;RF=1 则忽略调试故障。成功地执行完一条指令,CPU 将 RF 清 0;接收到一个非调试故障 CPU 将 RF 置 1,即忽略该故障。

VM:虚拟 8086 方式位。该位为 1,处理器工作于虚拟 8086 方式。该位为 0,处理器工作于一般的保护模式。

2)控制寄存器 $CR_0 \sim CR_3$,如图 3-4 所示。

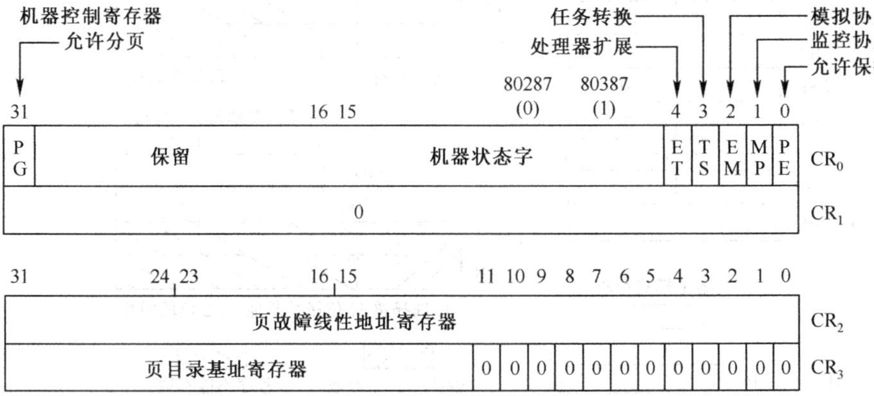

图 3-4　80386 的控制寄存器组

CR_0:0~15 位称为机器状态字。定义了 6 个标志,其余位保留。

- CR_0 的第 0 位 PE(Protection Enable)为允许保护位,第 31 位 PG(Paging Enable)为允许分页位。组合起来的 4 种操作方式见表 3-2。

表 3-2　PE 与 PG 的组合

PG	PE	方　式
0	0	实模式,8086 操作
0	1	保护模式
1	0	未定义
1	1	“分页保护”环境,允许保护方式下,所有设施都能分页

- CR_0 中的第一位是监控协处理器 MP(Monitor Coprocessor)。它与 TS 位一起决定 WAIT 操作是否产生一个“协处理器不能使用”的出错信号。
- CR_0 中的第 2 位是模拟协处理器 EM(Emulate Coprocessor)。当 EM=1 时,所有协处理器的操作码都产生一个“协处理器不能使用”的出错信号。当 EM=0,所有协处理器操作码均能在 80287 或 80387 上执行。
- CR_0 中的第 3 位是任务转换位 TS(Task Switched)。当一个任务完成后自动将 TS 置 1,随着 TS 置 1,协处理器操作码将会引起一个协处理器不能使用的陷阱。
- CR_0 的第 4 位为处理器扩充类型位 ET(Processor Extention Type)。ET=0 表示系统使用 80287 协处理器;ET=1 表示系统使用 80387 协处理器。

CR_1:未定义控制寄存器,作备用。

CR_2:页保护线性地址寄存器,保护最后出现页故障的 32 位线性地址。

CR_3:页目录基址寄存器,保存页目录表的物理基地址。

5. 系统地址寄存器

80386 有 4 个系统地址寄存器,用来保护操作系统需要的保护信息和地址转换表信息,定义目前正在执行任务的环境、地址空间和中断向量空间，其名字与作用如下。

1）GDTR:48 位全局描述符表寄存器，用于保存全局描述符表 32 位线性基地址和 16 位全局描述符表界限。

2）IDTR:48 位中断描述符表寄存器，用于保存中断描述符表 32 位线性基地址和 16 位界限。

3）TR:16 位局部描述符表寄存器，用于保存局部描述符表段的选择符。

4）LDTR:16 位局部描述符表寄存器，用于保存局部描述符表段的选择符。

6. 调试寄存器

80386 为调试提供了硬件支持。芯片内设有 $DR_0 \sim DR_7$ 8 个调试寄存器，如图 3-5a 所示。$DR_0 \sim DR_3$ 保存 4 个线性断点地址。DR_4、DR_5 为备用寄存器，目前尚未定义。DR_6 为断点状态寄存器，通过该寄存器的标志可检测事故并进入事故处理程序或禁止进入事故处理程序。DR_7 为断点控制寄存器，用来规定断点字段的长度、段点访问类型、“允许”断点和“允许”所选择的调试条件。

调试寄存器主要为系统程序设计人员准备。

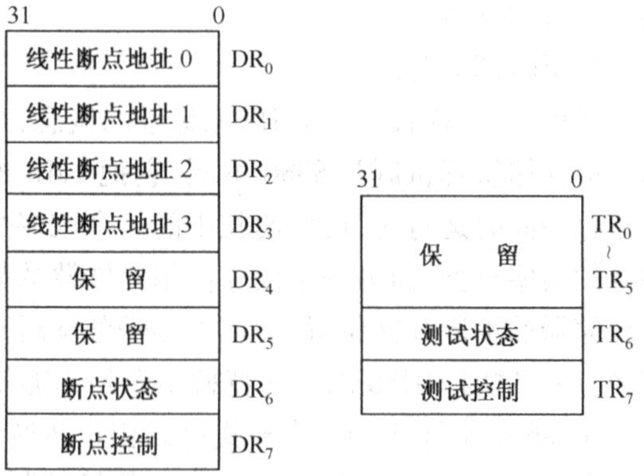

a)　　　　b)

图 3-5　80386 的调试与测试寄存器

a）调试寄存器　b）测试寄存器

7. 测试寄存器

80386 有 8 个 32 位的测试寄存器，如图 3-5b 所示。其中，$TR_0 \sim TR_5$ 保留备用，TR_6、TR_7 用于控制对转换后备缓冲器（TLB）中 RAM 和 CAM（内容可寻址寄存器）的测试，TR_6 是测试命令寄存器，TR_7 为测试数据寄存器，其中保存测试结果的状态。

3.2.4　80386 的工作模式

80386 有 3 种工作模式：实地址模式（real address mode，简称实模式）、保护虚拟地址模式（protected virtual address mode，简称保护模式）、虚拟 8086 模式（virtual 8086 mode，简称虚拟 86 模式）。

1. 实模式

80386 加电启动或复位后自动进入这一模式。实模式的主要功能是初始化 80386，为建立保护模式做准备。在实模式下，80386 的工作模式与 8086 相似，可保持 80386 与 8086 兼容：地址总线仍为 20 位，不用虚拟地址的概念，存储器最大容量仍为 1MB，其寻址机制、存储器管理均与 8086 相同；数据总线为 32 位，数据总线与地址总线是相互独立的，内部寄存器主要作为 16 位使用，操作数默认长度是 16 位，也可以按 32 位使用，这时要在指令加上越权访问前缀；中断处理结构与 8086 相同；80386 具有 4 级特权级，程序运行在最高级（0 级）上，除少数几条指令外，80386 的绝大部分指令均可在实模式下执行。

2. 保护模式

保护模式是 80386 最常用的工作模式，通常在 80386 加电启动或复位后首先进入实模式，完成初始化工作后立即进入保护模式。所谓保护，主要是对存储器的保护，即对存储器中存放的程序和数据的保护。80386 运行在保护模式下，可实现对多任务、多道程序的复杂管理，也只有在保护模式下，80386 才能够真正发挥其强大的功能。

在保护模式下,采用虚拟存储器的概念,存储空间可使用虚拟地址空间、线性地址空间、物理地址空间。通过存储器管理部件,操作系统可以将磁盘等外存设备映射到内存,使程序员可使用的虚拟地址空间(逻辑地址空间)大大超过实际内存的物理地址空间(虚拟地址空间可达 64TB)。程序指令的操作数和段内的偏移地址都是 32 位,地址总线也是 32 位,物理地址空间为 $2^{32}B = 4GB$,但对内存单元的访问要通过一种称为描述符的数据结构才能实现。80386 具有 4 级特权级,可实现程序与程序之间、用户程序与操作系统之间的隔离和保护,为多任务操作系统提供了有效的支持。

3. 虚拟 86 模式

在虚拟 86 模式下,不用虚拟地址的概念,存储器最大容量仍为 1MB,其寻址机制与 8086 相同。但存储管理机制与 8086 不同,它把 1MB 的存储空间分为 256 个页面,每页 4KB。这时,当多道程序同时运行时,可以使其中的一个或多个任务使用虚拟 86 模式,并使某一个任务占用存储器的某些页面,而另一个任务占用存储器的另外一些页面,这样就可将多个任务分别转换到物理存储器的不同存储位置,实现了多任务同时运行。在虚拟 86 模式下,程序运行在最低特权级(3 级)上,这时 80386 的一些特权指令是不能使用的。

80386 的上述 3 种工作模式可以相互转换。在实模式下,通过 LMSW 或数据传送指令,将控制寄存器 CR_0 的第 0 位(即 PE,允许保护控制位)置为 1,即可进入保护模式。通过数据传送指令,将 PE 置为 0,即可从保护模式返回到实模式。在保护模式下,通过执行 IRETD 指令或进行任务转换,可以进入虚拟 86 模式。通过中断操作,可以从虚拟 86 模式转换到保护模式。

3.2.5 80386 的存储管理

多用户/多任务的操作系统必须提供存储管理手段,以便把系统的存储器有效地分配给不同的任务。操作系统还应提供有效的保护手段,来隔离和保护每一个任务。80386 片上 MMU 采用页和段两种存储管理机制,为操作系统完成上述两方面的任务提供了有力支持。本节的目的在于简单地剖析 80386 两级存储管理与保护机制。

1. 逻辑地址与段选择符

	2	1 0
段描述符指针	T_1	RPL

图 3-6 段选择符的格式

在介绍地址转换时曾经提到,程序提供的逻辑地址包括偏移地址和段选择符两部分。段选择符的格式如图 3-6 所示。其中 RPL 为本程序段的特权级,其取值为 0 ~ 3。T_1 为表指示器,$T_1 = 1$ 指向属于某一任务的局部段描述符表;$T_1 = 0$ 指向属于系统的全局段描述符表。段描述符指针提供一个偏移地址,指向段描述符表中的一个表项,即一个段描述符。

2. 段描述符的格式及保护功能

段描述符的格式如图 3-7 所示。每个描述符占 8 字节(64 位),描述符的内容是分段放置的。例如段限共占 20 位,分 0 ~ 15 位、16 ~ 19 位两部分放置,可指示本段大小,最大为1MB 空间。段限、存取控制和语义控制的内容可用于存储保护。

31											0	字节地址
段基地址 15 · · · 0						段限 15 · · · 0						0
基地址 31 · · · 24	G	D	0	0	段限 19…16	P	DPL	S	类型	A	基地址 23…16	+4

图 3-7 段描述符的格式

段限的保护作用。一个应用程序产生的偏移地址大小只能在段限之内，如果偏移地址的大小大于段限，则出现一个异常保护，防止本程序段进入其他程序的工作区。存取控制字段包括A、类型、S、DPL、P 等项。其中，A 用于存储管理，说明本段是否已被访问；类型指明本段的类型，如代码段、数据段等；S 用于指明本段为系统段或非系统段；DPL 指明本段的特权级；P 指示本段是否在内存中。特权级也可用于存储保护，运行在某一特权级上的程序只能访问不高于本身特权级的段。特权级的转换要通过专用描述符提供。

段描述符中，G、D 位称为语义控制位。G =1，段长以页面为单位；G =0，段长以字节为单位。D =1 为 32 位代码段，即运行于 32 位机方式；D =0 为 16 位代码段，即运行于 16 位机方式。

3. 分页存储管理及保护

分页存储管理有两级表结构，一个为页表目录表，一个为页表。两个表均占 4KB 空间，每个表项都是 4B，所以，一个页表目录表映射为 1024 个页表，每个页表映射为 1024 页。两个表的表项分别称为页目录描述符和页表描述符，其格式如图 3-8 所示。页目录描述符和页表描述符的内容相同。P 为存在位，表示页或页表是否真正装入内存，P =1 表示已在内存；P =0 表示不在内存。W/R 为写/读位，W/R =1 表示可读写出；W/R =0 表示只读。U/S 为用户监控位，U/S =1 表示用户占用；U/S =0 表示监控占用。A 位和 D 位可以跟踪一页的使用情况。对一页进行读出，自动将 A 置 1，而写一页时将 D 置 1。通过查询 A、D 位，操作系统可处理页的替换。

	31　12	11　10　9	8	7	6	5	4	3	2	1	0
页目录描述符	页表地址指针	AVL	0	0	D	A	0	0	U/S	W/R	P

	31　12	11　10　9	8	7	6	5	4	3	2	1	0
页　表描述符	页框地址	AVL	0	0	D	A	0	0	U/S	W/R	P

图 3-8　页目录描述符和页表描述符格式

分页机制也可以在页一级提供保护，根据页表目录和页表描述符中 U/S 和 W/R 位的情况决定监控程序和用户程序的存取权限，其关系见表 3-3。只有两个描述符 U/S、W/R 位都是 1 时才允许用户读/写。

表 3-3　用户/监控页保护

页目录描述符		页 描 述 符		用　户	监　控
U/S	W/R	U/S	W/R		
0	0	0	0	无操作	
1	0	0	1	无操作	读/写
1	0	1	0	只　读	读/写
1	0	1	1	只　读	读/写
1	1	0	0	无操作	读/写
1	1	0	1	无操作	读/写
1	1	1	0	只　读	读/写
1	1	1	1	读/写	读/写

80386 提供了强有力的存储器寻址机构，这主要由片上的存储管理单元（MMU）完成。地址转换的过程如图 3-9 所示。用户程序中所使用的地址称为逻辑地址，80386 支持高达 64TB 的逻辑地址空间，而 80386 可寻址的物理空间为 4GB。由逻辑地址找物理地址的过程，称为地址转换。逻辑地址由两部分组成：低 32 位为偏移地址，可指向 4GB 空间中的任何地址；高 16 位为选择符，指向段描述符表（段描述符表由操作系统管理）的一个表项，即一个段描述符。段描述符

给出一个段基地址,该段基址与偏移地址相加,产生线性地址。当不采用分页机制时,该线性地址就可用作存储器的物理地址,即出现在地址总线上的地址。

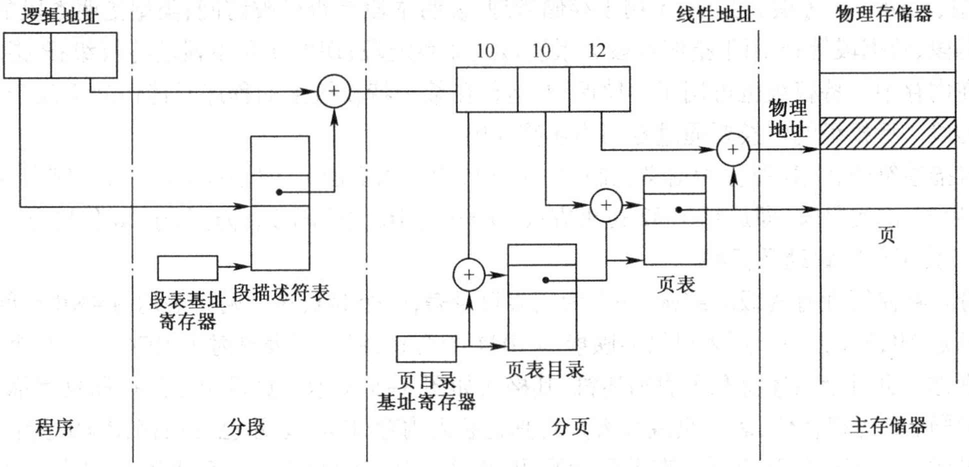

图 3-9　二级分页地址转换

当采用分页机制时,线性地址通过分页机构再转换成物理地址。线性地址共 32 位,分成 3 部分。高 10 位为页表目录索引,中间 10 位为页表索引,低 12 位为一页内的索引,即一页内的相对地址。页表目录索引选中页表目录中 1024 个页表中的一个。页表目录的基地址在页目录基址寄存器 CR_3 中,页表索引选中页表中的一个表项,即选中页在物理空间的基地址,该基地址与页内索引(即指针)相加,获得最后输出在地址总线上的物理地址。

3.2.6　80386 中断

与 8086 相同,80386 系统也可以处理 256 种类型的中断源,中断类型号也为 0 ~ 255 号。引起 80386 中断的中断源也可分为硬件中断和软件中断,其中,硬件中断是指外部设备通过 INTR 或 NMI 引脚向 80386 请求的中断;软件中断是指由于 80386 执行 INT 指令或 CPU 在执行指令时产生异常故障或协处理器执行指令时产生异常故障引起的中断。

80386 的中断管理机制在实模式和保护模式下是不同的。在实模式下,80386 处理中断的方法与 8086 完全相同。另外,除类型号为 0 ~ 4 的中断外,还增加了如下类型号为 5 ~ 9、12、13、16 共 8 个专用中断:类型 5 为 BOUND 指令故障中断,类型 6 为非法指令故障中断,类型 7 为无协处理器中断,类型 8 为 IDT(中断描述符表)小故障中断,类型 9 为浮点段溢出故障中断,类型 12 为堆栈段溢出故障中断,类型 13 为一般段溢出故障中断,类型 16 为协处理器异常故障中断。其余问题在此不再讨论,请读者参考“第 7 章 输入/输出和中断”。

在保护模式下,中断描述符表寄存器(IDTR)存放中断描述符表(IDT)的基地址和界限值。中断描述符表(IDT)类似于实模式下的中断向量表,但其中的每一个描述符占用 8 字节,除了提供中断服务程序的入口地址外,还包含了更多的中断信息。另外,除类型号为 0 ~ 7、12、17 的中断与实模式下的中断相似外,在保护模式下,又增加或修改了如下 5 个中断:类型 8 为双故障中断(即在进行一个异常故障中断处理时,又产生了另外的异常故障中断,这种中断循环情况容易造成死机,采用双故障中断就是打破中断循环),类型 9 留作备用,类型 10 为任务状态段无效故障中断,类型 11 为段不存在异常故障中断,类型 13 为保护异常故障中断,类型 14 为页故障中断。

3.3 80486 微处理器简介

Intel486 微处理器是第一个采用 RISC(精简指令集计算机)技术的 80X86 系列微处理器,它通过减少不规则的控制部分,缩短了指令的执行时间。在 486 芯片上包括整数处理单元、浮点处理单元、存储管理单元和高速缓存。由于许多单元集成在单片上,许多信号只在芯片内以芯片能达到的高速传送,而不是在印制板上传输,所以大大提高了信号处理的速度。它还大大减少了电路板的面积,降低了成本,简化了系统设计。

由于时钟速度和一些专门处理,486 的性能比 386 可高 2 ~4 倍。具体体现在:

1) 虽然 486 和 386 都是 32 位总线宽度,由于 486 总线使用 3 ×1 时钟频率(即 486 内部时钟与外部晶振频率相同)、成组(burst)总线周期、高速缓存周期及高速缓存失效周期、8 位数据总线等方式,使其总线速度远快于 386。

2) 成组总线周期能在一个时钟周期内传送 32 位数据,而 386 至少要两个时钟周期。

3) 执行指令所需时钟周期数少于 386,486 的指令大部分能在一个时钟周期内完成。

下面就 486 微处理器的特点及内部结构作简单介绍。

3.3.1 80486 的主要特点

1) 兼容性。486 在二进制代码的水平上与以前的 80X86 处理器完全兼容。

2) 全 32 位的整数处理器。该处理器使用 ALU 单元和 8 个通用寄存器完成 8 位、16 位、32 位宽度的全部算术逻辑运算。

3) 独立的 32 位地址、数据总线,可直接寻址 4GB 的物理地址空间。

4) 单时钟周期执行。许多指令在一个时钟周期内执行完成。

5) 片上浮点处理单元支持 32 位、64 位和 80 位的浮点运算,在二进制上与 8087、80287、80387 兼容。

6) 片上存储管理单元。支持存储分段和分页机制,地址管理和存储空间保护机构可以保证内存的可靠性与完整性,这在多任务系统虚拟存储环境下是必不可少的。

7) 带有高速缓存支持系统的片上高速缓存。片上 8KB 高速缓存可用于存储指令和数据。读写高速缓存像读写内部寄存器一样快,总线只用于跟踪、更新内部高速缓存。

8) 外部 CACHE 控制。回写和擦除(Flush)控制整个外部 CACHE,使得处理器在多 CPU 环境下能跟踪 CACHE。

9) 指令流水线。取指令、执行指令、地址转换工作并行进行,这使得大部分指令能在一个时钟周期内完成。

10) 成组周期(Burst Cycle)。成组传送使得每个时钟周期内能读入双字数据。由于这个功能,内部 CACHE 和指令预取缓冲器能够很快被充满。

11) 写缓冲器。由于有写缓冲器的存在,CPU 在内部可以连续输出数据,而不管这些数据是否已经从数据总线上输出了。

12) 总线背关(Bus Backoff)。如果在 486CPU 一个总线周期的中间另外的处理器需要占用总线,486CPU 可以浮空其总线,当总线空闲后再重新开始其总线周期。

13) 指令重新执行。当访问存储器意外失败后,指令可继续执行,这个功能对于请求虚拟存储应用十分重要。

14）总线宽度动态可变。外部控制器可动态地将总线宽度改为 8 位、16 或 32 位。

3.3.2　80486 的内部结构

486 微处理器的内部结构如图 3-10 所示。有 9 个功能单元并行工作，这些单元包括总线接口单元、高速缓存(CACHE)、指令预取单元、指令译码单元、控制单元、整数(数据通路)单元、浮点单元、分段单元和分页单元。其内部结构除高速缓存、浮点单元外和 386 非常相似。32 位外部信号通过总线接口单元进入处理器内部。在内部总线接口单元和 CACHE 间双向传送 32 位地址。32 位数据通过 CACHE 和总线接口部件送上外部数据总线。和 CACHE 紧耦合的指令预取单元同时接收从总线接口单元传送来的预取指令，CACHE 还接收指令操作数和其他数据。指令预取单元也可以从 CACHE 存取指令，指令预取单元中保存 32B 的指令队列等待执行。

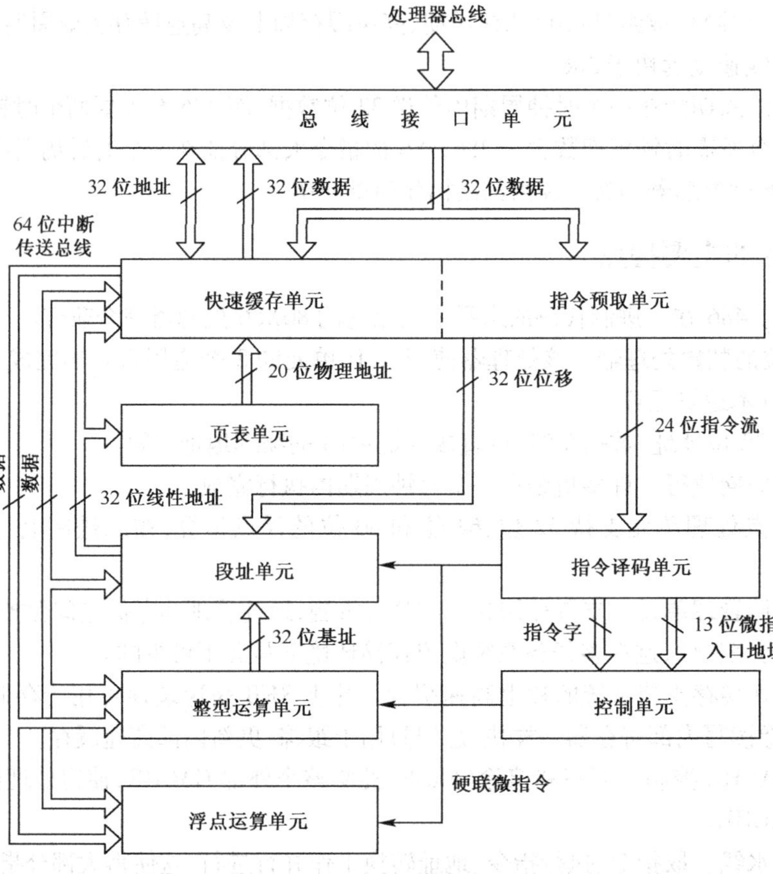

图 3-10　80486 的内部结构

当内部请求指令或数据从 CACHE 得到满足时，处理器的外部总线空闲下来，只有内部操作需要总线存取时，才调用总线接口部件。许多内部操作对外部是透明的，指令译码单元将指令译码成低级控制信号和微代码入口指针。控制单元执行微代码，并控制整数单元、浮点单元和段单元。计算结果放入整数单元和浮点单元的内部寄存器或 CACHE 中。内部存储地址保存在整数单元中。CACHE 与整数单元、段机构和浮点单元共享两组 32 位数据总线，这两组数据总线可合在一起用作 64 位内部传输总线。当 64 位段描述符从 CACHE 传向段单元时，其中 32 位通过一组数据总线，另外 32 位通过整数单元。因此，64 位同时到达段单元。地址由段单元和页单元产生逻辑地址,由段单元转换并通过32位线性地址总线送向页单元和CACHE。页单元将线性地址转换成物理地址,通过20位物理地址总线送向CACHE。

下面先介绍指令流水线,然后逐项介绍9个内部单元。

1. 指令流水线

并不是每条指令都要调用所有的内部单元,当一条指令需要几个单元参与时,各个单元则根据指令执行的不同阶段与其他单元并行工作。虽然每条指令是顺序执行的,但在任一时刻,在处理器内部总有几条指令处于不同的执行阶段,这就称为指令流水线(Instruction Pipelining)。指令预取、指令译码、微代码执行、整数操作、浮点操作、分段、分页、CACHE管理和总线接口操作等都是同时进行的。图3-11表示对于一条指令这些并行操作的各个阶段:取指令、二阶段译码、执行和执行结果写回寄存器。每个时钟周期可完成一个阶段。内部流水线操作使486处理器在性能上超过许多压缩指令系统计算机(RISC)。在486处理器中,数据可以由一条指令从CACHE装入而在下一个时钟周期中由下一条指令使用。这个优点来自第一阶段译码,它在执行周期之前先进行存储器存取操作。因为大多数编译程序和应用程序往往使紧跟着装入指令之后的指令对装入的数据进行操作,这种方法优化了程序代码的执行。

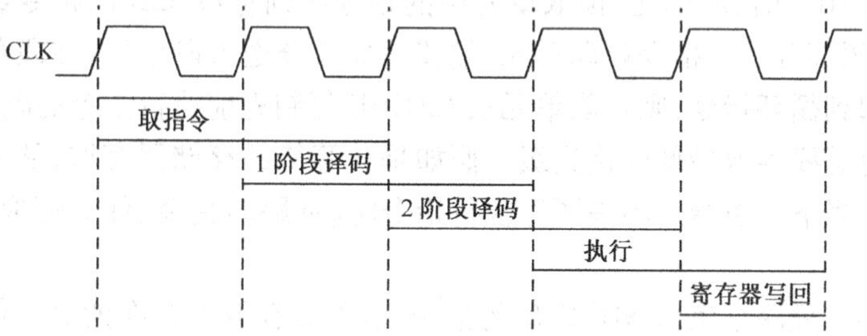

图3-11　80486的内部流水线

2. 总线接口单元

总线接口单元用于数据传输、指令预取和处理器内部单元与外部系统的控制功能。在内部,总线接口单元与CACHE及指令预取单元通过3个32位总线进行通信(如图3-10所示)。在外部,总线接口单元提供处理器总线信号。除周期定义信号外,所有外部总线周期(存储器读、指令预取、高速缓存的装入等)都具有相同的总线定时。总线接口单元具有以下结构特点:

1)地址收发和驱动。地址信号$A_2 \sim A_{31}$与相应的字节使能信号发送到处理器的总线上。高28位地址信号是双向的,使得外部逻辑驱动CACHE失效的地址能够进入处理器。

2)数据总线收发。$D_0 \sim D_{31}$数据信号发向数据总线或从总线上接收$D_0 \sim D_{31}$。

3)总线宽度控制。外部数据总线可使用32位、16位和8位的总线宽度,由外部逻辑的两个输入信号指定要使用的总线宽度。总线宽度可按总线周期改变。

4)写缓冲。可对多达4个总线写请求进行缓冲,因此使许多内部操作可连续执行而不用等待上一个总线写周期完成。

5)总线周期和总线控制。支持大量的总线周期选择与控制,包括成组传送、非成组传送、总线仲裁(总线请求、总线回答、总线伪封锁和总线背封)、浮点错符号指示、中断和复位等。两个软件控制的输出使页缓冲能按总线周期进行,一个输入和一个输出信号用于控制成组读传送。

6)奇偶性的产生和控制。对输出信号加上奇偶性,对读入信号进行奇偶校验。

7)CACHE控制。支持高速缓存控制和一致性操作。3个输入信号使得外部系统能控制存储在 CACHE 中数据的一致性。两个专用的总线周期使处理器可控制外部 CACHE 的一致性。

3. 高速缓存(CACHE)单元

CACHE 单元存储当前读入的指令、操作数及其他数据的副本。当处理器请求的信息已经在 CACHE 中时(称 CACHE 命中),则不需要总线周期。当处理器请求信息不在 CACHE 中(称 CACHE 未命中),这个信息以一个或多个 16B 的形式读入 CACHE(称 CACHE 填充)。当产生一个内部写请求时,CACHE 被写入,并通过 CACHE 写向存储器,这称为 CACHE 写通过。

如图 3-10 所示,CACHE 通过两个 32 位总线传输数据,CACHE 在 32 位总线上接收线性地址,相应的物理地址送上 20 位总线。CACHE 和指令预取紧密相连,CACHE 中的 16B 指令组能迅速地送入指令预取单元。每个时钟周期都可对 CACHE 进行存取。当 CACHE 的功能和写通过功能被禁止时,CACHE 可用作高速 RAM。

4. 指令预取单元

当指令执行中不使用总线周期时,指令预取单元就通过总线接口单元预取指令。用指令预取的方法,处理器很少需要等待指令读入。指令预取单元每次依次读入 16B 的指令组,起始地址就由指令预取单元产生。预取单元直接和分页单元相连(图 3-10 中未表示出)。16B 的指令组同时被读入 CACHE 和预取单元,预取单元中的指令队列存放 32B 的指令组。每条指令从队列中取出,其操作码部分送入指令译码单元,偏移地址部分送入段单元,在段单元中进行寻址计算。如果指令中遇到循环指令,则预取单元从 CACHE 复制先前执行指令的副本。

预取单元具有总线存取最低的优先级。假如是 0 等待的存储器存取,从来不会因预取单元延迟指令的执行。当下一条指令不是顺序执行指令时(如跳转指令、任务切换、异常或中断),预取单元则被清除。

预取单元不会取程序结束(END)之后的指令,也不会存取不存在的页。但预取可能引起某些硬件问题,例如当预取接近存储器末端时会引发中断。为了使预取不要超过某个地址单元,指令至少距那个单元有(16 +1)个单元的距离。

5. 指令译码单元

指令译码单元从指令预取单元接受指令,在两个阶段中(如图 3-11 所示)将其译码成低级控制信号和微代码入口指针(如图 3-10 所示)。大部分指令能在一个时钟周期内译码完成。在译码阶段 1 处理存储器存取,这使得两条指令的装入和执行能在两个时钟周期内完成。译码单元同时处理指令前缀字节、操作码、模式 R/M 和偏移地址。译码单元输出包括对段单元、整数单元和浮点单元的硬件微指令。当指令预取单元清除时,指令译码单元也被清除。

6. 控制单元

控制单元的功能是解释指令字和从译码单元获得的微代码入口指针。控制单元的输出可控制整数单元和浮点单元。由于段选择由指令指定,所以控制单元还控制段处理单元。控制单元包含处理器的微代码,许多指令只有一条微代码,所以平均能在一个时钟周期内执行完成。图 3-11 所示说明了执行操作在内部流水线结构中的位置顺序。

7. 整数(数据通路)单元

数据在整数单元中存储并完成 386 处理器指令及几条新增指令的所有算术逻辑运算。该单元有 8 个 32 位通用寄存器、几个专用寄存器、ALU 单元和一个桶形移位器。数据的装入、存储、加、减、移位等运算和操作都能在一个时钟周期内完成。

两组 32 位双向总线将整数单元和浮点单元联系起来,这些总线合起来可以传送 64 位操作数。这组总线还将处理器单元与 CACHE 联系起来,通用寄存器的内容是通过一组总线传向分段单元并用于产生有效地址。

8. 浮点单元

浮点单元执行协处理器 387 同样的指令组。本单元包括下压寄存器堆栈和特殊硬件用以解释 32 位、64 位和 80 位的 IEEE754 标准的浮点格式。一个输出信号通向处理器总线，用于向外部系统指示浮点错误，外部系统能插入一个输入，以指示处理器忽略这个错误并继续正常的操作。

9. 分段单元

段是一个被保护的独立地址空间，分段用于加强应用程序间的隔离。分段单元将程序发出的逻辑地址转换成线性地址，并将此线性地址发向分页单元和 CACHE。当第一次存取一个段，其段描述符就被复制到处理器寄存器中。多达 6 个段描述符能够同时存于处理器的寄存器中。

10. 分页单元

分页单元用把程序和数据一部分存在存储器中、一部分存在磁盘上的方法，能够存取的数据结构远大于实际的物理空间。分页单元将线性地址分成 4KB 大小的空间，称为页。分页机构使用内存中的页表完成线性地址到物理地址的映射。当存取一个不在内存中的页时，分页机构引起一个异常错误，操作系统借处理这一错误的机会将需要的页从磁盘调入内存，必要时还可将某些页写回磁盘以释放所占用的内存空间。如果不采用分页机构，则物理地址与线性地址相同。

3.4 Pentium 微处理器简介

随着人们对图形图像、实时视频处理、语音识别、CAD/CAE/CAI、大规模财务分析和大流量客户机/服务器应用等的需求日益迫切，原有的微处理器已难胜任此类任务。由此，第五代微处理器 80586 应运而生。80586 是继 486 之后 80X86 系列的又一代新产品，随着 586 的不断改进和功能扩充，新型号芯片不断推出，人们习惯上已不再使用 586 这个名称，而称为 Pentium。Pentium 系列目前已推出了其第四代产品，称为 Pentium 4，其主频目前已达到 3.2GHz。

Pentium 芯片的集成度达到 310 万个晶体管/片以上，原来被置于片外的部件如数学协处理器和 CACHE 等可以集成到 CPU 芯片内，因而显著提高了处理速度。此外，为达此目的，Pentium 还采用了特殊 CAD 方法设计的多级金属夹层技术。虽然 Pentium 采用了许多新的设计方法，但仍与过去的 X86 系列 CPU 兼容。

3.4.1 Pentium 体系结构的特点

在 CPU 设计中，单靠增加芯片的集成度还不足以提高 CPU 的整体性能。为此，Intel 在 Pentium 的设计中采用了新的体系结构，如图 3-12 所示。Pentium 新型体系结构的特点可以归纳为以下 4 个方面。

1. 超标量流水线

超标量流水线（Superscalar）设计是 Pentium 处理器技术的核心。它由 U 和 V 两条指令流水线构成，如图 3-13 所示。每条流水线都拥有自己的 ALU、地址生成电路和数据 CACHE 的接口。这种流水线结构允许 Pentium 在单个时钟周期内执行两条整数指令，比相同频率的 486DX CPU 性能提高了一倍。与 486 流水线相类似，Pentium 的每一条流水线也分为 5 个步骤，即指令预取、指令译码、地址生成、指令执行、回写。当一条指令完成预取步骤后，流水线就可以开始对另一条指令的操作。

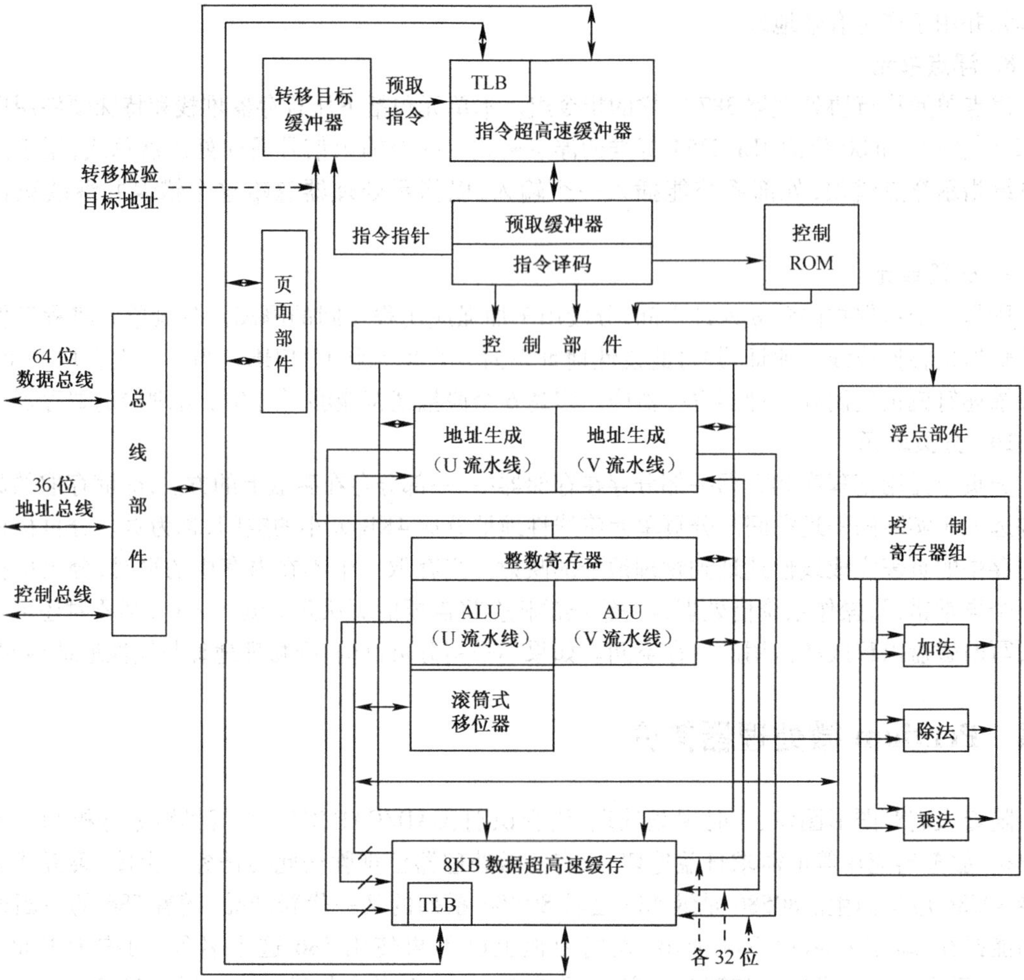

图 3-12　Pentium 体系结构示意图

但与 486 不同的是，由于 Pentium 是双流水线结构，它可以一次执行两条指令，每条流水线中执行一条。这个过程称为“指令并行”。在这种情况下，要求指令必须是简单指令，且 V 流水线总是接受 U 流水线的下一条指令。但如果两条指令同时操作产生的结果发生冲突时，则要求 Pentium 还必须借助于适当的编译工具产生尽量不冲突的指令序列，以保证其有效使用。例如下列 4 条指令：

（1） MOV AX,5　（2） INC BX　（3） MOV AX,5　（4） INC AX

其中，（1）、（2）两条指令可以并行工作，而（3）、（4）两条指令则不行，因为它们都在同一个寄存器 AX 中进行操作，将引起结果冲突。

2. 独立的指令 CACHE 和数据 CACHE

80486 片内有 8 KB CACHE，而 Pentium 则为两个 8KB，一个作为指令 CACHE，另一个作为数据 CACHE，即双路 CACHE 结构，如图 3-14 所示。

图中，TLB 的作用是将线性地址翻译成物理地址。指令 CACHE 和数据 CACHE 采用32B ×8 线宽（486DX 为 16B ×8 线宽），这是对 Pentium 64 位总线的有力支持。

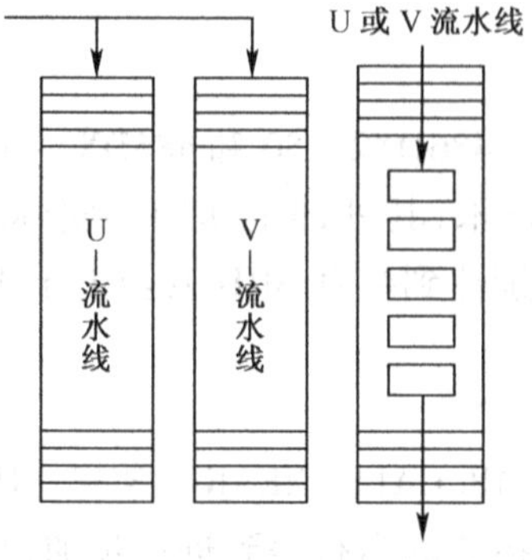

图 3-13　Pentium 超标量流水线结构

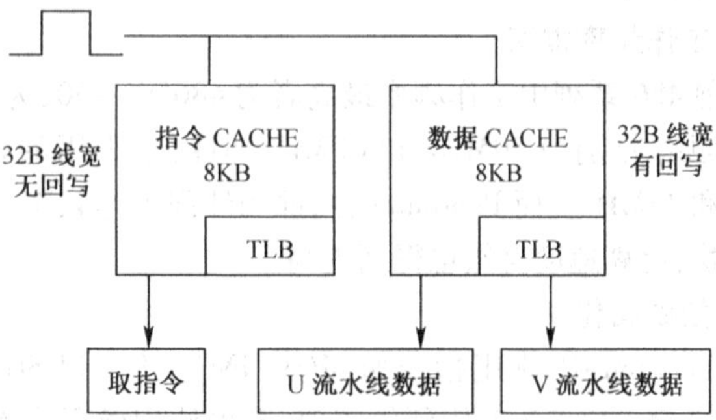

图 3-14　双路 CACHE 结构

Pentium 的数据 CACHE 有两个接口，分别通向 U 和 V 两条流水线，以便能在相同时刻对两个独立工作的流水线进行数据交换。当向已被占满的数据 CACHE 写数据时（也只有在这种情况下），将移走一部分当前使用频率最低的数据，同时将其写回主存。这个技术称为 CACHE 回写技术。由于处理器向 CACHE 写数据和将 CACHE 释放的数据写回主存是同时进行的，所以，采用 CACHE 回写技术大大节省了处理时间。

指令和数据分别使用不同的 CACHE，使 Pentium 的性能大大超过 486 微处理器。例如，流水线的第一步骤为指令预取，在这一步中，指令从指令 CACHE 中取出来，如果指令和数据合用一个 CACHE，则指令预取和数据操作之间将很可能发生冲突。而提供两个独立的 CACHE 将可避免这种冲突并允许两个同时操作。

3. 重新设计的浮点单元

Pentium 的浮点单元在 486 的基础上进行了彻底改进，其执行过程分为 8 级流水，使每个时钟周期能完成一个浮点操作（某些情况下可以完成两个）。

浮点单元流水线的前 4 个步骤与整数流水线相同，后 4 个步骤的前两步为二级浮点操作，后两步为四舍五入及写结果、出错报告。Pentium 的 CPU 对一些常用指令如 ADD、MUL 和 LOAD 等采用了新的算法，同时，用电路进行了固化，用硬件来实现，其速度的提高是显而易见的。

在运行浮点密集型程序时，66MHz Pentium 的运算速度为 33MHz 的 80486 的 5 ~ 6 倍。

4. 分支预测

循环操作在软件设计中使用十分普遍，而每次在循环当中对循环条件的判断占用了大量的 CPU 时间。为此，Pentium 提供一个称为分支目标缓冲器 BTB（Branch Target Buffer）的小 CACHE 来动态地预测程序分支，当一条指令导致程序分支时，BTB 记下这条指令和分支目标的地址，并用这些信息预测这条指令再次产生分支时的路径，预先从此处预取指令，保证流水线的指令预取步骤不会空置，BTB 机制如图 3-15 所示。

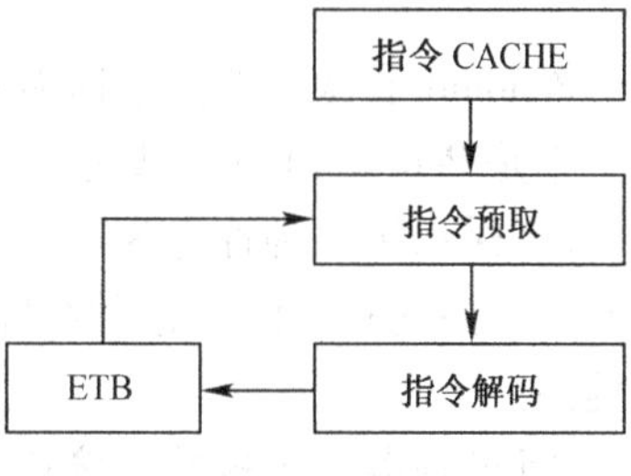

图 3-15　Pentium 的 BTB 机制

当 BTB 判断正确时，分支程序即刻得到代码，从循环程序来看，在进入循环和退出循环时，BTB 会发生判断错误，需重新计算分支地址。循环 10 次，2 次错误，8 次正确；循环 100 次，2 次错误，98 次正确。因此循环越多，BTB 的效益越明显。

3.4.2　Pentium 相对 80486 体系结构的增强点

除了以上几个特点外，Pentium 微处理器在 486 体系结构基础上，还作了一些增强性的改进，归结为以下几点。

1. 工作频率提高

目前486系列中工作频率最高者为486DX－50，为50MHz。486DX2－50和486DX2－66内部工作频率分别为50MHz和66MHz，但由于采用的是倍速技术，其外部工作频率实际只有25MHz和33MHz。而Pentium的内部和外部工作频率一致，分别达到数百MHz甚至上千MHz。频率加快，运算速度自然也得到提高。

2. 指令固化

在Pentium中，常用指令如MOV、INC、DEC、PUSH、POP、JMP、CALL（NEAR）、NOP、SHIFT、ROT、NOT和TEST等改用硬件实现，不再使用微程序操作，使指令的运行得到进一步加快。而其他的微程序指令由于运行于双流水线上，速度也得到了提高。

3. 页尺寸增加

Pentium体系结构中，存储器中每一页的容量除了与486兼容的4KB外，还多加了一页。页尺寸的增加使程序在传送大块数据如图形的FRAME BUFFER时，避免了频繁的换页操作。

4. 增强的微指令

Pentium指令系统的微指令算法作了重大改进，使指令执行所需时钟周期相对于486大大减少。

5. 增强的总线

从图3-12可以看出，Pentium的内部总线同486一样为32位，但它通向存储器的外部总线为64位宽，在一个总线周期内，将数据传输量增加了一倍。Pentium还支持多种类型的总线周期，其中包括一种突发模式，该种模式下可以在一个总线周期装入256位数据。64位的数据总线使Pentium与主存数据交换速度达到528Mbit/s，而主频为50MHz的486，运行速度为160Mbit/s，前者是后者的3倍多。除以上特点外，Pentium在数据完整性、容错性和节电等方面也采取了一些特殊的设计方法。

从以上介绍中可以看出，Pentium作为新一代微处理器，它为微处理器体系结构和个人计算机性能引入了全新的概念，为今后微处理器和个人计算机的发展开辟了一个新的技术方向。

3.4.3 Pentium Ⅱ微处理器

Pentium Ⅱ微处理器也称为奔腾二代，简称PⅡ，是Intel公司于1997年推出的新一代微处理器。它是Pentium Pro的改进型产品，在核心结构上并没有多大变化。

PⅡ采用了一种称之为双独立总线（Dual Independent Bus，DIB）结构，即二级高速缓存总线和CPU－主内存总线。这种双独立总线结构比单总线结构的处理器在带宽处理上性能得到较大提高。

PⅡ处理器与主板的连接首次采用了Slot 1接口标准，它不再使用陶瓷封装，而是采用了一块带金属外壳的印制电路板，该印制电路板集成了处理器的核心部件以及32KB的一级高速缓存。它与一个称为单边接触卡（Single－Edge Contact，SEC）的底座相连，再套上封装外壳，形成了完整的CPU部件。SEC是Intel公司的一个创新的包装设计，它将CPU的核心部件和二级高速缓存集成组装到一个塑料及金属的卡式盒中。这些部件可以和卡式盒中的基座直接通信，使其能进行高频率操作。

PⅡ中一级高速缓存的容量较Pentium Pro提高了一倍，即指令高速缓存和数据高速缓存各为16KB。这样，由于提高了一级高速缓存的命中率，可减少访问二级高速缓存的次数，从而提高了 CPU 的运行速度。

与 PⅡ相比，原来的 Pentium Pro 有一个很大的弱点，即在 16 位操作系统下对段寄存器的写操作速度很慢，这是由于它在运行 16 位软件时经常需要对段寄存器进行更新，而一次段寄存器的更新会使其写操作的时间大约延迟 30 个时钟周期。PⅡ由于配备了可重命名的段寄存器，即在写入段寄存器的同时进行段寄存器重新命名，因而加快了段寄存器写操作的速度。

PⅡ在两个 ALU 中增加了 MMX 指令的处理电路，可对多媒体应用中频繁使用的 8 位或 16 位数据进行并行处理。

PⅡ处理器还具有功耗控制功能，对不用的电路停止提供时钟信号，使额定功耗大幅度下降。

3.4.4 Pentium Ⅲ 微处理器

PentiumⅢ（PⅢ，奔腾Ⅲ）是 Intel 公司 1999 年推出的微处理器芯片。PⅢ仍采用了同 PII 一样的内核，制造工艺为 0.25μm 或 0.18μm 的 CMOS 技术，有 850 万个晶体管，主频最高可达 750MHz 以上。

PⅢ处理器具有片内 32KB 的一级高速缓存和 512KB 的片外二级高速缓存，可访问内存达 64GB。PⅢ对高速缓存和主存的存取操作以及内存管理更趋合理，PⅢ可预先读取期望使用的数据到高速缓存，从而提高了高速缓存的命中率，加快了运行速度。

为了进一步提高 CPU 处理数据的功能，PⅢ增加了被称为流水式单指令多数据扩展（Streaming SIMD Extension，SSE）指令集。PⅢ新增加了 70 条 SSE 指令，可以分成以下 3 组不同类型的指令。

1）8 条内存连续数据流优化处理指令：通过采用新的数据预存取技术，减少 CPU 处理连续数据流的中间环节，提高了 CPU 处理连续数据流的效率。典型的连续数据流有数据库访问、视频数据流、音频数据流等。使用这种 CPU 之后，计算机在进行视频处理、音频处理时，速度会更快，质量会更好，视频播放更流畅，画面更清晰，色彩更鲜艳，音质也更好。

2）50 条单指令多数据浮点运算指令：每条指令一次可处理多组浮点运算数据。以前的指令一次只能处理一对浮点运算数据，现在一次可以处理 4 对数据，从而大大提高了浮点数据处理的速度。

3）12 条新的多媒体指令：采用改进算法，进一步提高了视频处理、图片处理的质量。

PⅢ的另一个特点是每个处理器都拥有一个唯一的 128 位序列号，从而可实现对使用该处理器的 PC 进行标识。使用处理器序列号的目的在于进一步提高信息的安全性。在互联网，尤其是在电子商务的应用中，安全性是一个突出的问题。由于 PC 使用的微处理器没有序列号，因此只要知道了用户名和密码，在任何一台 PC 上都可以访问有关信息，从而使信息安全难以保障。而有了微处理器的序列号与用户名和口令的配合，只有在用户自己的计算机上键入正确的用户名和密码后才能访问有关信息。

3.4.5 Pentium 4 微处理器

Pentium 4（P4，简称为奔 4）是 Intel 公司 2001 年推出的微处理器芯片。P4 的原始代号为 Willamette，它采用 0.18μm 铝导线微米工艺和低温 K 型半导体电介质技术，是一个具有超级深层次管线化结构的微处理器。P4 芯片有 478 个引脚，集成度达 4200 万个等效晶体管。由于 P4 内部晶体管很多，集成度很高，耗电量就很大（如主频为 1.4GHz 的 P4 耗电功率达 55W），所以它工作时发热量也很大,必须使用较大的金属散热片,并配有散热风扇。

P4 的核心结构设计了两组独立工作的 ALU,采用双倍频算术逻辑单元构架,在一个时钟周期的上升沿和下降沿进行计算,一个时钟周期完成两次算术逻辑运算。也就是说,一个时钟周期可以执行两条算术逻辑指令,其程序执行速度大大地提高。P4 还采用了 4 倍爆发式总线(Quad Pumped Bus)技术。因为一次算术逻辑运算需要两个操作数,一个时钟周期完成两次运算就需要 4 个操作数,采用 4 倍爆发式总线技术,可以在一个时钟周期内同时传送 4 组 64 位数据,同时通过使用 850 芯片组和双通道 Dual DRDDRAM 主存,使内存的带宽提高到3. 2GB/s, 以达到内存与 P4 CPU 速度的匹配。

随着多媒体应用对 CPU 的要求越来越高,P4 在 PⅢ原有的 SSE 指令集基础上,又新增加了 76 条指令。这样,P4 在增强浮点运算能力的同时,也提高了内存的效率和速度,改善了 P4 在图形和图像处理、视频编辑、数据压缩/解压等领域的应用。

P4 对 PⅢ的结构方面的一个重大改进是将指令 CACHE(I - CACHE)和数据 CACHE(D - CACHE)分开,并将 I - CACHE 直接连接到分支预测单元与执行单元,这样在执行重复性程序代码时,I - CACHE 可以减少对程序指令反复译码的频率,加快了程序的执行速度。

3.5 微处理器的发展

受多处理机系统的启示,微处理器由单核向多核发展,尤其是当前智能手机的应用越来越广泛,应用的需求也推动了微处理器日新月异的发展。

3.5.1 微处理器由单核向多核发展

在较难提高 CPU 主频的客观环境,受计算机分布式系统的启示,计算机科学工作者设计了一个微处理器芯片,其内配置了多个功能一样的处理器核心,这就是多核微处理器。多核微处理器的问世有利地推动了并行程序、并行计算处理的发展,提高了总体程序的执行速度,降低了能耗,受到人们的欢迎。多核微处理器技术使微处理器性能更高,处理信息能力更强,信息处理技术更先进。对当前网络新宠“云计算”技术的发展起了关键性作用,其 Intel 至强 E5 -2600 微处理器芯片就是专为“云计算”设计的。

1. 双核微处理器

所谓双核微处理器就是在一个微处理器芯片内配置了两个相同的处理器核心,它采用的技术就是双核技术。双核技术是人们开始寻找提高微处理器性能的一个行之有效的方法。以前传统上增强微处理器性能的做法是提高 CPU 的主频。众所周知高时钟频率造成 CPU 耗电量大、产生大量热,微处理机散热成了难题。双核技术有效地解决了这个问题。增加了一个内核,微处理器内有两个 CPU 在工作,这样在每个时钟周期内微处理器执行指令数增加了一倍,从而提高了计算机处理信息的速度。由于微处理器中双核结构的引入,以及伴随 Microsoft Windos Vista 操作系统上市,硬软结合也有力地推动了虚拟技术的发展。虚拟技术的应用可以在一台物理计算机上虚拟出若干虚拟机系统,这些虚拟系统可以共享一个 PC 资源,互不干扰各自独立进行工作。这正是当今“云计算”所需求的。

双核处理器体系结构是在一个微处理器芯片中集成两个相同的核心执行部件,每个核心执行部件均配备一个自己独享的二级高速缓存存储器,由各自总线连接,但是两个核心部件工作时分时共享微处理器的系统总线。

2. 多核微处理器

随着多核技术的发展，制作工艺不断创新，在一个微处理器芯片上配置4个、8个或16个功能相同的处理器核心，这样的微处理器芯片就是4核、8核或16核微处理器，统称多核微处理器。

多核微处理器体系结构也是在一个微处理器芯片中集成多个相同的核心执行部件，每个核心执行部件均配备一个自己独享的二级高速缓存储器，由各自总线连接。每个核心部件工作时分时共享微处理器的系统总线。这里多个核心部件工作的同步问题要比双核微处理器同步问题复杂多了。

3.5.2 微处理器发展现状

目前高性能微处理器发展有两个较明显的趋势：其一，世界各国微处理器生产厂商纷纷加强多核结构的微处理器的研制；其二，研制高性能微处理器的公司开阔视野，服务对象不仅是计算机，还扩展到移动智能设备等。市场竞争激烈，且市场份额越来越集中到少数几家。IBM公司是最早推出多核微处理器的厂商，Power4 + 是其多核微处理器的代表作，并在“蓝色基因”巨型机中使用了自己设计生产的双核处理器芯片。2001年IBM公司发布了Power4，其芯片内配置了两个Power3处理器核，大约集成了1.74亿个晶体管。2004年IBM发布了Power5微处理器，Power5是双核同时多线程微处理器，每个核设计为同时多线程处理器（Simultaneous Multi - Threading，SMT），能并发执行两个线程。该芯片大约集成2.76亿个晶体管。2006年IBM发布了Power6微处理器，Power6采用了CMOS channe加上不同应力达到提高电子或电穴的迁移率的DSL（Dual - Stress Line）技术，使在同等功耗下性能提高了30%。Power6芯片配备了两个同时多线程的处理器核，其微处理器核的频率达到5GHz。

美国的IBM公司和AMD公司一直是全球处理器市场两大竞争对手，2008年前两大公司几乎垄断了全球处理器市场，之后，随着移动智能设备强势上升的市场需求，微处理器急需扩充功能。高通和三星等公司崛起，并飞速发展。2013年第一季度全球处理器厂商的排名是Inter、高通、三星、AMD，AMD公司的排名已落至第四位。

美国Inter公司技术力量雄厚，多年盘踞微处理器研发生产的首位。2005年推出集成17.2亿个晶体管的双核多线程微处理器Montecito。2006年Inter推出基于Core构架处理器Conroe（酷睿2），即第二代Core i系列问世。例如，以32nm制造工艺、主频3.6GHz、12MB高速缓存的酷睿i7 - 980XEE已在流通市场上销售。一年后以Ivy BridgeCore为研发代号的第三代Core i3/i5/i7统称第三代智能酷睿处理器Core i又隆重推出。Core i系列具备以下5方面的改进：

1）以22 nm U3 - D晶体管制造工艺设计，功能更强，功耗更低。

2）新一代核芯显示CPU支持DXII，性能大幅提升。

3）核心指令集优化，使之同频下CPU性能更强。

4）高速视频同步技术的应用，使CPU的功能增强，进一步波击为移动智能设备服务。

5）安全性更强。

随着市场的需求不断增强，Inter公司于2013年6月2日在台北Computex大展之前召开发布会，正式推出第四代酷睿微处理器HaswerII。与上一代Ivy Bridge相比，HaswerII微处理器采用了全新微架构，提升了每个时钟周期完成的指令数，突出了更高的能效比。2013年第二季度Inter公司陆续推出5款酷睿i7微处理器和9款酷睿i5微处理器，具体型号为酷睿i7 - 4770、i7 - 4770K、i7 - 4770S、i7 - 4770T、i7 - 4765T、i5 - 4670、i5 - 4670K、i5 - 4670S、i5 - 4670T、i5 - 4430和i5 - 4430S。

Inter 公司出品的酷睿处理器受到全球用户的欢迎。

美国 AMD 公司开始研发 64 位多核 CPU 的步伐是走在 Inter 公司前面。2004 年 8 月 AMD 公司就演示了 Opteron 微处理器并在 2005 年中期上市，它比早期 Inter 公司推出的双核处理器在性能和功耗上均有优势。在以后的发展中，由于在组织、技术、资金、宣传上的因素，渐渐落后，以至于 2003 年从全球第二落至第四。

尽管多核微处理器还面临着和当前计算机体系结构的匹配问题，反映在支持多线程并行应用和当前计算机体系结构一维地址和多核处理器的多维地址访存层次的匹配问题，但这些问题的出现推动了人们对多核微处理器系统及系统软件的研究。每解决一个问题，就会推动微处理器技术向前一步，微处理器的发展前景非常广阔。

3.6 习题

1. 简述 80286 的特点和保护模式的保护功能。
2. 简述 80386 的特点，80386 引脚与 8086 的区别。
3. 简述 80386CPU 寄存器的组成、特点及作用。
4. 简述 80386 的 3 种工作模式的特点和异同。
5. 什么是逻辑地址、线性地址和物理地址？三者之间的关系是什么？
6. 简述 80486CPU 的组成及各部分的作用。
7. Pentium 微处理器采用了哪些新的技术和结构？

第4章 指令系统

指令是计算机用以控制各个部件协调动作的命令。一台机器所具有的全部指令称为机器的指令系统，它全面描述了微处理器的功能。因此，在其他条件相同时，指令系统功能越强，计算机的功能就越强。

不同的微处理器有不同的指令系统。本章将讨论8086/8088的寻址方式、8086/8088指令系统以及从80286到Pentium系列微处理器的指令系统。

4.1 8086/8088指令系统概述

8086/8088指令系统除了拥有8位微处理器指令系统中全部指令的功能之外，还增加了一些功能强大的、能处理16位二进制数的指令以及一些数据处理指令，因此8086/8088指令系统具有处理8位和16位二进制数的能力。

4.1.1 8086/8088指令系统的特点

8086与8088指令系统完全相同，下面将对其具体特点加以说明。

1. 指令系统的兼容性

由于8086/8088指令系统包含了8位微处理器8080/8085中全部指令的功能，因而8080/8085的用户所编写的应用软件可以很容易地移植到8086/8088系统中，这是因为Intel公司设计的8086/8088指令系统与8位的8080/8085指令系统是向上兼容的。

2. 指令格式的灵活性

8086/8088采用可变字节的指令格式，指令长度可在1~6B变化。指令中的操作数可以是一个字节也可以是两个字节，操作数可以是立即数、寄存器操作数和存储器操作数，而且指令中每个字节的功能都有具体规定。这样的指令既占有较少的存储空间，又便于指令的使用和记忆。

3. 寻址方式的多样性

8086采用了多种不同的寻址方式，存储器操作数的寻址可以通过指令中给出的16位偏移地址直接寻址，也可以在基址或变址寄存器的内容上加上指令中给出的8位或16位偏移量作为偏移地址进行间接寻址。

4. 可对多种类型的数据进行处理

8086/8088指令系统既可以处理8位或16位、带符号或不带符号的二进制数，又可以处理用BCD码表示的压缩和非压缩的十进制数，而且对8位或16位的操作数均可进行算术运算、移位和数据传送等操作，这使得信息处理的效率大大提高。

5. 可构成多处理机系统

8086/8088指令系统拥有一组多处理机指令，具有较强的软件中断功能，对构成多处理机系统提供了方便条件。

4.1.2 8086/8088 指令的格式

指令格式体现了指令系统的设计思想,因此要掌握 8086/8088 指令系统,应该先了解该指令系统的指令格式。

计算机的指令一般由操作码和一个或多个操作数组成(无操作数指令除外)。操作码指示指令要完成的操作,如加法、减法、数据传送等;操作数指示指令执行过程中所需要的数据,也可以说操作数就是指令的操作对象,如加法指令中的加数、被加数等。根据操作数存放位置的不同,可将操作数分为 3 种类型:立即数、寄存器操作数和存储器操作数。

1. 立即数

操作数包含在指令中,即指令中的操作数部分直接给出操作数本身,操作数随指令一起从存储器中取出来后就可以参加运算,该操作数称为立即数。

2. 寄存器操作数

操作数在 CPU 的某个寄存器中,由指令给出寄存器的编码指出操作数在哪个寄存器中。

3. 存储器操作数

操作数在内存数据区中,由指令中的操作数部分给出此操作数地址的计算方法。在 8086/8088 系统中任何内存单元的物理地址均由两部分组成,即单元所在段的基地址和此单元距段基地址的距离(段内偏移量),即操作数的物理地址 = 段基址 + 段内偏移量(偏移地址) = 段寄存器 ×16 + 段内偏移量。大部分操作数的段基址由数据段寄存器 DS 的内容来确定;段内偏移量由指令的操作数部分规定,通常称它为有效地址,用 EA 表示。

8086/8088 的指令长度可在 1 ~6B 变化,指令编码的一般格式如图 4-1 所示。

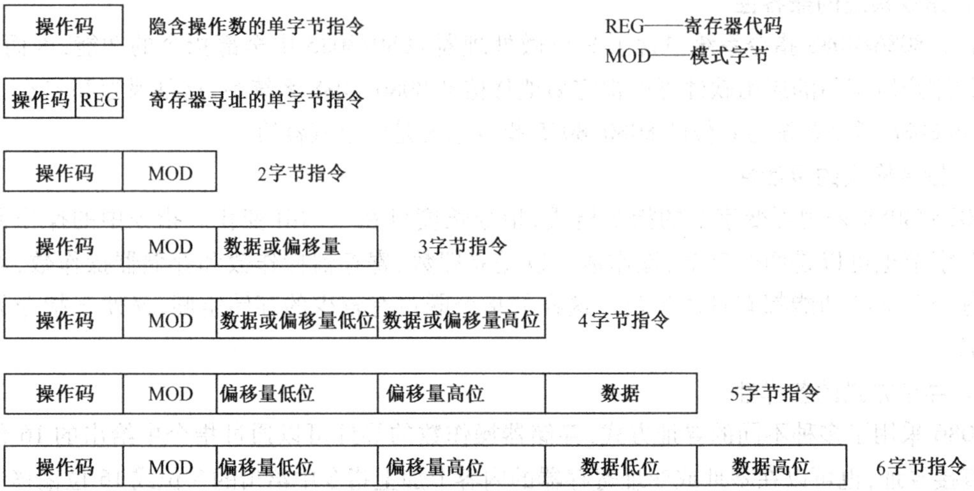

图 4-1 8086/8088 指令系统中不同长度指令的格式

通常来说,指令的第 1 个字节为操作码,第 2 个字节规定操作数的寻址方式,后续字节指出的是存储器操作数的 8/16 位偏移量或 8/16 位立即数。注意:后续字节可以根据指令的不同而取舍。

其中,操作码和 MOD 字节的格式如下:

7	6	5	4	3	2	1	0	7	6	5	4	3	2	1	0
操作码						D	W	MOD		REG			R/M		

通常操作码占用第1个字节的7~2位，但有些指令的操作码占用第1个字节的7~1位，甚至增加第2个字节的5~3位作为扩展操作码。

D指示操作方向。D=1，REG为目的操作数；D=0，R/M为目的操作数，其中R代表寄存器，M代表存储器。

W指示操作数宽度。W=1，操作数是16位；W=0，操作数是8位。

MOD用来区分是寄存器寻址，还是存储器寻址。MOD=00，则说明指令为存储器寻址方式，无偏移量；MOD=01，为存储器寻址方式，8位偏移量；MOD=10，为存储器寻址方式，16位偏移量；MOD=11，为寄存器寻址方式。

REG指示参加操作的寄存器编码，R/M受模式字段的控制，指出如何计算指令的有效地址EA。

表4-1列出了存储器寻址方式下有效地址EA的计算方法，以及寄存器寻址方式下各寄存器与上述字段编码的对应关系。

表4-1 EA计算方法以及寄存器与编码的对应关系

REG或R/M	MOD=00(存储器方式)	MOD=01(存储器方式)	MOD=10(存储器方式)	MOD=11(寄存器方式)	
				W=0	W=1
000	(BX)+(SI)	(BX)+(SI)+D_8	(BX)+(SI)+D_{16}	AL	AX
001	(BX)+(DI)	(BX)+(DI)+D_8	(BX)+(DI)+D_{16}	CL	CX
010	(BP)+(SI)	(BP)+(SI)+D_8	(BP)+(SI)+D_{16}	DL	DX
011	(BP)+(DI)	(BP)+(DI)+D_8	(BP)+(DI)+D_{16}	BL	BX
100	(SI)	(SI)+D_8	(SI)+D_{16}	AH	SP
101	(DI)	(DI)+D_8	(DI)+D_{16}	CH	BP
110	D_{16}(直接寻址)	(BP)+D_8	(BP)+D_{16}	DH	SI
111	(BX)	(BX)+D_8	(BX)+D_{16}	BH	DI

注：存储器方式下，表中列出的是R/M字段对应的有效地址EA的计算方法；寄存器方式下，表中列出的是REG字段对应的寄存器；给寄存器加括号表示该寄存器的内容；D_8和D_{16}分别表示指令中给出的8位和16位偏移量。

下面是根据上述指令格式生成计算机指令代码的两个例子。

【例4-1】 MOV AL,[BP] ;该指令生成的机器码是8A4600H

操作码	D	W	MOD	REG	R/M	偏移量8位
100010	1	0	01	000	110	00000000

【例4-2】 ADD [BX+SI+0100H],AX ;该指令生成的机器码是01800001H

操作码	D	W	MOD	REG	R/M	偏移量低位	偏移量高位
000000	0	1	10	000	000	00000000	00000001

需要说明的是，用人工方法翻译机器指令代码是非常烦琐的事情，在实际应用中这些翻译工作都是由汇编程序自动完成的。

4.1.3 8086/8088指令的寻址方式

所谓寻址方式，就是寻找指令中操作数所在地址的方法。8086/8088的寻址方式共有10种，下面将进行分类介绍。

1. 立即寻址

立即寻址的操作数是一个立即数，它直接包含在指令中。立即数可为8位或16位数，它们放在指令代码的操作码后(若为16位数,则低字节在前,高字节在后)。

立即寻址主要用于给存储器或寄存器赋初值。

【例4-3】MOV AX,080AH

其寻址示意图如图4-2所示。

2. 寄存器寻址

操作数在内部寄存器中。对16位操作数,寄存器可以是AX、BX、CX、DX、SI、DI、SP、BP、CS、DS、SS或ES;而对8位操作数,寄存器可以是AH、AL、BH、BL、CH、CL、DH、DL。

【例4-4】MOV AX,BX

执行过程如图4-3所示。

显然这是CPU的内部操作,不需要执行总线周期,因此执行速度快。

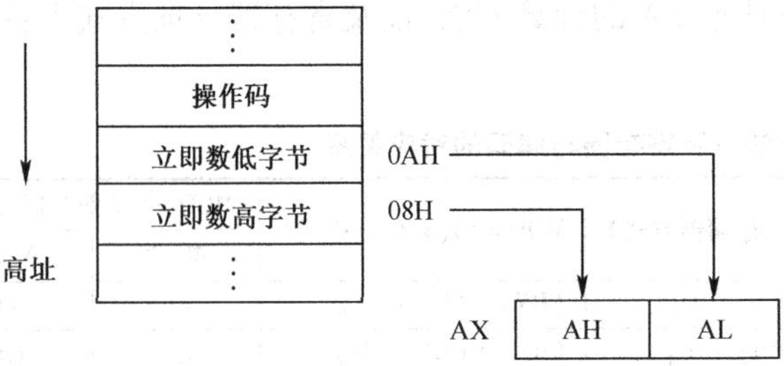

图4-2 立即寻址示意图

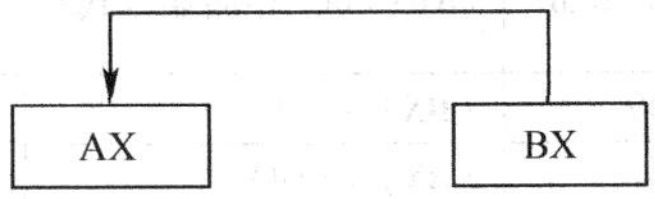

图4-3 寄存器寻址示意图

3. 直接寻址

操作数的有效地址EA直接包含在指令中,它与操作码一起存放在代码段中。操作数存放的物理地址 = DS × 16 + 16位地址偏移量。

这种寻址方式默认以DS的内容为基准,在64KB范围内寻找操作数。

【例4-5】MOV AX,[22A0H]

执行过程如图4-4所示。

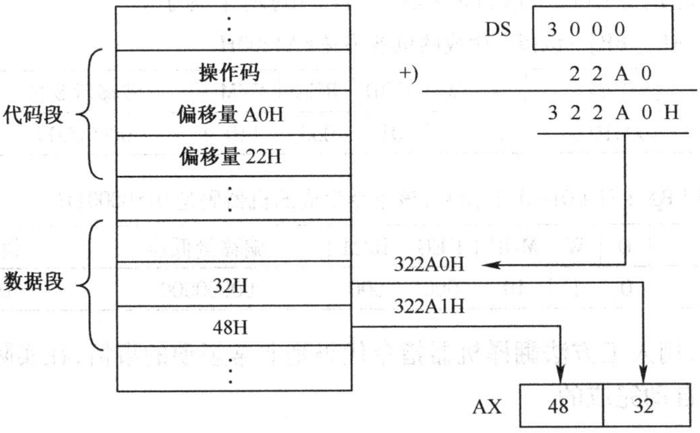

图4-4 直接寻址方式示意图

这种寻址方式还允许利用段超越方法使用段寄存器。只要在有效地址前写上要使用的段寄存器名及":",此时就不再使用默认段寄存器DS而采用指令中指定的段寄存器形成真正的物理地址。

【例 4-6】MOV AX,ES:[22A0H]

该指令是以 ES 的内容为基准地址,加上 22A0H 单元的内容,得到操作数的物理地址。

4. 寄存器间接寻址

在这种寻址方式下,操作数在存储器中,而操作数有效地址 EA 包含在寄存器 SI、DI、BP 或 BX 之中,即有效地址等于其中某个寄存器的值。

$$EA=\begin{Bmatrix}BX\\BP\\DI\\SI\end{Bmatrix}$$

寄存器间接寻址又可分为两种情况:

1) 若以 SI、DI、BX 间接寻址,操作数通常在现行数据段中,即 DS 中的值左移 4 位加上 SI、DI 或 BX 中的有效地址为操作数的物理地址。

【例 4-7】MOV AX,[SI]

执行过程如图 4-5 所示。

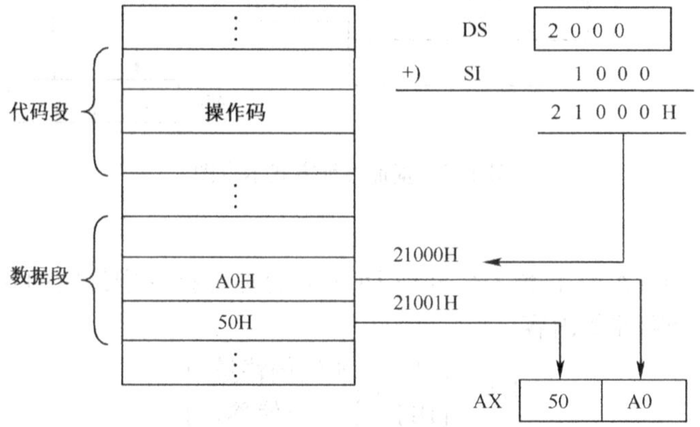

图 4-5　寄存器间接寻址方式示意图

2) 若以 BP 间接寻址,则操作数在堆栈段中,即操作数的物理地址为堆栈段寄存器 SS 中的值左移 4 位与 BP 相加。

【例 4-8】MOV AX,[BP]

执行过程如图 4-6 所示。

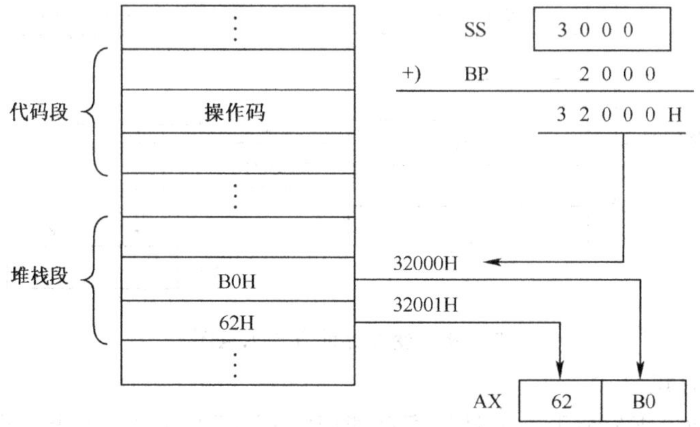

图 4-6　以 BP 间接寻址方式示意图

5. 基址寻址

操作数的有效地址 EA 等于寄存器 BX 或 BP 的内容加上指令中给定的 8 位或 16 位偏移量。段地址有两种情况：若采用 BX 寄存器，段地址为 DS 的内容；若采用 BP 寄存器，段地址为 SS 的内容。

$$EA=\begin{Bmatrix}BX\\BP\end{Bmatrix}+\begin{Bmatrix}8\text{ 位偏移量}\\16\text{ 位偏移量}\end{Bmatrix}$$

【**例 4-9**】MOV AX,COUNT[BP]

执行过程如图 4-7 所示。

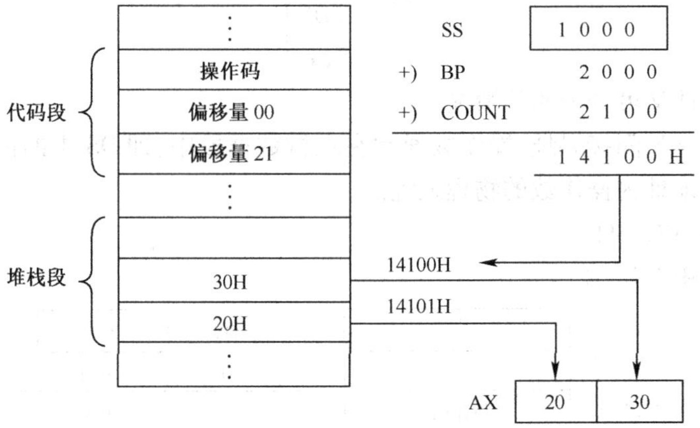

图 4-7　基址寻址方式示意图

6. 变址寻址

操作数的有效地址 EA 等于寄存器 SI 或 DI 的内容加上指令中给定的 8 位或 16 位偏移量。段地址规定为 DS 段寄存器的内容。

$$EA=\begin{Bmatrix}SI\\DI\end{Bmatrix}+\begin{Bmatrix}8\text{ 位偏移量}\\16\text{ 位偏移量}\end{Bmatrix}$$

【**例 4-10**】MOV AX,COUNT[SI]

执行过程如图 4-8 所示。

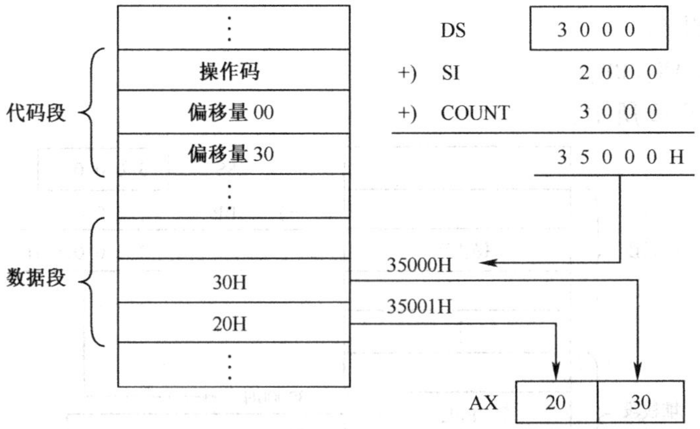

图 4-8　变址寻址方式示意图

7. 基址加变址寻址

操作数的有效地址 EA 等于一个基址寄存器（BX 或 BP）的内容加上一个变址寄存器（SI 或

DI)的内容,再加上指令中指定的8位或16位偏移量。段地址有两种情况:若采用BX寄存器,段地址为DS的内容;若采用BP寄存器,段地址为SS的内容。

$$EA=\begin{Bmatrix}BX\\BP\end{Bmatrix}+\begin{Bmatrix}SI\\DI\end{Bmatrix}+\begin{Bmatrix}8\text{位偏移量}\\16\text{位偏移量}\end{Bmatrix}$$

【例4-11】 MOV AX,[BX+SI+250H]

执行过程如图4-9所示。

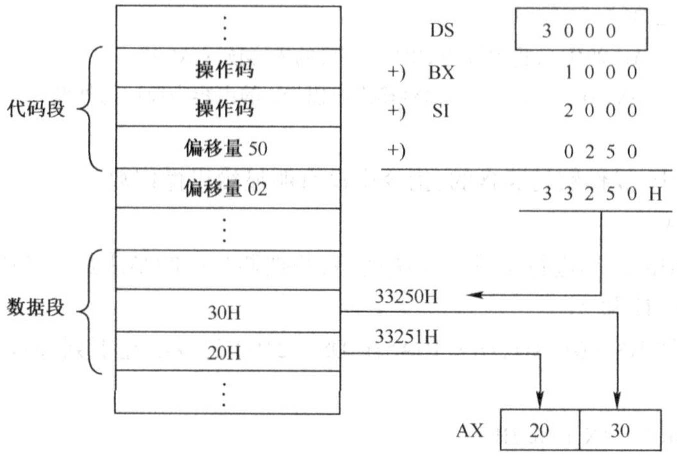

图4-9 基址加变址寻址方式示意图

基址加变址寻址也可以不加偏移量(如:MOV AX,[BP+DI])。

如上所述,当寻找一个存储器操作数时,只能在某一段的64KB范围内寻找。对于寄存器间接寻址、基址、变址与基址加变址操作数的所在段,8086/8088中有个基本约定,只要在指令中不特别说明要超越这个约定,正常情况下就按这个约定寻找操作数,这就是所谓默认状态,这些基本约定和允许超越的情况见表4-2。

表4-2 存储器存取时约定段和可修改的段基址

存储器存取方式	约定段基址	可修改的段基址	逻辑地址
取指令	CS	无	IP
堆栈操作	SS	无	SP
源串	DS	CS、ES、SS	SI
目标串	ES	无	DI
用BP作为基寄存器	SS	CS、DS、ES	有效地址
通用数据读写	DS	CS、ES、SS	有效地址

8. 字符串寻址

字符串寻址用于字符串操作指令。规定变址寄存器SI中的内容是源数据串的段内偏移地址,而变址寄存器DI中的内容是目标数据串的段内偏移地址。源串的段地址规定是数据段DS,目标串的段地址规定是附加段ES。指令执行后,SI和DI的内容自动增量(或减量),增(或减)值为1或2。

【例4-12】 MOVSB

执行后:[DI]←[SI] SI←SI±1 DI←DI±1

9. I/O 端口寻址

I/O 端口寻址就是寻找输入/输出设备的端口地址，可分为两种形式：直接端口寻址和间接端口寻址。

直接端口寻址是由指令直接给出输入/输出设备的端口地址。直接端口寻址规定端口地址为 8 位，这种方式能寻址 256 个端口。

间接端口寻址是由寄存器 DX 给出输入/输出设备的端口地址。由于 DX 是 16 位，因此间接端口寻址能寻址多达 64K 个端口。

【例 4-13】
```
IN    AL,20H    ;将地址为 20H 的外设的内容读入 AL 中
OUT   DX,AL     ;将 AL 中内容输出给以 DX 的内容为地址的外设
```

10. 隐含寻址

这种寻址方式中，操作数是隐含的，指令中没有明显给出操作数。

【例 4-14】AAA

该指令对 AL 中的内容进行十进制加法调整，并把调整后的结果放入 AH 和 AL 中。这条指令的隐含操作数是 AH 和 AL。

【例 4-15】已知 BX = 0158H，DI = 10A5H，DS = 2100H，说明在下列寻址方式下产生的有效地址和物理地址。

1）直接寻址 MOV AX,[1B57H]
有效地址 = 1B57H　　物理地址 = 21000H + 1B57H = 22B57H

2）寄存器间接寻址 MOV AX,[BX]
有效地址 = 0158H　　物理地址 = 21000H + 0158H = 21158H

3）基址寻址 MOV AX,[BX + 1B57H]
有效地址 = 0158H + 1B57H = 1CAFH　　物理地址 = 21000H + 1CAFH = 22CAFH

4）变址寻址 MOV AX,[DI + 1B57H]
有效地址 = 10A5H + 1B57H = 2BFCH　　物理地址 = 21000H + 2BFCH = 23BFCH

5）基址加变址寻址 MOV AX,[BX + DI + 1B57H]
有效地址 = 0158H + 10A5H + 1B57H = 2D54H　　物理地址 = 21000H + 2D54H = 23D54H

4.2 8086/8088 指令系统

8086/8088 指令系统中包含 133 条基本指令，按功能可分为数据传送、算术运算、逻辑运算、移位、串操作、转移、处理器控制、输入/输出、中断 9 类，下面按类分别讨论。

4.2.1 数据传送指令

数据传送指令是计算机中最基本、最重要、最常用的一种指令，主要用来实现存储器与寄存器、寄存器与寄存器以及立即数到寄存器或存储器的字节或字的传送。此类指令除了 SAHF 和 POPF 指令外均不影响标志寄存器的内容。需要注意的是，在数据传送指令中，源操作数和目的操作数的数据长度必须保持一致。按照功能的不同，可将数据传送指令分为 3 组，见表 4-3。

1. 通用数据传送指令

通用数据传送指令包括 MOV 指令、堆栈指令 PUSH 和 POP、数据交换指令 XCHG 和换码指令 XLAT。

表 4-3 数据传送指令

指令类型	指令功能	指令书写格式
通用数据传送	字节或字传送 字压入堆栈 字弹出堆栈 字节或字交换 换码指令	MOV 目标,源 PUSH 源 POP 目标 XCHG 目标,源 XLAT
目标地址传送	装入有效地址 装入 DS 寄存器 装入 ES 寄存器	LEA 目标,源 LDS 目标,源 LES 目标,源
标志寄存器传送	将 FR 低字节装入 AH 寄存器 将 AH 内容装入 FR 低字节 将 FR 内容压栈 从堆栈中弹出一个字给 FR	LAHF SAHF PUSHF POPF

(1) MOV 指令

指令格式:MOV　OP 目,OP 源

指令功能:将源操作数传送到目的操作数中。

OP 目表示目的操作数 ,可以是寄存器、存储器。OP 源表示源操作数,可以是寄存器、存储器和立即数。传送方向如图 4-10 所示。

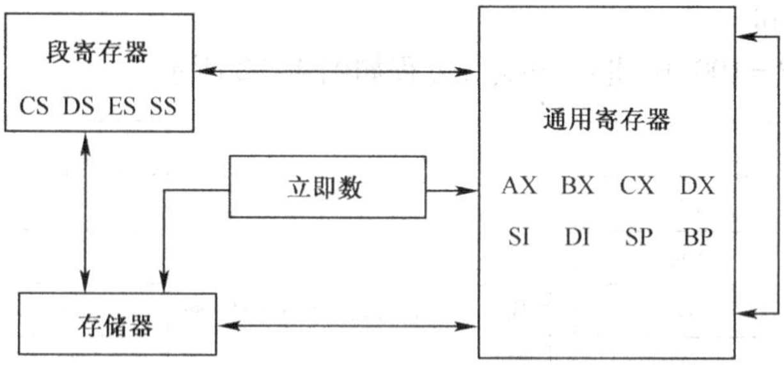

图 4-10　数据传送方向示意图

【例 4-16】

```
MOV  AL,BL                  ;BL 寄存器的内容送 AL
MOV  SP,2AC0H               ;立即数 2AC0H 送 SP
MOV  [DI],AX                ;AX 中的 16 位数送 DI 和 DI+1 单元
MOV  SI,ES:[BP]             ;附加段中 BP 所指向的两个单元的内容送 SI 寄存器
MOV  WORD PTR [SI],6070H    ;立即数 6070H 送到 SI 字单元。这里的 PTR 是一个汇编
                            ;操作符,与前面的 WORD 一起表示该单元是字单元
```

注意:

① 本指令不影响状态标志。

② CS 段寄存器和立即数不能作目的操作数。

③ 立即数传送到存储器时一定要与存储器变量类型一致。

④ 源操作数和目的操作数不能同时为存储器操作数。

(2) 堆栈操作指令

堆栈是按后进先出原则组织的一段特殊的存储区域。为了对这段存储区域寻址,8086/8088 系统设置了堆栈段寄存器 SS(用于存放堆栈段段地址)和堆栈指针 SP(用于存放偏移地址),SP 始终指向栈顶。为了对堆栈区进行操作,专门设了两条指令:压栈指令 PUSH 和出栈指令 POP。

执行 PUSH 指令时,堆栈向低地址方向扩展;执行 POP 指令时,堆栈向高地址方向恢复。用户可用这两条指令对堆栈进行操作。

1）压栈指令 PUSH。

指令格式：PUSH　OP

指令功能:将寄存器或存储单元的内容压入堆栈。

OP 为 16 位的寄存器或存储器操作数。

操作过程:① SP←SP－1　　;［SP］←OPH（操作数高字节）

　　　　　② SP←SP－1　　;［SP］←OPL（操作数低字节）

【例 4-17】 PUSH　AX　　;将 AX 的内容压入堆栈,同时 SP－2→SP

　　　　　　PUSH　BX　　;将 BX 的内容压入堆栈,同时 SP－2→SP

若指令执行前 SP＝1000H,上面两条 PUSH 指令的执行过程如图 4-11 所示。

2）出栈指令 POP。

指令格式:POP　OP

指令功能:将 SP 所指向的堆栈栈顶的一个字弹到寄存器或存储单元中。

OP 为 16 位操作数,可以是寄存器或存储器操作数。

操作过程:① OPL←［SP］　;SP←SP＋1

　　　　　② OPH←［SP］　;SP←SP＋1

【例 4-18】 POP　DI

若指令执行前 SP＝1000H,此指令执行过程如图 4-12 所示。

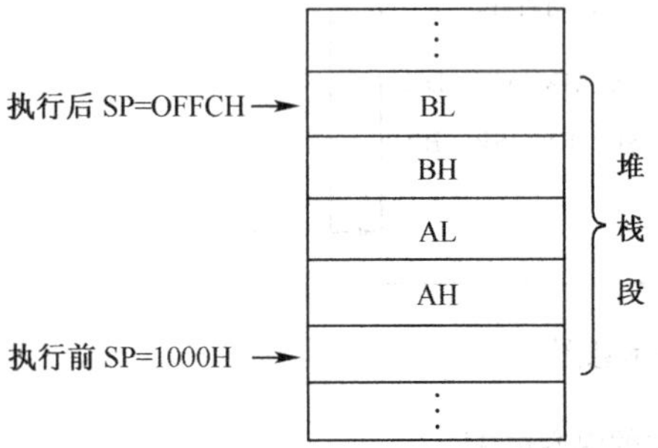

图 4-11　压栈操作示意图

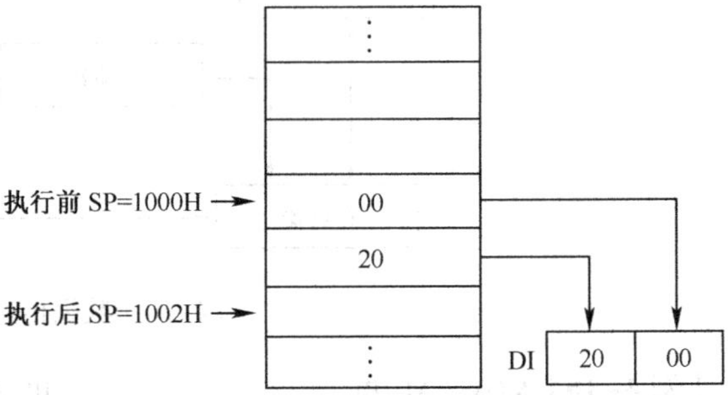

图 4-12　出栈操作示意图

注意：

① POP CS 是非法的,因为 CS 不能作为目的操作数。

② PUSH 和 POP 指令只允许按字访问堆栈,即两类指令的操作数必须是 16 位操作数。

③ 这两条指令主要用来进行现场保护和恢复,以保证子程序调用或中断程序的正常返回。

【例 4-19】 某中断服务程序进行现场保护和恢复时使用如下程序段。

```
INTP  PROC  NEAR
      PUSH  AX
      PUSH  BX
      PUSH  DX
      PUSH  DS              ;保护现场
      ⋮
      POP   DS
```

```
        POP    DX
        POP    BX
        POP    AX              ;恢复现场
        STI                    ;开中断
        IRET                   ;中断返回
```

(3) 数据交换指令

指令格式:XCHG OP1,OP2

指令功能:实现 OP1 和 OP2 内容的相互交换。

操作数为通用寄存器或存储器。

【例 4-20】 XCHG AL,BL ;AL 与 BL 进行字节互换

XCHG BX,CX ;BX 与 CX 进行字互换

注意:交换可在通用寄存器之间、通用寄存器和存储器之间进行。段寄存器不能作为本指令的操作数,而且两个存储单元之间不能直接交换数据。

(4) 换码指令

指令格式:XLAT

指令功能:将 BX 的内容和 AL 的内容相加作为有效地址 EA,在一个表格中找出此单元中的内容并传送至 AL 中。

使用此指令时,应首先在数据段中预置一个表格。该表格的最大长度不能超过 256B。表的起始地址的偏移量应事先装入 BX 寄存器,AL 中存放查找对象在表中地址与表的起始地址相差的字节数。指令执行后,所查找的对象存于 AL 中,BX 的内容保持不变。

【例 4-21】 已知有一个数字 0~9 的 ASCII 码,其表首址是当前数据段的 0100H,现要找出数字 5 的 ASCII 码。

程序段如下:

```
    MOV   AL,5             ;5→AL
    MOV   BX,0100H         ;0100H→BX
    XLAT                   ;[BX + AL]→AL
```

执行过程如图 4-13 所示。

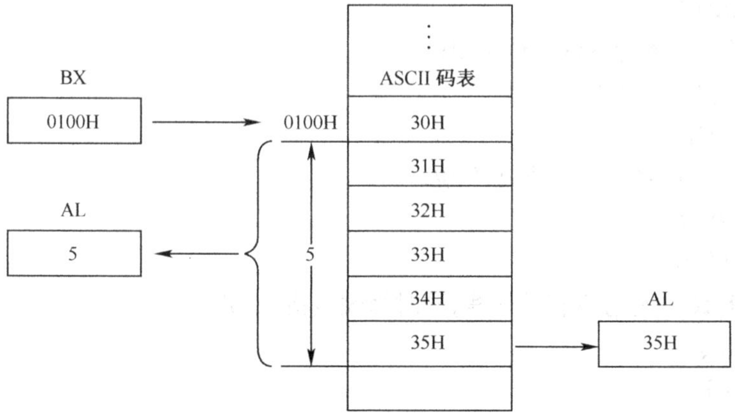

图 4-13　换码指令操作示意图

2. 目标地址传送指令

此类指令用于将源操作数的地址传送到目的操作数,其中源操作数必须是存储器操作数,目的操作数必须是16位的通用寄存器。这种指令包括以下3条。

(1) LEA 指令

指令格式:LEA　OP 目,OP 源

指令功能:将源操作数的有效地址 EA 送到目的操作数。

【例 4-22】
```
LEA  BX,[BP + SI]      ;BP + SI→BX
LEA  DI,TABLE          ;取 TABLE 的有效地址送入 DI
```

注意:本指令处理的是变量的地址(偏移量),不是变量的值。它等效于传送有效地址的 MOV 指令,但 MOV 指令必须在变量名前使用 OFFSET 操作符。

【例 4-23】
```
MOV  DI, TABLE              ;将 TABLE 字单元的内容送 DI
LEA  DI, TABLE              ;取 TABLE 的偏移地址送 DI
MOV  DI, OFFSET  TABLE      ;取 TABLE 的偏移地址送 DI
```

上例中后两条指令完成的操作相同。

(2) LDS 指令

指令格式:LDS　OP 目,OP 源

指令功能:把4字节地址指针(包括一个段地址和一个偏移地址)从源操作数指定的4个存储单元取出,低地址的两字节送目的操作数,高地址的两字节送 DS 段寄存器。

【例 4-24】
```
LDS  DI,[2130H]      ;将 2130H 和 2131H 单元的内容送 DI
                     ;将 2132H 和 2133H 单元的内容送 DS
```

(3) LES 指令

指令格式:LES　OP 目,OP 源

指令功能:本指令与 LDS 指令的操作基本相同,所不同的是将源操作数4字节中高地址的两字节传送到 ES 段寄存器而不是 DS 段寄存器。

3. 标志寄存器传送指令

8086/8088 有4条标志寄存器传送指令,指令的操作数均以隐含方式指定。其中,SAHF 和 POPF 指令将影响标志寄存器的内容。

(1) 读标志指令 LAHF

指令格式:LAHF

指令功能:将标志寄存器低8位→AH。

(2) 设置标志指令 SAHF

指令格式:SAHF

指令功能:将 AH→标志寄存器低8位。

(3) PUSHF 指令

指令格式:PUSHF

指令功能:将16位标志寄存器入栈,同时修改栈指针 SP。

(4) POPF 指令

指令格式:POPF

指令功能:将栈顶的一个字送标志寄存器,同时修改栈指针 SP。

以上两条指令常成对出现,用来保护和恢复标志寄存器的内容。

4.2.2 算术运算指令

8086/8088 指令系统中具有完备的加、减、乘、除运算指令，可处理 8 位/16 位不带符号和带符号的二进制整数，以及不带符号的组合的（即 1 字节存放两位 BCD 码）或非组合的（即 1 字节存放一位 BCD 码）十进制数整数的算术运算。

8 位不带符号的二进制整数范围是 0 ~ 255，16 位不带符号二进制整数范围是 0 ~ 65 535，而 8 位和 16 位带符号的二进制整数范围分别是 −128 ~ +127 和 −32 768 ~ +32 767。负数均用补码表示。

表 4-4 给出了算术运算指令的名称、助记符和它们对标志位的影响。

表 4-4 算术运算指令

类别	指令名称	指令书写格式（助记符）	状态标志					
			OF	SF	ZF	AF	PF	CF
加法	加法（字节/字）	ADD 目标，源	☆	☆	☆	☆	☆	☆
	带进位加法（字节/字）	ADC 目标，源	☆	☆	☆	☆	☆	☆
	加 1（字节/字）	INC 目标	☆	☆	☆	☆	☆	–
减法	减法（字节/字）	SUB 目标，源	☆	☆	☆	☆	☆	☆
	带借位减法（字节/字）	SBB 目标，源	☆	☆	☆	☆	☆	☆
	减 1	DEC 目标	☆	☆	☆	☆	☆	–
	取补	NEG 目标	☆	☆	☆	☆	☆	☆
	比较	CMP 目标，源	☆	☆	☆	☆	☆	☆
乘法	不带符号乘法（字节/字）	MUL 源	☆	*	*	*	*	☆
	带符号乘法（字节/字）	IMUL 源	☆	*	*	*	*	☆
除法	不带符号除法（字节/字）	DIV 源	*	*	*	*	*	*
	带符号除法（字节/字）	IDIV 源	*	*	*	*	*	*
	字节扩展	CBW	–	–	–	–	–	–
	字扩展	CWD	–	–	–	–	–	–
十进制调整	非组合 BCD 码的加法调整	AAA	*	*	*	☆	*	☆
	组合 BCD 码的加法调整	DAA	*	☆	☆	☆	☆	☆
	非组合 BCD 码的减法调整	AAS	*	*	*	☆	*	☆
	组合 BCD 码的减法调整	DAS	*	☆	☆	☆	☆	☆
	非组合 BCD 码的乘法调整	AAM	*	☆	☆	*	☆	*
	非组合 BCD 码的除法调整	AAD	*	☆	☆	*	☆	*

注：表中“☆”表示运算结果影响标志位；“–”表示运算结果不影响标志位；“*”表示标志位为任意值。

在算术运算指令中，源操作数为 8 位或 16 位通用寄存器、存储器和立即数，目的操作数不能是立即数，其余同源操作数。还需要注意的是，双操作数指令中两个操作数不能同时为存储器操作数。这一限制适用于指令系统中所有的双操作数指令，以后不再赘述。

1. 加法指令

（1）不带进位的加法指令

指令格式：ADD OP 目，OP 源

指令功能：将源操作数和目的操作数相加，结果保留在目的操作数中，并根据结果设置标志。

【例 4-25】 ADD BX，AX

若 AX = 65A0H，BX = B79EH，则指令运算情况是：

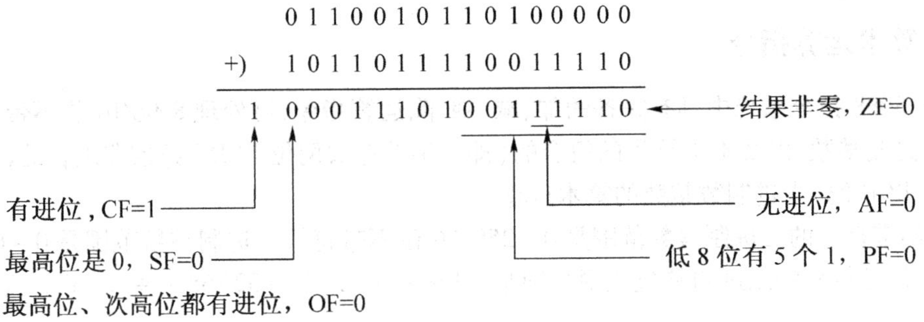

指令执行后：BX = 1D3EH，且 CF = 1，SF = 0，OF = 0，AF = 0，PF = 0，ZF = 0。

说明：若 BX，AX 中存放的是无符号数，则结果大于 65535；若存放的是带符号数，则结果在 16 位补码所能表示的范围中，所以运算结果正确。

【例 4-26】
```
ADD   AL,50H          ;AL + 50H → AL
ADD   DI,SI           ;DI + SI → DI
ADD   AX,[DI]         ;AX + ([DI + 1],[DI]) → AX
```

(2) 带进位的加法指令

指令格式：ADC　OP 目，OP 源

指令功能：将源操作数、目的操作数及 CF 的值相加，结果保留在目的操作数中，并根据结果设置标志。该指令多用于多字节加法运算。

【例 4-27】有两个 4 字节数分别放在自 FIRST 和 SECOND 开始的存储区，低字节在低地址处，编写程序段将两数相加，将结果存入从 FIRST 开始的存储区。

```
MOV   AX,FIRST        ;第一个数的低 16 位→AX
ADD   AX,SECOND       ;两数的低 16 位相加→AX
MOV   FIRST,AX        ;低 16 位相加结果存入 FIRST 及 FIRST + 1 单元
MOV   AX,FIRST + 2    ;第一个数的高 16 位→AX
ADC   AX,SECOND + 2   ;两数的高 16 位连同低位进位相加→AX
MOV   FIRST + 2,AX    ;高 16 位相加的结果存入 FIRST + 2 及 FIRST + 3 单元
```

(3) 加 1 指令

指令格式：INC　OP

指令功能：将操作数加 1，再送回该操作数。这条指令一般用于循环程序的指针修改。

操作数可以是 8 位/16 位通用寄存器或存储器，不能为立即数。

【例 4-28】
```
INC   AL                      ;AL + 1 → AL
INC   BYTE PTR [BX + DI]      ;[BX + DI] + 1 → [BX + DI]
```

注意：

① INC 指令影响标志位 AF、OF、PF、SF 和 ZF，但不影响 CF 位。

② 本指令将操作数视为无符号数。

2. 减法指令

(1) 不带借位的减法指令

指令格式：SUB　OP 目，OP 源

指令功能：将目的操作数减去源操作数，结果送回到目的操作数，并根据结果设置标志。

【例 4-29】SUB　BX,CX　　　　　　　　;BX - CX→BX

SUB　AL,[SI+2]　　　　　　;AL - [SI+2]→AL

(2) 带借位的减法指令

指令格式: SBB　OP 目,OP 源

指令功能:将目的操作数减去源操作数再减去借位标志 CF 的现行值,结果送回到目的操作数中,并根据结果设置标志。该指令常用于多字节减法运算。

【例 4-30】SBB　AX,2030H　　　　　　;AX - 2030H - CF → AX

SBB　WORD PTR [DI],1000H　;将 DI 和 DI+1 所指的两个单元的内容减去 1000H 再减去 ;CF,结果送 DI 和 DI+I 单元

(3) 减 1 指令

指令格式: DEC　OP

指令功能:将操作数的值减 1 后送回原操作数,并根据结果置标志位。

操作数可以是 8 位/16 位通用寄存器和存储器操作数,不能为立即数。

【例 4-31】DEC　AX　　　　　　;AX - 1 → AX

DEC　BYTE PTR [BX]　　;[BX] - 1 → [BX]

注意:

① 本指令不影响 CF 标志。

② 本指令将操作数视为无符号数。

(4) 取补指令

指令格式: NEG　OP

指令功能:将操作数取补后送回原操作数,即将 OP 连同符号位逐位取反再加 1。

操作数可以是 8 位/16 位通用寄存器和存储器操作数,不能为立即数。

【例 4-32】NEG　AL　　　　　　　　;将 AL 中的数取补

NEG　WORD PTR [SI+1]　　;将 SI+1、SI+2 单元中的内容取补

注意:因为执行 NEG 指令时,是用 0 减去操作数,所以指令执行时,只有操作数为 0 时,才使 CF=0,否则总是使 CF=1。如果操作数的值为 -128(即 80H)或 -32768(即 8000H),执行取补指令之后结果没有变化,即取补后回送的新值仍为 80H 或 8000H,但此时的溢出标志OF=1。

(5) 比较指令

指令格式: CMP　OP 目,OP 源

指令功能:将目标操作数与源操作数相减,不回送结果,只根据结果置标志位。

【例 4-33】CMP　AX,BX　　　　　;将 AX - BX 后,置标志位

CMP　AL,20H　　　　　;将 AL - 20H 后,置标志位

说明:本指令通过比较(相减)结果置标志位,表示两个操作数的关系。比较有以下几种情况(以 CMP A,B 示例说明):

1) 判断两个操作数是否相等:

可根据 ZF 标志位来判断,若 ZF=1,说明 A=B;若 ZF=0,说明 A≠B。

2) 判断两个操作数的大小,可分以下两种情况。

① 判断两个无符号操作数的大小:

可根据 CF 标志位来判断,若 CF=1,说明 A<B ;若 CF=0,说明 A≥B。

② 判断两个带符号操作数的大小:

可根据 SF 及 OF 标志来判断,若 SF⊕OF = 1,即 SF 与 OF 不同,说明 A < B ;若 SF⊕OF = 0,即 SF 与 OF 相同,则 A≥B。其中"⊕"代表异或操作。所以,对于有符号数的比较,必须将符号标志 SF 和溢出标志 OF 结合在一起考虑,才能判断两个操作数的大小。

一般情况下,CMP 指令后面经常会有一条条件转移指令,用来检查标志位的状态是否满足某种关系。

【例 4-34】 有两组 50 字节的数据,分别放在自 FIRST 和 SECOND 开始的存储区中,试比较两组数据是否相同,若相同则 0→AL,否则 FFH→AL。

```
        MOV   SI,OFFSET FIRST      ;SI 作为第一组数的地址指针
        MOV   DI,OFFSET SECOND     ;DI 作为第二组数的地址指针
        MOV   CX,50                ;置计数器初值
P:      MOV   AL,[SI]              ;从第一组数中取出一个数送 AL
        CMP   AL,[DI]              ;与第二组数中相同位置的数比较
        JZ    NEXT                 ;若相等,继续比较
        MOV   AL,0FFH              ;否则将不等标志 0FFH 送 AL
        JMP   STOP                 ;跳出循环
NEXT:   INC   SI                   ;调整第一组数地址指针
        INC   DI                   ;调整第二组数地址指针
        DEC   CX                   ;计数值减 1
        JNZ   P                    ;未完,继续
        MOV   AL,0                 ;将相等标志送 AL
STOP:   HLT
```

3. 乘法指令

(1) 无符号数乘法指令

指令格式: MUL　OP

指令功能:完成两个不带符号的 8 位/16 位二进制数的乘法运算。

指令中给出的操作数是乘数,它可以是 8 位/16 位通用寄存器及存储器;另一操作数被乘数隐含在 AL/AX 中,乘积存放在 AH:AL 或 DX:AX 中,如图 4-14 所示。

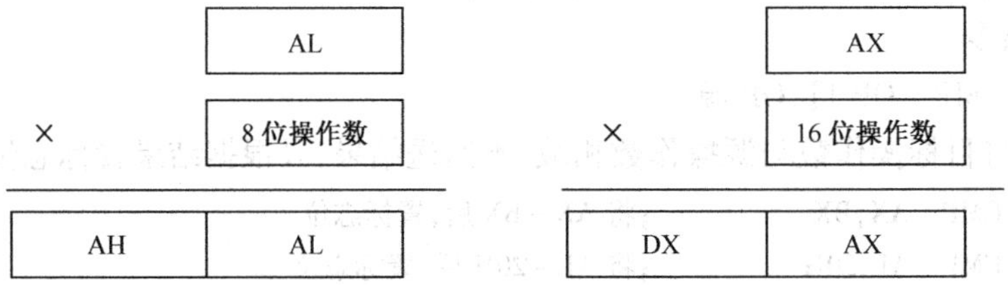

图 4-14　乘法运算示意图

【例 4-35】
```
MUL   BL                   ;BL × AL→AX
MUL   WORD PTR [DI]        ;DI 和 DI + 1 单元的内容乘以 AX 中的内容,乘积送入 DX,AX
```

【例 4-36】 设在 M1 和 M2 单元中各有一个 16 位数,求其乘积,将结果存于从 R 开始的字单元中。

```
MOV   AX,M1                ;取被乘数
```

```
MUL   M2              ;两数相乘
MOV   R,AX
MOV   R+2,DX          ;存结果
```

注意:本指令影响标志位 CF、OF。对于字节乘法,当 AH≠0 时,CF=1,OF=1;对于字乘法,当 DX≠0 时,CF=1,OF=1。

(2) 带符号数乘法指令

指令格式: IMUL OP

指令功能:完成两个带符号的 8 位/16 位二进制数的乘法运算。有关 IMUL 的其他约定与 MUL 相同。

注意:对于字节乘法,当 AH 为 AL 的符号扩展时,CF=OF=0,否则 CF=OF=1;对于字乘法,当 DX 为 AX 的符号扩展时,CF=OF=0,否则 CF=OF=1。

4. 除法指令

(1) 无符号数除法指令

指令格式: DIV OP

指令功能:完成两个不带符号的二进制数的除法运算。

指令中给出的操作数是除数,它可以是 8 位/16 位通用寄存器及存储器;被除数隐含在 AX(字节除)或 DX、AX(字除法)中。

操作过程:① 字节除法: AX/OP →AL

AX MOD OP →AH

② 字除法: (DX、AX)/OP →AX

(DX、AX)MOD OP→DX

【例 4-37】

```
DIV   CL                  ;AX 中的数据除以 CL 中的数据,整数商→AL,余数→AH
DIV   WORD PTR [DI]       ;DX 和 AX 中的 32 位数除以 DI 和 DI+1 单元中的 16 位数据,
                          ;整数商→AX,余数→DX
```

注意:对于本指令,若商超出字或字节的表述范围,将产生一个类型 0 的中断。

(2) 带符号数除法指令

指令格式: IDIV OP

指令功能:完成两个带符号的二进制数的除法运算。商的符号根据代数规则确定,余数的符号与被除数相同。

操作数的规定同 DIV 指令。

注意:本指令在完成字节相除时最大的商为 +127(7FH),最小的商为 -128(80H);在完成字相除时最大的商为 +32767(7FFFH),最小的商为 -32768(8000H)。若商超出此范围,则产生一个类型 0 的中断。

(3) 符号扩展指令

在进行带符号数除法运算时,若被除数和除数具有相同位数(字节或字),这时就需要将被除数扩展为字或双字,而数的大小和符号不变。指令 CBW 和 CWD 就用于这一目的。

1) 字节扩展指令 CBW。

指令格式: CBW

指令功能:将 AL 中的单字节数的符号扩展到 AH 中。若 AL<80H,则 0→AH ;若 AL≥80H,则 FFH→AH。

2）字扩展指令 CWD。

指令格式：CWD

指令功能：将 AX 中的数的符号扩展到 DX 中。若 AX < 8000H，则 0→DX；若 AX ≥ 8000H，则 FFFFH→DX。

注意：这两条符号扩展指令常常放在 IDIV 指令之前，对标志位没有影响。

【例 4-38】 在内存中，有一个从 DATA1 开始的存储区。此存储区的前两个字节是一个 16 位带符号的被除数，第 3、4 字节是一个 16 位带符号的除数，其后的 4 个单元依次存放商和余数。实现此除法运算的程序：

```
LEA   BX,DATA1                 ;数据区首址→BX
MOV   AX,[BX]                  ;被除数→AX
CWD                            ;被除数符号扩展至 DX 中
IDIV  WORD PTR [BX +2]         ;两数相除
MOV   [BX +4],AX               ;商→BX +4 单元
MOV   [BX +6],DX               ;余数→BX +6 单元
```

思考：若上例中的两个数是无符号数，要完成无符号数除法，应该如何修改程序？

5. 十进制运算调整指令

二进制数中只有 0 和 1 两个数码，因此一位十进制数需要用 4 位二进制数表示，这个 4 位二进制数称为该十进制数的二进制编码，简称 BCD 码。用一个字节表示一位十进制数，称为非组合（或非压缩）式 BCD 码；用一个字节表示二位十进制数，称为组合（或压缩）式 BCD 码。8086 系统的加、减、乘、除指令只能进行二进制运算，若用这些指令实现 BCD 码的运算，则必须对运算结果进行调整。

【例 4-39】 18 +27 =45

```
   0001 1000
+) 0010 0111
-------------
   0011 1111——低 4 位 >9
+) 0000 0110——加 6 调整
-------------
   0100 0101
```

【例 4-40】 48 +29 =77

```
   0100 1000
+) 0010 1001
-------------
   0111 0001——AF =1
+) 0000 0110——加 6 调整
-------------
   0111 0111
```

在计算机中，这些调整是用调整指令来实现的，不同的运算调整方法不同，8086/8088 为加/减、乘/除运算分别设置了不同的调整指令。

（1）非组合 BCD 码的加法调整指令

指令格式：AAA

指令功能：对 AL 中的由两个非组合 BCD 码相加所得的结果进行调整，并将调整后的结果（非组合 BCD 码）存于 AX 中。

调整过程：如果 AL 的低 4 位表示的数大于 9 或者 AF =1，则将 AL 加 6，AH 加 1，将 AF 和 CF 置 1，清除 AL 的高 4 位；否则，清除 AL 的高 4 位以及 AF 和 CF 标志。

(2) 组合 BCD 码的加法调整指令

指令格式：DAA

指令功能：对 AL 中的由两个组合 BCD 码相加所得的结果进行调整，并将调整后的结果（组合 BCD 码）存于 AL 中。

调整过程：调整方法与 AAA 类似，只是此指令要分别考虑 AL 的高 4 位和低 4 位。如果 AL 的低 4 位大于 9 或者 AF = 1，则 AL + 6→AL，并置 AF = 1；如果 AL 的高 4 位大于 9 或者 CF = 1，则 AL + 60H→AL，并置 CF = 1。

注意：以上两条指令使用时必须紧跟在 ADD 或 ADC 指令之后。而且，这两条指令只能对 AL 中的结果进行调整，因此对多字节的十进制数运算，只能从低字节开始逐个字节地进行运算和调整。

【例 4-41】 设在 AX 和 BX 中分别存有用组合 BCD 码表示的 4 位十进制数，编写程序段将两个数相加（设相加之后的和仍为 4 位十进制数），结果存于 AX 中。

```
ADD   AL,BL          ;低字节相加
DAA                  ;低字节调整
MOV   CL,AL          ;暂存低字节
MOV   AL,AH
ADC   AL,BH          ;高字节相加
DAA                  ;高字节调整
MOV   AH,AL
MOV   AL,CL          ;存放结果于 AX 中
```

(3) 非组合 BCD 码的减法调整指令

指令格式：AAS

指令功能：对 AL 中的由两个非组合 BCD 码相减所得的结果进行调整，并将调整后的结果（非组合 BCD 码）存于 AL 中。

调整过程：调整方法与 AAA 类似，不同的是当 AL 的低 4 位表示的数大于 9 或者 AF = 1 时，将 AL - 6→AL，AH - 1→AH，并将 AF 和 CF 置 1，清除 AL 的高 4 位。

(4) 组合 BCD 码的减法调整指令

指令格式：DAS

指令功能：对 AL 中的由两个组合 BCD 码相减所得的结果进行调整，并将调整后的结果（组合 BCD 码）存于 AL 中。

调整过程：调整方法与 DAA 类似，不同的是当 AL 的低 4 位 >9 或者 AF = 1，则 AL - 6→AL，并置 AF = 1；而当 AL 的高 4 位 >9 或者 CF = 1 时，则 AL - 60H → AL，并置 CF = 1。

注意：使用 AAS、DAS 指令必须紧跟在 SUB 或 SBB 指令之后。

(5) 非组合 BCD 码的乘法调整指令

指令格式：AAM

指令功能：对 AX 中的由两个非组合 BCD 码相乘所得的结果进行调整，并将调整后的结果（非组合 BCD 码）存于 AX 中。

调整过程：将 AL 中的内容除以 10，并将除得的商和余数分别送 AH 和 AL。

【例 4-42】
```
MOV   BL,5
MOV   AL,8
```

```
MUL  BL          ;AX 中为 0028H
AAM              ;AX 中为 0400H
```

注意:本指令必须紧跟在 MUL 指令之后使用。

(6) 非组合 BCD 码的除法调整指令

指令格式: AAD

指令功能:把 AX 中的两个非组合 BCD 码进行调整,然后可使用 DIV 指令实现两个非组合 BCD 码的除法运算。

调整过程:将 AH 中的内容乘以 10 与 AL 中的内容相加,结果送入 AL,同时将 AH 清零。

注意:本指令必须在 DIV 运算前使用。

4.2.3 逻辑运算指令

8086/8088 指令系统的逻辑运算指令见表 4-5。

表 4-5 逻辑运算指令

类别	指令名称	指令书写格式(助记符)	状态标志					
			OF	SF	ZF	AF	PF	CF
逻辑运算	“非”(字节/字)	NOT 目标	-	-	-	-	-	-
	“与”(字节/字)	AND 目标,源	0	☆	☆	*	☆	0
	“或”(字节/字)	OR 目标,源	0	☆	☆	*	☆	0
	“异或”(字节/字)	XOR 目标,源	0	☆	☆	*	☆	0
	“测试”(字节/字)	TEST 目标,源	0	☆	☆	*	☆	0

注:表中“☆”表示运算结果影响标志位;“-”表示运算结果不影响标志位;“*”表示标志位为任意值;“0”表示将标志位置“0”。

这类指令的源操作数,可以是 8 位/16 位通用寄存器、存储器操作数或立即数;目的操作数只允许是通用寄存器、存储器操作数。

1. 逻辑与运算指令

指令格式:AND OP 目,OP 源

指令功能:对两个操作数按位进行与操作,结果回送到目标操作数。

该指令常用于截取(或屏蔽)若干位二进制数。

【例 4-43】 已知 AL=46H,将 AL 中的低 4 位保留,高 4 位屏蔽。

```
AND  AL,0FH
```

2. 逻辑或运算指令

指令格式:OR OP 目,OP 源

指令功能:对两个操作数进行逻辑或运算,结果回送到目标操作数。

该指令可用于组合某个字,或将某位置 1。

【例 4-44】 将 AL 中的非组合 BCD 码转换成 ASCII 码。

```
OR  AL,30H
```

3. 逻辑异或运算指令

指令格式:XOR OP 目,OP 源

指令功能:对两个操作数进行逻辑异或运算,结果回送到目标操作数。

该指令可用于对某个二进制数按位取反,或对某寄存器清 0。

【例 4-45】 XOR AL,0FFH ;将 AL 中的内容按位取反

XOR AL,AL ;将 AL 清零

4. 逻辑非运算指令

指令格式:NOT OP

指令功能:对操作数逐位取反后回送到原处。

5. 测试指令

指令格式:TEST OP 目,OP 源

指令功能:将目标操作数与源操作数进行逻辑与运算,不回送结果,只根据结果置标志位。

该指令常用于判断(测试)寄存器或存储器中的数的某位是 0 还是 1。

【例 4-46】 TEST AX,8000H ;测试 AX 中的 D_{15} 位,若为 1 则 ZF = 0,否则 ZF = 1

注意:在逻辑运算指令中,仅 NOT 指令不影响标志位。其他指令执行后,除 AF 状态不定外,总是使 OF = CF = 0,ZF、SF、PF 则根据运算结果被置位或复位。

4.2.4 移位指令

移位指令完成对操作数的移位操作,分为一般移位和循环移位指令,见表 4-6。

所有移位及循环移位指令的目标操作数,只允许是 8/16 位通用寄存器或存储器,指令中的计数值可以是常数 1,即移位 1 次,如果移位多于 1 次,则必须将移位次数 N 事先装入 CL 寄存器中,本指令最多可移 255 位。

移位指令影响 PF、SF、ZF、CF 以及 OF 五个标志位。其中 CF 在移位之后总是等于目标操作数最后移出的那一位。如果移位计数值为 1,且执行结果使目标操作数的符号位(最高位)发生变化,则 OF = 1,否则 OF = 0;若移位计数值不为 1,则 OF 无效。

表 4-6 移位指令

类别	指令名称	指令书写格式(助记符)	状态标志					
			OF	SF	ZF	AF	PF	CF
一般移位	逻辑左移(字节/字)	SHL 目标,计数值	☆	☆	☆	*	☆	☆
	算术左移(字节/字)	SAL 目标,计数值	☆	☆	☆	*	☆	☆
	逻辑右移(字节/字)	SHR 目标,计数值	☆	☆	☆	*	☆	☆
	算术右移(字节/字)	SAR 目标,计数值	☆	☆	☆	*	☆	☆
循环移位	循环左移(字节/字)	ROL 目标,计数值	☆	–	–	*	–	☆
	循环右移(字节/字)	ROR 目标,计数值	☆	–	–	*	–	☆
	带进位循环左移(字节/字)	RCL 目标,计数值	☆	–	–	*	–	☆
	带进位循环右移(字节/字)	RCR 目标,计数值	☆	–	–	*	–	☆

注:表中"☆"表示运算结果影响标志位;"—"表示运算结果不影响标志位;"*"表示标志位为任意值。

移位指令所做的操作如图 4-15 所示。

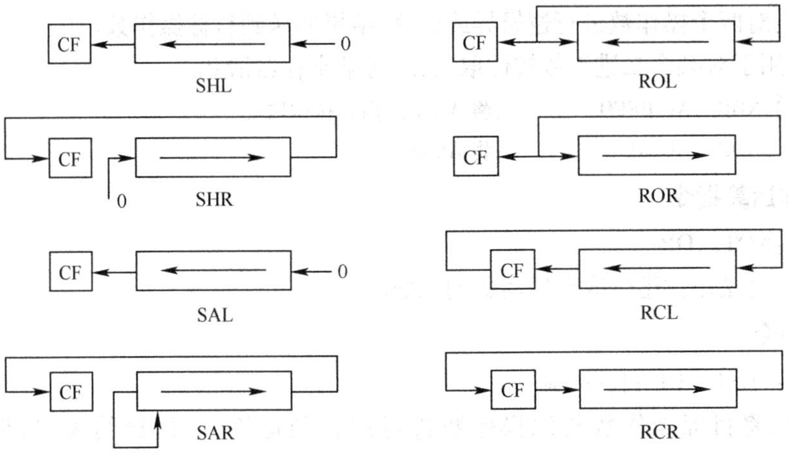

图 4-15　移位指令操作示意图

1. 一般移位指令

(1) 逻辑左移指令

指令格式:SHL　OP 目,计数值

指令功能:将操作数的内容左移,每移一次,最低位补 0,最高位→CF。

(2) 逻辑右移指令

指令格式:SHR　OP 目,计数值

指令功能:将操作数的内容右移,每移一次,最高位补 0,最低位→CF。

(3) 算术左移指令

指令格式:SAL　OP 目,计数值

指令功能:同 SHL(逻辑左移指令)。

(4) 算术右移指令

指令格式:SAR　OP 目,计数值

指令功能:将操作数的内容右移,每移一次,最高位的值不变,最低位→CF。

对二进制数进行一般移位时,左移一次,只要左移以后的数未超出操作数的表述范围,相当于原数乘以 2;右移一次相当于除以 2。所以,一般移位指令常用于实现将二进制数乘以或除以 2^n 的操作。

一般地,当目标操作数为无符号数时采用逻辑移位指令;若目标操作数为有符号数,则采用算术移位指令。

【例 4-47】 将 AL 中的无符号数扩大 10 倍,假设扩大后的数值小于 255。

```
SHL   AL,1          ;原数×2 →AL
MOV   BL,AL         ;原数×2 → BL
MOV   CL,2
SHL   AL,CL         ;原数×8 →AL
ADD   AL,BL         ;原数×2 + 原数×8 = 原数×10 →AL
```

2. 循环移位指令

(1) 循环左移指令

指令格式:ROL　OP 目,计数值

指令功能:将操作数的内容循环左移,每移一次,最高位移入 CF,同时移入最低位。

(2) 循环右移指令

指令格式:ROR　OP 目,计数值

指令功能:将操作数的内容循环右移,每移一次,最低位移入 CF,同时移入最高位。

(3) 带进位的循环左移指令

指令格式:RCL　OP 目,计数值

指令功能:包括进位位在内,一起循环左移,每移一次,最高位移入 CF,原 CF 移入最低位。

(4) 带进位的循环右移指令

指令格式:RCR　OP 目,计数值

指令功能:包括进位位在内,一起循环右移,每移一次,最低位移入 CF,原 CF 移入最高位。

【例 4-48】 将一组 BCD 码转换成 ASCII 码。设某缓冲区从 BUF 单元开始连续存放着 8 个组合 BCD 码,要求将它们转换成 ASCII 码,存放在以 RES 单元开始的缓冲区。高位 BCD 码转换成的 ASCII 码 ,放在地址较高的单元。

程序实现如下:

```
        MOV   SI,OFFSET BUF      ;BCD 码首址送 SI
        MOV   DI,OFFSET RES      ;ASCII 码首址送 DI
        MOV   BL,8               ;计数值送 BL
TRAT:   MOV   AL,[SI]            ;取一组 BCD 码送 AL
        MOV   BH,AL              ;将 BCD 码保存在 BH 中
        AND   AL,0FH             ;截取低位 BCD 码
        OR    AL,30H             ;转换低位 BCD 码为 ASCII 码
        MOV   [DI],AL            ;存低字节 ASCII 码
        INC   DI                 ;ASCII 码地址指针加 1
        MOV   CL,4
        SHR   BH,CL              ;高位 BCD 码移到低 4 位
        OR    BH,30H             ;高位 BCD 码转换为 ASCII 码
        MOV   [DI],BH            ;存高字节 ASCII 码
        INC   SI                 ;指向下一个 BCD 码单元
        INC   DI                 ;指向下一个 ASCII 码单元
        DEC   BL                 ;计数值减 1
        JNZ   TRAT               ;未转换完则继续
        HLT
```

4.2.5　字符串操作指令

串指的是存储区中的一个数据序列。串操作是指对串中的每个字或字节数据做相同的操作。串操作分为串传送、串搜索、串比较及串存取等。8086/8088 提供的串操作指令见表 4-7。

表 4-7　字符串操作指令

类　别	指令名称	指令书写格式(助记符)	状态标志					
			OF	SF	ZF	AF	PF	CF
基本字符串指令	字节串/字串传送	MOVS　目标串,源串	-	-	-	-	-	-
		MOVSB/MOVSW	-	-	-	-	-	-
	字节串/字串比较	CMPS　目标串,源串	☆	☆	☆	☆	☆	☆
		CMPSB/CMPSW	☆	☆	☆	☆	☆	☆
	字节串/字串搜索	SCAS　目标串,源串	☆	☆	☆	☆	☆	☆
		SCASB/SCASW	☆	☆	☆	☆	☆	☆
	取字节串/字串	LODS　目标串,源串	-	-	-	-	-	-
		LODSB/LODSW	-	-	-	-	-	-
	存字节串/字串	STOS　目标串,源串	-	-	-	-	-	-
		STOSB/STOSW	-	-	-	-	-	-
重复前缀	无条件传送	REP	-	-	-	-	-	-
	相等/为零时,重复	REPE/REPZ	-	-	-	-	-	-
	不等/不为零时,重复	REPNE/REPNZ	-	-	-	-	-	-

注:表中"☆"表示运算结果影响标志位;"-"表示运算结果不影响标志位。

所有基本的串操作有如下共同点:

① 用寄存器 SI 寻址源操作数,且假定源操作数是在现行的数据段中(即段地址在段寄存器 DS 中),用寄存器 DI 寻址目标操作数,且假定目标操作数是在现行的附加段中(即段地址在段寄存器 ES 中)。

② 每执行一次串操作后自动修改指针 SI、DI。若方向标志 DF =0,则每次操作后 SI 和 DI 自动加 1(对字节串操作)或加 2(对字串操作);若 DF =1,则每次操作后 SI 和 DI 自动减 1(对字节串操作)或减 2(对字串操作)。

③ 串长(字或字节个数)存放在 CX 中。

在执行指令前必须在 DS、ES、SI、DI、DF 和 CX 中置好需要的值,它们是串操作指令的隐含操作数。

1. 字符串传送指令

指令格式: MOVS　OP 目,OP 源
MOVSB
MOVSW

指令功能:从源串中取一个字节/字传送到目标串中,并自动修改 SI/DI,使之指向下一元素。字符串传送指令前可以加重复前缀 REP,表示每传送完一个元素使 CX 减 1,直到 CX =0。

注意:使用 MOVS 指令时,必须说明操作数的数据类型,这样才能确定是字节传送,还是字传送。

【例 4-49】 将从 DATA1 开始的 100 字节的数据传送到从 DATA2 开始的存储区中。

(1) 用一般传送指令实现

```
MOV   SI,OFFSET DATA1      ;源数据区首地址送 SI
MOV   DI,OFFSET DATA2      ;目标数据区首地址送 DI
```

```
        MOV   CX,64H            ;串长送 CX
PL1:    MOV   AL,[SI]           ;按 SI 所指地址取 1 字节
        MOV   [DI],AL           ;送入 DI 所指向的存储单元
        INC   SI                ;源区地址指针加 1
        INC   DI                ;目标区地址指针加 1
        DEC   CX                ;计数值减 1
        JNZ   PL1               ;没有传送完则继续
        HLT
```

(2) 用串传送指令实现

```
        MOV   SI,OFFSET DATA1   ;源数据区首地址送 SI
        MOV   DI,OFFSET DATA2   ;目标数据区首地址送 DI
        MOV   CX,64H            ;串长送 CX
        CLD                     ;清方向标志,使正向传送
PL1:    MOVSB                   ;串传送 1 字节
        DEC   CX                ;计数值减 1
        JNZ   PL1               ;没有传送完则继续
        HLT
```

(3) 用重复传送指令实现

```
MOV   SI,OFFSET DATA1   ;源区数据首地址送 SI
MOV   DI,OFFSET DATA2   ;目标区数据首地址送 DI
MOV   CX,64H            ;串长送 CX
CLD                     ;清方向标志,使正向传送
REP   MOVSB             ;重复传送至 CX=0
HLT
```

2. 字符串比较指令

指令格式：CMPS　OP 目,OP 源

CMPSB

CMPSW

指令功能:取源串一个字节/字,与目标串的一个字节/字相减,不回送结果,根据结果置标志位,并修改串地址指针,使之指向下一个字节/字单元。

若在字符串比较指令前加重复前缀 REPE/REPZ(相等/为 0),表示每进行一次比较 CX 减 1,当串没有比较完(CX≠0)且源串与目标串对应数据比较结果相等(ZF=1),则继续进行下一个数据的比较,直到两串比较完(CX=0)或比较的结果两串数不等(ZF=0)。

若在字符串比较指令前加重复前缀 REPNE/REPNZ,表示每进行一次比较 CX 减 1,当串没有比较完(CX≠0)且源串与目标串对应数据比较结果不相等(ZF=0),则继续比较,直到两串比较完(CX=0)或比较的字或字节相同时(ZF=1)停止。

【例 4-50】比较存储器中的两串数是否相同,如完全相同则 AL=0,否则 AL=FFH。

```
        MOV   SI,OFFSET DATA1   ;源串首址送 SI
        MOV   DI,OFFSET DATA2   ;目标串首址送 DI
        CLD                     ;清方向标志,使正向传送
```

```
        MOV     CX,50                  ;串长送 CX
        REPZ    CMPSB                  ;两串数比较,直到 CX = 0 或 ZF = 0
        JZ      EQQ                    ;若 ZF = 1,说明两串数相同,转 EQQ
        MOV     AL,0FFH                ;两串数不完全相同,FFH→AL
        JMP     STOP
EQQ:    MOV     AL,0                   ;两串数相同,0→AL
STOP:   HLT
```

3. 字符串搜索指令

指令格式：SCAS　OP

　　　　　SCASB

　　　　　SCASW

指令功能：将 AL/AX 寄存器中的关键字，减去由 DI 所指向的目标串中的元素，不回送结果，根据结果置标志位，并修改 DI 寄存器内容，指向下一元素。

若在字符串搜索指令前加重复前缀 REPNE/REPNZ（不等于/不为 0），用来从目标串中寻找关键字，操作一直进行到 ZF = 1（找到）或 CX = 0（找完）为止。若找到，则相匹配的字符在 DI - 1（字节串搜索）或 DI - 2（字串搜索）的位置。

该指令也可以加重复前缀 REPE/REPZ。

注意：执行这类指令前，必须先将要查找的关键字送 AL/AX 中，串首的偏移地址送 DI，串长送 CX。

【例 4-51】 在某字符串中查找是否存在字符“$”。

```
         MOV     DI,OFFSET DATA1        ;源串首址送 DI
         MOV     AL,'$'                 ;要查找的关键字“$”送 AL
         MOV     CX,64H                 ;串长送 CX
         CLD                            ;清方向标志,使正向搜索
         REPNZ SCASB                    ;查找关键字
         JZ      FOUND                  ;若找到关键字则转移至 FOUND
         MOV     BX,0FFFFH              ;未找到,BX = FFFFH
         JMP     STOP
FOUND:   DEC     DI
         MOV     BX,DI                  ;求出关键字地址送 BX
STOP:    HLT
```

4. 取字符串和存字符串指令

（1）取字符串指令

指令格式：LODS　OP

　　　　　LODSB

　　　　　LODSW

指令功能：将源串中 SI 所指向的存储单元中的一个字节/字取到 AL/AX 寄存器中，并修改 SI 的内容，指向下一字节/字单元。

（2）存字符串指令

指令格式：STOS　OP

```
STOSB
STOSW
```

指令功能:将 AL/AX 中的一个字节/字,存到由 DI 所指向的目标串的存储单元,并修改 DI 的内容,指向下一字节/字的存放单元。

注意:LODS 指令一般不使用重复前缀,STOS 指令常使用 REP 前缀。

【例 4-52】将从数据区 DATA1 开始的 100 个数中的非负数、负数分开,并分别存入处于同一数据段从 DATA2 和 DATA3 开始的数据区。

```
        MOV   SI,OFFSET DATA1       ;源区首址送 SI
        MOV   DI,OFFSET DATA2       ;正数首址送 DI
        MOV   BX,OFFSET DATA3       ;负数首址送 BX
        MOV   CX,64H                ;数据长度送 CX
        CLD
LP:     LODSB                       ;源区取一个数送 AL
        TEST  AL,80H                ;判断 D7 位(符号位)是否等于 1
        JNZ   MIVS                  ;D7 =1(负数)转
        STOSB                       ;正数或零存入 DI 所指单元
        JMP   NEXT
MIVS:   XCHG  BX,DI                 ;DI 和 BX 内容互换
        STOSB                       ;负数存入 BX 所指单元
        XCHG  BX,DI
NEXT:   DEC   CX                    ;计数器减 1
        JNZ   LP                    ;未传送完则继续
        HLT
```

4.2.6 转移指令

一般情况下,程序是顺序执行的,但是程序不可能总是顺序执行,改变程序执行的指令称为转移指令。8086/8088 转移指令可分为 3 类,见表 4-8。

表 4-8 转移指令

类　别	指令名称	指令助记符
无条件转移	JMP 指令	JMP　目标标号
	过程调用	CALL　过程名
	过程返回	RET
条件转移	高于/不低于也不等于,转移	JA/JNBE 目标标号
	高于或等于/不低于,转移	JAE/JNB 目标标号
	低于/不高于也不等于,转移	JB/JNAE 目标标号
	低于或等于/不高于,转移	JBE/JNA 目标标号
	大于/不小于也不等于,转移	JG/JNLE 目标标号
	大于或等于/不小于,转移	JGE/JNL 目标标号
	小于/不大于也不等于,转移	JL/JNGE 目标标号
	小于或等于/不大于,转移	JLE/JNG 目标标号

（续）

类　别	指 令 名 称	指令助记符
条件转移	进位为1，转移	JC　目标标号
	进位为0，转移	JNC　目标标号
	等于/结果为0，转移	JZ/JE　目标标号
	不等于/结果不为0，转移	JNZ/JNE 目标标号
	溢出转移	JO　目标标号
	不溢出转移	JNO　目标标号
	奇偶位为0/奇偶性为奇，转移	JNP/JPO 目标标号
	奇偶位为1/奇偶性为偶，转移	JP/JPE　目标标号
	符号标志位为0，转移	JNS　目标标号
	符号标志位为1，转移	JS　目标标号
循环控制	循环	LOOP　目标标号
	等于/结果为0，循环	LOOPE/LOOPZ　目标标号
	不等于/结果不为0，循环	LOOPNE/LOOPNZ　目标标号
	CX内容为0，转移	JCXZ　目标标号

1. 无条件转移指令

在8086/8088系统中，程序的寻址由CS和IP两部分组成。改变CS和IP或只改变IP都能使程序转移到一个新的地址去执行。其中，前者称为段间转移，后者称为段内转移。短距离的段内转移称为短转移。

无论是段内转移还是段间转移，都有直接转移和间接转移之分。直接转移就是转移的地址信息直接出现在指令的机器码中，而间接转移就是转移的目标地址信息存于某一个寄存器或某一个内存变量中。

程序执行时计算段内转移地址有两种方法：一种是把当前的IP值增加或减少某一个值，也就是以当前指令为中心往前或往后转移，称为相对转移；另一种是以新的值完全替代IP值，此时为绝对转移。在8086/8088中，所有的段内直接转移都是相对转移，所有的段内间接转移和段间转移都是绝对转移。

（1）JMP指令

1）段内直接短转移。

格式：JMP　SHORT OP

该指令完成的操作：IP←IP ＋ 8位偏移量。

此指令为2字节指令，其中SHORT为属性操作符，表明指令代码中的操作数是一个字节偏移量。此偏移量是一个字节的二进制补码，只能在 －128～＋127（即80H～7FH）范围内取值。

转移的目标地址OP在汇编格式中可直接用符号地址（即标号）指出。执行此指令时，转移的目标地址为当前的IP值（即此指令的下一条指令的首地址）与指令代码中8位偏移量之和。

2）段内直接近转移。

格式：JMP　NEAR PTR OP

该指令完成的操作：IP←IP ＋ 16位偏移量。

此指令为3字节指令，其中NEAR为属性操作符，表明指令代码中的偏移量是16位二进制补码，取值范围为－32768～＋32767（即8000H～7FFFH）。由于偏移量为16位，所以利用此转移指令可以转移到段内的任何一个位置。

使用时转移的目标地址 OP 可以使用符号地址即标号来指出，而且往往省略属性操作符，直接写成 JMP 目标标号。

【例 4-53】
```
        JMP NEXT
            ⋮
NEXT:       ⋮
```

在上面的程序段中，若存放在代码段中的 JMP 指令的首偏移地址为 0100H，目标地址的偏移地址是 1000H，则该指令的机器代码是 E9FD0EH，其中后 2 字节为指令的 16 位偏移量。程序执行时，此指令转到的目标地址的偏移地址 = 0103H + 0EFDH = 1000H（其中 0103H 是 JMP 指令的下一条指令的地址），确定好后将其直接送入 IP，则程序将转移到 NEXT 处继续执行。

3）段内间接转移。

格式：JMP WORD PTR OP 或 JMP OP

前一种情况，OP 为存储器操作数，IP 由指令中指定的字单元的内容代替；后一种情况，OP 为 16 位通用寄存器，IP 取自指令中指定的寄存器。

【例 4-54】
```
JMP  WORD PTR[BX][DI]
JMP  BX          ;若 BX = 3400H，当前 CS = 1500H，IP = 2000H，则 EA = BX = 3400H。执行
                 ;本指令后，IP = 3400H，程序转移到物理地址为 15000H + 3400H = 18400H
                 ;的单元继续执行
```

4）段间直接转移。

格式：JMP FAR PTR OP

目标地址在其他代码段，由包含在指令中的段地址和偏移地址替代 CS 和 IP 。转移的目标地址 OP 可以使用符号地址即标号来指出，也可以直接在指令中指出段地址和偏移地址。

【例 4-55】
```
JMP  FAR  PTR  NEXT  ;执行该指令后，NEXT 所在段的段地址送 CS，NEXT 的偏移地
                     ;址送 IP
JMP  2000H:1000H     ;执行该指令后 CS = 2000H，IP = 1000H
```

5）段间间接转移。

格式：JMP DWORD PTR OP

转移的目标段地址及偏移地址存放在指令中指定的连续 4 个单元之内，前两个单元为偏移地址，后两个单元为段地址。

【例 4-56】
```
JMP  DWORD  PTR  [SI];转移地址的偏移量存放在 SI 和 SI + 1 单元，段地址存放在
                     ; SI + 2 和 SI + 3 单元。执行时前两个单元的内容送 IP，后
                     ;两个单元的内容送 CS
```

（2）调用和返回指令

在 8086/8088 系统中用 CALL 和 RET 指令完成子程序的调用与返回。CALL 指令用在调用程序中，RET 设置在被调用程序（子程序或过程）中。

1）调用指令。

指令格式：CALL OP

指令功能：将 CALL 指令的下一条指令的地址（断点地址）IP 或 IP 与 CS 压栈，新的目标地址（子程序首地址）装入 IP 或 IP 与 CS 中，控制程序转移到由 OP 指明入口的子程序。

操作过程：① 当前 CS 压栈，OP 所在段地址→CS，SP - 2→SP

② 当前 IP 压栈，OP 的偏移地址→IP，SP - 2→SP

对于段内调用只有②。

在 8086/8088 系统中，若被调用的子程序在当前代码段中，称为段内调用，而相应的过程称

为近过程,用 NEAR 表示;被调用的子程序也可不在当前代码中,此时称为段间调用,相应的过程称为远过程,用 FAR 表示。

CALL 指令有两种得到目标地址的方法:直接和间接调用。直接调用的目标地址在 CALL 指令中;间接调用的目标地址在由指令指定的寄存器或存储单元中。

【例 4-57】
```
CALL  ABC                 ;段内直接调用,ABC 为段内子程序名
CALL  BX                  ;段内间接调用,调用地址由 BX 提供
CALL  FAR  CDE            ;段间直接调用,CDE 为段间子程序名
CALL  DWORD PTR[DI]       ;段间间接调用,调用段地址和偏移地址
                          ;在从[DI]开始的四个存储单元中
```

2) 返回指令。

指令格式:RET

指令功能:通常作为一个子程序的最后一条指令,用以返回到调用子程序的断点处,即从堆栈弹出断点送 IP 和 CS。

操作过程:① 从栈顶弹出一个字给 IP, SP+2→SP

② 从栈顶弹出一个字给 CS, SP+2→SP

对于段内调用只有①。

2. 条件转移指令

8086/8088 指令系统中包含了非常丰富的条件转移指令,为了缩短指令长度,所有条件转移指令都是段内短转移且为相对转移,即转移范围在 -128 ~ +127。这类指令对标志无影响。

全部条件转移指令的指令格式和测试条件见表 4-9。执行此类指令时,首先测试条件,当条件满足时,程序转移到目标标号执行,否则顺序执行下一条语句。

表 4-9　条件转移指令

指令功能		助记符	测试条件
对无符号数	高于/不低于也不等于,转移	JA/JNBE 目标标号	CF=0 且 ZF=0
	高于或等于/不低于,转移	JAE/JNB 目标标号	CF=0
	低于/不高于也不等于,转移	JB/JNAE 目标标号	CF=1
	低于或等于/不高于,转移	JBE/JNA 目标标号	CF 或 ZF=1
对有符号数	大于/不小于也不等于,转移	JG/JNLE 目标标号	SF⊕OF=0 且 ZF=0
	大于或等于/不小于,转移	JGE/JNL 目标标号	SF⊕OF=0
	小于/不大于也不等于,转移	JL/JNGE 目标标号	SR⊕OF=1
	小于或等于/不大于,转移	JLE/JNG 目标标号	SF⊕OF=1 或 ZF=1
对标志位	进位为 1,转移	JC 目标标号	CF=1
	进位为 0,转移	JNC 目标标号	CF=0
	结果为 0 /等于,转移	JZ/JE 目标标号	ZF=1
	结果不为 0 /不等于,转移	JNZ/JNE 目标标号	ZF=0
	溢出转移	JO 目标标号	OF=1
	不溢出转移	JNO 目标标号	OF=0
	奇偶位为 0/奇偶性为奇,转移	JNP/JPO 目标标号	PF=0
	奇偶位为 1/奇偶性为偶,转移	JP/JPE 目标标号	PF=1
	符号标志位为 0,转移	JNS 目标标号	SF=1
	符号标志位为 1,转移	JS 目标标号	SF=0

【例 4-58】在 DATA1 开始的存储区中存放了 100 个 8 位无符号数，找出其中最大的数存入 MAX 单元。

```
       MOV   BX,OFFSET DATA1    ;BX 指向数据首址
       MOV   AL,[BX]            ;取一个数
       MOV   CX,63H             ;CX 作计数器
P1:    INC   BX                 ;BX 指向下一个数
       CMP   AL,[BX]            ;两数比较
       JAE   NEXT               ;若 AL 中的数大，转 NEXT
       MOV   AL,[BX]            ;否则，将[BX]中的大数→AL
NEXT:  DEC   CX                 ;计数器减 1
       JNZ   P1                 ;未找完，转 P1
       MOV   MAX,AL             ;将找到的最大数送 MAX 单元
       HLT
```

3. 循环控制指令

循环程序是一种常用的程序结构，为了完成对循环程序的控制，8086/8088 系统专门设置了一组循环控制指令，见表 4-10。这些指令所控制的目标地址在 -128 ~ +127 范围内，循环计数值在 CX 中。

表 4-10 循环控制指令

指令名称	助记符		测试条件
循环	LOOP	目标标号	CX←CX-1，CX≠0
等于/结果为 0，循环	LOOPE/LOOPZ	目标标号	CX←CX-1，ZF=1 且 CX≠0
不等于/结果不为 0，循环	LOOPNE/LOOPNZ	目标标号	CX←CX-1，ZF=0 且 CX≠0
CX 内容为 0 转移	JCXZ	目标标号	CX=0

(1) 计数循环

指令格式：LOOP　目标标号

指令功能：CX-1→CX，若 CX≠0，转移到目标标号继续循环，直到 CX=0 退出循环。

(2) 结果为 0/相等，循环

指令格式：LOOPZ/LOOPE　目标标号

指令功能：CX-1→CX，若 CX≠0 且 ZF=1 时，转移到目标标号继续循环，直到 CX=0 或 ZF=0 退出循环。

(3) 结果不为 0/不相等，循环

指令格式：LOOPNZ/LOOPNE　目标标号

指令功能：CX-1→CX，若 CX≠0 且 ZF=0 时，转移到目标标号继续循环，直到 CX=0 或 ZF=1 时退出循环。

注：其中(2)、(3)指令常用在比较指令之后。

(4) 计数为零转移

指令格式：JCXZ　目标标号

指令功能：若 CX=0 时，则控制转向目标标号，否则顺序执行。

【例 4-59】在某数据段中有 10 字节的数组，要求从该数组中找出“$”字符，然后将“$”前的所有数据相加，结果存在 AX 中。

```
        MOV     SI,OFFSET  BUF          ;数据首址送 SI
        DEC     SI
        MOV     CX,10
LL1:    INC     SI
        CMP     BYTE PTR[SI],'$'        ;找'$'字符
        LOOPNZ LL1
        SUB     SI,OFFSET  BUF          ;求'$'前的字节长
        JZ      LL3
        MOV     CX,SI
        MOV     SI,OFFSET BUF
        MOV     AX,0
LL2:    ADD     AL,[SI]
        ADC     AH,0
        INC     SI
        LOOP    LL2                     ;循环累加'$'前的数据
LL3:    HLT
```

4.2.7 处理器控制指令

处理器控制指令用于控制 CPU 动作，设定标志位的状态等，实现对 CPU 的管理，见表4-11。

表 4-11 处理器控制指令

类　别	名　称	操作码(助记符)
标志操作	进位标志置 1	STC
	进位标志置 0	CLC
	进位标志取反	CMC
	方向标志置 1	STD
	方向标志置 0	CLD
	中断标志置 1	STI
	清除中断标志	CLI
CPU 控制	停机	HLT
	等待	WAIT
	交权	ESC
	封锁总线	LOCK
	空操作	NOP

1. 标志操作指令

指令格式：CLC　;置 CF = 0

STC　;置 CF = 1

CMC　;置 CF = $\overline{CF}$

CLD　;置 DF =0

STD　;置 DF =1

CLI　;置 IF =0

STI ;置 IF = 1

标志操作指令完成对标志位的置位、复位等操作,这些指令只影响与其相关的标志位。

2. CPU 控制指令

(1) 处理器暂停指令

指令格式:HLT

指令功能:使处理器处于暂时停机状态。

HLT 引起的暂停,只有 RESET(复位)、NMI(非屏蔽中断请求)、INTR(可屏蔽中断请求)信号可以使 CPU 退出暂停状态。

(2) 处理器等待指令

指令格式:WAIT

指令功能:执行 WAIT 指令后,处理器处于等待状态,直到检测到 $\overline{\text{TEST}}$ 引脚信号有效后,才退出等待状态,继续执行后续指令。

本指令用于处理器与外设同步工作。

(3) 处理器交权指令

指令格式:ESC EXTOPCD,OP 源(其中 EXTOPCD 为外部操作码,OP 源为源操作数)

指令功能:用来为协处理器提供一个操作码和操作数,以便完成主机对协处理器的某种操作要求。

(4) 空操作指令

指令格式:NOP

指令功能:在执行本指令期间,CPU 不完成任何操作,只是每执行一条 NOP 指令,耗费 3 个时钟周期的时间。

(5) 总线封锁前缀

前缀格式:LOCK

功能:当 CPU 执行带有 LOCK 前缀的指令时,不允许其他设备对总线进行访问。

LOCK 可作为任意指令前缀使用。

注意:此类指令均不影响标志位。

4.2.8 输入/输出指令

一台计算机可以连接许多外部设备,如打印机、显示器、键盘等。CPU 需要与这些外设交换数据,查询外设状态或传送控制命令。8086/8088 系统用专用输入(IN)/输出(OUT)指令,通过累加器 AX 或 AL 完成这些操作,并对所有的外设地址采用独立于存储器的编址方式。外设地址称为端口号。

CPU 对外设端口有两种寻址方式,即直接寻址和间接寻址。间接寻址时,只能用 DX 作间址寄存器。直接寻址范围为 00H ~ 0FFH 个端口;间接寻址范围为 0000H ~ 0FFFFH,共 64 KB 个端口。

1. 输入指令

指令格式: IN 累加器,端口

指令功能:把一个字节/字由输入端口传送到 AL/AX 中。

【例 4-60】
```
IN      AL,21H      ;将端口 21H 的 8 位数读到 AL 中
MOV     DX,201H
```

```
IN      AX,DX        ;将端口201H和202H的16位数读到AX中
```

2. 输出指令

指令格式:OUT　端口,累加器

指令功能:把AX中的16位数或AL中的8位数输出到指定端口。

【例4-61】
```
OUT   22H ,AL       ;将AL中的数传到22H端口
MOV   DX,511H
OUT   DX ,AX        ;AX中的数输出到511H和512H端口
```

4.2.9 中断指令

8086/8088系统具有使用灵活的中断系统,通过中断指令实现中断的管理。

1. 溢出中断指令

指令格式:INTO

指令功能:检测OF标志位。当OF=1时,产生一个中断类型4的中断;当OF=0时,本指令不起作用。

本指令影响标志位IF、TF。

2. 软中断指令

指令格式:INT n(n为中断类型号,取值为00H~0FFH)

指令功能:产生一个软件中断,把控制转向一个类型号为n的软中断。

本指令影响标志位IF、TF。

3. 中断返回指令

指令格式:IRET

指令功能:CPU执行完中断服务程序后,用此指令使控制正确返回原程序的断点处。

本指令影响所有标志位。

4.3 从80286到Pentium系列微处理器的指令系统

前面的章节对8086/8088指令系统已经作了详尽的阐述,下面将介绍标准16位微处理器80286和32位微处理器80386、80486、Pentium指令系统。由于这些操作系统与8086/8088指令系统向上兼容,因此在介绍这些操作系统时主要介绍其新增指令以及在8086/8088基础上增强了功能的指令。

4.3.1 80286的增强和新增指令

1. 80286增强指令

这里将指出80286增强的功能。

(1) 使用堆栈的指令

指令格式:PUSH　OP

这里的OP除了16位寄存器、存储器和段寄存器之外,还可以16位立即数。

(2) 带符号乘指令

1) IMUL　寄存器,立即数

指令功能:寄存器的内容×立即数→寄存器。

2）IMUL　寄存器，存储器，立即数

指令功能：存储器中的内容 × 立即数→寄存器。操作数均为 16 位带符号数。若乘积超过 16 位，则高位丢失，并置 CF = OF = 1。

（3）移位指令

指令格式：SHL　寄存器/存储器，计数值

计数值可为 1 ~ 31 的任意正整数。其余如 SAL、SAR、SHR、ROL、ROR、RCL、RCR 等 7 条指令同 SHL。

2. 80286 新增指令

（1）使用栈的指令 PUSHA/POPA

指令将所有通用寄存器的值压入/弹出堆栈，压入的顺序：AX、CX、DX、BX、SP、BP、SI、DI，弹出的顺序与压入相反。

（2）字符串输入/输出指令

1）INS/OUTS 指令。

① INS　[ES]：目标地址，DX

OUTS　DX，[段地址：]源地址偏移量

② INSB/OUTB

③ INSW/OUTW

其中①要求有操作数部分，指令功能同 IN/OUT。②、③分别实现从 DX 指出的端口输入一个字节（INSB）或一个字（INSW）到由 ES：DI 指出的地址中去（或实现从 DS：SI 给出的内存地址输出一个字节或字到 DX 指定的端口中）。①、②指令执行后，若方向标志 DF = 0，则 DI 加 1（字节操作）或加 2（字操作），否则 DI 减 1 或减 2。

2）REP　INS

REP　OUTS

以上 3 种形式的串输入/输出指令均可在其前面加重复前缀 REP 完成整个串的输入和输出操作，这时 CX 寄存器中为重复操作次数。

（3）检验边界指令

BOUND　16 位寄存器，双字存储器

该指令判断（存储器）低字≤（寄存器）≤（存储器）高字是否成立，若不成立则产生一个 5 号中断。这一指令常用于检查数组的下标是否在给定的范围内。

（4）登录栈空间和撤销栈空间指令

1）ENTER　16 位立即数，8 位立即数

该指令为过程参数建立一个堆栈区，栈区空间的字节数由 16 位立即数指出，由 8 位立即数指出栈区对应的过程嵌套的深度。

2）LEAVE

该指令用于撤销栈空间登录所用字节，使 SP 恢复成登录前的值。该指令无操作数。

（5）保护控制指令

这类指令是 80286 为支持保护虚存管理而设置的，所以仅在保护虚地址方式下才能使用。常用于操作系统及其他控制软件，应用程序设计中用到的不多，因此仅将它们的操作符和功能罗列在表 4-12 中。

表 4-12　保护控制指令

操 作 符	功 能
LAR	装入访问全限
LSL	装入段界限
LGDL	装入全局描述符表
SGDT	存储全局描述符表
LIDT	装入 8 字节中断描述符表
SIDT	存储 8 字节中断描述符表
LLDT	装入局部描述符表
SLDT	存储局部描述符表
LTR	装入任务寄存器
STR	存储任务寄存器
LMSW	装入机器状态字
SMSW	存储机器状态字
ARPL	调整已请求特权级别
VERR	对存储器或寄存器的读校验
VERW	对存储器或寄存器的写校验
CLTS	清除任务转移标志

4.3.2　80386 指令系统详解

80386 对 8086/8088 指令完全兼容,同时 80386 还在 8086/8088 指令系统的基础上扩展和新增了指令,使指令系统的功能大大增强。由于前面已经详细讨论过 8086/8088 指令系统,所以在这里只介绍 80386 指令系统在 8086/8088 指令系统基础上的功能扩展和主要的新增指令,详细内容请查阅有关资料。

1. 80386 指令的寻址方式

80386 总共提供了 11 种寻址方式,这些经过优化的寻址方式使得高级语言程序的执行更为有效,而且这些寻址方式覆盖了绝大多数高级语言所需要的数据访问。

这些寻址方式总共分为以下 3 大类:

1）立即寻址。操作数以立即数形式出现在指令中。

2）寄存器寻址。操作数存放在 8 位、16 位或 32 位通用寄存器中。

3）存储器寻址。操作数在存储单元中。一个存储单元的线性地址由两个因素组成,即段基址和有效地址(或偏移地址)。段基址由某一个段寄存器指定,而有效地址则是通过下列 4 种地址元素计算出来的。

- 偏移量:指令操作码之后的 8 位、16 位或 32 位的数据。
- 基址:任何通用寄存器都可以作为基址寄存器,其内容即为基址。
- 变址:除 ESP 寄存器之外,任何通用寄存器均可作为变址寄存器,其值为变址。
- 比例因子:变址寄存器的值可以乘以一个比例因子,由于操作数的长度可以为 1 字节、2 字节、4 字节或 8 字节,则比例因子可以相应取 1、2、4 或 8。

操作数的有效地址 EA 的计算公式如下:

EA = 基址 + 变址 * 比例因子 + 偏移量

以上 4 个因素的组合形成了下述 9 种存储器寻址方式：

① 直接寻址。操作数的有效地址直接包含在指令中，与指令中提供的偏移量相等。

例如：DEC WORD PTR [1000H] ；操作数的有效地址 EA = 1000H

② 寄存器间接寻址。操作数的有效地址包含在基址寄存器或变址寄存器中。

例如：MOV [EBX],ECX ；目的操作数的有效地址 EA = (EBX)

③ 基址寻址。操作数的有效地址为基址寄存器的内容与指令中给出的偏移量的和。

例如：MOV [EBX + 100],ECX ；指令的有效地址 EA = (EBX) + 100

④ 变址寻址。操作数的有效地址为变址寄存器的内容与指令中给出的偏移量的和。

例如：MOV ECX,[ESI + 100] ；目的操作数的有效地址 EA = (ESI) + 100

⑤ 带比例因子的变址寻址。操作数的有效地址为变址寄存器的内容乘以比例因子再加上指令中给出的偏移量。

例如：MOV ECX,[ESI * 4 + 100] ；源操作数的有效地址 EA = (ESI) * 4 + 100

⑥ 基址变址寻址方式。操作数的有效地址为基址寄存器与变址寄存器内容之和。

例如：MOV ECX,[ESI][EBX] ；源操作数的有效地址 EA = (ESI) + (EBX)

⑦ 基址加比例因子变址寻址。操作数的有效地址为变址寄存器乘以比例因子再加上基址寄存器内容。

例如：MOV ECX,[ESI * 4][EBX] ；源操作数的有效地址 EA = (ESI) * 4 + (EBX)

⑧ 带偏移量的基址变址寻址。操作数的有效地址为基址寄存器、变址寄存器内容与偏移量之和。

例如：MOV ECX,[ESI][EBX + 100] ；源操作数的有效地址 EA = (ESI) + (EBX) + 100

⑨ 带偏移量的基址比例因子变址寻址方式。操作数的有效地址为变址寄存器乘以比例因子加上基址寄存器内容，再加上偏移量。

例如：MOV ECX,[ESI * 4][EBX + 100] ；源操作数的有效地址 EA = (ESI) * 4 + (EBX) + 100

2. 80386 指令系统

80386 指令系统按照功能主要分为数据传送指令、算术运算指令、逻辑运算与移位指令、串操作指令、转移指令、条件设置指令、中断指令、输入输出指令、位操作指令、处理器控制指令、保护方式指令、高级语言支持指令，共 12 类指令。

(1) 数据传送指令

1) 通用传送指令。

① MOV 指令。

功能扩展：指令中允许 32 位操作数出现，允许使用任意一个 32 位的通用寄存器寻址存储器操作数(此规定适用于 80386 的其他指令，以后不再赘述)。

新增指令：MOVSX OP 目,OP 源 ；带符号数扩展指令

MOVSZ OP 目,OP 源 ；无符号数扩展指令

功能：MOVSX 指令将源操作数的内容送到目的操作数中，目的操作数空出的高位用源操作数的符号位来填补；MOVSZ 指令同样将源操作数的内容送到目的操作数中，但目的操作数空出的高位用零来填补。要求指令中的目的操作数必须为 16 位或 32 位的通用寄存器，源操作数可以是 8 位或 16 位的寄存器或存储器操作数。同时明确要求，源操作数的长度要小于目的操作数。

② PUSH 指令。

功能扩展:允许立即数入栈,允许使用 32 位操作数(此时由 ESP 指向堆栈栈顶,进栈时先将 ESP 减 4,再将源操作数依次压入堆栈)。

新增指令:PUSHA　　;将寄存器 AX、CX、DX、BX、SP、BP、SI、DI 依次压入堆栈

PUSHAD　　;将寄存器 EAX、ECX、EDX、EBX、ESP、EBP、ESI、EDI 依次压入堆栈

③ POP 指令。

功能扩展:允许弹出 32 位操作数。

新增指令:POPA　;从栈顶依次弹出 8 个字分别送入 DI、SI、BP、SP、BX、DX、CX 和 AX 寄存器

POPAD ;从栈顶依次弹出 8 个字分别送入 EDI、ESI、EBP、ESP、EBX、EDX、ECX、EAX 寄存器

2) 地址传送指令。

① LEA 指令的功能扩展:允许使用 32 位操作数。

② LDS 指令的功能扩展:允许从数据段中取出 32 位的偏移量送 ESI,取 16 位的段基址送 DS。

③ LES 指令的功能扩展:从当前数据段中取 48 位的地址指针送 ES 和 EDI 寄存器。

④ 新增指令:

LFS OP 目,OP 源　;从当前数据段中取 48 位的地址指针送 FS 和 ESI 寄存器

LGS OP 目,OP 源　;从当前数据段中取 48 位的地址指针送 GS 和 ESI 寄存器

LSS OP 目,OP 源　;从当前数据段中取 48 位的地址指针送 SS 和 ESP 寄存器

3) 标志传送指令。除了 8086 指令系统中的标志传送指令 LAHF、SAHF、PUSHF、POPF 之外,80386 还设置了以下新增指令。

PUSHFD　;将标志寄存器中的 32 位数据压栈

POPFD　;将栈顶的双字弹出到 32 位的标志寄存器

(2) 算术运算指令

80386 指令系统中的算术运算指令的指令格式和功能与 8086/8088 基本相同。

1) 加法指令。包括 ADD、ADC 和 INC 指令,在 80386 指令系统中其操作数可以是字节、字或双字。

2) 减法指令。包括 SUB、SBB、DEC、NEG 和 CMP 指令,其扩展功能同加法指令。

3) 乘法指令。

① MUL 指令的功能扩展:允许操作数为两个 32 位数,此时被乘数在 EAX 中,乘数在指令指定的 32 位寄存器或存储器中,64 位的乘积存在 EDX:EAX 中。

② IMUL 指令的功能扩展同 MUL 指令。

新增指令:IMUL OP 目,OP 源 ;OP 目 × OP 源→OP 目

IMUL OP 目,OP 源 1,OP 源 2 ;OP 源 1 × OP 源 2→OP 目

在格式 1 中除源操作数为 8 位立即数外,均要求源和目的操作数的长度一致;格式 2 要求源操作数 1 不能是立即数,源操作数 1 和源操作数 2 的长度必须一致(8 位立即数除外)。在 IMUL 的两种扩充形式中,由于被乘数、乘数和乘积的长度一样,所以很有可能会溢出,此时溢出部分会被丢弃并且将溢出标志 OF 置 1。

4) 除法指令。

① DIV 和 IDIV 指令的功能扩展:可完成 64 位数除以 32 位数的操作,此时被除数在

EDX:EAX 中,除数在指令指定的 32 位通用寄存器或存储器中,除得的商在 EAX 中,余数在 EDX 中。

② 符号扩展指令。除了字节扩展指令 CBW 和 CWD 指令之外还增加了下面两条指令:

```
CWDE   ;将 AX 中的字进行高位扩展,成为 EAX 中的双字
CDQ    ;将 EAX 中的双字进行高位扩展,得到 EDX 和 EAX 中的 64 位数
```

(3) 逻辑运算与移位指令

1) 逻辑运算指令。逻辑运算指令包括与指令 AND、或指令 OR、异或指令 XOR 和测试指令 TEST,其指令格式和功能与 8086/8088 指令相同,所不同的是 80386 允许操作数为 32 位数。

2) 移位指令。移位指令包括逻辑左移 SHL、逻辑右移 SHR、算术左移 SAL、算术右移 SAR、不带进位循环左移 ROL、不带进位循环右移 ROR、带进位循环左移 RCL 和带进位循环右移 RCR,其指令格式和功能与 8086/8088 指令相同。所不同的是 80386 允许使用这些指令对 32 位数据进行移位,而且若移位次数 >1 时,可以在指令中用立即数表示移位次数。

移位指令的新增指令:

```
SHLD OP 目,OP 源 1,OP 源 2 ;双精度左移指令,按 OP 源 2 给定的次数对 OP 目做左移操作,移
                          ;出的位进入 CF 标志,OP 目移位之后的空缺由 OP 源 1 的高位填
                          ;补,移位之后源操作数 1 的内容不变
SHRD OP 目,OP 源 1,OP 源 2 ;双精度右移指令,按 OP 源 2 给定的次数对 OP 目做右移操作,移
                          ;出的位进入 CF 标志,OP 目移位之后的空缺由 OP 源 1 的低位填
                          ;补,移位之后源操作数 1 的内容不变
```

注意:以上两条指令中 OP 源 1 只能是寄存器,OP 源 2 可以是 8 位立即数或用来指明移位次数的 CL 寄存器;OP 目可以是寄存器或存储器操作数。

(4) 串操作指令

串操作指令除了字符串传送指令 MOVS、字符串比较指令 CMPS、字符串搜索指令 SCAS、取字符串指令 LODS 和存字符串指令 STOS 等常规串操作指令来完成字或字节串的操作之外,还有一些新增指令用来完成双字的串操作。

1) 常规串操作。所有字符串操作指令(MOVS、CMPS、SCAS、LODS、STOS、INS 和 OUTS)带后缀 D 后,变成双字操作。

```
① [REP] MOVSD              ;双字串传送指令,将由 DS:ESI 寻址的源串中的一个双字串传送
                           ;到 ES:EDI 寻址的目的串中,传送过程中自动修改 ESI 和 EDI
② [REPZ/REPNZ]CMPSD        ;双字串比较指令,将由 DS:ESI 所指的源串和 ES:EDI 所指
                           ;的目的串相比较,比较过程中自动修改 ESI 和 EDI
③ [REPZ/REPNZ]SCASD        ;双字串搜索指令,在由 ES:EDI 指向的目的串中搜索 EAX 中的内
                           ;容,若找到将 ZF 置为 1,否则为 0,搜索过程中自动修改 EDI
④ LODSD                    ;将 DS:ESI 指向的双字装入 EAX,并自动修改 ESI
⑤ [REP]STOSD               ;将 EAX 中的双字送入 ES:EDI 指向的目的串中
```

2) 串输入指令。

```
[REP]INSB  ;输入字节串,从 DX 指定的端口读字节串到 ES:DI 指向的缓冲区中
[REP]INSW  ;输入字串,从 DX 指定的端口读字串到 ES:DI 指向的缓冲区中
```

[REP]INSD ;输入双字串,从 DX 指定的端口读双字串到 ES:EDI 指向的缓冲区中

3）串输出指令。

[REP]OUTSB ;字节串输出,将 DS:SI 所指向的字节源串输出到 DX 指定的端口

[REP]OUTSW ;字串输出,将 DS:SI 所指向的字源串输出到 DX 指定的端口

[REP]OUTSD ;双字串输出,将 DS:ESI 所指向的双字源串输出到 DX 指定的端口

以上新增串操作指令中的前缀 REP、REPZ 和 REPNZ 的含义和规定见 4.2.5 节表 4-7。

(5) 转移指令

转移指令包括无条件转移指令和条件转移指令,其格式和功能同 8086,所以在这里不再一一介绍。值得注意的是,80386 条件转移指令中目标地址可以在存储器的任何一个空间,转移范围不必像 8086/8088 一样被限制在 -128 ~ 127。下面只介绍转移指令中的增强和新增指令。

1）条件转移指令。

JECXZ OP ;当 ECX 的内容为 0 时转移到由 OP 指定的目标地址

2）子程序调用和返回指令。

功能扩展:在间接调用的时候,若 CALL 指令的目标地址为 32 位寄存器或存储器,执行时先将 CS 压入堆栈,堆栈指针减 2,再将 EIP 压栈,堆栈指针减 4,同时 CS 和 EIP 装入新值;用 RET 完成上述间接调用的返回时,首先从栈顶弹出 4 字节装入 EIP,再弹出两个字节给 CS,同时堆栈指针加 6。

(6) 条件设置指令

格式:SET 条件　寄存器/存储器

该指令用于对指定标志位进行测试,并根据测试结果将指定的寄存器或存储器置 1 或置 0。条件测试指令的各种形式及其各自完成的功能见表 4-13。

表 4-13　条件测试指令的形式和功能

指令形式	功　能	指令形式	功　能
SETO	OF = 1 时,目的操作数为 1	SETAE	高于等于时,目的操作数为 1
SETNO	OF = 0 时,目的操作数为 1	SETNAE	不高于等于时,目的操作数为 1
SETC	CF = 1 时,目的操作数为 1	SETB	低于时,目的操作数为 1
SETNC	CF = 0 时,目的操作数为 1	SETNB	不低于时,目的操作数为 1
SETZ	ZF = 1 时,目的操作数为 1	SETBE	低于等于时,目的操作数为 1
SETNZ	ZF = 0 时,目的操作数为 1	SETNBE	不低于等于时,目的操作数为 1
SETE	相等时,目的操作数为 1	SETG	大于时,目的操作数为 1
SETNE	不相等时,目的操作数为 1	SETNG	不大于时,目的操作数为 1
SETS	SF = 1 时,目的操作数为 1	SETGE	大于等于时,目的操作数为 1
SETNS	SF = 0 时,目的操作数为 1	SETNGE	不大于等于时,目的操作数为 1
SETP	PF = 1 时,目的操作数为 1	SETL	小于时,目的操作数为 1
SETNP	PF = 0 时,目的操作数为 1	SETNL	不小于时,目的操作数为 1
SETA	高于时,目的操作数为 1	SETLE	小于等于时,目的操作数为 1
SETNA	不高于时,目的操作数为 1	SETNLE	不小于等于时,目的操作数为 1

(7) 中断指令

中断指令包括 INT n、INTO 和 IRET,这些指令格式和功能与 8086 相同,除此之外还增加了一条指令:

IRETD ;从堆栈中依次弹出相应字节的数据给 EIP、CS 和 EFLAGS 寄存器

(8) 输入输出指令

1) IN 指令的功能扩展:可以从外设端口读入 32 位数到 EAX。

2) OUT 指令的功能扩展:可以将 EAX 中的 32 位数通过端口传送到外设。

(9) 位操作指令

80386 增加了两组用于对操作数的某一个指定位进行测试、取反、清 0、置 1、扫描等的指令,这为完成某些特殊场合的程序设计提供了方便。

1) 位测试和设置指令。该类指令共有 4 条,用于测试某一单独二进制位的状态,并同时改变该位的值。

指令格式: BT　OP 目,OP 源
BTC　OP 目,OP 源
BTR　OP 目,OP 源
BTS　OP 目,OP 源

其中,目的操作数是被测试的对象,它可以是 16 位或 32 位的寄存器或存储器;源操作数可以是 8 位立即数或与目的操作数位数相同的寄存器,它指明要测试目的操作数的哪一位,即指出位号,其最大值为 31。

指令功能:上述 4 条指令均能把由源操作数指定的目的操作数的相应位送入进位标志 CF,其中 BT 指令只做测试工作,不改变该位的值;BTC 指令还在测试后对该位取反;BTR 在测试后将该位清 0;BTS 在测试后对该位置 1。

2) 位扫描指令。

指令格式:BSF　OP 目,OP 源
BSR　OP 目,OP 源

其中,目的操作数与源操作数均可为 16 位或 32 位的寄存器或存储器,两操作数的位数必须一致。

指令功能:两个指令均完成对操作数进行扫描的操作,将第一个扫描到是“1”的位的位号送入目的操作数。如果源操作数为 0,则使 ZF = 1,此时目的操作数中的结果无定义;否则,ZF = 0,此时目的操作数的内容即为扫描到的位号。上述指令的不同之处在于 BSF 指令从低位向高位扫描,而 BSR 指令从高位向低位扫描。

(10) 处理器控制指令

80386 的标志操作指令与 8086/8088 完全相同,包括 CLC、STC、CMC、CLD、STD、CLI 和 STI 指令;CPU 控制指令也包括 HLT、WAIT、NOP、LOCK 封锁前缀和 ESC 指令,只是在 80386 中可以利用处理器交权指令 ESC 使数值协处理器 80387 可以接收 80386 的指令,还可以利用 80386 的寻址方式执行程序。

(11) 保护方式指令

这一组保护方式指令是 80386 新增加的指令,用于对系统进行设置和测试,并且通常只由系统管理员使用,因此只将这些指令的格式和功能罗列在表 4-14 中。

(12) 高级语言支持指令

80386 提供了 BOUND、ENTER 和 LEAVE 共 3 条高级语言支持指令。

表 4-14　保护方式指令

指令格式	主要功能
LGDT OP 源	装载源操作数指定的 6 字节到全局描述符表寄存器 GDT 中
LLDT OP 源	装载源操作数指定的 6 字节到局部描述符表寄存器 LDT 中
LIDT OP 源	装载源操作数指定的 6 字节到中断描述符表寄存器 IDT 中
SGDT OP 目	存储 GDT 的内容到目的操作数指定的 6 字节缓冲区内
SLDT OP 目	存储 LDT 的内容到目的操作数指定的 6 字节缓冲区内
SIDT OP 目	存储 IDT 的内容到目的操作数指定的 6 字节缓冲区内
LTR OP 源	装载源操作数到任务寄存器并置任务状态位为“忙”
STR OP 目	存储任务寄存器的内容到目的操作数指定的寄存器或存储单元
LMSW OP 源	装载 SRC 内容到机器状态字 MSW 中
SMSW OP 目	存储 MSW 的内容到目的操作数指定的寄存器或存储单元
CLTS	清除机器状态字 MSW 中的任务切换标志
MOV CRn,OP 源	将源操作数传送到控制寄存器 CRn(指 CR0,CR1 或 CR2)
MOV DRn,OP 源	将源操作数传送到测试寄存器 DRn(指 DR0,DR1 或 DR2)
MOV TRn,OP 源	将源操作数传送到任务寄存器 TRn(指 TR6 或 TR7)
MOV OP 目,CRn	将控制寄存器 CRn 的内容送到目的操作数指定的寄存器中
MOV OP 目,DRn	将测试寄存器 DRn 的内容送到目的操作数指定的寄存器中
MOV OP 目,TRn	将控制寄存器 TRn 的内容送到目的操作数指定的寄存器中

1) 检查数组下标界限指令 BOUND。

指令格式:BOUND OP 目,OP 源

其中,目的操作数若为 16 位寄存器,则源操作数为 32 位存储器;若目的操作数为 32 位寄存器,则源操作数为 64 位存储器。

指令功能:检查目的操作数给出的带符号数是否在源操作数给出的数组界限之内,源操作数存放的是数组的起始下标值和终止下标值。

2) 建立堆栈框架指令 ENTER。

指令格式:ENTER OP 目,OP 源

其中,目的操作数为 16 位立即数,源操作数为 8 位立即数。

指令功能:为高级语言正在执行的过程建立堆栈框架。目的操作数是框架的大小,表示该过程局部变量占用的字节数,源操作数表示过程被嵌套的层数,BP 或 EBP 是指向该堆栈框架的指针。

3) 释放堆栈框架指令 LEAVE。

指令格式:LEAVE

指令功能:与 ENTER 指令相反,LEAVE 指令释放当前过程所有局部变量占用的堆栈空间,堆栈指针恢复为系统堆栈指针 ESP。

4.3.3　80486 的增强和新增指令

1. 数据传送类

(1) 字节交换指令

指令格式:BSWAP 32 位寄存器

用于将32位通用寄存器中的双字以字节为单位高、低字节进行交换。

(2) 比较和交换指令

指令格式:CMPXCHG　寄存器/存储器,寄存器

将放在8位、16位或32位寄存器或存储器中的目标操作数与累加器AL,AX或EAX的内容进行比较。如果相等,则ZF=1,并将源操作数送目标操作数单元;否则,ZF=0,并将目标操作数送相应累加器。

2. 算术运算类

指令格式: XADD　寄存器/存储器,寄存器

XADD是交换和相加指令,它将两个操作数相加的和取代目标操作数,并用目标操作数取代源操作数。

3. CASH管理指令

这类指令用于对80486管理CPU内部的8KCache。

(1) 作废Cache指令　INVD

用于将Cache的内容作废。

其具体操作:刷新内部Cache,并分配一个专用总线周期刷新外部Cache。执行该指令不会将外部Cache中的数写回主存。

(2) 写回和作废指令　WBINVD

WBINVD先刷新内部Cache,并分配一个专用总线周期将外部Cache的内容写回主存,并用此后的一个总线周期将外部Cache刷新。

(3) 作废TLB项指令　INVLPG

该指令用于使TLB中的某项作废。如果TLB中含有一个存储器操作数映象的有效项,则该TLB项被标记为无效。

4.3.4 Pentium系列微处理器的新增指令

1. CMPXCHG8B

CMPXCHG8B指令的功能与CMPXCHG类似,不同之处是该指令为64位比较交换指令,并且规定目的操作数必须为内存变量,源操作数和累加器分别为ECX:EBX和EDX:EAX。其指令格式:

```
CMPXCHG8B 存储器,ECX:EBX   ;若(EDX:EAX)和指定存储器的内容相等, 则将ECX:EBX
                           ;送存储器并且将ZF置1;否则将存储器的内容送EDX:EAX
                           ;并且将ZF置0
```

2. RDMSR

用于将ECX指示的实模式描述寄存器的内容写入EDX:EAX中。

3. WDMSR

WDMSR指令的功能是将EDX:EAX中的值写入ECX指示的实模式描述寄存器中。

4. RSM

用于恢复到系统管理方式。

5. RDTSC

RDTSC指令是Pentium新增加的专用指令。在Intel Pentium以上级别的CPU中,有一个称

为"时间戳(Time Stamp)"的部件,它以64位无符号整型数的格式,记录了自CPU上电以来所经过的时钟周期数。由于目前的CPU主频都非常高,因此这个部件可以达到纳秒级的计时精度。该指令用来读取这个时间戳的数字,并将其保存在EDX:EAX寄存器对中。

4.4 习题

1. 若DS=3000H,BP=2000H,SI=1000H,[32000H]=00H,[32001H]=40H,SS=000H,[31000H]=20H,[31001H]=60H,[33000H]=50H,[33001H]=60H,说明下列各条指令执行后,AX中的内容是什么?并说明各条指令中源操作数的寻址方式。

(1) MOV AX,DS　　(2) MOV AX,[2000H]

(3) MOV AX,[SI]　　(4) MOV AX,[BP]

(5) MOV AX,[BP+SI]

2. 指出下列指令中的非法指令。

(1) MOV BX,AL　　(2) MOV CS,2000H

(3) PUSH 4567H　　(4) XCHG VAR1,VAR2

(5) ADD AL,148H　　(6) MOV DS,2000H

(7) MOV BH,SI　　(8) SUB 38H,AL

3. 若SP=2000H,AX=3355H,BX=4466H,试指出下列指令或程序段执行后有关寄存器的内容。

(1) PUSH AX

执行后AX=?,SP=?

(2) PUSH AX

PUSH BX

POP DX

POP CX

执行后AX=?,CX=?,DX=?,SP=?

4. 请按下面的要求写出相应的汇编指令或指令序列。

(1) 将1234H送入DS中。

(2) 将5678H与AX中的数相加,结果放在AX中。

(3) 将DATAX和DATAY相加,结果放在DATAY中。

(4) 将AX中的高4位变为全0。

(5) 将BX中的低2位变为全1。

(6) 将CX中的D3~D7位取反。

5. 若AL=0FFH,BL=03H,指出下列指令执行后标志AF、OF、ZF、SF、PF、CF的状态。

(1) ADD BL,AL　　(2) INC BL

(3) SUB BL,AL　　(4) NEG BL

(5) AND BL,AL　　(6) MUL BL

(7) CMP BL,AL　　(8) IMUL BL

(9) OR BL,AL　　(10) XOR BL,BL

6. 已知存储器中有两个压缩BCD码6543和4672存放在从BUF开始的连续4个单元中

（高字节放在高地址单元），试编制两数相减的程序，结果存放在后面的两个单元中。

7. 假设 DX = 36A5H，CL = 3，CF = 1，确定下列各条指令执行后 DX 和 CF 的值。

（1）SHR DX,1　　（2）SAR DX,CL

（3）SHL DX,CL　　（4）SHL DL,1

（5）ROR DX,CL　　（6）ROL DL,CL

（7）SAL DH,1　　（8）SAR DH,CL

（9）RCL DX,CL　　（10）RCR DX,CL

8. 编写程序段将寄存器 AL 中的 8 位二进制数的内容颠倒过来，即将原来的最高位变为最低位，次高位变为次低位，以此类推，若原 AL 的内容为 01110001B，则颠倒之后变为 10001110B。

9. 执行下列程序段，指出各相关寄存器的内容。

```
MOV     AX,0A0BH
DEC     AX
SUB     AX,0FFH
AND     AX,00FFH
MOV     CL,3
SAL     AL,CL
ADD     AL,25H
XCHG    AL,AH
PUSH    AX
POP     BX
INC     BL
```

10. 用串操作指令将 100H 个字符从 2100H 处搬到 1000H 处，并且从中检索与 AL 中所存字符相同的存储单元，并将该单元的内容替换成空格，本程序只替换检索到的第一个相同的单元。请在下列空格中填入合适的指令，使程序段完成上述功能。

```
             ⋮
        MOV   SI,2100H
        ____________
        MOV   CX,100H
        CLD
        ____________
        MOV   DI,1000H
        MOV   CX,100H
        ____________
        JNZ   K1
        ____________
        MOV   [DI],20H
K1:          ⋮
```

11. 试分析下列程序段，如果 AX 和 BX 的内容分别为下列 5 种情况，程序分别转向何处？

（1）AX = 147FH，BX = 80DCH

（2）AX = 0B586H，BX = 54B5H

（3）AX = 42C0H，BX = 608AH

(4) AX = 0D023H, BX = 9FD7H

(5) AX = 94B7H, BX = 0B568H

```
ADD   AX,BX
JNO   L1
JNC   L2
SUB   AX,BX
JNC   L3
JNO   L4
JMP   L5
```

12. 编程求出 AX 中存放的 16 位二进数中"1"的个数,将其存入 CL 中(若 AX = 1001010011001011B 则将 8 存入 CL)。

13. 已知 BUF 单元有一个单字节无符号数 X,按要求编写一程序段计算 Y(仍为单字节数),并将其存于累加器。

$$Y = \begin{cases} 3X, & X < 20 \\ X - 20, & X \geqslant 20 \end{cases}$$

第5章　汇编语言程序设计

汇编语言是一种采用助记符表示的程序设计语言,即用助记符来表示指令的操作码和操作数,用符号或标号代表地址、常量或变量。助记符一般都是英文单词的缩写,便于识别和记忆。使用汇编语言编写的程序称为汇编语言源程序。汇编语言源程序不能由机器直接执行,而必须翻译成由机器代码组成的目标程序,这个翻译的过程称为汇编。把汇编语言源程序翻译成目标程序的软件称为汇编程序。汇编过程如图5-1所示。

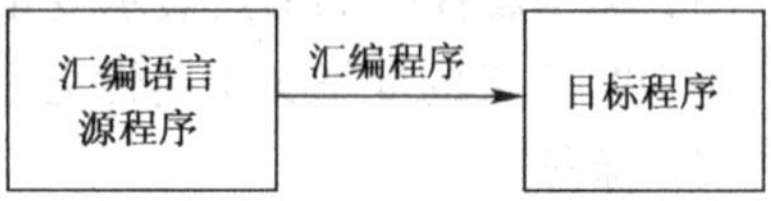

图5-1　汇编过程示意图

汇编语言与机器语言密切相关,它们之间有明显的对应关系。一条汇编语言指令对应一条机器语言代码,所以汇编语言和机器语言一样都是面向机器的语言。使用汇编语言进行程序设计能充分利用机器的硬件功能和结构特点,从而有效地加快程序的执行速度,减少程序占用的存储空间。所以,汇编语言大量用于编写计算机系统程序、实时通信程序和实时控制程序等。

8086/8088 系统的汇编程序完全相同,简称 ASM-86。在此基础上进一步扩展其功能,成为当前广泛使用的8086宏汇编程序,简称 MASM-86。

5.1　宏汇编语言的基本语法

宏汇编语言的基本语法是汇编语言的基础,基本语法包括常数、变量、标号、运算符和表达式等。

5.1.1　常数、变量和标号

常数、变量和标号是汇编语言能识别的数据项,是指令和伪指令语句中操作数和参数的基本组成部分,其大小和属性与机器语言代码的生成有直接关系。

1. 常数

常数是没有任何属性的纯数值。在汇编期间,它的值已经完全确定,而且在程序的运行中也不会发生变化。它可以有以下几种类型:

1）二进制数:以字母B结尾的由一串"0"和"1"组成的序列。例如:0010110B。

2）八进制数:以字母O或Q结尾,由若干个0~7的数字组成的序列。例如:255Q、377Q。

3）十进制数:由若干个0~9的数字组成的序列,可以字母D结尾,也可省略字母D。例如:1234D或1234。

4）十六进制数:以字母H结尾,由若干个0~9的数字和字母A~F组成的序列,且必须以数字开头。例如:56H,0B3FH。

5）字符串常数:用引号括起来的一个或多个字符,这些字符以ASCII码形式存于内存。例如'A'的值是41H,而'B'的值是42H。因此,串常量与整数常量可以交替使用。

使用协处理器的系统还可以使用十进制浮点数及十六进制实数。

2. 变量

变量通常是存放在某些存储单元的数据,这些数据在程序运行期间可以修改。为了便于对变量的访问,它常常以变量名的形式出现在程序中,变量名可以看做是存放数据存储单元的符号地址。变量是用数据定义伪指令 DB、DW、DD 等定义的。变量也可以定义为一个数据区或存储区,但变量名仅表示该数据区或存储区的第一个数据单元(即数据区或存储区的首地址)。

每个经过定义的变量均有以下 3 种属性。

1) 段属性(SEGMENT):表示变量存放在哪一个逻辑段中(即变量所在段的段地址)。

2) 偏移属性(OFFSET):表示变量的偏移地址,即在逻辑段中距段的起始点的字节数。

3) 类型属性(TYPE):表示变量占用存储单元的字节数。用 DB 定义的变量类型属性为字节,用 DW 定义的变量类型属性为字(2B),用 DD 定义的变量类型属性为双字(4B)。

3. 标号

标号表示一条指令所在的地址,所以标号也是指令语句的地址符号,常用作转移指令(包含子程序调用指令)的操作数,即目标地址。

标号通常由字母数字串组成,但第一个字符必须为字母。最多允许使用 31 个字符,且可以使用下画线(_)使标号容易阅读。注意:程序员所选用的标号,不能使用系统中已经定义过的符号名,如助记符、定义符、操作符、运算符、寄存器名等,否则将产生错误。

和变量一样,标号也有以下 3 种属性。

1) 段属性(SEGMENT):表示标号所在段的段基址。

2) 偏移属性(OFFSET):表示标号的偏移地址,即标号地址在逻辑段中距段的起始点的字节数。

3) 距离属性(或类型属性 TYPE):表示标号作为段内或段间的转移属性。距离属性分为以下两种。

① NEAR(近):表示本标号只能被标号所在段内的转移和调用指令访问(即段内转移)。

② FAR(远):表示本标号可以被其他段(不是标号所在段)的转移和调用指令访问(即段间转移)。

5.1.2 运算符与表达式

上面介绍的常数、变量和标号是汇编语言中表示数据的基本形式。在实际使用中往往需要将这 3 种基本形式的数据用运算符连接起来形成表达式,作为汇编语言的数据。需要注意的是,表达式的运算不是在执行程序时进行的,而是由汇编程序在汇编时预先对它进行运算,其结果作为操作数参加指令规定的操作。

8086 宏汇编语言允许使用的表达式有两种类型:一类是数值表达式,它只产生数值结果;另一类是地址表达式,它所产生的结果是一个存储器地址,如果这个地址存放的是数据,一般称它为变量,如果存放的是指令,一般称它为标号。

运算符主要包括以下 6 种类型。

1. 算术运算符

算术运算符包括加(+)、减(-)、乘(*)、除(/)、求余数(MOD)、左移(SHL)和右移(SHR)。其中 +、-、*、/ 是常用的运算符,参加运算的数和运算结果均为整数。MOD 运算符只取除法运算的余数部分。SHL 和 SHR 运算符可使二进制数左移或右移若干位,相当于对二进制数进行乘法和除法运算,所以它们也是算术运算符。

注意:除了加和减运算符可以使用变量和标号外,其他运算符只适用于常数的数值运算。

【例 5-1】

```
CONT = 15*4          ;CONT=60
CONT = CONT/8        ;CONT=7
```

```
CONT = CONT MOD 3           ;CONT = 1
MOV   AL,21H SHL 2          ;AL = 84H
```

2. 逻辑运算符

逻辑运算符包括按位操作的与(AND)、或(OR)、异或(XOR)和非(NOT)4种运算符。它们只适用于对常数进行逻辑运算。

注意:AND、OR、XOR和NOT也是指令助记符。作为8086宏汇编的运算符时,它们出现在操作数部分,是在程序汇编时计算的;而作为指令助记符时则出现在指令的操作码部分,是在程序执行时计算的。

【例5-2】 AND　DX,PORT　AND　0FEH

其中第二个AND是逻辑运算符,在程序汇编时,计算PORT AND 0FEH产生一个立即数作为指令操作数。而第一个AND是指令助记符,在汇编以后执行AND指令,DX的内容与上述立即数相"与",结果存放在DX中。

3. 关系运算符

关系运算符包括EQ(相等)、NE(不相等)、LT(小于)、GT(大于)、LE(小于或等于)、GE(大于或等于)共6种。它们可对常数或在同一段内的存储器地址进行比较运算,运算结果始终是一个8/16位数字值。若关系为假(关系不成立),则结果是0;若关系为真,则结果为FFH或FFFFH。

【例5-3】 MOV　BX,PORT　LT　5

若PORT的值小于5,则汇编程序把上条指令汇编为:MOV BX,0FFFFH;否则汇编为:MOV BX,0。

像此例那样单独使用关系运算符是不常用的,因为这样运算的结果不是0就是0FFFFH,所以常将关系运算符与其他运算符组合起来使用。

【例5-4】 MOV　BX,((PORT　LT　5) AND　20) OR ((PORT　GE　5) AND 30)

此例中,当PROT的值小于5时,执行MOV BX, 20;否则执行MOV　BX,30。

4. 分析操作符(数值返回运算符)

(1) 取地址的偏移量

格式:OFFSET　变量名或标号

功能:取变量名或标号所在段的段内偏移量。

(2) 取段基址

格式:SEG　变量名或标号

功能:取变量名或标号所在段的段地址。

(3) 求变量名或标号的类型值

格式:TYPE　变量名或标号

功能:返回一个数字值。若TYPE运算符加在变量名前,返回的数值是该变量的类型属性;若TYPE运算符加在标号前,返回的数值则是该变量的距离属性;返回数值与属性的关系见表5-1所示。

(4) 求长度

格式:LENGTH　变量名

功能:返回一个变量名所占存储单元(字节、字或双字)的数目。如果变量是用重复定义子句说明的,则返回DUP前面的数值;若没有DUP说明,则返回值总是1。

表 5-1　存储器操作数的类型值

标号/变量属性		类 型 值
字节变量	BYTE	1
字变量	WORD	2
双字变量	DWORD	4
标号	NEAR	-1
标号	FAR	-2

【例 5-5】
```
        BUF1    DB   100 DUP(0)
        BUF2    DB   200 DUP(20H)
        BUF3    DD   100 DUP(13H)
```
则
```
        LENGTH  BUF1 = 100
        LENGTH  BUF2 = 200
        LENGTH  BUF3 = 100
```
(5) 求大小

格式:SIZE 变量名

功能:返回变量名所占存储单元的字节数,它等于 LENGTH 和 TYPE 两个运算符返回值的乘积。

【例 5-6】上例中
```
SIZE   BUF1 = 100
SIZE   BUF2 = 200
SIZE   BUF3 = 400
```

5. 综合运算符

下面的运算符可以用来修改变量、标号或地址表达式的属性。

(1) PTR 运算符

格式:类型　PTR　表达式

功能:用于指出变量、标号或地址表达式的类型属性,新的类型只在当前指令内有效。

【例 5-7】
```
MOV   BYTE   PTR [DI],4  ;指明目的操作数为字节类型
JMP   DWORD PTR [BP]     ;指明目的操作数为双字类型(即指明转移操作为段间转移)
```
(2) THIS 运算符

格式:THIS　类型

功能:把它后面指定的类型或距离属性赋给当前的变量、标号或地址表达式。

注意:THIS 运算符使下面的“原标号或原变量”另有新的名字和类型,但并不分配新的存储单元。

【例 5-8】
```
A   EQU   THIS   BYTE
B   DW    20 DUP(?)
```
A、B 对应同一存储器地址,对变量 A 为字节访问,对变量 B 为字访问,且 A 和 B 具有相同的段基址和偏移量。

6. 其他运算符

(1) HIGH 和 LOW 运算符

格式:　HIGH　表达式

　　　　LOW　表达式

功能:从运算对象中分离出高字节或低字节。

【例 5-9】K1 EQU 1234H

```
MOV   AL,LOW K1  ;AL ← 34H
MOV   BL,HIGH K1 ;BL ← 12H
```

(2) SHORT 运算符

格式:SHORT 标号

功能:当转移的目标地址与本转移指令的下一条指令之间的字节距离在 -128 ~ 127 范围时,可以用 SHORT 运算符进行说明。

【例 5-10】

```
L1:  JMP   SHORT  L2
        ⋮
L2:  MOV   AX,BX
        ⋮
```

运算符的优先级如表 5-2 所示。

表 5-2 运算符的优先级

优先级		运算符
高	0	括号中的表达式
↑	1	LENGTH,SIZE,WIDTH,MASK
	2	PTR,OFFSET,SEG,TYPE,THIS,段前缀(段寄存器名:)
	3	HIGH,LOW
	4	*,/,MOD,SHL,SHR
	5	+、-
	6	EQ,NE,LT,LE,GT,GE
	7	NOT
	8	AND
↓	9	OR,XOR
低	10	SHORT

5.2 伪指令

8086 宏汇编语言主要有两种类型的语句:指令语句和伪指令语句。其中指令语句为 8086 微处理器的各种符号指令,它们在汇编的过程中被翻译成相应的目标代码,经过连接后生成计算机可执行的机器指令代码;而伪指令语句使用的是各种伪操作命令,它们在汇编时被解释执行,其功能是为汇编程序提供一些信息,让汇编程序在汇编过程中完成某些特定的功能。

5.2.1 伪指令语句的格式

伪指令语句的格式:符号名 定义符 操作数;注释

(1) 符号名字段

符号名用在伪指令语句的前面,用空格与定义符隔开。符号名可以是伪指令定义符所定义的常量名、变量名、段名和过程名等。它和标号一样都由字母和数字及特殊符号组成，符号名的命名规则同标号。需要注意的是，它和标号有明显的不同，标号用在指令语句前，用“:”与助记符隔开。

(2) 定义符字段

在伪指令语句中，定义符表示该语句的伪操作功能。定义符由汇编程序规定，宏汇编程序中使用了数十种定义符。同样，程序人员只能根据规定来使用，不能自行定义。定义符是伪指令语句中唯一不可缺省的字段。

(3) 操作数字段

操作数可以是常数(二进制、十进制、十六进制等)、字符串、常量名、变量名、标号和一些专用符号等。

(4) 注释字段

注释字段是一个任选字段，它必须以分号开始，与指令语句的注释的功能一样。

5.2.2 常用伪指令

1. 符号定义伪指令(赋值语句)

符号定义伪指令用于给程序中多次出现的同一个常数或表达式赋一个符号名，也可以为其他符号名取一个新名字，并赋给新的类型属性，从而给程序设计带来很大的方便和灵活性。

(1) 等值伪指令

指令格式:符号名　EQU　表达式

指令功能:将表达式的值赋给符号名。

【例5-11】
```
ALFA    EQU   100
COUNT   EQU   ALFA
```

注意:经 EQU 伪指令定义的符号名在同一程序模块不允许重新定义。

(2) 等号伪指令

指令格式:符号名 = 表达式

指令功能:将表达式的值赋给符号名。

和等值伪指令不同的是，等号伪指令可以在程序中不同的地方多次使用，以重新为符号名赋值。

【例5-12】
```
ALFA = 100
MOV     AL,ALFA      ;AL←100
ALFA =  ALFA+2       ;ALFA = 102
MOV     AL,ALFA      ;AL←102
```

(3) 定义符号名伪指令

指令格式:符号名　LABEL　类型

指令功能:定义一个标号或变量，并指定其类型。

【例5-13】
```
BARY    LABEL   WORD        ;定义 BARY 为字类型
          ⋮
        ADD     AX,BARY     ;字加法
ABCF    LABEL   FAR         ;ABCF 为 FAR 类型标号
```

2. 数据定义伪指令

指令格式:　[变量名] DB　表达式　;定义字节

［变量名］DW 表达式 ;定义字

［变量名］DD 表达式 ;定义双字

［变量名］DQ 表达式 ;定义 8 个字节

［变量名］DT 表达式 ;定义 10 个字节

表达式是赋给变量的初始值,可以有一个,也可以有多个,常见的有以下几种:

(1) 数值表达式

这实际上是为数据分配存储单元,并把变量名作为该存储单元的名称。若要定义多个相同类型的数据,可用逗号把这些数据隔开,并依次分配在相邻的存储单元。

【例 5-14】
```
BUF   DB   20H,30H          ;变量 BUF 字节单元的内容置为 20H,下一个字节单元即 BUF
                            ;+1 单元的内容为 30H
DAT   DW   1234H,5678H      ;字变量 DAT 的内容为 1234H,占用两个字节单元,34H 存放
                            ;在低地址单元,12H 存放在高地址单元。下一个字单元即
                            ;DAT +2 单元的内容为 5678H,仍是低字节存在低地址单元
```

(2) ASCII 字符串

可以用 DB 伪指令为 ASCII 字符串中的每一个字符分配一个字节单元。需要注意的是字符串必须用引号括起来,并且不超过 256 个字符,它们在内存中按地址递增顺序自左向右依次存放字符的 ASCII 码。

【例 5-15】
```
STRING   DB   'ABCD'   ;将字符"A"的 ASCII 码 41H 存在 STRING 字节单元,将字符"B"
                       ;"C""D"的 ASCII 码 42H, 43H,44H 依次存放在后续单元
                       ;(即 STRING +1、STRING +2 和 STRING +3 单元)
```

DW 伪指令可以给由两个字符组成的字符串分配一个字单元。

【例 5-16】 STRING1 DW 'AB';等价于 STRING1 DW 4142H

(3) ? 表达式

这是为数据项分配存储单元的一种方法,只是存储单元中不预置确定的值,常用来预留存储单元,存放程序的中间结果或最终结果。

【例 5-17】 RESULT DB ? ;预置一个字节单元,其值不确定

(4) 重复定义子句 DUP

利用重复定义子句 DUP 可以为若干个重复数据分配存储单元。带 DUP 的表达式格式如下:

n DUP (表达式)

其中,圆括号内的表达式是重复的内容,n 是重复次数。

例如:C DB 100 DUP(0) ;预置 100 个字节单元,初始值均为 0

需要说明的是,DUP 可以重复使用,即圆括号内的表达式可以再包括带 DUP 的表达式。

【例 5-18】
```
TAB   DB   100   DUP(5   DUP(1),2) ;重复 100 个数据序列'1,1,1,1,1,2'共占用
                                   ;600 个字节单元
```

注意:在定义变量及存储单元的同时,也定义了它们的类型属性。同一数据定义语句所定义的各存储单元具有相同的类型。

3. 段定义伪指令

段定义伪指令用于将源程序划分成若干段,这些逻辑段按照用途可分为代码段(用于存放程序)、数据段(用于存放数据)、堆栈段(用于堆栈操作)和附加段(附加的数据段)。需要说明

的是，并不是所有的程序都必须包含这 4 个逻辑段，有时只需要一个段或两个段。

指令格式：　段名　　SEGMENT [定位类型][组合类型][‘类别名’]

⋮

段名　　ENDS

指令功能：把模块化分为若干个逻辑段。每个 SEGMENT/ENDS 可定义一个逻辑段。

段名是为该段起的名字，用来指出汇编程序为该段分配的存储器起始地址，开始的段名和结束的段名必须相同。段体为段内的语句序列。SEGMENT 后的 3 个参数一般来说可以任选，它们的含义、类型及功能如下：

(1) 定位类型

定位类型表示将某段装入内存时，对段的起始边界的要求。合理选择定位类型能够在进行段和模块的定位时充分利用存储空间。它有以下 4 种选择。

1) PAGE：表示相应的段必须从某一页的边界开始。一页等于 256 字节，即段的起始地址一定能被 256 整除。

2) PARA：指示段的起点必须从存储器的某一个节的边界开始（一节等于 16 字节），即段的起始地址一定能被 16 整除，若语句中没有给出定位类型，则默认为 PARA。

3) WORD：表示该段的起点可以是任何一个字的边界（偶地址）。适用于数据项的类型为字的数据段。

4) BYTE：表示该段可以从任意的绝对地址开始。

它们表示的段起始地址如下：

```
PAGE = ××××  ××××  0000  0000  B
PARA = ××××  ××××  ××××  0000  B
WORD = ××××  ××××  ××××  ×××0  B
BYTE = ××××  ××××  ××××  ××××  B
```

其中，“×”表示 0 或 1 中的任意值。

(2) 组合类型

组合类型用来在多模块连接时告诉连接程序本段和其他段的组合关系。连接程序可以将不同模块的同名段进行组合，根据组合类型可将各段连结在一起或重叠在一起。组合类型有以下几种。

1) NONE：表示本段与其他段在逻辑上不发生关系，每段都有自己的段基址。若 SEGMENT 后面没有指明组合类型，则默认为 NONE。

2) PUBLIC：连接程序首先把本段与同名同类别的其他段相邻地连接在一起，然后为所有这些 PUBLIC 段指定一个共同的段基地址，所有偏移量调整为相对于新逻辑段的偏移地址。

3) COMMON：连接程序首先为本段和同名同类别的其他段指定共同的基地址，然后将本段与同名同类别的其他段相覆盖，让它们共享相同的存储区。因而，段的长度取决于最长的 COMMON 段的长度。

4) STACK：与 PUBLIC 同样处理，但此段作为堆栈段。连接后的段起始地址在 SS 寄存器中。连接程序要求源程序至少有一个堆栈段，否则连接时显示警告信息。

5) AT 表达式：连接程序把本段装在表达式的值所指定的段地址上，也就是说段地址就是表达式所计算出来的 16 位段地址。例如：AT 1200H 表示本段从物理地址 1200H 开始装入。

6) MEMORY：连接程序把本段定位在被连接在一起的其他所有段之上（存储器高地址区

域)。若有多个 MEMORY 字段,汇编程序认为所遇到的第一个为 MEMORY,其余为 COMMON。

(3) 类别名

类别名可以是任何合法的自定义符,必须用单引号括起来。连接程序只使其与同类别段发生关联,这些同类别段被依序放在连续存储区域内,但各段仍独立。典型类别如:'STACK' 'CODE'。

4. 段寄存器说明伪指令

指令格式:ASSUME 段寄存器:段名[,段寄存器:段名…]

指令功能:向汇编程序指示当前各段所用的段寄存器,设定段寄存器与段的对应关系。

注意:

① 本伪指令只是指示各逻辑段使用寄存器的情况,并没有对段寄存器内容进行装填。段寄存器的实际值(CS 除外)还要由传送指令在程序中装填数据。

② ASSUME 伪指令也可以用来取消段寄存器与段之间的对应关系(用 NOTHING),然后再建立新的对应关系。

【例 5-19】

```
ASSUME  DS:  NOTHING   ;取消 DS 与原数据段的对应关系
ASSUME  DS:  DATAB     ;建立新的对应关系
MOV     AX,  DATAB
MOV     DS,  AX        ;置当前数据段首址到 DS 中
```

5. 过程定义伪指令

过程是程序的一部分,它可以被程序调用。每次可调用一个过程,当过程中的指令执行之后,控制返回调用它的地方。过程的定义是用过程定义伪指令完成的,其功能和格式如下。

```
指令格式:过程名  PROC  [NEAR / FAR]
                    ⋮  } 过程体
                  RET
          过程名  ENDP
```

指令功能:完成过程定义,在过程体中实现过程的操作功能。

注意:

① 过程名是自定义符,定义开始和结束时的过程名必须相同。

② 过程名有 3 个属性:段地址、偏移量和距离属性(NEAR 或 FAR)。汇编程序在汇编时根据过程类型生成段内或段间的调用或返回指令代码。

③ 在一个过程中,可以有多个 RET 指令。一个过程总是通过 RET 指令返回,RET 常作为过程的最后一条指令。

【例 5-20】

```
CODE    SEGMENT
          ⋮
APRC    PROC    NEAR
        ADD     AX, BX
          ⋮
        RET
APRC    ENDP
STAT:   MOV     AX, NOM
          ⋮
```

```
        CALL    APRC
              ⋮
        CALL    APRC
              ⋮
CODE    ENDS
        END     STAT
```

6. 模块定义及通信伪指令

汇编语言可以把程序划分成许多模块，并对每个模块独立地进行汇编和调试。

(1) 模块开始伪指令

指令格式：NAME　模块名

指令功能：指明程序模块的开始，并指出模块名。

模块名是自定义符，不能是系统保留字。若该项缺省，则从 TITLE 语句中的页标题取 6 个字符；若没有 TITLE 语句，则取源程序文件名为模块名。

(2) 模块结束伪指令（源程序结束伪指令）

指令格式：END　启动标号或过程名

指令功能：END 表示一个模块的结束。通知汇编程序源程序到此结束，并给出执行程序的入口位置。

注意：

① END 通常与模块开始伪指令 NAME 联合使用，当 NAME 缺省时，则 END 只表示源程序的结束。

② 汇编处理时，一个模块就是一个独立的汇编单位，汇编处理只进行到模块结束语句 END 为止。

【例 5-21】
```
START: MOV    AX,DATA
              ⋮
       END    START
```

(3) 定义公共符号名伪指令

指令格式：PUBLIC 符号名[,…]

符号名可以是变量、符号常量、标号或过程名。

指令功能：由 PUBLIC 定义的符号名，可以被其他模块引用，即由其定义的符号名是公共符号名，可以被外部模块引用。

注意：在一个模块中，同一个符号名只能被定义一次。

例如：PUBLIC　ABC,ALFA

(4) 定义外部符号名伪指令

指令格式：EXTRN 符号名：类型[,…]

符号名在其他模块中已由 PUBLIC 所定义。类型指的是符号名的类型，符号名的类型应与原模块中定义的类型一致。它们可以是以下几种类型。

① 内存变量型：BYTE、WORD、DWORD；

② 过程型：NEAR、FAR；

③ 数值型：ABS。

指令功能：定义本模块中将要引用的外部模块中的符号名，它们应在各自的模块中已用 PUBLIC 伪指令进行了定义。

注意:在一个模块中,同一个符号名只能被定义一次。

【例 5-22】 EXTRN　ABC:BYTE,FLP:FAR

7. 列表伪指令

(1) 格式控制伪指令

格式控制伪指令用于对源程序排版、加标题和子标题。

1) 自动排版(行数、列数)。

指令格式:PAGE　[行],[行字数]

指令功能:打印列表文件时,规定页的行数和每行的字符数。

例如:PAGE　60,132

其中,行取值 10 ~ 155(默认值为 66),列取值 60 ~ 132(默认值为 80)。

2) 建立标题。

指令格式:　TITLE　标题正文

　　　　　　SUBTTL　子标题正文

指令功能:在打印列表文件时,TITLE 伪指令用来给源程序设置标题,以后每页的第一行都列出该标题(不超过 60 个字符)。SUBTTL 伪指令实现每页打印标题后再打印子标题(字符数不限)。当 SUBTTL 不带正文时,表示取消前面规定的子标题。

(2) 列表控制伪指令

这些伪指令用于打开或关闭列表文件的输出。

指令格式:　. LIST　;用于打开列表文件的输出

　　　　　　. XLIST　;用于关闭列表文件的输出

　　　　　　% OUT　;可在汇编时显示接在其后的信息,以便了解汇编的过程

8. 记录伪指令

(1) 记录定义

指令格式:记录名 RECORD 字段名:宽度[=表达式][,…]

指令功能:用于定义一个记录。指明记录中字段的位长度及初值,并用记录名表示已定义的记录。

其中,记录名定义该记录的名字,也是自定义符;宽度为字段所占有的位数(1 ~ 16 位);表达式为所赋予字段的初值。

【例 5-23】 表示一个学生情况的记录,设年龄占 5 位,性别占 1 位(1:男,0:女),身体状况占 2 位(00:健康,01:良好,10:一般,11:差),可定义为

```
STDRC   RECORD   YER:5,SEX:1 =0,STT:2
```

注意:

① 记录名、字段名必须存在,不可缺省。

② 各字段总和不能超过 16 位。

③ 表达式的初值应取正整数。

(2) 记录存储单元分配及赋值

指令格式:记录变量名 记录名 <字段值表>

指令功能:将字段值表中的各字段值赋给记录的各字段。

【例 5-24】 TAN　RECORD　X:6,Y:4,Z:6

```
AP      TAN         <5,10,,>
BP      TAN         <12,20>
```

此例在存储器中分配两个记录，每个记录为 2 字节。

注意：字段值表中默认项的默认值为 0。

(3) 记录操作符

1) 取字段宽度操作符。

指令格式：WIDTH 记录名或记录字段名

指令功能：用于返回该记录或记录字段的宽度（二进制位数）。

【例 5-25】
```
MOV   AL,WIDTH   YER      ;AL←5
MOV   BH,WIDTH   SEX      ;BH←1
MOV   AH,WIDTH   STT      ;AH←2
```

2) 取字段位置操作符。

指令格式：MASK 字段名

指令功能：返回一个 8 位或 16 位的二进制数。该字段所在的位为 1，其他位为 0，以确定该字段在记录中所在字段的位置。

【例 5-26】
```
MOV     BL,MASK   YER      ;BL←11111000
MOV     AH,MASK   SEX      ;AH←00000100
```

9. 结构伪指令

结构伪指令是把多个数据定义语句组成一个结构，而把每一个数据定义语句称为一个结构字段，内存变量名称为字段名。

(1) 结构定义伪指令

指令格式：
```
结构名      STRUC
[字段名]    〈数据定义语句〉
               ⋮
结构名      ENDS
```

指令功能：定义一个结构。它含有由数据定义语句所确定的数据结构，并引用结构名来代表这种结构。

【例 5-27】
```
ABC     STRUC
A       DB   ?
B       DB   'ABC12'
C       DW   120
ABC     ENDS
```

(2) 结构变量的存储单元分配与预置

指令格式：结构变量名　结构名　〈字段值表〉

指令功能：用结构名来确定具有结构实体的结构变量，以便在程序中正式使用已定义的结构。

【例 5-28】
```
SA     ABC   〈3,'XYZ45'〉    ;第 3 字段使用初值
SB     ABC   〈 〉            ;均用结构定义初值
```

(3) 结构及字段的引用

指令格式：结构变量名．结构字段名

指令功能：通过引用结构变量名及其字段名来使用结构类型数据中的字段。

【例 5-29】MOV　AL,SA.A　;引用结构变量 SA 的 A 字段值

10. 条件汇编伪指令

条件汇编伪指令的主要作用是根据条件有选择地对程序汇编。

```
一般格式:IF××    〈表达式〉
            ⋮       } 程序段 1
         [ELSE]
            ⋮       } 程序段 2
         ENDIF
```

指令功能:当条件为真时,对程序段 1 进行汇编,如有 ELSE 及程序段 2 则跳过;当条件为假时,跳过程序段 1,对程序段 2 进行汇编(若有 ELSE 及程序段 2)。

条件汇编有多种伪指令操作,下面介绍常用的几个:

- IF 表达式

功能:表达式值不为 0,汇编程序段 1,否则跳过。

- IFE 表达式

功能:表达式值为 0,汇编程序段 1,否则跳过。

- IFB〈参数〉

功能: 参数为空格,汇编程序段 1,否则跳过。

- IFNB〈参数〉

功能:参数不为空格,汇编程序段 1,否则跳过。

- IFIDN〈参数 1〉,〈参数 2〉

功能:字符串参数 1 与字符串参数 2 相同,汇编程序段 1,否则跳过。

11. 其他伪指令

(1) 定位伪指令

格式:ORG　数值表达式

功能:指定在它之后的程序段或数据块所存放的起始地址的偏移量。

【例 5-30】
```
ORG   0100H    ;从 0100H 开始存放
ORG   $+20     ;$为当前地址,从此地址后 20 字节处开始存放
```

注意:当无 ORG 伪指令时,从段首址开始存放程序或数据。

(2) 注释说明伪指令

指令格式:COMMENT 定界符 注释 定界符

指令功能:用于在程序中加入注释,即定界符间的内容全部为注释。

5.3 宏指令

为了简化汇编语言源程序,可以把一些频繁出现的程序段定义为"宏指令",当遇到这段程序时,只要按宏指令名调用即可,不必重复写许多指令。汇编程序在遇到宏指令时将其替换成相应的代码,这样就有效地缩短汇编语言源程序的长度,使源程序易读,也减少了由于重复书写而引起的错误。

1. 宏定义及其调用

宏定义的一般格式:宏指令名　MACRO　[形参,形参,…]

```
        ⋮    } 宏体
      ENDM
```

宏定义符 MACRO 和宏结束符 ENDM 是宏定义的关键字,成对出现,二者之间的部分为宏体,即要用宏指令名代替的程序段。宏定义的形参表用来向宏体传送参数,在宏调用时代入实参。

【例 5-31】 为了实现 ASCII 码和 BCD 码之间的相互转换,往往需要把 AL 中的内容左移或右移 4 位。设左移 4 位,可用下列指令序列实现:

```
MOV     CL,4
SAL     AL,CL
```

若多次使用,则可用一条宏指令来代替,宏定义如下:

```
SHIFT   MACRO
        MOV     CL,4
        SAL     AL,CL
        ENDM
```

这样,以后凡要将 AL 中的内容左移 4 位,就可用一条宏指令 SHIFT 来代替。经过宏定义后,宏名就像一条指令一样,称为宏指令。宏指令可以在程序的任何地方引用,这种引用称作宏调用。宏汇编程序遇到宏指令时,就用对应的宏体来代替这条宏指令,以产生目标码,称为宏扩展。

宏调用的格式: 宏指令名 [实参,实参,…]

【例 5-32】

```
        ⋮
MOV     AL,[DI]
ADD     AL,[SI]
SHIFT             ;宏调用
MOV     [BX],AL
        ⋮
```

2. 带参数的宏

宏定义不但能使源程序的书写简洁,而且宏指令具有接收参数的能力。如上述宏指令只能使 AL 的内容左移 4 位,若每次使用时要移位的次数不同,或要用不同寄存器移位,就不方便了。为了使宏定义能应用于不同的情况,可以在宏定义中引入参数。

【例 5-33】

```
SHIFT   MACRO   X
        MOV     CL,X
        SAL     AL,CL
        ENDM
```

X 是一个形式参数,这里代表移位次数。在调用时,可把实际要求的移位次数作为实际参数代入,如 SHIFT 4,就可用实际参数 4 代替在宏定义体中出现的形式参数 X,从而实现移位 4 次。若再引用一个形式参数:

```
SHIFT   MACRO   X,Y
        MOV     CL,X
        SAL     Y,CL
```

```
        ENDM
```

用形式参数 Y 来代替需要移位的寄存器，只要在调用时，把要移位的寄存器作为实际参数代入，就可以对任意一个寄存器实现指定的左移操作。以下是针对上述宏指令的宏调用语句：

```
SHIFT   4,AL    ;AL 左移 4 位
SHIFT   4,BX    ;BX 左移 4 位
SHIFT   6,DI    ;DI 左移 6 位
```

上述宏指令在汇编时分别产生以下指令语句（宏汇编程序在每条由宏扩展产生的指令前冠以“+”号），如：

```
+ MOV    CL,4
+ SAL    AL,CL
+ MOV    CL,4
+ SAL    BX,CL
+ MOV    CL,6
+ SAL    DI,CL
```

形式参数不仅可出现在操作数部分，也可以出现在操作码部分，在此不再详述。

3. 主要的宏操作伪指令

（1）宏定义伪指令

```
指令格式：  宏指令名   MACRO   [形参,形参,…]
                          ⋮ }     宏体
                      ENDM
```

（2）取消宏指令名伪指令

指令格式：PURGE　宏指令名 [,…]

指令功能：用于注销指定的宏定义。

（3）重复伪指令

```
指令格式：REPT（表达式）
              ⋮ }    宏体
          ENDM
```

指令功能：重复执行若干次宏体所包含的语句，其中执行的次数由表达式的值决定。

【例 5-34】

```
X = 0
REPT 4
X = X + 1
DB   X
ENDM
```

其汇编结果：

```
DB   1
DB   2
DB   3
DB   4
```

即把 1 ~ 4 分配给 4 个连续的内存单元。

5.4 汇编语言程序的结构

汇编语言源程序由各种语句序列组成，主要有数据段、代码段和线程段。系统的这种分段式的存储结构是程序运行的基础。

5.4.1 汇编语言程序的基本结构

汇编语言源程序由语句序列组成，该语句序列应包括可执行指令组成的指令语句和对符号定义、分配存储单元、分段等一些伪指令语句。此外，80X86 微处理器系统的存储结构是分段式访问结构，这种结构是程序运行的基础。因此，80X86 汇编语言源程序通常具备数据段、代码段和堆栈段等。数据段用来在内存建立一个适当容量的工作区，用以存放常数、变量，并作为算术运算区、I/O 接口传送数据的工作区。程序段用来存放程序。堆栈段用来在内存中建立一个堆栈区，以便在中断和子程序调用时使用。堆栈还起承上启下作用，用于模块间参数的传递。显然，某些十分简单的程序可能并不需要数据段和堆栈段，但是对于一些复杂的程序，堆栈段、数据段和代码段都可能不止一个。当由这几个段构成一个完整的程序时，通常把数据段放在代码段前面。这有两方面的好处：一方面可以事先定义程序中所使用的变量；另一方面，汇编程序在汇编过程中遇到变量时，必须事先知道变量的属性，才能产生正确的目标代码，将数据段放在代码段前面，可以保证这一点。

下面是一个标准的汇编语言源程序的框架结构：

```
DATA    SEGMENT                                     ;数据段开始
          ⋮
DATA    ENDS                                        ;数据段结束
STACK   SEGMENT   PARA   STACK‘STACK’               ;堆栈段开始
          ⋮
STACK   ENDS                                        ;堆栈段结束
CODE    SEGMENT                                     ;代码段开始
        ASSUME   CS:CODE,SS:STACK,DS:DATA,ES:DATA
START:  MOV      AX,DATA
        MOV      DS,AX                              ;装填数据段
        MOV      ES,AX                              ;装填附加段
        MOV      AX,STACK
        MOV      SS,AX                              ;装填堆栈段
            ⋮
        MOV      AH,4CH
        INT      21H                                ;返回 DOS
PRA     PROC     NEAR
            ⋮
PRA     ENDP
            ⋮                                       ;其他程序或过程
CODE    ENDS                                        ;代码段结束
        END      START                              ;源程序结束
```

5.4.2 汇编语言与 DOS 之间的接口

用编辑程序把源程序输入到机器中，用汇编程序把它翻译为目标程序后，用连接程序对其进

行连接和定位时，操作系统为每一个用户程序建立了一个程序段前缀区 PSP，其长度为256B，主要用于存放所要执行程序的有关信息，同时也提供了程序和操作系统的接口。操作系统在程序段前缀的开始处（偏移地址 IP = 0000H）安排了一条 INT 20H 软中断指令。INT 20H 中断服务程序由 DOS 提供，执行该服务程序后控制就转移到 DOS，即返回到 DOS 管理状态。因此在组织程序时，必须使程序执行后能够转去执行存放于 PSP 开始处的 INT 20H 指令，否则就无法继续输入命令或程序。

DOS 在建立了程序段前缀区 PSP 之后，就将要执行的程序从磁盘装入到内存。在定位程序时，DOS 将代码段置于 PSP 的下方，之后是数据段，最后放置堆栈段。内存分配好后，DOS 就自动设置段寄存器 DS 和 ES 的值，使其指向 PSP 的开始处，即 INT 20H 的存放地址，同时将 CS 设置为 PSP 后面代码段的段基址。IP 设置为指向代码段中第一条要执行的指令位置，把 SS 设置为指向堆栈段的段基址，让 SP 指向堆栈段的栈底，然后系统开始执行用户程序。

为保证用户程序执行后能回到 DOS，应采取以下两项措施：

① 将用户程序中主程序的一部分定义为 FAR 过程，其最后一条指令为 RET。

② 在代码段的主程序（即 FAR 过程）的开始处将 PSP 所在段的段基值 DS（或 ES）保存进栈，然后再将一个全 0 的字压入堆栈（PSP 的段内偏移地址）。

方法如下：

```
CODE     SEGMENT
              ⋮
START    PROC     FAR
         PUSH     DS          ;保护 PSP 段地址
         MOV      AX,0        ;保护偏移 0 地址
         PUSH     AX
              ⋮
         RET
START    ENDP
CODE     ENDS
END      START
```

于是，堆栈中保存了 PSP 所在段基值和零偏移量（即 INT 20H 地址），当程序执行到主程序的最后一条指令 RET 时，由于该过程定义为 FAR，从堆栈弹出两个字到 CS 和 IP，以便执行 INT 20H 指令，使控制返回到 DOS。

此外，由于开始执行用户程序时，DS 并不设置在用户的数据段的起始处，ES 也同样不设置在用户的附加段起始处，因而在主程序开始处，继上述 3 条指令之后，应该重新装填 DS 和 ES。

还有一种返回 DOS 的非标准方法，即在代码段结束之前（即 CODE ENDS 之前），增加以下两条指令：

```
MOV   AH,4CH
INT   21H
```

程序执行到此处将会自动返回 DOS。

5.5 DOS 系统功能调用

MS – DOS 系统中设置了两层内部子程序供用户使用，即基本输入/输出子程序 BIOS 和 DOS

功能模块。它们对用户来说都可以看成是中断服务程序，入口已置入中断入口地址表中。在汇编语言源程序中可采用软中断指令调用它们，这使得用户能够充分利用这些微机系统资源。

基本输入/输出系统 BIOS 有 8KB 常驻在 ROM 中，是操作系统的核心，其主要功能是驱动系统所配置的外部设备，如：磁盘驱动器、显示器、键盘、打印机及异步通信接口等。此时用户可以不用过多地关心有关设备的物理性能和接口方面的细节，而是直接使用 INT 10H ~ INT 1AH 进入中断服务程序，这就是 BIOS 功能调用，其具体方法见有关的 DOS 手册。本节的重点是 DOS 系统功能调用，系统启动时 DOS 功能模块从系统盘装入内存，它们的功能比 BIOS 更加齐全，其主要功能是 I/O 设备管理、存储管理、文件管理和作业管理等。一般来说，使用 DOS 功能调用比 BIOS 功能调用更容易，用 DOS 功能调用编写的程序的可移植性也比 BIOS 要好。

MS - DOS 中常用的软中断有 8 个，系统规定它们的中断类型码为 20H ~ 27H，它们各自的功能及入口/出口参数见表 5-3。

表 5-3　常用软中断功能及参数

软中断指令	功　能	入口参数	出口参数
INT 20H	程序正常退出		
INT 21H	系统功能调用	AH = 功能号，相应入口号数	相应出口号数
INT 22H	结束退出		
INT 23H	CTRL - Break 处理		
INT 24H	出错退出		
INT 25H	读盘	AL = 驱动器号 CX = 读入扇区数 DX = 起始逻辑扇区号 DS:BX = 内存缓冲区地址	$CF = \begin{cases} 0: 成功 \\ 1: 出错 \end{cases}$
INT 26H	写盘	AL = 驱动器号 CX = 读入扇区数 DX = 起始逻辑扇区号 DS:BX = 内存缓冲区地址	$CF = \begin{cases} 0: 成功 \\ 1: 出错 \end{cases}$
INT 27H	驻留退出	DS:DX = 程序长度	

从表 5-3 中可以看出，这些软中断完全隐蔽了设备的物理特性和接口方式，调用它们时只需先设置好入口参数，随后安排一条软中断指令“INT n”（n = 20H ~ 27H），即可转去执行相应的子程序。其中，“INT 21H”是 DOS 系统功能调用。

INT 21H 中断本身包含很多子程序，每个子程序对应一个功能，其功能号为 00H ~ 62H。常用的 DOS 功能模块按其功能可以分为以下 6 类：

1）字符 I/O 管理。功能号为 01H ~ 0CH，管理显示器、键盘、打印机及异步通信接口的字符输入/输出。

2）传统的文件管理。功能号为 0DH ~ 24H，27H ~ 29H，管理磁盘，包括打开关闭文件、查找目录、建立文件、删除文件、重新给文件命名、顺序读写文件、随机读写文件等功能。

3）扩充的文件管理。功能号为 39H ~ 3BH，47H 时，其功能为管理目录，包括建立子目录、修改当前目录、删除目录、取当前目录等。

功能号为 0DH ~ 24H,27H ~ 29H 时,其功能为管理文件,包括建立、打开、关闭文件、从文件或设备读写数据、在指定的目录中删除文件、修改文件属性等。

4）内存管理。功能号为 48H ~ 4AH,其功能为管理内存,包括分配内存、释放已经分配的内存、执行程序等。

5）作业管理。

功能号:00H,其功能为退出用户程序并返回 DOS 操作系统。

26H,其功能为建立一个程序段。

31H,其功能为终止用户程序并驻留在内存。

4BH,其功能为装入一个程序段。

4CH,其功能为终止当前程序并返回操作系统。

4DH,其功能为取子程序的返回代码。

6）其他资源管理。

功能号:25H,35H,其功能为置中断向量和取中断向量。

2AH,2BH,其功能为取日期和设置日期。

2CH,2DH,其功能为取时间和设置时间。

30H,38H,其功能为取 DOS 版本号及国别信息。

DOS 系统功能调用隐蔽了设备的物理特性及接口细节,因而不必编写烦琐的控制程序,调用它们时采用统一的格式:

① 传送入口参数到指定寄存器中。

② 功能号送入 AH 寄存器。

③ INT 21H。

值得注意的是,有的子程序无入口参数,此时只需后两个语句,调用完成返回时,系统将出口参数送到指定的寄存器中,或送屏幕显示。

例如,将某字符送屏幕显示,可调用 2 号系统功能,用如下指令完成:

```
MOV    DL,'要显示的字符'
MOV    AH,2
INT    21H
```

此段程序将把存于 DL 寄存器中的字符在屏幕上显示出来。

下面选择一部分常用的系统功能调用作简要说明,其他系统功能调用请参阅附录 B。

1. 键盘输入单字符——1 号系统功能调用

调用格式:
```
MOV    AH,1
INT    21H
```

1 号功能调用无入口参数,执行时系统首先等待键盘输入,待程序员按下任何一键,系统先检查是否是〈Ctrl + Break〉键。如果是则退出,否则将输入字符的 ASCII 码置入 AL 寄存器,并在屏幕上显示该字符。

2. 无回显键盘输入单字符——8 号系统功能调用

调用格式:
```
MOV    AH,8
INT    21H
```

功能与 1 号系统功能调用基本相同,唯一的差别是输入的字符不送屏幕显示。

3. 无回显直接控制台输入单字符——7 号系统功能调用

调用格式：

```
MOV   AH,7
INT   21H
```

该调用从标准输入设备键盘输入单字符送 AL，和 1 号调用相比，一是不回显字符，二是不做针对〈Ctrl + Break〉键的检查。

4. 键盘输入字符串——0AH 号系统功能调用

其功能是将键盘输入的字符串写入到内存缓冲区，因此调用之前必须事先定义一个缓冲区。缓冲区的第 1 字节给出该缓冲区中能存放的字节数，第二个留给系统填写实际输入的字符个数，从第 3 字节开始用来存放输入的字符串，最后输入回车(↙)键表示字符结束。如果实际输入的字符数不足以填满缓冲区，则其余字节填"0"；如果实际输入的字符数超过缓冲区的容量，则超出的字符将被丢失，而且响铃向程序员发出警告。

调用格式：

```
          ⋮
BUF    DB     20                ;定义缓冲区长度
       DB     ?                 ;由系统填写实际输入字符数
       DB     20 DUP(?)         ;用于存放输入的字符，最多可键入 19 个字符，最后
                                ;一个必须是回车符 0DH
          ⋮
       MOV    DX,OFFSET BUF
       MOV    AH,0AH
       INT    21H               ;0AH 号系统功能调用
```

5. 输出单字符——2 号系统功能调用

调用格式：

```
MOV   DL,'A'
MOV   AH,2
INT   21H
```

入口参数：DL = 要显示的字符的 ASCII 码。

上面的程序段执行后会在屏幕上显示存于 DL 寄存器的字符 A。

6. 输出字符串——9 号系统功能调用

功能是将指定的内存缓冲区中的字符串在屏幕上显示出来，缓冲区的字符串以"$"为结束标志。使用格式如下：

```
BUF    DB     'GOOD BYE$'
          ⋮
       MOV    DX,OFFSET BUF
       MOV    AH,9
       INT    21H          ;在显示器屏幕上显示 GOOD BYE
```

7. 直接控制台输入/输出单字符——6 号系统功能调用

如果 DL = FFH，则表示从键盘输入单字符送 AL 寄存器；如果 DL ≠ FFH，则表示将 DL 寄存器中的内容送屏幕显示输出。它们的使用格式如下：

```
MOV    DL,0FFH
```

```
MOV     AH,6
INT     21H             ;键盘输入单字符送 AL
MOV     DL,'A'
MOV     AH,6
INT     21H             ;将 DL 中的字符 A 送屏幕显示
```

8. 从串口输入单字符——3 号系统功能调用

调用格式:
```
MOV   AH,3
INT   21H
```

它没有入口参数,系统将从异步通信口串行输入的字符置入 AL 寄存器中。

9. 向串口输出单字符——4 号系统功能调用

调用格式:
```
MOV   DL,'$'
MOV   AH,4
INT   21H
```

执行时将 DL 寄存器中的字符通过异步通信口串行输出。

10. 返回操作系统——4CH 号系统功能调用

调用格式:
```
MOV     AH,4CH
INT     21H
```

它没有入口参数,执行结果是结束当前正在执行的程序,并返回 DOS 操作系统。

11. 设置日期——2BH 号系统功能调用

入口参数: AH = 2BH
CX = 要置的年份(1980 ~ 2099)
DH = 要置的月份(1 ~ 12)
DL = 要置的日(1 ~ 28,29,30,31,不同的月份取不同的值)

出口参数: AL = 00,置入的日期是有效的
AL = FFH,置入的日期无效(如 1850 年 2 月 30 日)

该功能调用对于使用电池供电的时钟/日历工作的程序很有用,可以设置 DOS 的日期与时间。例如想把日期设置为 2001 年 1 月 1 日可采用下面的程序段:

```
MOV   CX,2001
MOV   DH,1
MOV   DL,1
MOV   AH,2BH
INT   21H
```

12. 取日期——2AH 号系统功能调用

入口参数: AH = 2AH

出口参数: CX = 年份(1980 ~ 2099)
DH = 月份(1 ~ 12)
DL = 日(1 ~ 31)
AL = 星期(0 ~ 6,0 代表星期天,1 代表星期一等)

此功能调用取出由 DOS 保持的年、月、日及日期。CX、DH、DL、AL 中都是二进制数,要想在

屏幕上显示出来必须变成 ASCII 码才行。

13. 设置时间——2DH 号系统功能调用

入口参数： AH = 2DH

CH = 小时(0 ~ 23)

CL = 分钟(0 ~ 59)

DH = 秒(0 ~ 59)

DL = 1/100 秒(0 ~ 99)

出口参数： AL = 00H，置入的时间有效

AL = FFH，置入的时间中至少有一项无效(如 25 小时，或者 61 秒)

该功能调用为 DOS 设置时间，与 2BH 调用类似。

14. 取时间——2CH 号系统功能调用

入口参数：AH = 2CH

出口参数：CH = 小时(0 ~ 23)

CL = 分钟(0 ~ 59)

DH = 秒(0 ~ 59)

DL = 1/100 秒(0 ~ 99)

此功能调用取出 DOS 保存的时间。CX 与 DX 中的数是二进制数，要想在屏幕上显示出来，需转换成 ASCII 码才行。

【例 5-35】 利用 DOS 系统功能调用实现简单的人机对话。

```
DATA    SEGMENT
BUF     DB 100
        DB ?
        DB 100 DUP(?)                   ;定义输入缓冲区
MSG     DB 'WHAT IS YOUR NAME?$'        ;定义要显示的字符串，以"$"结束
DATA    ENDS
CODE    SEGMENT
        ASSUME  CS:CODE,DS:DATA
START:  MOV     AX,DATA
        MOV     DS,AX
DISP:   MOV     DX,OFFSET MSG
        MOV     AH,9                    ;调用 9 号功能调用
        INT     21H                     ;显示字符串
KELBD:  MOV     DX,OFFSET BUF
        MOV     AH,0AH                  ;调用 0AH 功能调用
        INT     21H                     ;接收输入的字符串
        MOV     AH,4CH
        INT     21H                     ;返回 DOS
CODE    ENDS
        END     START
```

此程序将在屏幕上显示一行提示信息，然后接收显示用户从键盘输入的信息并将其存入输入缓冲区。

5.6 汇编语言程序设计方法

程序是计算机命令的有序集合，当然有序集合有多种设计方法。本节主要介绍简单程序设计、分支程序设计、循环程序设计和子程序设计。

5.6.1 汇编语言程序设计的步骤

用计算机求解问题时往往需要编制程序，其设计步骤归纳如下：

（1）分析问题

全面理解问题的功能和性能要求，清楚解决问题所需的条件、原始数据、输入和输出信息、运行速度要求、运算精度要求和结果形式等。

（2）建立数学模型

把问题数学化、公式化，这是把问题向计算机处理方式转化的第一步。

（3）确定算法

建立数学模型后，许多情况下还不能直接进行程序设计，需要确定符合计算机运算的算法。

（4）绘制程序流程图

流程图是表示数据处理过程和步骤的形象化工具，它指出了计算机执行操作的逻辑顺序，表达清晰简单，因此在程序设计中应用很普遍。

常见的程序流程图是由逻辑框和流向线组成的。逻辑框是表示程序操作功能的符号，流向线用来指示程序的逻辑处理顺序。图 5-2 给出的是流程图的常用符号，它们的功能简要说明如下：

1）起止框：表示程序的开始和结束，框内标以“开始”和“结束”字样。

2）处理框：表示一种处理功能或程序段，框内用文字简述其功能。

3）判断框：表示在此进行判断以决定程序的流向，框内注明判断条件，判断结果标注在出口的流向线上，一般用“Y”表示条件满足，用“N”表示条件不满足。

4）连接框：框内注有字母，当流程图跨页或流程图比较复杂，可能出现流向线交叉时，用它来表示彼此之间的关系，相同符号的连接框表示它们是相互连接的。

5）流向线：表示程序处理的逻辑顺序。

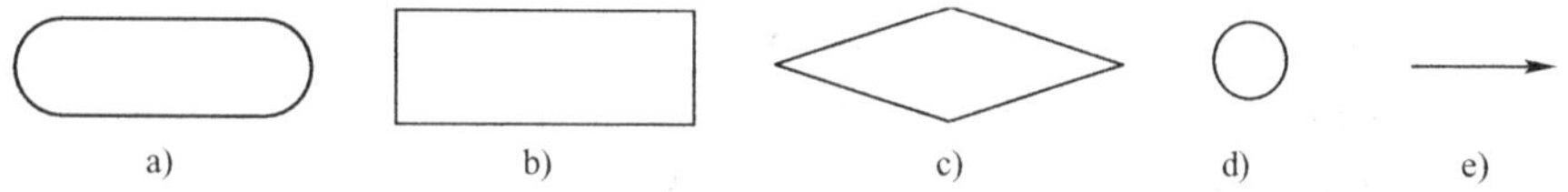

图 5-2 流程图的常用符号
a）起止框 b）处理框 c）判断框 d）连接框 e）流向线

（5）内存空间分配

即用指令或伪指令为数据或程序分配内存空间。在程序设计时要考虑分段结构。程序运行时所需要的工作单元应尽可能设在 CPU 寄存器中。

（6）编制程序与静态检查

编制程序应按指令系统和伪指令的语法规则进行，编制的程序应具有模块化、通用的子程序结构，要层次简单、清楚、易读、易维护。静态检查在上机调试之前进行，以减少程序中的错误。

(7) 程序调试

程序调试是程序设计的最后一步，也是程序设计中非常重要的一步。没有调试过的程序，很难保证程序没有错误，因此程序的调试是不可缺少的。

总之，程序结构清晰、可读性强、占用存储空间少、运行速度快是每一个编程人员追求的目标。为了做到这一点，不仅要理解指令的基本功能，而且要多读、多写、多上机调试各种程序，通过实践不断总结经验，加深对汇编语言的语句和程序设计方法的理解，逐步掌握各种程序设计的方法和技巧。

5.6.2 汇编语言程序设计的基本方法

1. 简单程序设计

简单程序，又称为顺序程序。这种程序的形式最简单，计算机执行程序的方式是“从头到尾”，逐条执行指令语句，直到程序结束。这是最基本的形式，任何程序都离不开这种形式。在汇编语言程序中简单程序主要由数据传送指令、算术运算指令和逻辑运算指令组合而成。

【例 5-36】 假设有多项式形如：$f(X) = 5X^3 + 4X^2 - 3X + 2$，要求编制程序计算自变量 X=5 时，函数 f(X)的值。

首先分析该表达式，若采用代入法直接计算多项式的值，则至少要做 6 次乘法和 3 次加减法，并且要使用较多的寄存器存放中间结果，这显然是不太经济的。这时可以采用秦九韶算法，把 f(X)变形为 $f(X) = ((5X + 4)X - 3)X + 2$，这样只需要做 3 次乘法和 3 次加减法就可以了，同时还减少了用于存放中间结果的寄存器。

实现该算法的程序清单如下：

```
DATA    SEGMENT
X       DW     5
RESULT  DW     ?
DATA    ENDS
CODE    SEGMENT
        ASSUME   CS:CODE,DS:DATA
START:  MOV    AX,DATA
        MOV    DS,AX            ;装填数据段
        MOV    AX,5
        MUL    X                ;5*X
        ADD    AX,4             ;5*X+4
        MUL    X                ;(5*X+4)X
        SUB    AX,3             ;(5*X+4)X-3
        MUL    X                ;((5*X+4)X-3)X
        ADD    AX,2             ;((5*X+4)X-3)X+2
        MOV    RESULT,AX        ;保存运算结果
        MOV    AX,4CH
        INT    21H              ;返回 DOS
CODE    ENDS
        END    START
```

该程序中，累加器 AX 和存储器操作数 X 执行无符号数字相乘，结果存放在 DX 和 AX 中。

由于该表达式的运算结果不会超过 256,所以 DX 中的值为 0,程序只要处理 AX 中的结果即可。

2. 分支程序设计

简单程序的设计和运行都比较简单,但是实际应用中往往需要根据不同的情况和条件做出不同的处理。要编制这样的程序,可以事先把各种可能出现的情况和处理方法写在程序中,然后在执行程序的过程中由计算机自动做出判断,转向相应的处理程序。这种根据不同条件转向不同程序段执行的程序称为分支程序。

一般来说,经常先用比较指令或数据操作及位检测指令等来改变标志寄存器相关标志位,然后用条件转移指令进行判断转移。

分支程序可以有两种形式:简单分支结构和多分支结构。其中,简单分支结构有两种,相当于高级语言中的 IF - THEN 和 IF - THEN - ELSE 结构;多分支结构则相当于高级语言中的 DO - CASE 结构。它们的流程图如图 5-3 所示。

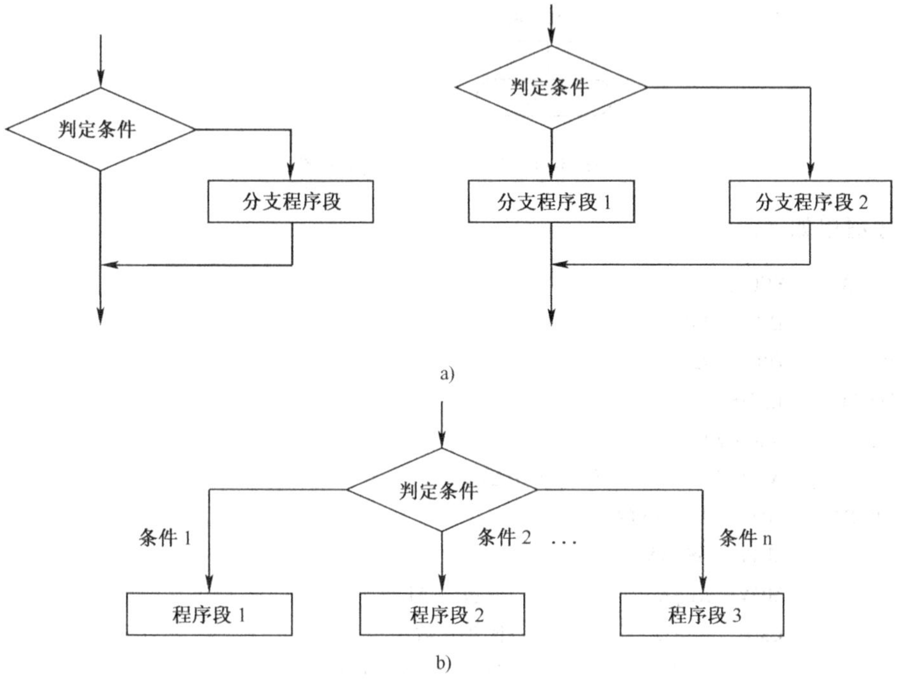

图 5-3　分支程序结构的流程图

a) 简单分支结构　b) 多分支结构

(1) 简单分支程序设计

简单分支程序根据条件是否满足将程序分为两个分支,按不同条件做出相应的处理。这种程序往往是用比较或测试的方法,在标志寄存器中设置相应的标志位,然后再选用适当的条件转移指令,以实现不同情况的分支转移。

【例 5-37】 比较两个无符号数的大小。

在 A 和 B 单元各有一个 8 位无符号数,要求比较这两个无符号数,并根据比较结果在屏幕上显示 A > B 或 B > A(假设这两个数不相等)。

分析:首先使用比较指令比较两个无符号数的大小,然后根据标志位,使用无符号数转移指令实现转移。其程序流程图如图 5-4 所示。

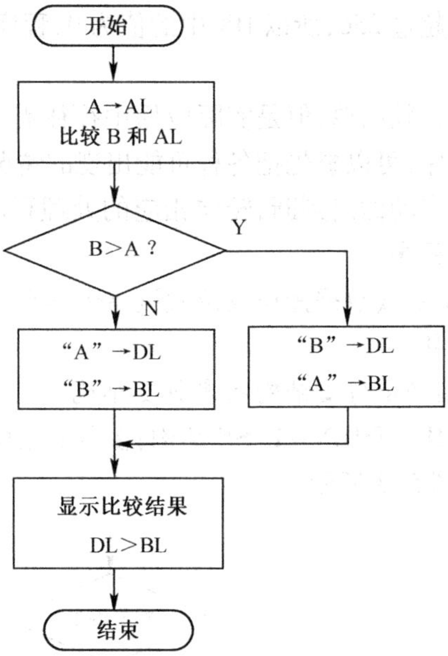

图 5-4　比较两数大小流程图

其程序清单如下：

```
DATA    SEGMENT
A       DB    20H
B       DB    92H
DATA    ENDS
CODE    SEGMENT
        ASSUME   CS:CODE,DS:DATA
START:  MOV   AX,DATA
        MOV   DS,AX
        MOV   AL,A            ;取数送 AL
        CMP   B,AL            ;比较二数
        JA    BGA             ;若 B > A 转 BGA
        MOV   DL,'A'
        MOV   BL,'B'          ;准备显示 A > B
        JMP   DISP
BGA:    MOV   DL,'B'
        MOV   BL,'A'          ;准备显示 B > A
DISP:   MOV   AH,2
        INT   21H
        MOV   DL,'>'
        INT   21H
        MOV   DL,BL
        INT   21H             ;显示比较结果
        MOV   AH,4CH
        INT   21H             ;返回 DOS
```

```
CODE      ENDS
          END    START
```

(2) 多分支程序设计

图 5-3 给出的第二种结构为多分支程序结构，适用于在多种条件下，根据不同的条件进行不同处理的情况，这样就会有多个分支要进行处理。在一些应用程序中，菜单结构就是用多分支程序实现的。

【例 5-38】 某应用程序主菜单有 8 个可选项，其入口地址分别记为 R0、R1…R7。要求编制程序根据变量 N 的值转向相应的处理程序(N 为入口编号)。

其程序清单如下：

```
DATA      SEGMENT
BASE      DW      R0,R1,R2,R3
          DW      R4,R5,R6,R7
N         DB      5
DATA      ENDS
CODE      SEGMENT
          ASSUME    CS:CODE,DS:DATA
START:    MOV     AX,DATA
          MOV     DS,AX
          MOV     AL,N                        ;入口编号 N 送 AL
          ADD     AL,AL                       ;2×N →AL
          MOV     AH,0
          MOV     BX,OFFSET BASE              ;跳转表首地址送 BX
          ADD     BX,AX                       ;得到 Rn 的存放地址
          MOV     AX,[BX]                     ;入口地址送 AX
          JMP     AX                          ;跳转到相应的处理程序
R0:           ⋮                               ;R0 的处理程序
          JMP     OK
R1:           ⋮                               ;R1 的处理程序
          JMP     OK
              ⋮
R7:           ⋮                               ;R7 的处理程序
OK:       MOV     AH,4CH
          INT     21H                         ;返回 DOS 操作系统
CODE      ENDS
          END     START
```

3. 循环程序设计

在实际应用中经常会遇到这样一类问题，即有些相同或类似的操作需要重复执行多次。对于这样的问题如果仍采用顺序结构编程显然是不合理的，它会使程序十分冗长。为此往往采用另一种程序结构，这就是下面要介绍的循环程序结构。

循环程序是强制 CPU 重复执行某一指令序列的一种程序结构形式。循环程序可以简化程序清单书写形式、减少占用内存，但并不能简化程序的执行过程。

(1) 循环程序的结构与组成

循环程序通常要根据条件是否满足来决定某些语句是否重复执行。循环程序的基本结构如图 5-5 所示,它一般由以下 4 个部分组成:

1) 循环的初始化部分。建立循环初始值,如初始化地址指针、计数器以及其他循环参数的起始值等。

2) 循环工作部分。循环工作部分又称为循环体,是循环结构的基本部分,完成实际的处理操作。

3) 循环控制部分。循环控制部分用于控制重复执行的次数,包括修改变量、修改指针,为下一次循环做准备,以及修改循环计数器,判断循环结束条件是否满足,若条件满足则退出循环,否则继续循环。

4) 循环结束部分。循环结束部分主要用来分析和存放程序的结果。

需要指出的是,循环程序的初始化和结束处理部分都只执行一次。在循环程序设计中必须保证循环工作部分和控制部分中没有转向初始化部分的语句,否则会造成死循环,或者得不到预期结果。

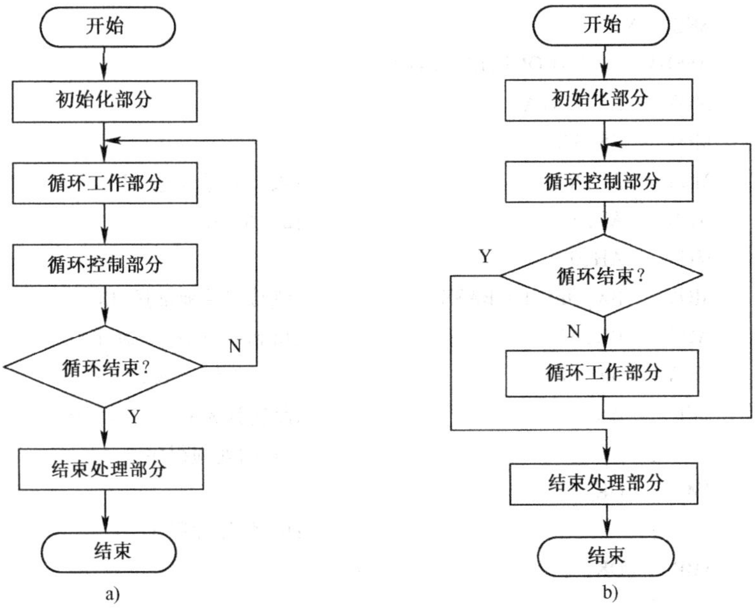

图 5-5 循环程序的结构

a)“先工作后判断”结构 b)“先判断后工作”结构

图 5-5a 是“先工作后判断”结构,这种结构不管条件是否满足,总要先执行循环工作部分,即最少要进行一次处理操作,然后再判断是否满足结束条件;而图 5-5b 则是“先判断后工作”结构,这种结构在刚进入循环时就判断循环结束的条件,然后根据判断结果决定是否继续循环,如果一开始就满足循环结束条件,将不执行循环工作部分。前者相当于高级语言中的 DO - UNTIL 结构,后者则相当于 DO - WHILE 结构。

(2) 循环控制方法

如何控制循环是循环程序设计中最重要的一个环节。下面介绍两种最常见的控制方式:计数法和条件控制法。

1) 计数法。对于循环次数已知的循环程序,一般采用计数法来控制循环,这是最简单也最方便的控制方法。在汇编语言程序设计中常采用 CX 寄存器作为循环计数器。

【例 5-39】统计负数个数并显示。

已知从 BUF 单元开始存有 20 个 8 位带符号数,要求统计其中的负数个数放在 NEGA 字节单元,并显示在 CRT 上(设负数个数在 0 ~9)。

分析:此时可以设置两个计数器。一个是循环计数器 CX,另一个是负数计数器 DL,用来统计负数个数。每次循环从内存中取出一个数据,并判断是否为负数,若为负数则负数计数器 DL 加 1,否则取下一个数继续判断,直到所有数统计完为止。

```
DATA    SEGMENT
BUF     DB  2, -1,56, -38,4,…
COUNT   EQU   20
NEGA    DB  ?
DATA    ENDS
CODE    SEGMENT
        ASSUME  CS:CODE,DS:DATA
START:  MOV     AX,DATA
        MOV     DS,AX
        MOV     SI,OFFSET   BUF     ;置数据指针 SI
        MOV     DL,0                ;计数器清零
        MOV     CX,COUNT            ;置循环次数
LP:     MOV     AL,[SI]             ;取数送 AL
        AND     AL,AL               ;置标志位
        JNS     NEXT                ;为正,转 NEXT
        INC     DL                  ;为负,计数器加 1
NEXT:   INC     SI                  ;修改指针
        LOOP    LP                  ;未完,继续
        MOV     NEGA,DL             ;存结果
        OR      DL,30H              ;转换成 ASCII 码
        MOV     AH,2
        INT     21H                 ;显示这组数中负数的个数
        MOV     AH,4CH
        INT     21H                 ;返回 DOS
CODE    ENDS
        END     START
```

2) 条件控制法。实际问题中,往往会遇到循环次数未知的情况。这时就不能使用计数控制法,而应该根据问题中提出的条件来控制循环。

【例 5-40】字符串统计。

已知在内存中从 STR 单元开始放有一串字符,以‘ $ ’作为结束标志,长度不超过 100 字节,要求统计该字符串的长度,并存于 LEN 单元。

分析:本题中事先不知道字符串的长度,无法确定循环次数,但题目中设定了结束标志。此时可以从给定的字符串首地址开始,将串中字符与‘ $ ’字符逐个比较,若不是‘ $ ’字符,则串长计数器增 1;若是‘ $ ’字符,则结束比较,将计数器内容送 LEN 单元。

```
DATA    SEGMENT
STR     DB  'ABCDJKLLHH…$'
LEN     DB  0
DATA    ENDS
STACK   SEGMENT   PARA   STACK   'STACK'
STT     DB  100 DUP(?)
STACK   ENDS
CODE    SEGMENT
        ASSUME   CS:CODE,DS:DATA,SS:STACK
START:  MOV   AX,DATA
        MOV   DS,AX
        MOV   AX,STACK
        MOV   SS,AX
        MOV   SP,SIZE STT
        LEA   DI,STR                ;字符串首址送 DI
        MOV   AL,'$'                ;结束标志送 AL
LP:     CMP   AL,[DI]               ;将串中字符与结束标志比较
        JZ    STOP                  ;是'$'字符,转 STOP
        INC   LEN                   ;不是'$'字符,串长计数器加 1
        INC   DI                    ;修改地址指针
        JMP   LP                    ;继续循环
STOP:   MOV   AH,4CH
        INT   21H                   ;返回 DOS
CODE    ENDS
        END   START
```

(3) 多重循环

上面介绍的程序均属于单重循环程序。如果在循环程序的循环体内再套有循环,该程序就称为多重循环程序。

设计多重循环程序时,可以从外层循环到内层循环一层一层的进行。通常在设计外层循环时,仅把内层循环看成一个处理粗框,然后再将粗框细化,分成初始化、工作、控制、结束 4 个组成部分。当内层循环设计完毕以后,用其替换外层循环体中被视为处理粗框的对应部分,就构成了一个多重循环程序。

需要注意的是,虽然多重循环程序可以嵌套,但不能交叉。此外,转移指令可以从循环结构内转出,但一般不要从外循环直接跳进内循环。特别要注意的是,不要使循环回到初始化部分,这样可能会出现死循环。

图 5-6 给出了二重循环程序的结构框图。

下面以排序程序为例子说明多重循环程序设计问题。

【例 5-41】 冒泡排序程序。

冒泡排序法又称为交换排序法,是最常用的排序方法之一。下面以 5 个有符号单字节数增序排序为例,说明冒泡排序的实际操作过程。

为了将这 5 个数据从小到大排序,可以从上到下将相邻数据两两比较,将其中较小的数交换至上面,这样从上向下比较 1 轮(共比较 4 次)后,最大的数必定换到表格的最下面。重复上述

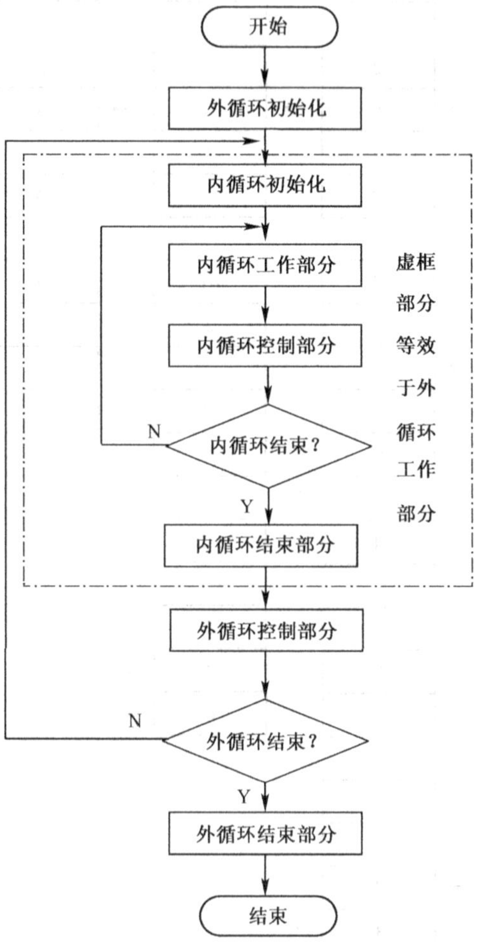

图 5-6　二重循环程序设计结构图

做法，第 2 轮只需比较 3 次后就可以将第 2 最大数又交换到表格下面的第 2 个位置上。这样 5 个数排序 4 轮后，原始数据就会从小到大排好。

图 5-7 显示了具体的操作过程。

由上述操作过程可以分析出 N 个数排序的结论：

① 至多进行 N－1 轮比较（外循环）。

② 第 i 轮中共需要进行 N－i 次比较（内循环）。

③ 每次比较时只比较相邻两数，并且将小数交换至上面。

④ 每次比较必须由上至下，且只向下移动一个位置。

⑤ 排序结束标志是当前一轮比较中无数据交换。

下面按要求编写一个实用的冒泡排序程序。

已知在内存区中自 TABLE 单元存放有一串 8 位有符号数，数据长度存放在 LEN 单元，要求编写程序将这些数据从小到大排序。

根据上面介绍的排序方法确定算法如下：

① CH←外循环次数。

② SI←数据表首地址。

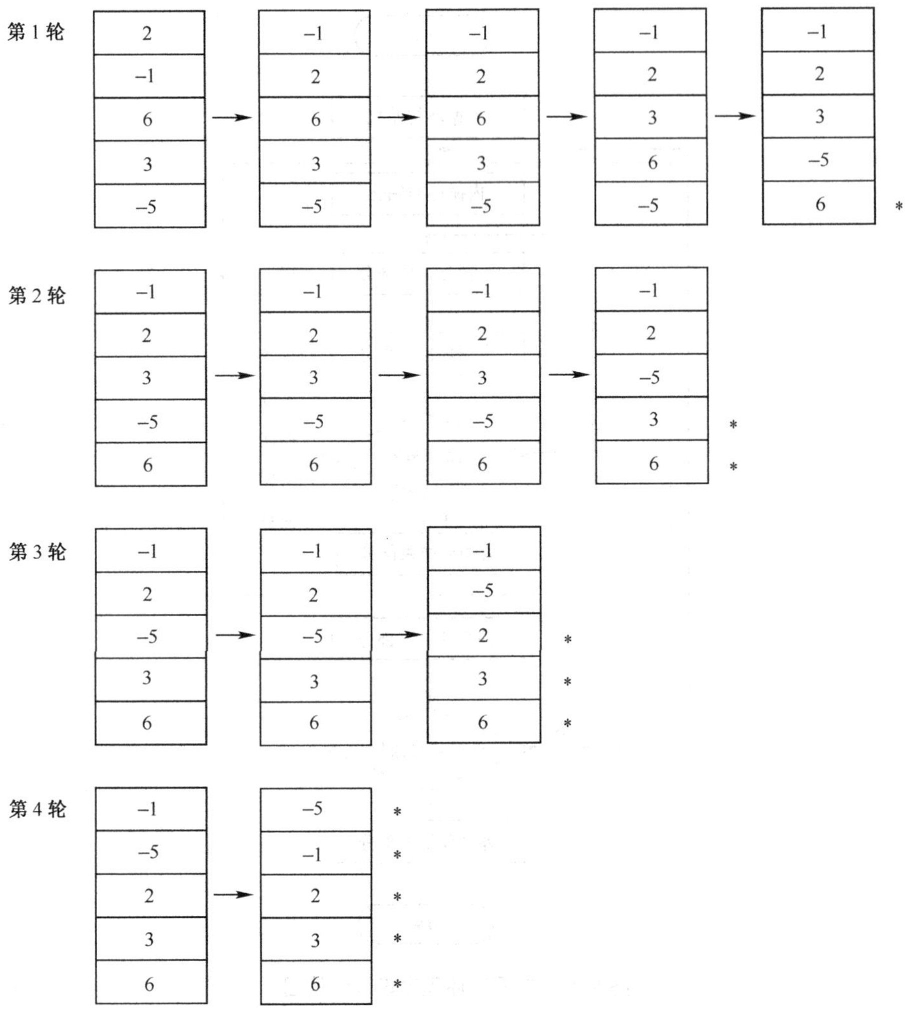

图 5-7　冒泡排序操作过程示意图

③ CL←内循环次数。

④ 交换标志 BL 置 0。

⑤ 两个相邻数据比较若顺序正确转⑦。

⑥ 若顺序不对,两数据交换位置,并置交换标志 BL←1。

⑦ SI←SI + 1 修改地址指针。

⑧ 内循环次数 CL 减 1,若不为 0 则转⑤。

⑨ 检查交换标志 BL 是否为 0,若为 0 则表示已经排好,转结束。

⑩ 外循环次数 CH 减 1,若不为 0 则转②。

在程序中引入了交换标志 BL,在排序前将 BL 置 0。在每一轮比较过程中只要发生过数据交换就将 BL 置 1。当每一轮比较后,检查该交换标志,若 BL = 1,说明发生过数据交换,还要进一步排序比较。若交换标志 BL = 0,说明该轮比较未发生过交换,即有序表已经形成,不需继续循环,排序结束。这样做提高了程序运行的效率。

程序清单如下:

```
DATA      SEGMENT
```

```
TABLE   DB      12,78,-2,0,75,15
LEN     EQU     $-TABLE
DATA    ENDS
CODE    SEGMENT
        ASSUME  CS:CODE,DS:DATA
START:  MOV     AX,DATA
        MOV     DS,AX
        MOV     CH,LEN              ;CH←数据长度
        DEC     CH                  ;CH←外循环次数
LOP0:   MOV     SI,OFFSET TABLE     ;SI←数据表首地址
        MOV     CL,CH               ;CL←内循环(比较)次数
        XOR     BL,BL               ;交换标志 BL←0
LOP1:   MOV     AL,[SI]
        CMP     AL,[SI+1]           ;比较相邻两个数
        JLE     NEXT                ;顺序正确(小数在前),转 NEXT
        XCHG    AL,[SI+1]
        MOV     [SI],AL             ;顺序不对(大数在前),交换两数
        OR      BL,01H              ;交换标志 BL←0
NEXT:   INC     SI                  ;调整地址指针
        DEC     CL
        JNZ     LOP1                ;内循环未完,转 LOP1 继续内循环
        AND     BL,BL
        JZ      STOP                ;交换标志为 0,说明顺序排好,转 STOP
        DEC     CH
        JNZ     LOP0                ;外循环未完,转 LOP0 继续外循环
STOP:   MOV     AH,4CH
        INT     21H                 ;返回 DOS
CODE    ENDS
        END     START
```

4. 子程序设计

在程序设计中,会有这样一种情况出现,有一段完成某个局部功能的程序段在程序中多次使用,因而占用大量的存储单元。如果把这段程序从程序中分离出来,单独作为一个程序段,用过程定义伪指令把它定义为一个过程(即子程序),在需要的地方用调用指令调用这个过程(调用子程序的程序称为主程序)。显然,这样可以使程序长度变短,使程序变得简练而清晰。

子程序相对主程序而言,是一个子程序段,确切地说,它是被主程序调用的程序。子程序调用示意图如图 5-8 所示。

一般来说,有公用性、重复性或有相对独立性的程序段应设计成子程序,这种结构给程序设计带来了许多方便。

(1) 子程序调用和返回

子程序调用与返回由 CALL 和 RET 指令实现。子程序调用方式有近程调用、远程调用、直接调用和间接调用。

子程序调用实际是程序的转移,但它与转移指令有所不同,子程序调用指令 CALL 执行时要

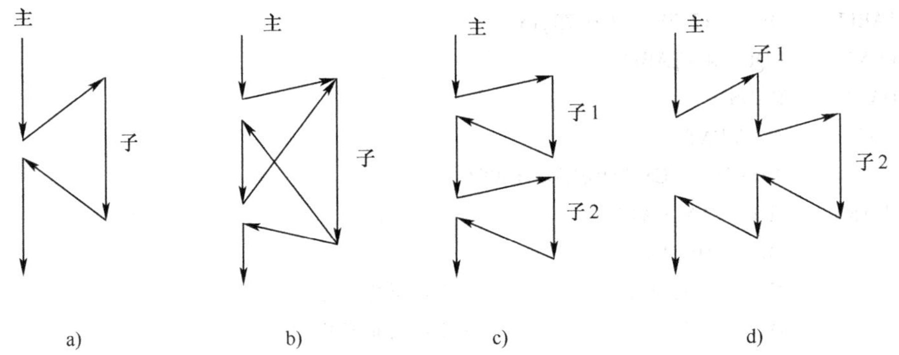

图 5-8　子程序调用示意图

a）近程调用　b）远程调用　c）直接调用　d）间接调用

保护返回地址，而转移指令不考虑返回问题。每个子程序都有 RET 指令负责把压入堆栈的返回地址弹出给 IP 或 CS:IP，实现子程序返回。

（2）子程序设计应注意的问题

1）现场保护和恢复。调用子程序后，CPU 处理权转到了子程序，在转之前 CPU 有关寄存器和内存有关单元是主程序的工作现场，若这个现场信息还有用处，那么在调用子程序之前要设法保护这个现场。保护现场的方式有很多，多数情况是在调用子程序后由子程序前部操作完成现场保护，再由子程序后部操作完成现场恢复。现场信息可以压入堆栈区或传送到不被占用的存储单元，也可以在子程序中避开这些有用的寄存器或存储单元，达到保护现场的目的。

恢复现场是保护现场的逆操作。当用堆栈区保护现场时，还应注意恢复现场的顺序是否正确，否则就不能正确地恢复主程序的现场。

在子程序中保护和恢复现场的程序清单如下：

```
SUBT    PROC    NEAR
        PUSH    AX
        PUSH    BX
        PUSH    CX              ;保护现场
          ⋮
        POP     CX
        POP     BX
        POP     AX              ;恢复现场
        RET
SUBT    ENDP
```

2）参数传递。参数传递指的是主程序与子程序之间的相关信息或数据的传递。参数传递方式有寄存器传递、内存单元传递和用堆栈区传递。传递参数需要主程序与子程序默契配合，否则会产生错误结果，甚至造成死机。

3）子程序说明。由于子程序有共享性，可被其他程序调用，因此，每个子程序应有必要的注释，它包括子程序名，功能、技术指标（如执行时间等），入口/出口参数，嵌套子程序等。

【例 5-42】将内存区域中的两个单字节数相加，结果送第 3 字节，并将结果转换成十进制数送 CRT 显示（假设结果小于 100）。

程序清单如下：

```
DATA      SEGMENT
LIST      DB   16,48,?
DATA      ENDS
CODE      SEGNENT
          ASSUME   CS:CODE,DS:DATA
START:    MOV      AX,DATA
          MOV      DS,AX
          CALL     ADSUB              ;两数相加并存放结果
          CALL     OUTPR              ;显示结果
          MOV      AH,4CH
          INT      21H                ;返回 DOS
ADSUB     PROC
          MOV      AL,LIST            ;取数送 AL
          ADD      AL,LIST+1          ;两数相加
          MOV      LIST+2,AL          ;存结果
          RET
ADSUB     ENDP
DISPL     PROC
          OR       DL,30H
          MOV      AH,2
          INT      21H                ;显示 DL 中的字符
          RET
DISPL     ENDP
OUTPR     PROC
          MOV      AL,LIST+2          ;取数送 AL
          MOV      AH,0               ;AH 清零
          MOV      BL,10
          DIV      BL
          MOV      DL,AL              ;高位送 DL
          MOV      BH, AH             ;低位送 BH 保存
          CALL     DISPL              ;显示高位
          MOV      DL,BH
          CALL     DISPL              ;显示低位
          RET
OUTPR     ENDP
CODE      ENDS
          END   START
```

说明:ADSUB 子程序直接从数据区取数据相加之后的结果送 LIST+2 单元。OUTPR 子程序直接从此单元取数据,显示结果。DISPL 子程序使用 2 号功能调用将 DL 中的 ASCII 码送 CRT 显示。

(3) 子程序调用技巧

1) 程序嵌套。子程序调用子程序的过程称为子程序嵌套,如图 5-8d 所示。

2) 子程序递归。子程序调用自身的过程称为递归,如图 5-9a 所示。

3) 可重入子程序。子程序被调用后没有执行完又被另一程序重复调用称为可重入子程序。一般用于多用户系统,如图 5-9b 所示。

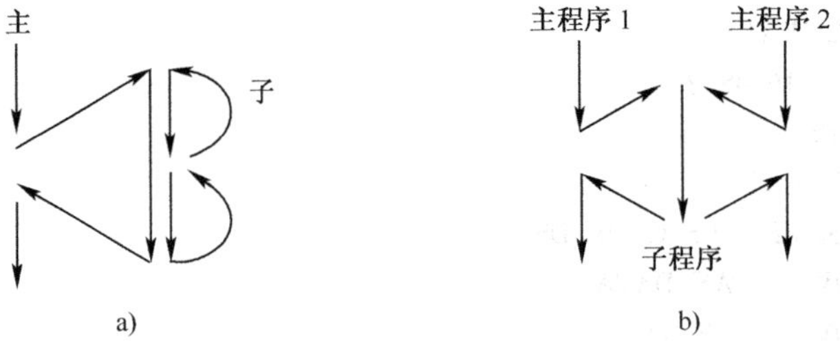

图 5-9　子程序递归和重入示意图

a) 递归　b) 重入

4）协同子程序。两个以上子程序协同完成同一任务，且相互调用，直到任务结束。

【例 5-43】阶乘运算 N!（N≥0）。

根据阶乘定义，可以确定：

0!=1

N!=N(N-1)!

由此可见，如果编一个计算 N! 的子程序，计算(N-1)! 也要递归调用该子程序，但每次调用所使用的参数不相同，因此通常把每次调用的参数、中间结果及子程序中使用的寄存器内容都存放在堆栈中。递归子程序中还必须含有基数的设置，当调用的参数等于基数时则实现嵌套退出，保证能一次出栈并返回主程序。流程如图 5-10 所示。

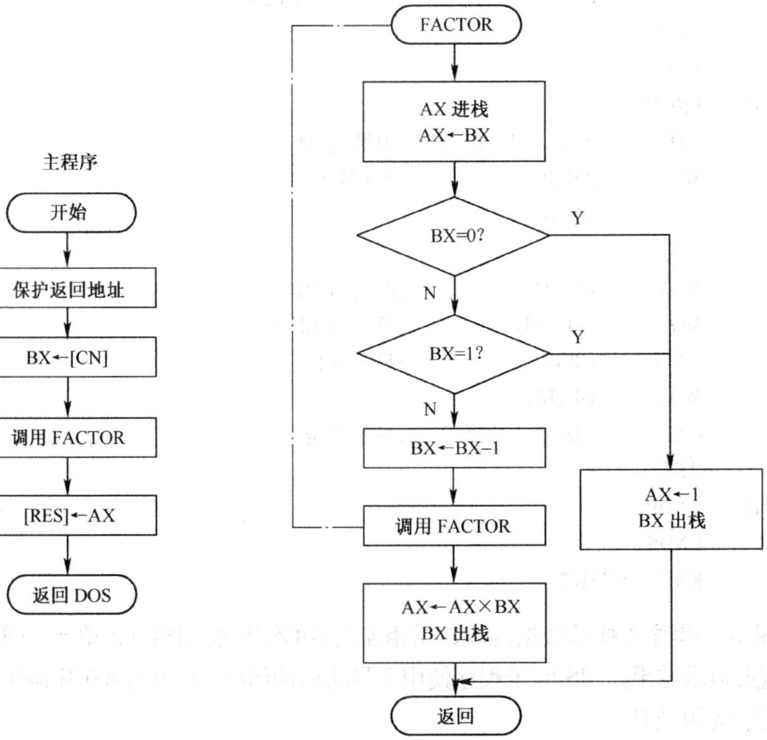

图 5-10　阶乘程序流程图

在程序运行过程中，FACTOR 不断调用自己，每调用一次使含 N-1 的寄存器内容进栈，直到 n 等于 0 或 1 时开始返回，在不断返回过程中，每次返回均执行乘法操作 N×(N-1)!，并保存中间结果,直至 N 等于给定值为止。

下面以 N=3 为例,列出实现该算法的程序清单。

```
DATA    SEGMENT
CN      DW      3
RES     DW      ?
DATA    ENDS
STACK   SEGMENT  PARA   STACK   'STACK'
        DB      256 DUP(?)
STACK   ENDS
CODE    SEGMENT
        ASSUME  CS:CODE,DS:DATA,SS:STACK
START   PROC    FAR
        PUSH    DS
        MOV     AX,0
        PUSH    AX
        MOV     AX,DATA
        MOV     DS,AX
        MOV     AX,STACK
        MOV     SS ,AX
        MOV     BX,CN           ;给定的 N 值送 BX
        CALL    FACTOR          ;调用求阶乘子程序
        MOV     RES,AX          ;保存阶乘计算结果
        RET                     ;返回 DOS
START   ENDP
FACTOR  PROC    NEAR            ;计算阶乘子程序
        PUSH    AX
        MOV     AX,BX
        CMP     BX,0            ;等于基数 0 吗?
        JE      M0              ;是,返回
        CMP     BX,1            ;等于基数 1 吗?
        JE      M0              ;是,返回
        DEC     BX              ;否,BX 减 1
        CALL    FACT            ;递归调用
        MUL     BX              ;计算 1×2×3
        POP     BX
        RET
M0:     MOV     AX,1
        POP     BX
        RET
FACTOR  ENDP
CODE    ENDS
        END     START
```

在上面的程序中,第 1 次调用时 BX=3,栈顶单元的内容为 AX 寄存器中的初值;第 2 次调

用时 BX =2，栈顶单元的内容为 3；第 3 次调用时 BX =1，栈顶单元的内容为 2，这时 BX 基数 1，于是转至 M0，将 1 送至 AX，并且把栈顶单元的内容 2 送至 BX，开始返回程序。第 1 次返回后执行乘法 1 ×2；第 2 次返回后执行乘法 2 ×3；第 3 次返回后将阶乘结果送 RES 字单元保存。

5.6.3 汇编语言程序设计综合实例

本节将给出一些常用的程序设计实例，通过这些实例，读者可以掌握一些程序设计的技巧和方法。

1. 算术运算程序

用汇编语言编制各种程序时，往往会遇到数学运算问题。用得最多的是加、减、乘、除四则运算问题。使用高级语言进行算术运算是很容易实现的，但使用汇编语言时就不那么容易了。因为汇编语言的指令语句所提供的运算位数是有限的。处理多字节的加、减运算和各种字节长度的乘、除法运算时，仍然需要编程来实现。由于数的表达方式不同，它们的运算方法也不同，即使对同一种运算，在实现上也可以有多种方法。所以，算术运算程序设计有很多问题需要讨论研究。

【例 5-44】 多字节压缩型十进制数加法。

已知有两个多字节的压缩型十进制数分别存于从 A 和 B 单元开始的数据区中，试将其相加并将十进制结果存于从 C 单元开始的数据区中。设压缩型十进制数长度为 10 字节，被加数、加数和结果的低字节均存于低地址单元。

分析：压缩型十进制数即用压缩型 BCD 码表示的十进制数。因为是多字节数，所以可以用循环程序来完成加法运算，每次循环完成一个字节的加法。需要注意的是，相加之后必须使用压缩 BCD 码加法调整指令 DAA 进行十进制调整。

```
DATA    SEGMENT
A       DB      12H,38H,63H,…    ;10 个被加数
B       DB      88H,27H,42H,…    ;10 个加数
C       DB      10    DUP(?)     ;结果单元
N       EQU     10               ;运算数据的字节数
DATA    ENDS
CODE    SEGMENT
        ASSUME  CS:CODE,DS:DATA
START:  MOV     AX,DATA
        MOV     DS,AX
        MOV     SI,OFFSET  A     ;置被加数的地址指针
        MOV     DI,OFFSET  B     ;置加数的地址指针
        MOV     BX,OFFSET  C     ;置结果地址指针
        MOV     CX,N
        CLC
NEXT:   MOV     AL,[SI]          ;取被加数一个字节
        ADC     AL,[DI]          ;与加数对应字节相加
        DAA                      ;十进制调整
        MOV     [BX],AL          ;存结果
        INC     SI
```

```
        INC     DI
        INC     BX              ;调整地址指针
        LOOP    NEXT            ;未完,继续
        MOV     AH,4CH
        INT     21H
CODE    ENDS
        END     START
```

注意:若考虑两个十进制加法结果有进位,此时应该在 LOOP 指令后,插入下面的程序段:

```
MOV     AL,0
ADC     AL,0
MOV     [BX],AL
```

在数据段内还应为结果多准备一个单元,即定义 C DB 11 DUP(?)。

2. 非数值处理程序

非数值处理即处理数值以外的数据,如字符、字符串、代码、记录和表格等。非数值处理程序有很多,主要有代码转换、字符处理、表处理等。

(1) 代码转换

在计算机系统中,因不同的要求而使用着各种不同的代码。常用的代码有二进制、八进制、十进制、十六进制、BCD 码、ASCII 码、七段显示码等。下面将介绍 BCD 码与 ASCII 码、二进制数与七段显示码之间的转换。

1) BCD 码与 ASCII 码间的相互转换。

【例 5-45】 已知从 A 单元开始存有 10 字节的压缩 BCD 码,要求编程将其转换为 ASCII 码并显示在 CRT 上。

```
DATA    SEGMENT
A       DB      34H,68H,76H,…
N       EQU     $-A
DATA    ENDS
STACK   SEGMENT   PARA   STACK 'STACK'
STA     DB      100   DUP (?)
STACK   ENDS
CODE    SEGMENT
        ASSUME  CS:CODE,DS:DATA,SS:STACK
START:  MOV     AX,DATA
        MOV     DS,AX
        MOV     AX,STACK
        MOV     SS,AX
        MOV     BX,OFFSET A     ;BCD 码首址送 BX
        MOV     CX,N            ;置循环次数
LP:     MOV     AL,[BX]         ;取一个 BCD 码送 AL
        MOV     DH,AL           ;保存此数
        PUSH    CX              ;保存 CX
```

```
        MOV     CL,4
        SHR     AL,CL           ;将 AL 中 BCD 码的高位移到低位
        POP     CX              ;恢复 CX
        OR      AL,30H          ;将 AL 中的高位 BCD 码转换为 ASCII 码
        MOV     DL,AL
        MOV     AH,2
        INT     21H             ;显示高位 BCD 码
        AND     DH,0FH          ;取 BCD 的低位
        OR      DH,30H          ;将低位 BCD 码转换成 ASCII 码
        MOV     DL,DH
        INT     21H             ;显示低位 BCD 码
        MOV     DL,' '
        INT     21H             ;显示空格
        INC     BX              ;修改指针
        LOOP    LP              ;未完,继续
        MOV     AH,4CH
        INT     21H
CODE    ENDS
        END     START
```

2）二进制数到七段显示码的转换。为了正确地实现二进制数到七段显示码的转换,首先介绍一下七段显示器。七段显示器常用作测试设备的显示。单板机中就将其用作显示器,来显示数字和某些字母。

七段显示器结构如图 5-11a 所示。其每段均为一个发光二极管,将 7 个二极管按“8”字型摆放。当二极管导通则发光,否则不发光。对显示器的七段分别给出控制电平,控制七个段中有的段亮,有的段不亮,从而显示一个数字、字母或特定符号。为了对显示器进行控制,可以设置一个字节单元,每段占字节单元的一位。这七个段被安排在一个字节的低 7 位,最高位不用。各段的分配位置如图 5-11b 所示。某位为“0”,表示该位对应段亮,为“1”则不亮。这样组成的一个可以显示数字或字母的段码称为七段显示码。例如十进制数字“5”可置成代码 00010010B,它使对应段 a、f、g、c、d 点亮,其他段不亮而显示数字“5”。十进制数与其相应的七段显示码关系如图 5-11c 所示。

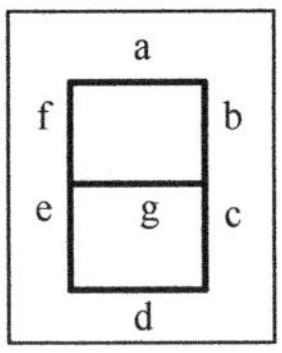

a)

0	D6	D5	D4	D3	D2	D1	D0
不用	g	f	e	d	c	b	a

b)

数	0	1	2	3	4	5	6	7	8	9
码	40H	79H	24H	30H	19H	12H	02H	78H	00H	18H

c)

图 5-11　七段显示器及其显示码表

a) 外形图　b) 各段与字节各位的对应关系　c) 十进制数与七段显示码关系表

【例 5-46】将 DAT 字节单元中的无符号二进制数转换成七段显示码并存于 DAT+1 开始的 3 个存储单元,低位存于低地址单元。

分析:单字节二进制数表示范围为 0~255,要将其显示在七段显示器上,首先要将二进制数转换成 BCD 码,再转换成七段显示码才能在七段显示器上输出。此时可采用查表法,将七段显示码按顺序列表。在程序开始设定表的首地址,则任何一个十进制数的七段显示码在表中的位置就是表的首地址加上该十进制数的值,据此就可以找到相应的七段显示码。

```
DATA    SEGMENT
DAT     DB   45
        DB
3 DUP(?)
TABL    DB   40H,79H,24H,30H,19H,12H,02H
        DB   78H,00H,18H
DATA    ENDS
STACK   SEGMENT   PARA   STACK 'STACK'
STA     DB   100 DUP(?)
STACK   ENDS
CODE    SEGMENT
        ASSUME   CS:CODE,DS:DATA,SS:STACK
START:  MOV     AX,DATA
        MOV     DS,AX
        MOV     AX,STACK
        MOV     SS,AX
        LEA     BX,DAT              ;置地址指针
        MOV     AX,0
        MOV     AL,[BX]             ;取二进制数送 AL
        ADD     BX,3
        MOV     CL,100
        DIV     CL                  ;求百位 BCD 码
        MOV     [BX],AL             ;存百位 BCD 码
        MOV     AL,AH               ;余数送 AL
        MOV     AH,0
        DEC     BX                  ;地址指针减 1
        MOV     CL,10
        DIV     CL                  ;求十位 BCD 码
        MOV     [BX],AL             ;存十位 BCD 码
        DEC     BX
        MOV     [BX],AH             ;存个位 BCD 码
        MOV     SI,BX
        MOV     CX,3
        MOV     AH,0
LP:     LEA     BX,TABL
        MOV     AL,[SI]
        XLAT
```

```
        MOV     [SI],AL
        INC     SI                      ;循环完成百位、十位和个位 BCD 到七段
        LOOP    LP                      ;显示码的转换并存于相应的存储单元
        MOV     AH,4CH
        INT     21H
CODE    ENDS
        END     START
```

（2）字符数据处理

在应用程序的设计中，经常会遇到各种字符和字符串的处理问题。在系统软件中，对大量字符串的操作则更频繁，例如文字处理、文字翻译等方面。因此，字符和字符串的处理是计算机应用的一个重要方面。字符数据处理一般包括统计、比较、删除、插入等。

8086/8088 指令系统中包含了串操作指令，专门用来完成各种基本的字符或字符串操作，并且能在指令的前面用一个重复前缀使它们自动进行重复操作。

下面给出的是利用串操作指令实现字符删除的例子。

【例 5-47】在缓冲区 BUF 地址起有一字符串，其长度存于 COUNT 单元。要求删除其中所有的‘A’字符，修改字符串长度并存回 COUNT 单元。

```
DATA    SEGMENT
COUNT   DB    20
BUF     DB    'TTEQFSCFASDA…'           ;共 20 个字符
DATA    ENDS
STACK   SEGMENT   PARA   STACK   'STACK'
STT     DB      100    DUP(?)
STACK   ENDS
CODE    SEGMENT
        ASSUME   CS:CODE,DS:DATA,SS:STACK,ES:DATA
START:  MOV     AX,DATA
        MOV     DS,AX                   ;装填数据段
        MOV     ES,AX                   ;装填附加段
        MOV     AX,STACK
        MOV     SS,AX                   ;装填堆栈段
        MOV     CX,0                    ;CX 清零
        MOV     CL,COUNT                ;取字符串长度
        MOV     BL,CL                   ;字符串原长送 BL
        LEA     DI,BUF                  ;DI 指向字符串首地址
        MOV     AL,'A'                  ;关键字送 AL
        CLD                             ;清方向标志
LP:     REPNE   SCASB                   ;检索'A'字符
        JZ      FOUND                   ;找到转 FOUND
        JMP     DONE                    ;未找到,转 DONE
FOUND:  MOV     SI,DI                   ;SI 指向移动块源首址
        DEC     DI                      ;DI 指向移动块目的首址
        PUSH    DI                      ;保存原指针
```

```
          PUSH    CX                          ;保存 CX
          REP     MOVSB                       ;剩余字符依次向前替补(删去'A'字符)
          DEC     BL                          ;串长减 1
          POP     CX                          ;取回剩余字符数
          POP     DI                          ;取回原'A'字符地址
          JMP     LP                          ;继续
DONE:     MOV     COUNT,BL                    ;存删除后的字符串长度
          MOV     AH,4CH
          INT     21H
CODE      ENDS
          END   START
```

此程序分为两个部分。从开始到 FOUND 之前为检索'A'字符的操作,从 FOUND 到 DONE 之前为找到一个'A'字符并将其后的字符依次向前递补的操作,实际上是将'A'字符删除。

在删除'A'字符时进行后续字符递补过程中,为满足字符串传送指令 MOVSB 的要求,必须使用 DI 寄存器,所以当检索到'A'字符后,ZF = 1,DI 内容为其下一个字符的地址,CX 内容为剩余字符的个数。这个地址和剩余字符的个数必须使用 PUSH 指令予以保护,以便将剩余字符递补之后能继续检索'A'字符。

(3) 表处理

表格是软件最基本的数据结构。表格中可以存放一系列相关联的数据及执行结果,可供运算和查询。

【例 5-48】数据或程序的加密。

从键盘上输入一个 0 ~ 9 的数字,将其加密后存入 MIMA 单元。

分析:为了使数据能够保密,可以建立一个密码表,利用换码指令将数据加密。比如,可以选择密码如下。

原数字:0,1,2,3,4,5,6,7,8,9

密码字:2,9,4,6,3,0,7,8,5,1

程序清单如下:

```
DATA      SEGMENT
MITAB     DB   '2946307851'
JMITAB    DB   '5904283671'
MIMA      DB ?
DATA      ENDS
STACK     SEGMENT   PARA    STACK    'STACK'
STT       DB    100 DUP(?)
STACK     ENDS
CODE      SEGMENT
          ASSUME    CS:CODE,DS:DATA,SS:STACK
START:    MOV       AX,DATA
          MOV       DS,AX
          MOV       AX,STACK
          MOV       SS,AX
```

```
         MOV    AH,1
         INT    21H                  ;从键盘接收一个数字(ASCII 码)
         AND    AL,0FH               ;屏蔽高 4 位
         LEA    BX,MITAB             ;加密表首址送 BX
         XLAT
         MOV    MIMA,AL              ;转换为密码,存结果
DONE:    MOV    AH,4CH
         INT    21H
CODE     ENDS
         END    START
```

如果需要为一串数字加密,可以将上述程序改编成一个循环程序,这样就可以连续接收从键盘输入的数字,直至遇到结束符,然后将输入的数字加密后存入内存中。用类似的方法也可以将内存中的程序代码、编译或汇编后的高级语言程序或汇编程序加密。在数据通信中也可以用类似的方法将要发送的代码加密后再发送出去。

为了复原加密后的数据或程序,可编写解密程序。下述程序可将 MIMA 单元中的数据解密,结果送 CRT 显示。

```
MOV   AL,MIMA
AND   AL,0FH
LEA   BX,JMITAB
MOV   AH,0
ADD   BX,AX
MOV   DL,[BX]
MOV   AH,2
INT   21H
```

也可以使用换码指令查找解密表,将键盘输入的密码数字解密。下面的程序把从键盘输入的一个数字解密后存于 AL 中。

```
MOV   AH,1
INT   21H
AND   AL,0FH
LEA   BX,JMITAB
XLAT
```

利用同样的方法可以对加密程序或通信中的数据解密。

5.7 软件调试技术

有经验的软件设计人员不仅要具有很强的抽象、综合问题的能力,还应具有较强的分析问题及解决问题的能力。这里介绍的 DEBUG 调试软件是专为汇编语言设计的一种调试工具,具有跟踪程序执行、观察运行中间结果、显示和修改寄存器或存储单元内容等多项功能,是开发汇编语言程序所必须掌握的调试手段。

5.7.1 调试软件 DEBUG 简介

和其他软件一样,对调试软件 DEBUG 的学习和使用必须从熟悉软件的操作命令入手。在操作系统环境下,启动 DEBUG 后将进入 DEBUG 的命令状态,在此状态下,可以使用 DEBUG 的任何命令,每个命令均以回车结尾。

注意:在 DEBUG 状态下,所有地址、数据均以无后缀的十六进制表示,如:123F、F0AA 等。

下面介绍的是用 DEBUG. EXE 装入调试程序的两种方法。

1）在 DOS 提示符下,输入下列命令并按〈Enter〉键:

```
C > DEBUG [d:][path][filename[.exe]][parm1][parm2]
```

其中,d:表示被调试程序所在盘的盘符,path 是 filename 的目录路径,filename 是被分析或调试的二进制程序文件名,. exe 是该程序文件的扩展名(一般是 exe 或 com),parm1 被调试程序约定的第一个参数文件名,parm2 被调试程序约定的第二个参数文件名。此时屏幕上出现提示符“ - ”,表示当前正在 DEBUG 的命令状态。

2）在盘符后直接输入 DEBUG 并按〈Enter〉键,在 DEBUG 命令状态下用 N 和 L 命令装入被调试文件的方法如下:

```
C > DEBUG
-N 文件名
-L
```

N 和 L 命令的格式和功能在后面有详细介绍。

另外,在 DEBUG 命令中经常用到“地址”“地址范围”等参数,这些参数表示方式如下。

地址表示形式:	段寄存器名:相对地址	例:DS:100
	或 段地址:相对地址	例:24 AB:1000
	或 相对地址	例:1000
地址范围表示:	起始地址　结束地址	
	或 起始地址　L(表示字节数)	

1. 显示存储单元内容

格式 1:D [起始地址]

格式 2:D [地址范围]

功能:格式 1 表示从起始地址开始按十六进制显示 80 个单元的内容,每行 16 个单元。每行右侧还显示该 16 个单元的 ASCII 码字符,无字符对应的 ASCII 码显示“. ”;格式 2 命令显示指定地址范围的存储单元中的内容,每行 16 个单元。每行右侧也显示该 16 个单元 ASCII 码字符,无字符对应的 ASCII 则显示“. ”;如果不给出起始地址或地址范围则从当前地址开始按格式 1 操作。

2. 修改存储单元内容

格式 1:E 起始地址 [列表]

格式 2:E 地址

功能:格式 1 按列表内容修改从起始地址开始的多个存储单元内容。例如 E 12DF AB ‘ABC’ 41 命令可从 12DF 单元开始修改 5 个单元的内容,修改后这 5 个单元的内容分别是 ABH、‘A’‘B’‘C’字母的 ASCII 码以及 41H。格式 2 完成的操作是修改指定地址单元内容。

3. 显示、修改寄存器内容

格式:R [寄存器名]

功能:如果指定了寄存器名,则显示寄存器的内容,并允许修改。如果不指出寄存器名,则按如下格式显示通用寄存器、段寄存器、标志寄存器的内容。

```
AX = XXXX  BX = XXXX  CX = XXXX  DX = XXXX  SP = XXXX  BP = XXXX  SI = XXXX
DI = XXXX
DS = XXXX  ES = XXXX  SS = XXXX  CS = XXXX  IP = XXXX  NV UP DI PL NZ PO NC
XXXX:XXXX  C7060010FF01 MOV  WORD PTR[1000],01FF      DS:1000 =0000
```

4. 运行命令

格式:G [=起始地址] [第一断点地址] [第二断点地址]…

功能:CPU 从指定起始地址开始执行,依次在第一、第二等断点中断。若不给起始地址,则从当前 CS:IP 指示地址开始执行。

5. 跟踪命令

格式:T [=起始地址] [正整数]

功能:从指定地址开始执行'正整数'条指令。如果不给出'正整数',则按 1 处理;如果不给起始地址,则从当前 CS:IP 指示地址开始执行。

6. 汇编命令

格式:A [起始地址]

功能:从指定地址开始接收汇编指令。如果不给出起始地址,则从当前地址(CS:IP)开始接收汇编指令。如果输入汇编指令过程中在某行不作任何输入而直接按〈Enter〉键,则结束 A 命令,回到 DEBUG 命令状态' - '处。

7. 反汇编命令

格式 1:U [起始地址]

格式 2:U [地址范围]

功能:格式 1 从指定起始地址处开始对 32 字节内容转换成汇编指令形式,如果不给出起始地址,则从当前地址开始。格式 2 将指定范围内的存储内容转换成汇编指令。

8. 指定文件名命令

格式:N 文件名及扩展名

功能:指出即将调入内存文件的文件名。这条命令要配合 L 或 W 命令一起使用。

9. 装入命令

格式 1:L 起始地址 驱动器号 起始扇区 扇区数

格式 2:L [起始地址]

功能:格式 1 根据指定驱动器号(0 表示 A 驱,1 表示 B 驱,2 表示 C 驱),指定起始逻辑扇区号和扇区数将相应扇区内容装入到指定起始地址的存储区中。格式 2 将 N 命令指出的文件装入到指定起始地址的存储区中。若没有指定起始地址,则装入到 CS:100 处或按原来文件定位约定装入到相应位置。

10. 写磁盘命令

格式 1:W 起始地址 驱动器号 起始扇区 扇区数

格式 2:W [起始地址]

功能:格式 1 的功能与 L 命令格式 1 的功能正好相反。格式 2 将起始地址开始的 BX * 10000H + CX 个字节内容放到由 N 命令指定的文件中,使用格式 2 之前注意给 BX、CX 置上恰当的值。

11. 退出命令

格式:Q

功能:退出 DEBUG,返回操作系统。

以上是 DEBUG 常用命令,除此之外,还有如下命令。

12. 比较命令

格式:C 源地址范围 目标起始地址

功能:比较两块内存区域的内容,且在比较时显示两个数据块的内容。

13. 填充命令

格式:F 地址范围 要填入的字节或字符串

功能:在指定内存区域填入字节或字节串。

14. 移动存储器内容

格式:M 源地址范围 目标起始地址

功能:将源地址范围的内容传送到从目的地址开始的存储区。

15. 搜索字符或字符串

格式:S 地址范围 要搜索的字符或字符串

功能:在指定的内存范围内查找一个字符或字符串。

以上简要介绍了 DEBUG 的 11 种常用命令及 4 种一般命令,利用这些命令在调试过程中可以解决不少问题。

5.7.2 软件调试的基本方法

利用调试软件 DEBUG 装入二进制执行程序,通过连续运行、分段运行、单步运行,可以实现软件剖析、查错或修改。

将 .COM 文件装入后,指令指针 IP 置成 100H,即程序入口的相对地址。首先从此处开始连续运行,考察程序的功能是否达到。如果出错,则可用分段运行方式,缩小错误所在程序段的范围,然后,再用单步方式找出错误确切所在处。

设有程序 EXAMP. COM,调试方法如下:

```
C > DEBUG EXAMP. COM ↙
-G
```

可以先用上述命令连续执行程序,如果结果不正确或死机,应该使用分段方式运行,确定出问题的位置,此时可用到 T 命令或 G 命令。

```
-T =100,5 或 -G 断点
```

前者从相对地址为 100H 开始执行 EXAMP. COM,连续执行 5 条指令,后者从当前地址开始连续执行到断点。可以恰当地选择执行的指令条数或断点,确定分段大小(一般应是完成相对完整的子功能的一段程序)。在此期间如果出现问题,就说明这些指令中有错误,这时,可用单步逐条执行,如:

-T =100

执行这一条指令后，会显示通用寄存器、段寄存器、标志寄存器的内容。由此可分析出本条指令的执行结果是否正确。若正确，则执行下一条指令；否则进行必要的修改。

对 . EXE 类型文件的调试与上相似，但不能直接用 DEBUG 存盘命令存盘。掌握 DEBUG 的各种命令功能，并且深入了解 DOS 各种参数表及其参数含义，不仅对分析调试软件很有帮助，而且对软件进行加密解密及系统配置分析也有很大帮助。

下面以【例 5-41】中的冒泡排序程序为核心介绍如何用 DEBUG 调试程序。

题目要求将内存区中自 TABLE 单元存放的一串 8 位有符号数按从小到大的顺序排列并存回原处，数据长度存放在 LEN 单元。将该程序用编辑程序输入到计算机，保存时一定要将扩展名设定为 ASM，这样它才成为汇编语言源程序，假设此文件名为 TEST. ASM。该文件经 MASM 宏汇编程序可汇编为 TEST. OBJ，再经连接程序 LINK 可连接成 TEST. EXE 文件。实际上该程序已经可以直接执行，但是因为此程序的结果并不在显示器上显示，而是存在存储单元中，所以如果直接执行，则程序会直接返回 DOS，而看不到任何结果。要想知道该程序能否将数据正常排序还需要用 DEBUG 调试。下面是 TEST. EXE 文件的调试过程：

C：> DEBUG TEST. EXE

DEBUG 程序以“ - ”做提示符等待输入命令。要查看程序运行的情况，就必须先用反汇编指令 U 来列出程序清单。

```
-U
13CA:0000 B8CA13        MOV     AX,1329
13CA:0003 8ED8          MOV     DS,AX
13CA:0005 B506          MOV     CH,06
13CA:0007 FECD          DEC     CH
13CA:0009 BE0000        MOV     SI,0000
13CA:000C 8ACD          MOV     CL,CH
13CA:000E 32DB          XOR     BL,BL
13CA:0010 8A04          MOV     AL,[SI]
13CA:0012 3A4401        CMP     AL,[SI+01]
13CA:0015 7E08          JLE     001F
13CA:0017 864401        XCHG    AL,[SI+01]
13CA:001A 8804          MOV     [SI],AL
13CA:001C 80CB01        OR      BL,01
13CA:001F 46            INC     SI
13CA:0020 FEC9          DEC     CL
13CA:0022 75EC          JNZ     0010
13CA:0024 22DB          AND     BL,BL
13CA:0026 7404          JZ      002C
13CA:0028 FECD          DEC     CH
13CA:002A 75DD          JNZ     0009
13CA:002C B44C          MOV     AH,4C
13CA:002E CD21          INT     21
```

其中最左边给出了指令所在的段地址：偏移地址，然后是机器语言指令，右边是汇编语言指令，指令中所有的符号都被具体的数据代替。从列出的程序清单可以看出：从 13CA:002C 开始存放的是返回 DOS 操作系统的指令，所以程序执行时执行到 002C 就可以在存储单元中看到排序后的结果了。不过在看结果之前可以先查看一下排序前的数据，这样就可以先将断点设在装填数据段之后，即 0005H 处。下面用 G 命令将程序执行到 0005H，命令和屏幕显示如下：

```
-G 0005
AX=1379 BX=0000 CX=0080 DX=0000 SP=0000 BP=0000 SI=0000 DI=0000
DS=13C9 ES=13B9 SS=13C9 CS=13CA IP=0005 NV UP EI PL NZ NA PO NC
13CA:0005 B506       MOV    CH,06
```

此时程序停在断点处并显示出所有寄存器以及各标志位的当前值，第 3 行列出了下一条将要执行的指令地址、其机器语言指令和汇编语言指令。从上面给出的寄存器内容可以知道，数据段的段地址为 13C9H，再对照源程序与反汇编出来的汇编语言程序可以知道数据的长度为 06H，在第 3 条语句中传送给 CH 寄存器，TABLE 的偏移地址为 0000H，通过第 5 条指令送入 SI 寄存器中，也就是说要查看的数据已经锁定在从 13C9H:0000H 开始的 6 个存储单元中。下面用 D 命令来察看一下未排序之前这些存储单元的内容。

```
-D 13C9:0000 0005
13C9:0000 0C 4E FE 00 4B 0F                 .N..K.
```

第 2 行显示的就是从 TABLE 开始的 6 字节的内容，刚好对应程序中的十进制数 12、78、-2、0、75 和 15，最右边给出的是这些数据对应的 ASCII 字符。下面要做的就是将程序执行到 002CH（即返回 DOS 之前），然后再用 D 命令查看上述单元。

```
-G 002C
AX=130C BX=0000 CX=0300 DX=0000 SP=0000 BP=0000 SI=0003 DI=0000
DS=13C9 ES=13B9 SS=13C9 CS=13CA IP=002C NV UP EI PL ZR NA PE NC
13CA:002C B44C       MOV    AH,4C
-D 13C9:0000 0005
13C9:0000 FE 00 0C 0F 4B 4E                                      ....KN
```

从上述结果可以看出排序之后数据的顺序对应十进制数刚好是 -2，0，12，15，75，78，这说明这些带符号数据已经按从小到大的顺序排好，程序没有错误。如果调试过程中发现结果错误，还可以用 T 指令单步执行，执行时随时观察结果并判断程序中的错误，发现错误之后再重新进行编辑、汇编、连接和调试即可。

5.8 习题

1. 下列语句在存储器中分别为变量分配多少字节？

```
VR1     DW   9
VR2     DW   4    DUP(?)
CONT    EQU  10
VR3     DD   CONT DUP(?)
VR4     DB   2    DUP(?,CONT DUP(0))
VR5     DB   'HOW ARE YOU?'
```

2. 根据下列数据定义,写出各条指令执行后的结果。

```
TABLE   DW   100 DUP(?)
ARRAY   DB   'ABCD'
RES     DB   ?
```

(1) MOV AX,TYPE RES　　　　AX = (　　)

(2) MOV BX,TYPE TABLE　　　　BX = (　　)

(3) MOV CX,LENGTH TABLE　　　　CX = (　　)

(4) MOV SI,SIZE TABLE　　　　SI = (　　)

(5) MOV DI,LENGTH ARRAY　　　　DI = (　　)

3. 下面定义的是一个数据段,请图示它们在存储器中的存放形式。

```
DATA   SEGMENT
A      DB    1,2,3,4
B      DB    'ABCD'
C      DB    4  DUP(0)
N      EQU   12
X      DW    33,0302H
Y      DD    0ABCDH
DATA   ENDS
```

4. 试定义一个完整的数据段,首先将 10 个压缩的 BCD 码 29 存放在 ARRAY 变量字节单元,紧接着把 -28,6,45,39,3 存放在 ALPHA 数组变量的字单元中,最后从字节变量 BUFFER 单元开始预留 100 个空单元备用。

5. 请定义一个结构,描述一个学生的简况。该结构应含有以下内容:姓名、年龄、性别、籍贯、民族、入学成绩、名次。说明如何定义结构变量和引用结构变量。

6. 实现满足下面要求的宏定义。

(1) 任意两个单元中的数据相加存于第 3 个单元中。

(2) 任意 8 位寄存器中的数据转换为 ASCII 码并在屏幕上显示。

7. 对下面程序进行注释,并说明其功能。

```
DATA     SEGMENT
A        DB '123ABC'
DATA     ENDS
CODE     SEGMENT
         ASSUME   CS:CODE,DS:DATA
START:   MOV    AX,DATA
         MOV    DS,AX
         LEA    BX,A
         MOV    CX,6
         MOV    AH,2
LP:      MOV    AL,[BX]
         XCHG   AL,DL
         INC    BX
```

```
        INT     21H
        LOOP    LP
        MOV     AH,4CH
        INT     21H
CODE    ENDS
        END     START
```

8. 编程将 CX、DX 作为双字联合右移 4 位(设 CX 为高 16 位),最高 4 位全置为 1。

9. 编程把从 A 单元开始存放的 3 个单字节无符号数按递增顺序排序后存回原处。

10. 试编写一段程序比较从 ARRAY 开始存放的 3 个 16 位有符号数。根据比较结果置 FLAG 标志。

(1) 如果 3 个数都不相等,置 FLAG 为 0。

(2) 如果 3 个数中有两个数相等,置 FLAG 为 1。

(3) 如果 3 个数都相等,置 FLAG 为 2。

11. 分析下列程序,指出运行结果。

```
DATA      SEGMENT
SUM       DW   ?
DATA      ENDS
CODE      SEGMENT
          ASSUME    CS:CODE,DS:DATA
START:    MOV     AX,DATA
          MOV     DS,AX
          XOR     AX,AX
          MOV     CX,10
          MOV     BX,2
LP:       ADD     AX,BX
          INC     BX
          INC     BX
          LOOP    LP
          MOV     SUM,AX
          MOV     AH,4CH
          INT     21H
CODE      ENDS
          END     START
```

请问:

(1) 该程序完成的功能是________________________________。

(2) 程序执行后,SUM 单元的内容是________________________________。

12. 从 ARRAY 开始的单元中存有 10 个 16 位无符号数,试编一完整程序找出其中最小数并存入 MIN 单元。

13. 从 DAT 开始的数据区中放有 100 个 8 位的无符号数,编程统计其中奇数的个数,将结果存入 RESULT 单元。

14. 利用 DOS 系统功能调用,将键盘输入的小写字母转换成大写字母,并输出显示,直到输入“ $ ”字符时停止输出。

15. 建立两个过程：一个过程将十六进制数变换成 ASCII 码，一个过程将 ASCII 码字符在屏幕上显示输出。

16. 要求编写程序比较两个最大长度为 100 个字符的字符串 ALFA1 和 ALFA2 是否相等，若相等则输出显示“All Right!”，否则输出显示“Error!”。

17. 有一个最大长度为 80 个字符的字符串 STRING，试编写程序找出第一个空格的位置（用 00H ~ 4FH 表示），并存入 CL 中。若该串无空格，则将 0FFH 存入 CL 中。

18. 在 AX 中存放着压缩 BCD 码的十进制数。要求：

（1）将 AH 中的数转换成二进制数。

（2）求 AH 与 AL 中数的和，将结果转换成 ASCII 码，然后在屏幕上显示出来。

19. 已知从 BUF 单元开始存放着 10 个 8 位无符号数，要求编写汇编语言程序将这 10 个数去掉一个最大的，再去掉一个最小的，将其余的数的算术平均值计算出来并存于 AVERG 单字节单元。

20. 编程题。

（1）输入某班学生（30 人）的计算机考试成绩，成绩按学号（1 ~ 30）存放在 SCORE 数据区中。

（2）按考分排序（降序），列出相应学号到 ORDER 数据区中。

（3）在屏幕上显示前三名学生的学号及成绩。

21. 从 TABLE 字节单元开始存有 100 个无符号数，试编程把数组中出现次数最多的数存入 CH 中，其出现次数存入 CL 中。

22. 有两个长度不等的字符串，分别存于 STRN1 和 STRN2 单元开始的存储区，字串长度分别存放于 LS1 和 LS2 字节单元，要求编程将短串接在长串之后，并将连接后的串长度存于 LS1 和 LS1 + 1 单元。

23. 从 BUF 字节单元开始存有按增序排好顺序的一个带符号数组，数组长度在 LEN 字节单元。在 POSI 字节单元存有一个正数，要求将其按顺序插入到数组中，并修改数组长度。

24. 从 DAT 单元开始存有 20 个 8 位带符号数构成的数组，要求编程去掉数组中的负奇数，并生成一个新的数组存于从 RES 字节单元开始的存储区中。

25. 已知某数组 ARRAY 中有 50 个 8 位带符号数，试用汇编语言编写一个完整的程序，统计该数组中相邻两数之间符号变化（正数变负数或负数变正数）的次数，并将其存于 NUM 存储单元。

26. 编写完整的汇编语言程序完成如下功能：

首先在屏幕上显示提示行“Input number key, CR or Space return”，显示后按〈Enter〉键换行等待用户输入。若用户输入的数字 N 在 1 ~ 9，则响铃 N 次（每次要稍延时以作间隔）；若输入的是 0 或非数字字符则不响铃；若输入的是〈Enter〉键或空格键，则直接返回 DOS。

第6章　微机存储器系统

存储器是计算机系统非常重要的一个部件,它用来存放大量的程序和数据,是计算机的信息库。

存储器的发展非常迅速,而且不断涌现新的信息载体和存储器件。从早期的机械式存储元件一直到现在采用的铁磁器件、半导体器件以及大规模集成电路组成的存储器,其品种繁多,性能各异。近几年又出现许多新型的存储器,如光存储器、超导存储器和激光存储器等。

本章重点介绍两部分内容,一是存储器的内部结构、性能指标和如何选用存储器组成高效的存储系统;二是微型计算机常用的大规模集成电路随机存储器和只读存储器,以及与 CPU 的连接等。

6.1　概述

微机存储系统首先要学习存储系统的层次结构、存储器分类、技术指标和存储器的基本组成。本节选用一个典型的存储器组成框图说明存储器的基本组成。

6.1.1　存储系统的层次结构

早期计算机系统中只有一个存储器用来存放有限的数据和程序。随着计算机硬件系统和软件系统的发展以及计算机应用范围的扩大,对存储器提出了更高的要求,即存储容量大、存取速度快、成本价格低。而这些特性之间是相互矛盾、相互制约的,在一个存储器中很难同时满足这些要求。现代常用的半导体存储器具有较快的存取速度,但其存储容量却有限,磁盘、磁带、磁卡片、纸带、纸卡片等存储器容量大,而其存取速度却太低。为了充分发挥各种存储器的长处,避开短处,把它们按不同的层次合理地、有机地组织起来,从而提出了存储系统层次结构的概念。所谓存储系统的层次结构,就是把各种不同存储容量、不同存取速度的存储器,按照一定的体系结构方式组织起来,使所存放的程序和数据按层次分布在各种存储器中。

如图 6-1 所示的存储系统层次结构的基本体系结构方式是分级存储,使计算机的信息按高速缓冲存储器 - 主存储器 - 外存储器的三级存储系统来存放,以满足 CPU 对容量和速度的要求。

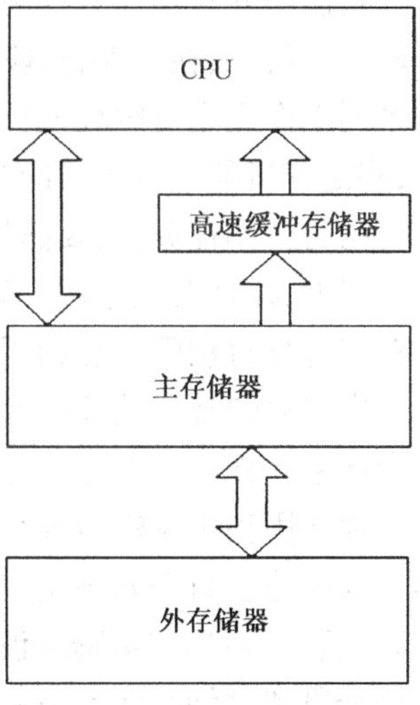

图 6-1　存储系统层次结构图

1. 主存储器 - 外存储器

由于中央处理器在某一段时间内,所运行的程序和数据只是整个存储系统所存信息的一部分,其余大部分是暂时不用,或者较长时间不用的。因此,可以把 CPU 现行程序和数据存放在存取速度快而容量有限的那一类存储器中,以供 CPU 直接使用。通常把这类存储器称为主存储器(简称主存)。而把暂时不用或尚未用过的程序存放在容量大,存取速度较慢的那一类存储器中。这类存储器称为外存储器(简称外存),又称辅存储器。当某个时刻

CPU 需要执行那部分程序时，可从外存储器调入主存储器，以供 CPU 执行，或者将 CPU 暂时不用的那部分程序从主存储器调出，存入外存储器以备待用。

2. 主存储器 - 高速缓冲存储器

早期计算机的 CPU 与主存储器在速度上是非常近似的，如 IBM740 计算机，CPU 的速度为 12ns，而存储器的存放周期也是 12ns。主存储器的速度并不影响整机的运算速度。后来，随着计算机各部件与工艺的发展，CPU 的速度比主存储器提高得快，由于 CPU 采用纯寄存器的快速数字逻辑电路，使其机器周期可为几十纳秒；而主存储器则由于容量大，寻址系统、读写电路复杂等因素，使其存取周期只能缩减到几百纳秒。因此，主存储器的速度与 CPU 有一定的差距，从而成为影响整机提高速度的重要因素。

为解决主存储器与 CPU 的速度匹配，在 CPU 与主存储器之间增设一个容量不大但速度很高的存储器，通常叫做“高速缓冲存储器”。CPU 在某一小段时间内要执行的程序，事先从主存储器调入高速缓冲存储器中，当 CPU 执行这些程序时，就直接从高速缓冲存储器中取得，这样减少了访问主存储器的次数，显著提高了 CPU 执行指令的速度。

这种“高速缓冲”技术不仅应用于大、中型计算机系统，而且在高档小型机、高档 16 位微型机中也得到应用。高速缓冲存储器多采用与 CPU 相同类型的半导体集成电路工艺，如双极型集成电路器件，以保证尽量与 CPU 的速度相匹配。

由上所述，可将计算机的存储系统看做三级存储结构，即高速缓冲存储器 - 主存储器 - 外存储器。也可以将三级存储系统分解为两个两级存储系统，即主存储器 - 外存储器和主存储器 - 高速缓冲存储器。前者可弥补主存的容量不足，而后者可提高 CPU 访问存储器的速度。除了上述的三级存储结构层次外，在现代计算机的存储系统中还采用虚拟存储技术，为用户编制程序提供了较大的地址空间。

3. 虚拟存储技术

用户在编制程序时，程序员可直接使用的主存地址空间受地址字长的限制。例如，某计算机的地址字长度为 16 位，那么程序可直接使用的最大主存空间也只有 64K 个单元。但是，在 64K 空间中已被系统程序以及一些长期驻留主存的专用程序和某些特殊用途的单元等占据了一定的空间范围，而真正可供用户使用的空间只是 64K 中的一部分。

在使用外存这一级存储器后，用户编制程序要超出主存可使用的空间，就要对程序进行准确分段，哪段存放在主存，哪段存放在外存，何时从外存调入主存，何时又从主存调出到外存等。这一系列工作完全由编程人员事先安排在程序中。对任务的准确分段，对存储空间进行分配的负担，将随着机器系统规模的扩大和复杂程度的增加而加重。因为它必须使编程人员既要深入了解自己的工作任务，又要熟悉计算机硬件系统的组成。尤其在多道程序和多用户分时系统的运行情况下，往往会发生用户竞争存储空间的情况。为了满足用户尽量扩大可使用的存储空间，并能对其进行自动管理和调度，便产生了虚拟存储技术。

虚拟存储技术的基本思想：将存储系统中的一部分外存储器（如磁盘、磁带等）与主存储器组合起来并视为一个整体，把两者的地址空间进行统一编址，形成逻辑地址空间，允许用户自由、充分地使用整个逻辑地址空间（除系统指定的保留区域外）。同时采用软、硬件结合的手段，将用户逻辑地址自动转换为实际访问主存的物理地址，并对程序自动分段调入主存（或调出主存）。这样，对用户编程来说，允许程序使用的地址空间不再受主存空间的限制，同时也免去对程序分段和存储空间动态分配的繁重负担。

采用了虚拟存储技术的存储器系统被称为虚拟存储器系统。在这种存储系统中，程序所用的存储空间不再受主存的限制，编程者也不必顾及主存储器容量多少，而主存变为仅用来暂存CPU当前正在使用程序和数据的一个区域。通常又将主存可寻址的物理地址空间称为实地址空间，把逻辑地址空间称为虚拟地址空间。

例如，Intel公司推出的超级16位微处理器80286，它可寻址的存储器实地址空间为1MB。由于80286具有存储管理与保护的硬件手段，所以它能够支持虚拟存储系统，可提供的虚拟地址空间为1GB。

对虚拟地址空间的使用可以采用分段的方案，如每段包含64KB，那么1GB的虚拟地址空间，共由16000段组成；也可采用分页的方案，每页含有4KB；还可采用段和页混合方案。

在虚拟存储系统中，对于存储管理、调度以及虚拟地址与实地址之间的转换，除了具备必要的硬件结构外，尚需相应的操作系统予以支持。

6.1.2 存储器的分类

在各种计算机系统中，根据所使用的载体、性能和工作方式的不同，存储器可归纳分类如下。

1. 按存取方式分类

1）随机存储器（RAM）。随机存储器的主要特点：CPU或I/O设备在某一时刻可按地址去访问任一个存储单元，而且在一个存取周期内能进行一次访问，信息读出的时间对全部地址都是相等的，即与信息所在地址位置无关。这种存储器对每一个字（或字节）都是唯一的，实际是直接连线的寻址机构。随机存储器既可以读出，又可写入信息，又称为读/写存储器。

计算机的主存储器、高速缓冲存储器均属RAM类型。

2）只读存储器（ROM）。这是随机存储器的一种特殊方式。早期的只读存储器，在制作时就将所存信息一次性写入，以后不再改变，作为固定存储，又称为“固存”。只读存储器的特点：每次访问它只能读出信息，而不能写入新的内容。因此，用它存放那些固定不变的系统程序和子程序等。

3）顺序存储器（SAM）。顺序存储器所存储的字或记录块，在信息载体上没有唯一对应的地址，而是完全按照顺序进行存入或读出。信息的记录格式，以记录块（或数据块）为单位，再加上间隔和一些标志区，并顺序排列若干个记录块组成一个记录文件。当要访问某个记录块时，寻址过程只能按顺序寻找其目的块。于是，这种存储器的存取时间与记录块所在的位置有密切关系。顺序存储器的信息排列、寻址操作和读写操作都是按顺序进行的。

例如，磁带就属于顺序存储器。

2. 按存储器载体分类

1）磁介质存储器。如磁盘、磁带等。磁介质存储器的特点是速度比较慢，一般只用作外存。

2）半导体存储器。其主要特点是容量大、速度快、体积小和功耗低，并且成本价格相对低，故其广泛用作大、中、小及微型机中的内存。

3）光存储器。其速度快，但需要的硬件相对复杂，故主要也只用作外存。

6.1.3 存储器的基本组成

由于制造存储器的介质不同，其内部结构也不尽相同。下面以半导体存储器的内部结构为例，讨论半导体存储器的组成。一个完整的半导体存储器是由以下几部分组成的：存储体、地址寄存器与地址译码器、写入电路与读出电路、存储器的控制电路、输入缓冲器与输出缓冲器等。

图6-2表示的是典型存储器的基本组成框图。各部分的功能简述如下：

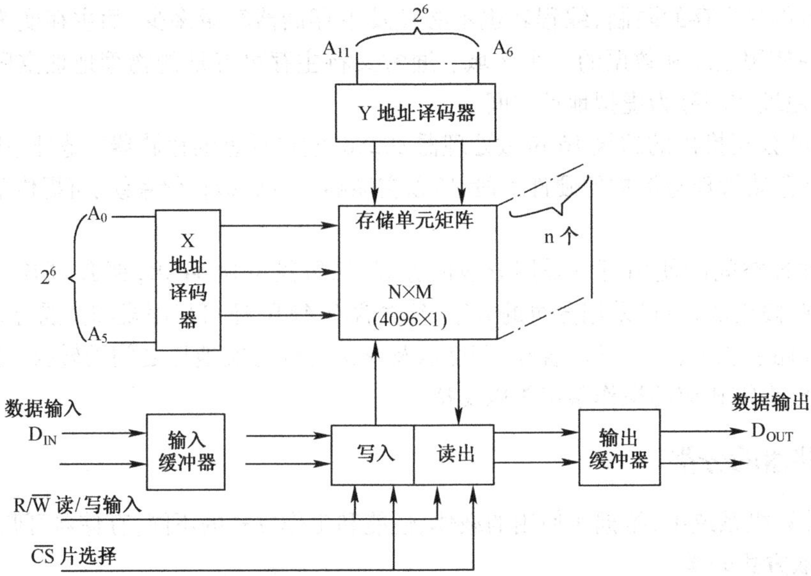

图 6-2　典型存储器的组成框图

1. 存储体

存储体是信息存储的集合体。一个基本存储电路(如 MOS 电路的触发器)可以存入一个二进制数码。若某个微型机的主存容量有 32 KB,那么就需要 32 KB ×8 个基本存储电路,按一定的结构形式组成存储体。

2. 地址寄存器与地址译码器

CPU 访问存储器时,先给出地址码,由地址总线送到存储器的地址寄存器,然后又送到地址译码器,以选择出所要访问的存储单元。地址寄存器按地址码的位数来设置,如地址码的位数是 16 位,那么地址寄存器也应为 16 位。

地址译码器根据地址译码的方式进行设置。在大容量的存储器中常选用复合译码方式。由于存储器是按矩阵组成的,因此,把译码器分成两部分:X 地址译码器和 Y 地址译码器。译码器的地址输入是将地址码分成两部分,低位部分输入到 X 地址译码器,高位部分输入到 Y 地址译码器。译码器的输出是将 X 地址译码器的输出与存储体的行(X 方向)选择线相对应,Y 地址译码器的输出与存储体的列(Y 方向)选择线相对应。根据地址译码器所选中的某根行选择线与某根列选择线的交叉处,则是被访问的目的单元。

3. 写入电路与读出电路

写入电路与读出电路位于存储体与数据总线之间,用来控制被选中单元的数据写入或读出,并对信息进行放大、整形等。它接收 CPU 发出的一些命令,如读写命令、片选择信号、复位信号等。实质上,这一部分是存储体的控制电路。

片选择信号$\overline{CS}$:因一个存储器是由多个芯片组成的,在进行地址选择时,首先要选芯片,用地址译码器输出一些控制信号(如存储器请求等)形成选择信号。当$\overline{CS}$有效时,该芯片所连接的地址、命令才能生效。

读/写输入(R/$\overline{W}$)信号:CPU 发向存储器的操作命令。当 R/$\overline{W}$ 为“1”时,为读命令,把存储器的目的单元的数据读出,送往输出缓冲器;当 R/$\overline{W}$ 为“0”时,为写命令,把输入缓冲器的数据写入存储器的目的单元中。

4. 输入/输出缓冲器

输入/输出缓冲器连接在多片 RAM 的数据线上，或者连接在双向系统数据线上。它们用来暂存或传送存储器的输入或输出数据，其数据宽度取决于存储器的字长。

归纳上述可以看出，存储体是组成存储器的核心部分。而地址寄存器和地址译码器、写入电路和读出电路、输入和输出缓冲器等则是存储器组成的外围电路部分。

计算机系统中的各类存储器都是由上述 4 部分组成的。只是当选用不同存取方式和不同的存取载体时，其各组成部分的结构和工作方式可能有一些相应的变化。

6.1.4 存储器的技术指标

存储器是用来存放程序和数据的，对它的技术性能要求是存储容量大，存取速度快，稳定可靠以及经济性好。衡量存储器性能的好坏，一般由下述指标衡量。

1. 存储容量

通常以允许存放的字数 × 位数或用字节数来表示存储器的容量。如某存储器的容量为 32K × 16，则表示该存储器有 32K 字，每个字长为 16 位，微型机的存储器用字节表示容量，如 64KB 或 1MB。在一些只读存储器和磁盘磁带中有时用若干位(二进制代码位)表示容量。

2. 存取周期

存取周期又称读写周期或访问周期，通常指连续存入或取出两个数据所间隔的时间。它是衡量存储器工作速度的一个指标。在同一类型的存储器中，其存取周期的长短与存取容量的大小密切相关，容量越大，其存取周期越长，如 MOS 电路随机存储器的存取周期范围是 100 ~ 300ns，双极型 RAM 的存取周期为 10 ~ 200ns。

3. 取数时间

从 CPU 发出读命令开始，直到存储器获得有效读出信号的一段时间称为取数时间。取数时间的长短主要与存储载体的性质有关，如半导体存储器可达几十纳秒甚至十几纳秒。取数时间与存取周期不能混为一谈。对磁芯存储器来说，存取周期中除了取数时间外，还包括信息重写(再生)时间，对半导体存储器中的动态 MOS 存储器而言，存取周期中除了取数时间还有刷新时间及一些延迟时间。

4. 可靠性

要求存储器能长期稳定、可靠地运行。通常以平均无故障工作时间来衡量存储器的可靠性。显然，平均无故障工作时间愈长，其可靠性愈高。

5. 经济性

常以“性能价格比”来衡量存储器经济性能的好坏。此项性能是前述 4 项指标的综合，其中的价格为存储器的总价格。现在也采用另一种表示方法，即以每位的价格来衡量存储器的经济性能。

目前，微型机主要采用半导体存储器作为内存，而半导体存储器主要包括读写存储器和只读存储器，所以在以后的几节中，将主要介绍半导体存储器 RAM 和 ROM，以及它们与 CPU 的连接等。

6.2 随机读写存储器

RAM 存储器包括双极型 RAM 和 MOS 型 RAM，由于双极型 RAM 的功耗比较大，成本高，所以常用的 RAM 只有 MOS 型 RAM。而 MOS 型 RAM 分为静态 RAM 和动态 RAM，下面将分别对其加以介绍。

6.2.1 静态 RAM

1. 静态 RAM 的工作原理

MOS 型静态 RAM 的基本存储单元可由 6 个 MOS 场效应晶体管构成，其基本存储单元电路的结构如图 6-3 所示。

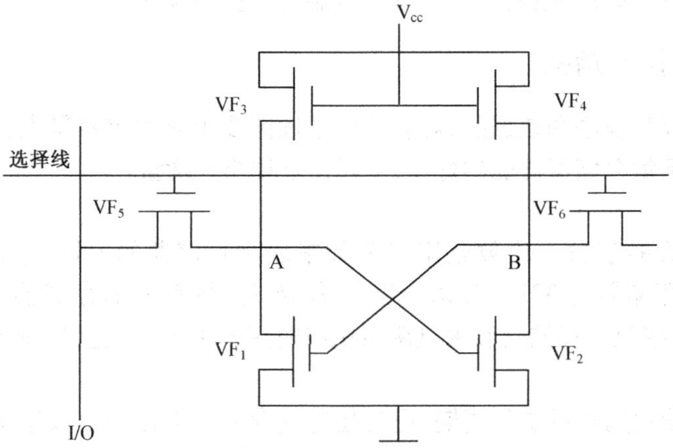

图 6-3　六管静态 RAM 基本存储电路

单元电路由 6 个 MOSFET 组成，其编号为 $VF_1 \sim VF_6$。VF_1、VF_2 组成的双稳态触发器是单元电路的基本存储单元，VF_3、VF_4 为两个负载管，VF_5、VF_6 为控制管。

当双稳触发器中的 VF_1 管为导通状态时，由于 VF_1、VF_2 的交叉耦合作用，必将导致 VF_2 的截止，于是使得 A、B 两点的状态为 A = 0、B = 1，这是一种稳定状态。同样，当 VF_1 截止，VF_2 导通时，也是一种稳定状态。这样，可以设 VF_1 截止，VF_2 导通的状态为“1”状态，而设 VF_1 导通，VF_2 截止的状态为“0”状态。这两种状态只要不断电或不另设状态，将一直保持下去。这是静态 RAM 基本单元电路的存储信息原理。

控制管 VF_5、VF_6 主要用于单元信息的读写，当需要向本单元写入数据时，首先要通过地址译码器经选择线送来一个高电平信号，使这个基本存储电路被选中，VF_5、VF_6 导通，写入信号从 I/O 线和$\overline{I/O}$线送入。如向这个单元写入“0”，只要向I/O线上送“0”，向$\overline{I/O}$线上送“1”即可。这样在选择线的配合下，使得 VF_1 导通、VF_2 截止，这样就将数字“0”写入了这个单元。

存储单元不仅可随机写入信息，也可随机读出。在进行读出时，同样必须首先将地址译码产生的高电平送到选择线上，选中这个单元，使得 VF_5、VF_6 导通，于是 A 点和 B 点的状态即送到I/O线和$\overline{I/O}$线上，即读出了这个单元所存储的信息。数据从本单元读出后，原来存储的信息不变。

一个存储单元仅能存储 1 位二进制信息，若干个这样的存储单元按一定方式连接起来，再加上辅助电路，就可组成一定规模的静态 RAM。只要不切断电源，其写入的数据可长期保留，且不需动态刷新电路。静态 RAM 的存取时间一般为 200 ~ 450ns。

2. 静态 RAM 组成

将多个存储单元按一定方式排列起来，就组成了一个静态 RAM 存储器，如图 6-4 所示。

图 6-4 中，将多个基本存储单元排成 32×32 阵列，形成一个 1K×1 的 RAM，各存储单元的输入和输出分别相连，以便数据的写入和读出。矩阵中共有 32×32 即 1024 个存储单元，它们可分别进行读/写，每个单元的读/写是先由地址线 A_0 ~ A_9 激活后再进行。此为行、列双译码方式。

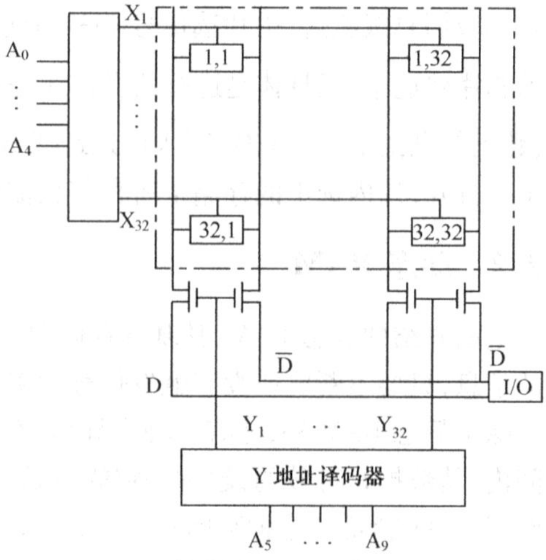

图 6-4　1K×1 静态 RAM

当需要对 1024 个单元中某个单元进行读/写时，先由地址线 A_0 ~ A_9 送来相应地址，经行列地址译码后，其 1024 个地址译码交叉线中的一条即处于高电平，而每条地址译码交叉线均接到一个存储单元的选择线上，于是，与这条高电平相连的选择线所对应的存储单元即被激活，就可以对这个存储单元进行读/写了。

总之，对这个静态 RAM 进行读/写操作，首先要根据所要读/写的单元，由 CPU 送来相应的地址，地址经译码驱动，使该存储单元处于工作状态，然后才可对其进行读/写操作。

3. 静态 RAM 举例

现在以一个具体的芯片——Intel 2114 为例，来说明静态 RAM 的具体组成。芯片的内部结构如图 6-5 所示。

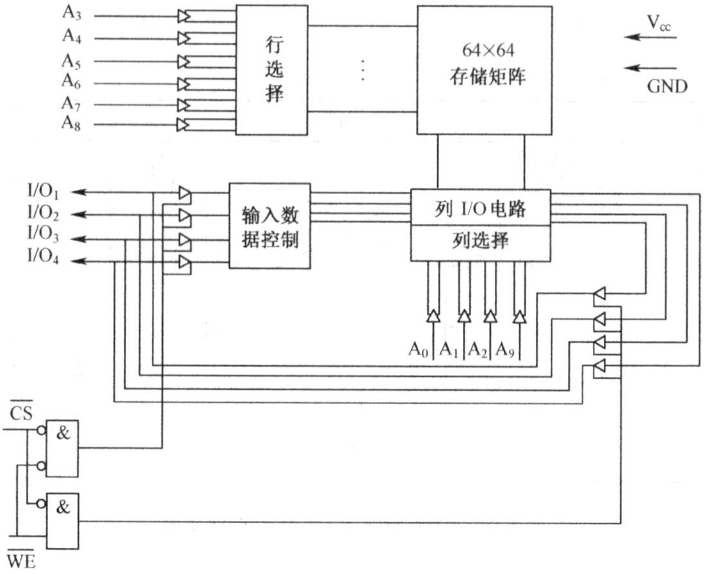

图 6-5　2114 内部结构图

Intel 2114 静态 RAM 存储容量为 1K×4 位，芯片上共有 4096 个六管静态基本存储单元，按 64×64 矩阵排列，组成 1K 字，每个字 4 位。由 A_0 ~ A_9 共 10 条地址线对 1 K 字寻址。CPU 每送来一个具体地址，即从 1K 字中选中一个确定的字进行操作，这个字的 4 个基本存储单元(4 位)就可同时读/写。A_9 ~ A_0 这 10 条地址线分成行、列两个方向译码，由于 Intel 2114 每个字是 4 位，故数据线由 I/O_4 ~ I/O_1 共 4 条组成。Intel 2114 内部数据通过 I/O 电路以及 I/O 三态门与

CPU 的数据总线相连，由片选信号$\overline{CS}$和写允许信号$\overline{WE}$来实现这些三态门的控制。当$\overline{CS}$有效时，表示芯片被选中，但具体是进行读操作还是写操作，还要由写允许信号$\overline{WE}$决定。当$\overline{WE}$为低电平时，数据信息由 $I/O_1 \sim I/O_4$ 写入由地址线 $A_9 \sim A_0$ 所选中的存储单元；当$\overline{WE}$为高电平时，则输出三态门打开，片内选中的存储字所存信息被读出，送至数据总线。芯片采用单一的正电源供电。

6.2.2 动态 RAM

上面介绍的静态 RAM，其基本存储单元是由一个双稳态触发器组成的，这些存储单元所存储的信息，只要不断电或没有触发信号到来，将一直保持不变。

除了静态 RAM 外，还有一种半导体存储元件，所存储的信息具有一定的时间性，在很短的时间内，其数据是有效的，超过一定的时间，数据就消失了。为了使数据常在，就要周期性地对所在数据重写（刷新），这种存储器为动态存储器。

1. 动态 RAM 的工作原理

（1）四管动态存储单元

上面所讲的六管静态存储单元，电源 V_{CC}通过常开的负载管 VF_3、VF_4 向 VF_1、VF_2 不断地补充电荷，以保持 VF_1 和 VF_2 栅极上的电压不变。其实，由于 MOSFET 栅极电阻很高，即使去掉 V_{CC}和 VF_3、VF_4，VF_1、VF_2 栅极上的电荷也能在一定时间内不变，这就构成了所谓的四管动态存储单元，如图 6-6 所示。

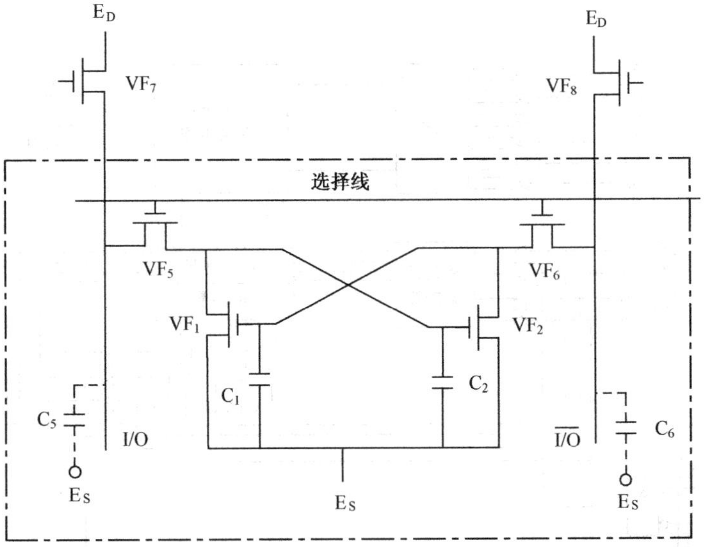

图 6-6　四管动态 RAM 基本存储单元

图 6-6 中，VF_1、VF_2 组成双稳态触发器，VF_5、VF_6 为字线控制，VF_7、VF_8 为预充电控制。当需要向单元电路写入时，就需要由选择线上送来高电平，同时 VF_5、VF_6 导通，使 A、B 两点与I/O、$\overline{I/O}$线分别接通。如要写入“1”，就应有 $I/O=1$、$\overline{I/O}=0$，使 VF_1 截止，VF_2 导通。当选择信号消失后，VF_5、VF_6 截止，VF_1、VF_2 由于各栅极电容的存储作用，可保持在一定时间内信息不变。如若写入“0”时，只要加入 $I/O=0$，$\overline{I/O}=1$ 就行了，其他过程类似。

当单元电路读出时，首先要向这个单元送来预充电信号，使得 VF_7、VF_8 导通。于是电源即

向 VF_5、VF_6 漏极电容 C_5、C_6 充电，接着单元电路选择线送来高电平，使 VF_5、VF_6 导通，即使 A 点与 I/O、B 点与 $\overline{I/O}$ 线接通。如果此单元存储的信息为“1”，即 VF_1 为截止，VF_2 为导通状态，则 C_6 上的预充电电荷通过导通的 VF_6、VF_2 放电，C_5 上的电荷通过 VF_5 向 C_2 补充电荷，结果使输出 $I/O=1$，$\overline{I/O}=0$。就是说，在信息读出的过程中，本单元所存数据也进行了重写，这也是动态 RAM 的刷新过程。

由以上分析可知，四管动态存储器的数据存储是靠 VF_1、VF_2 管栅极电容的电荷存储来保持的。由于栅极电容 C_1、C_2 要经过 VF_1、VF_2 的输入阻抗 R_1/R_2（各约为 100 GΩ）放电，经过 $\tau_1=R_1C_1$（或 $\tau_2=R_2C_2$）后，电容上所存电荷放掉，使得信息丢失，所以动态存储器要定时对数据单元刷新。

（2）三管动态存储单元

单元电路的数据存储并不都要有两个电容，只用一个也可以，于是就出现了用三管乃至更少管的存储单元。图 6-7 是一种三管动态存储单元的形式。

从图中可以看出，单元电路由 VF_1、VF_2、VF_3 组成，VF_4 用于预充电操作。数据写入由写数据线和写选择线控制，数据读出则由读选择线和读数据线来完成，写入数据时，写选择线为“1”，致使 VF_1 导通，写入的数据由写数据线通过 VF_1 送到 VF_2 栅极，对 VF_2 栅极电容充电。于是，在一定时间内，即保留了输入的数据。数据读出时，首先由预充电信号使 VF_4 导通，于是，数据线上的分布电容 CD 被充电，接着读选择线送来高电平，使 VF_3 导通。如果原存信号为“1”，则使 VF_2 导通，CD 通过 VF_3、VF_2 放电，于是读出了“0”信号，与原存数据相反，读出数据经过一个反相器恢复成原数据，送到读数据线上。若原存数据为“0”，由于 VF_2 不导通，CD 不能放电，即读出了“1”信号，再通过反相器恢复成“0”信号，送到读数据线上。所以，三管动态存储器比四管动态存储器的读写控制要复杂一些。

（3）单管动态存储单元

单管动态存储单元的基本电路如图 6-8 所示，由一只 MOS 管和一个电容组成。存储单元在写入数据时，字选择线为“1”，VF_1 管导通，要写入的数据由位线（数据线）存入电容 C_0 中。读出时，字选择线为“1”，存储在电容 C_0 上的电荷，通过导通的 VF_1 输出到数据线上，再通过读出放大器，即可得到存储信息。

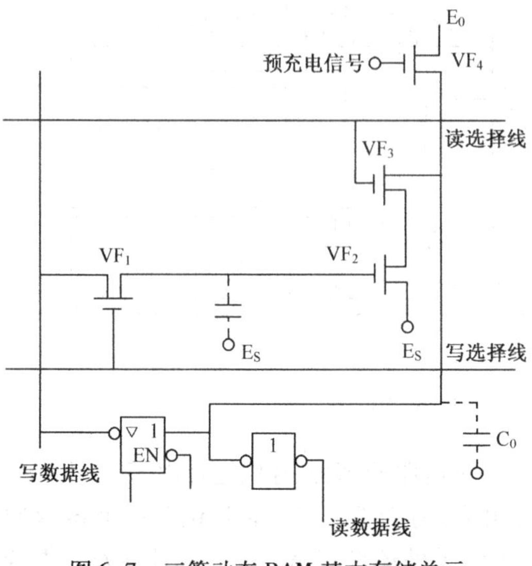

图 6-7　三管动态 RAM 基本存储单元

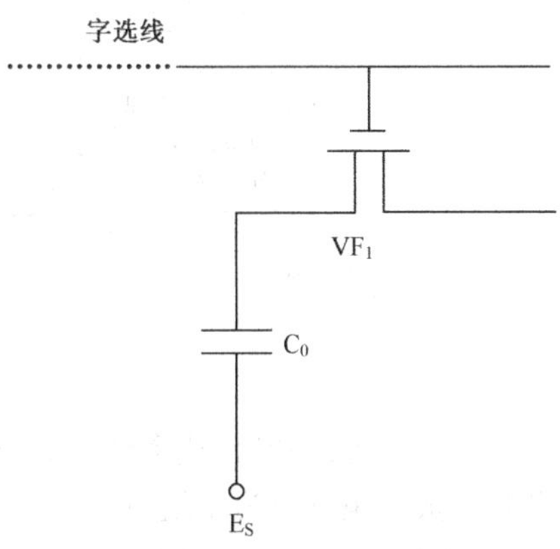

图 6-8　单管动态存储单元

上面介绍的 3 种动态存储单元中，四管动态存储单元所用器件最多，使得芯片的位容量较小，但这种电路在读出时可以带有刷新的过程。三管动态存储单元使用管子较少，由于这种电路的读/写数据线是分开的，读/写选择线也是分开的，致使控制复杂。单管动态存储单元用管子最少，但由于读出信号较弱，故需要高灵敏度读出放大器来完成读出放大作用，并且这是一种破坏性读出，读出操作后必须采取恢复措施。

2. 动态 RAM 的使用举例

与静态 RAM 相近似，动态 RAM 是由动态存储单元矩阵所构成的存储主体，配以外围电路组成的。外围电路主要包括片选电路、地址译码电路、读/写驱动电路和数据刷新电路。

目前计算机上常用的半导体存储器是将存储单元电路大规模集成到半导体芯片上来实现的。由于芯片集成度的限制，一个计算机系统所需要的存储器一般要由几片甚至几十片存储芯片来组成。为了配合使用，这就要求每个芯片应含有片选电路，由外来信号进行控制，并协调各个芯片的工作。另外，驱动存储器工作除了有片选信号外，还应有地址译码系统，这是由于存储器读/写是以字（字节）为单位来进行的，而确定存储器中某个特定的字进行操作是由地址译码驱动电路来实现的。由地址总线送来的地址，经过地址译码，选中存储器中某个特定的存储字，就可以对其进行读/写了，另外在数据读/写时，还需要有写入或读出电路配合工作。

由于各种动态存储器都是以电容存储电荷的方式来存储信息的，而电容所存储的电荷，随着时间的延续会逐渐释放，以至于完全放掉而使数据丢失。所以需要定时地对存储器各单元所存储的信息进行读出再写入，即进行刷新以补充电容泄放的电荷。电容的放电速度与存储器的工艺及工作温度、环境等因素有关，在 25℃时，常用的刷新时间为 2ms。

现以一个用 4K×1 的存储芯片构成 16KB 的内存模块为例，来分析动态 RAM 的使用情况，如图 6-9 所示。

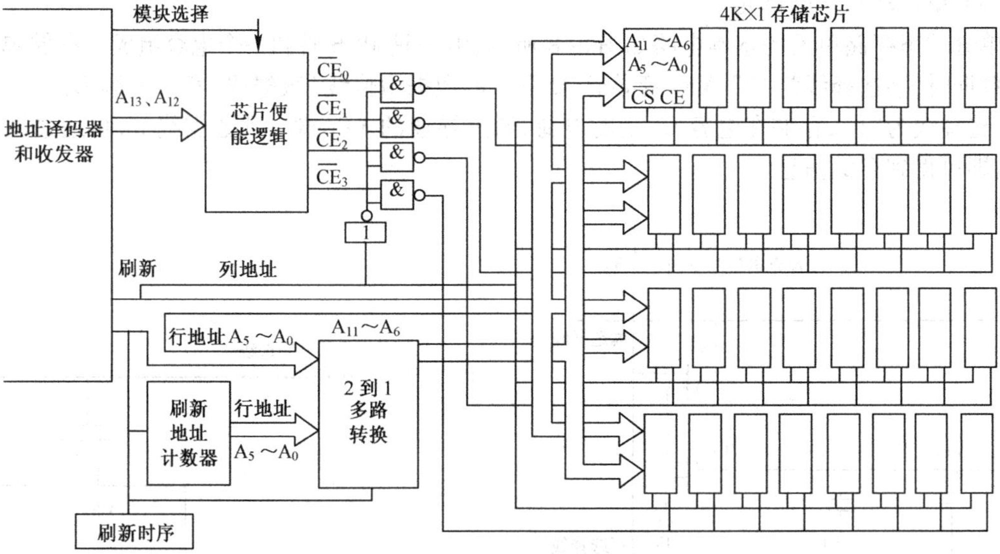

图 6-9　用 4K×1 动态 RAM 构成的 16KB 模块

从图中可以看出，整个动态 RAM 分成存储阵列和外围电路两部分，存储矩阵由 32 个 4K×1 芯片组成。矩阵分为 4 组，每组由 4K×1 的 8 个芯片组成，为 4KB。每个芯片包含一个 64×64 的存储单元矩阵、一个片选端 CE 和一个输出允许端 CS，另外还设有 A_{11} ~ A_0 地址线及数据线

(数据引脚及 I/O 驱动图中未画出)。

动态 RAM 的外围电路包括片选控制逻辑、刷新地址计数器、刷新时序发生器和一个 2 到 1 的多路转换器。存储矩阵的 4 组芯片的片选信号由地址线 A_{12}、A_{13} 提供,每个芯片 64×64 个存储单元的地址由行地址 $A_5 \sim A_0$ 和列地址 $A_{11} \sim A_6$ 联合提供。在进行数据正常读写时,多路开关转向地址总线,行、列地址由地址总线提供。在进行刷新时,由刷新时序发生器产生刷新周期信号,超过一个刷新周期,它使多路开关转向刷新计数器,由刷新计数器产生行地址。同时,刷新时序通过 4 个与非门使 4 组芯片的允许信号 $\overline{CE}$ 有效,刷新时各芯片 $\overline{CS}$ 无效。

在刷新周期中,4 组芯片是同时进行刷新的,每次刷新只刷新一行,一行为 64 个存储单元,一个存储组共 64 行。一般动态 RAM 的刷新间隔时间为 2ms,即在 2ms 中要对 64 行刷新一遍,所以一个刷新周期即为 $2 \times 10^{-3}/64 = 31.25\ \mu s$。刷新计数器的使命,就是以不断加 1 的方式,逐行地提供 64 行的各个行地址。另外,在正常读/写与刷新发生冲突时,即若读/写请求到来,正好处于刷新过程中,则读/写请求就要延长通常情况下的两倍时间。

6.3 半导体只读存储器

半导体只读存储器按发展历程分为掩膜式只读存储器 ROM,一次性可编程的只读存储器 PROM,可编程、可擦除的只读存储器 EPROM,电擦除可编程的只读存储器 EEPROM。

6.3.1 掩膜式只读存储器(ROM)

制造厂家根据程序设计者编好的程序组成的“1”“0”代码矩阵,利用集成电路工艺制造出相应的掩膜图案并生产出 ROM 芯片,这种 ROM 中的信息是永久性存储。使用时只能读出而不能写入新内容,因此称为只读存储器,简称为 ROM,如常用的 8308、8316 芯片等。它的用途是存放计算机经常使用而不修改的固定程序和固定信息,如微程序、常用的子程序、系统程序、数据表格以及文字、图形的点阵模型等。

掩膜式 ROM 有双极型和 MOS 型两种类型,前者的速度快而容量小,后者的容量大而速度较慢。掩膜式 ROM 成本低但使用不方便。

6.3.2 一次性可编程的只读存储器(PROM)

PROM 在制作时不写入信息,用户使用时可写入自己的程序。但这种写入是一次性的,一旦写入内容后就不能更改,所以称一次性可编程序只读存储器,又称为现场可编程序只读存储器。

PROM 从电路结构上有双极型和 MOS 型两种,而双极型 PROM 使用较普遍。

双极型 PROM 又有结构破坏型和熔丝型两种。熔丝型 PROM 使用较多,因为它读出速度快,一般在 50~100ns 范围内。单片容量最高可达 16K 位。如 Intel 公司的 3600 多晶电阻丝型 PROM 芯片——3036,其存储容量为 16K 位,可组成 2K×8 阵列。3036PROM 芯片为 24 条引脚,输出为“三态”形式,最快读数时间为 50ns,最大功耗为 998mW,工作温度 0~70℃,电源为 +5V。

6.3.3 可编程、可擦除的只读存储器(EPROM)

用户使用 EPROM 时可重复编程、可多次改写所写内容。EPROM 有两种类型广泛用于计算机中,一类是紫外线擦除的只读存储器 UVEPROM,另一类是电擦除可编程的只读存储器 EEP-

ROM(将在 6.3.4 中介绍)。

1. 紫外线擦除的(EPROM)

这种 EPROM 是采用紫外线擦去原存内容,再用专门写入器改写内容,因此又称 UVEPROM。实际工程中,用 $12mW/cm^2$ 的紫外线(或 X 射线)灯,相距存储器芯片 3cm,进行照射 10 ~ 20min,就可把 EPROM 中的原存全部信息抹去,并成为全"1"状态。然后,再根据用户程序,用加电压的手段使要存入"0"的那些存储位进行写"0",而对那些要存"1"的存储位不加电压,仍保存原有的"1"代码。

若需要重复改写就按上述过程反复进行,但这种重复改写的次数也是有限的。

在计算机中,UVEPROM 被广泛使用,如今大量生产的 16K 位芯片品种很多,典型的产品如 Intel 2716。另外,容量为 32K 位、64K 位以及 128K 位和 256K 位的 EPROM 也相继推出。

必须注意,EPROM 芯片在储藏时要避免阳光和室内日光灯的直接照射,因为它们都有一定数量的紫外光,将会引起芯片局部擦除内容或部分功能损伤。另一方面,有关 MOS 器件的防静电效应也是十分重要的。

2. EPROM 芯片举例——Intel 2716

Intel 2716 是 16K 位,可组成容量为 2K × 8 的紫外线擦除的 EPROM。下面介绍它的功能。

2716 芯片共有 24 个引脚,其中地址线 11 根,即 A_{10} ~ A_0。因为 2716 的容量是 2K × 8,所以用 11 位地址码对 2KB 进行寻址。8 位数据输出线 D_7 ~ D_0,并带有三态控制门。有两根控制线,一根是 $\overline{CS}$ 片选信号端,当 $\overline{CS}$ 为低电平有效,此时该芯片被选中允许输出。否则 $\overline{CS}$ 为高电平时,该芯片未被选中;另一根是 PD/$\overline{PGM}$ 线。有两根电源线,在正常读数时,只需要单一的 +5V 电源 V_{CC};当写入程序时(即编程方式下)才用到 V_{PP} = +25V。在正常读数时,V_{PP} = +5V。现将其引脚功能归纳如表 6-1 所示。

表 6-1 2716 芯片引脚功能

引　　脚	功　　能
A_{10} ~ A_0	地址线
PD/$\overline{PGM}$	功率下降(后备线)/编程
$\overline{CS}$	片选
D_7 ~ D_0	输出数据线

2716 芯片的引脚功能如图 6-10 所示。

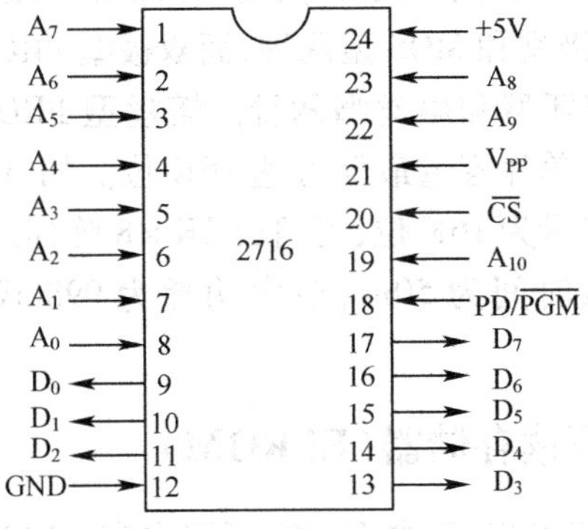

图 6-10 2716 芯片的引脚功能

6.3.4 电擦除可编程的只读存储器(EEPROM)

1. 电可擦除只读存储器——EEPROM

电可擦除只读存储器(Electrically Erasable Programmable ROM,EEPROM)是在EPROM的基础上开发出来的,其可以在加电的情况下擦除存储器的全部或某一部分内容,然后在电路上直接改写其擦除过的单元内容。EEPROM的内部电路与EPROM电路类似,但其FAMOS中的结构进行了一些调整,在浮栅上增加了一个隧道二极管(实际上是在浮栅与N型的衬底形成一层薄薄的氧化层后形成的),在编程时可以使电荷通过它流向浮栅,而擦除时可使电荷通过它流向漏极,它不需要紫外光激发放电,即擦除和编程只需加电就可以完成了,且写入的电流很小。图6-11给出了EEPROM编程单元的内部结构。

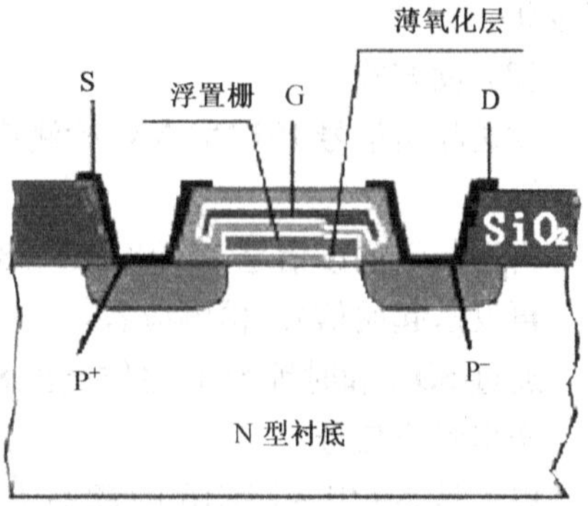

图6-11 EEPROM编程单元的内部结构

2. EEPROM AT24CXX系列串行只读存储器实例

AT24CXX系列串行只读存储器是一系列电可擦除只读存储器,下面介绍AT24C01存储器。其参数指标如下:

低压和标准电压工作($V_{cc}=1.8\ V-5.5\ V$),128×8(1K)存储空间,2线串行总线,斯密特触发,噪声抑制滤波输入。Bi方向传输协议,100kHz(1.8V,2.5V,2.7V)和400kHz(5V)兼容传输速率,硬件数据写保护引脚,8位页写模式,允许局部页写操作,器件内部写周期最大10ms,高可靠性,1万次的写周期,100年的保存时间。有8pinPDIP、8pinJEDEC SOIC、8pinMAP和8pinTSSOP 4种封装形式,可将其引脚功能归纳如表6-2所示。

表6-2 AT24C01芯片引脚功能

引　　脚	功　　能
$A_0\sim A_2$	地址线
SDA	串行数据线
SCL	串行时钟输入
WP	写保护
NC	无连接线

AT24C01芯片引脚功能如图6-12所示。

3. I²C总线EEPROM AT24CXX编程原理简述

AT24CXX系列EEPROM为I²C总线存储器,具有I²C总线的单片机,编程较简单,如果无I²C总线接口的单片机,只要具有两个I/O口均可用模拟软件的方法对其进行读写,编程较复杂。以24C01为例,工作原理如下:

(1) 写方式

先向24C01发出一个1-0的起始信号,根据访问的地址发送一个1010XXX0信号,如果是24C01,则XXX全为0000,因为24C01地址空间为00H~7FH。注意是逐位送出的。

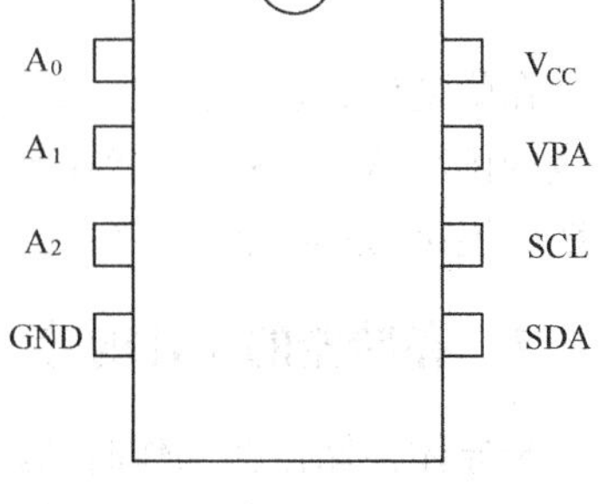

图6-12 AT24C01芯片引脚功能

然后等待24C01(SDA)上的应答信号,低电平有效。

如果没有收到应答信号,继续发送开始信号。得到应答,根据访问的地址单元发送地址信号(8bit),也需检测应答信号。

再发送数据信号,将数据(8bit)写入24C01中,也查询应答信号。收到应答信号后发送停止信号0-1。

(2) 读方式

发送起始信号1010XXXX,检测应答信号,先虚写。根据访问的地址发送一个地址信号,检测应答。

再送访问的读信号1010XXX1 (8bit),检查应答。

再发送起始信号,检测应答。

通过SDA和时钟SCL逐位读出8bit数据。

送出停止信号。

以上是24C01~24C16的读写方式(格式),24C32~24C64,以及24C128、256、512有所差别,请参考其技术手册。

(3) AT24CXX的地址空间

AT24C01: 00H~7FH 128×8bit

AT24C02: 00H~FFH 256×8bit

AT24C04: 000H~1FFH 512×8bit

AT24C08: 000H~3FFH 1024×8bit

AT24C16: 000H~7FFH 2048×8bit

AT24C32: 000H~FFFH 4096×8bit

AT24C64: 0000H~1FFFH 8192×8bit

AT24C128: 0000H~3FFFH 16384×8bit

AT24C256: 0000H~7FFFH 32768×8bit

AT24C512: 0000H~FFFFH 65536×8bit

4. ZY24CXX读写码器

ZY24CXX读写码器专门对AT24C01、AT24C02、AT24C04、AT24C08和AT24C16等I^2C EEPROM(电写电擦存储器)进行读和写操作,同样可对其他24CXX系列芯片(如HT24CXX)进行读写,可对任意地址的数据进行读写和修改,方便快捷,稳定可靠,无须使用计算机连接。可适合对使用这类存储器的产品生产提供支持工具。

6.4 存储器与CPU的连接

在微型计算机中,CPU对存储器进行读写操作,首先要由地址总线给出地址信号,然后发出相应的读写信号,最后才能在数据总线上进行信息交流。所以,存储器与CPU的连接主要指地址线的连接、数据线的连接和控制线的连接。

6.4.1 存储器的工作时序

半导体存储器在工作时,有其固有的读写时序。在与CPU协调工作时,要求CPU能提供合适的时序信号,否则,存储器就不能正确地进行读/写。

1. 存储器的读周期

存储器的读周期，就是从存储器读出数据所需的时间，其时序如图 6-13 所示。

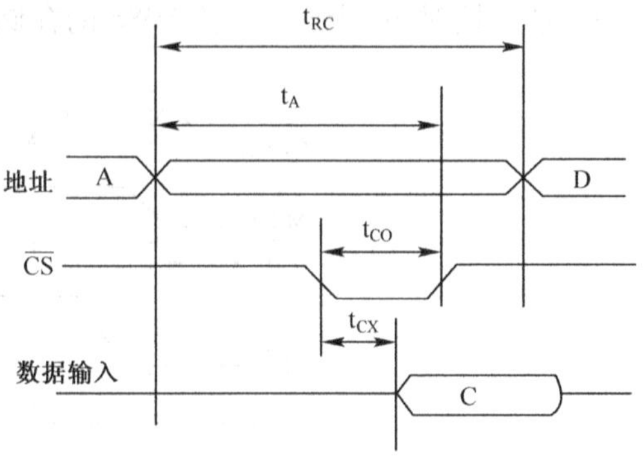

图 6-13　存储器的读周期

从存储器读出数据，首先要向存储器发送地址信号，接着发送输出允许信号$\overline{CS}$，从$\overline{CS}$有效经过 t_{cx}，数据从存储器读出，出现在外部数据总线上（图中 C 点）。而从$\overline{CS}$有效经过 t_{co}，数据即稳定在外部数据线上，而所谓读取时间，就是从地址有效的 A 点，到读出数据稳定在外部数据总线上的时间 t_A。t_A 总要比 t_{co}大，一般将地址有效到数据有效之间的时间 t_A 作为读取时间。MOS 存储器的读取时间一般在 50 ~ 500 ns 之间。为了在 t_A 时间之后读出的数据稳定出现在外部数据总线上，就要求$\overline{CS}$信号最迟在地址有效之后的 $t_A \sim t_{co}$有效，否则，在地址有效后，经过存储器读出的数据，只能保持在内部数据总线上，而不能送到外部数据总线上。

另外，需要提到的是这里所说的读取时间，并不是读周期。数据经过一个读取时间 t_A 从存储器读到数据总线后，并不能立即启动下一个读操作，还需要一定的时间进行内部操作，也就是说数据读出后需要一定的恢复时间。读周期是存储器两次连续的读操作所必须间隔的时间，读取时间 t_A 加上恢复时间才是读周期时间，即图中标示的 t_{RC}，也就是 A 点到 D 点的时间长度。

2. 存储器的写周期

图 6-14 所示为存储器的写周期时序。

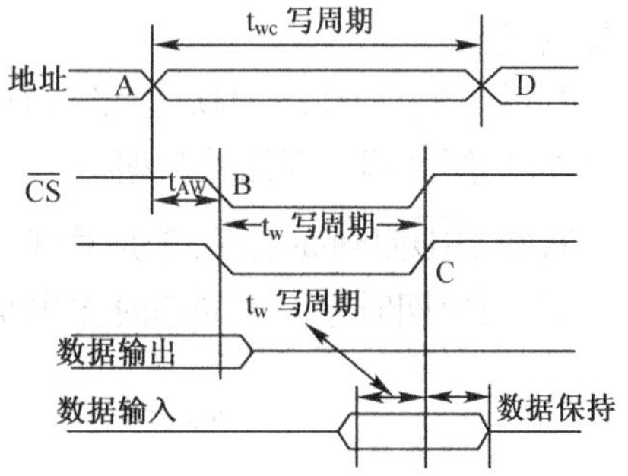

图 6-14　存储器的写周期

将数据写入存储器，首先要提供写入地址到存储器。图中从 A 点开始，经过 t_{AW}时间，在 B 点处地址有效，即 B 点开始提供片选信号$\overline{CS}$，同时提供写信号$\overline{WE}$，接着就可以输入数据进行写入了。

图 6-14 中，t_{AW}是地址建立时间，t_W 是写脉冲宽度。t_W 要保持一定的宽度，但也不能太长，在地址变动期间，$\overline{WE}$必须为高，否则可能会导致误写入。为保证在片选信号和读/写信号无效前能将数据可靠写入，要求写入的数据必须在 t_{DW}之前已稳定出现在数据线上，t_{DW}为数据有效时间。

如图 6-14 中所示，存储器的写周期即是 A 点到 D 点的时间，它是地址建立、写脉冲宽度和写操作恢复时间三者的总和。

3. 8086CPU 对存储器的读/写时序

8086CPU 在与存储器进行联机工作时，是通过地址、数据、状态控制这 3 组总线来进行的。CPU 为了实现存储器的读/写，要执行一个总线周期来实现。一个总线周期包括 4 个 T 状态，在第 3 个 T 状态 T_3 时，CPU 检查存储器的状态，若发现存储器未准备好，则在 T_3 之后自动插入等待状态 T_W，用以协调快速 CPU 与慢速存储器之间的匹配关系。

1）读周期时序。图 6-15 为 8086 的存储器读周期时序。

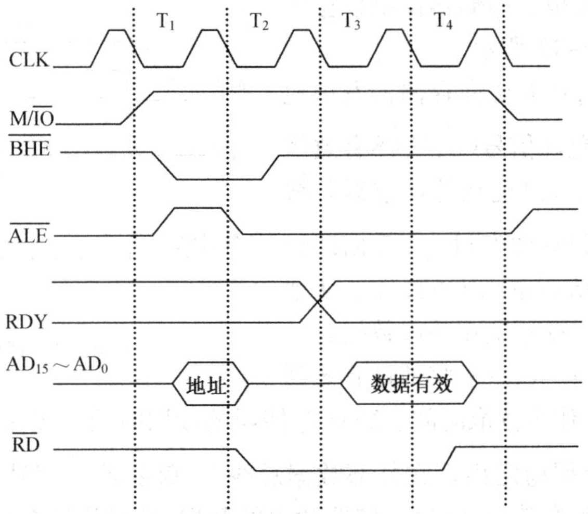

图 6-15　8086 存储器读周期

在总线周期的 T_1 状态，由总线送来 $M/\overline{IO}$、$\overline{BHE}$和$\overline{ALE}$信号，$M/\overline{IO}$升起并在 $T_1 \sim T_4$ 期间一直保持高电平，表示现在进行的是存储器周期，而不是 I/O 周期。在地址锁存允许信号的后沿，将总线送来的地址信号，锁存到存储器的总线驱动器的锁存器中。高 8 位（$D_{15} \sim D_8$）允许信号$\overline{BHE}$和 A_0 信号相结合，以决定当前是存取一个字还是一个字节。例如，$\overline{BHE}$为低电平而 A_0 为高电平，表示访问高字节。

T_2 中，置总线 $AD_{15} \sim AD_0$ 为高阻态，为接收数据作准备。同时，CPU 发来读信号 RD，并一直维持到 T_4。

T_3 中，总线 $AD_{15} \sim AD_0$ 上出现有效的数据信号，这时存储器向 CPU 发一个"准备好"信号，于是 CPU 便可读取存储器数据。

T_4 时，$\overline{RD}$回到高电平，于是总线 $AD_{15} \sim AD_0$ 又回到高阻态。

2）写周期时序。写周期时序也是由 $T_1 \sim T_4$ 组成的，如图 6-16 所示。

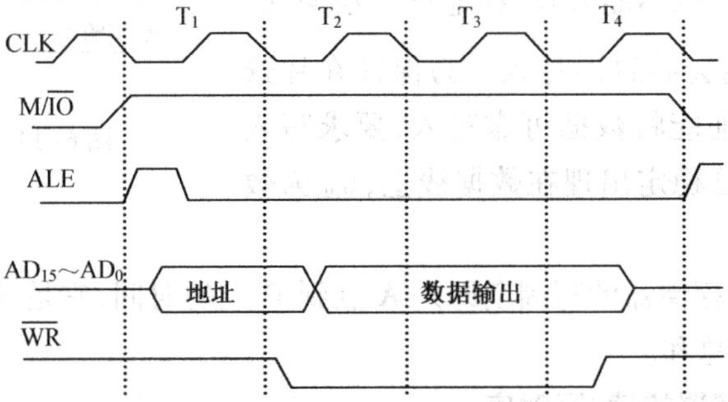

图 6-16　存储器写周期

在 T_1 时 CPU 发出 $M/\overline{IO}$、ALE 和地址信号，在 ALE 后沿，将地址信号锁存到存储器的地址总线驱动器中。在 T_2 时，写入数据送来，并一直维持到 T_4。T_2 中发来的写信号$\overline{WR}$也一直维持到

T_4。T_3 时写入，若存储器“未准备好”信号有效，则 T_3 后插入 T_W 等待。T_4 时撤销 $\overline{WR}$，存储器撤销总线驱动，写操作结束。

6.4.2 存储器与 CPU 连接时要注意的问题

1. CPU 总线的负载能力

一般情况下，CPU 总线的直流负载能力可带动一个标准的 TTL 门。当总线上连接若干个存储器芯片时，在系统硬件设计时要仔细计算所有芯片的负载电流是否超过 CPU 总线的负载能力。尽管 MOS 电路的直流负载很小，但它还有电容负载。当系统硬件规模不大，CPU 总线上所连接的芯片数量不多时，存储器可通过总线直接与 CPU 相连。若系统规模大，就必须对总线增加总线驱动器（缓冲器）来提高总线的负载能力。

2. CPU 的时序与存储器的存取速度之间的配合

CPU 在取指令和进行读出操作时，都是在相应的时序控制下进行的，如读周期和写周期，已根据时钟频率和机器运算速度确定好范围。那么，在选用存储器时，它的最大存取时间要小于 CPU 安排的读写周期。否则，要使 CPU 插入等待周期，才能保证读写数据的可靠传送，因此一般情况下不希望这样。

3. 存储器的电平信号与 CPU 的电平匹配

CPU 的信号电平多为 TTL 标准电平。当选用的存储器电平不相匹配时，它不能与 CPU 直接相连，必须经缓冲器进行电平转换。

4. 存储器的地址要合理分配

通常在微型机的主存中有 RAM 和 ROM（EPROM）两部分。它们在地址空间中要进行合理的分配，每个机器系统都事先设计好存储地址分配表，机器操作和编程人员都应共同遵守这个地址分配表的约定。

5. 控制信号的连接

CPU 到存储器的控制信号，一般包括读写控制信号、片选信号、复位信号、刷新信号（对动态 RAM）等，在常规情况下存储器可直接连接这些控制信号。若对某些存储器有特殊要求时，需增设相应的接口逻辑予以补充。

6.4.3 常用的译码电路

由于在存储器与 CPU 连接时，不仅仅要考虑地址、数据和控制总线的连接，还要考虑实现这 3 种信息传送的有关电路，如地址译码器与锁存器、数据缓冲、控制信号的传递与加工等因素，而这些因素中最重要的便是地址译码器。因为地址译码器直接决定了存储器的地址分配、首末地址等，所以这里有必要介绍一下一种常见的3:8 译码器 74LS138，图 6-17 所示为该译码器的引脚图。

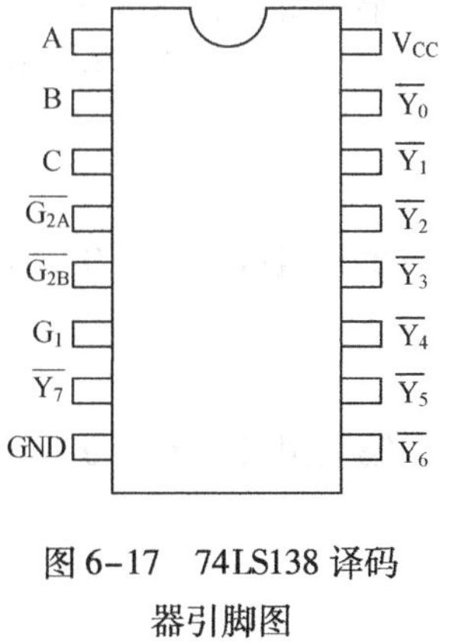

图 6-17 74LS138 译码器引脚图

74LS138 有 3 个输入端 A、B、C 和 8 个输出端 $\overline{Y_0}$、$\overline{Y_1}$、$\overline{Y_2}$、$\overline{Y_3}$、$\overline{Y_4}$、$\overline{Y_5}$、$\overline{Y_6}$、$\overline{Y_7}$，3 个使能端 G_1、$\overline{G_{2A}}$、$\overline{G_{2B}}$。其中，3 个输入端 A、B、C 和 8 个输出端的关系如表 6-3 所示。

当然，74LS138 译码器能正常工作，相应的 3 个使能信号必须均有效。下面利用 74LS138 译码器连接几个实用的存储器。

表 6-3　74LS138 引脚关系表

C	B	A	$\overline{Y_0}$	$\overline{Y_1}$	$\overline{Y_2}$	$\overline{Y_3}$	$\overline{Y_4}$	$\overline{Y_5}$	$\overline{Y_6}$	$\overline{Y_7}$
0	0	0	0	1	1	1	1	1	1	1
0	0	1	1	0	1	1	1	1	1	1
0	1	0	1	1	0	1	1	1	1	1
0	1	1	1	1	1	0	1	1	1	1
1	0	0	1	1	1	1	0	1	1	1
1	0	1	1	1	1	1	1	0	1	1
1	1	0	1	1	1	1	1	1	0	1
1	1	1	1	1	1	1	1	1	1	0

6.4.4　存储器与 CPU 的连接举例

【例 6-1】若在一微机中，存储器结构如图 6-18 所示，试问该存储系统的首地址、末地址为多少？

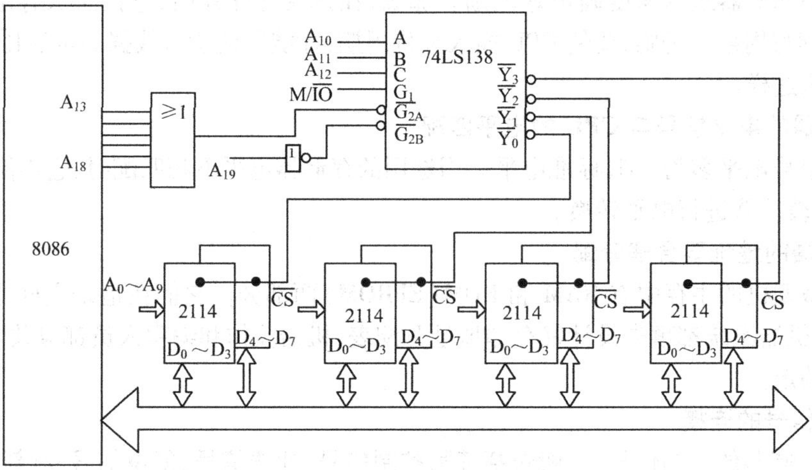

图 6-18　存储器举例一

首先分析一下该存储系统，不难发现该存储系统用的是 2114 芯片，而 2114 芯片为 1K×4 的存储芯片，所以每两片构成一个 1KB 容量的存储器。又据 74LS138 上各信号的联络方法，不难发现该存储系统的地址如下。

第一组：A_{19} A_{18} A_{17} A_{16} A_{15} A_{14} A_{13} A_{12} A_{11} A_{10} A_9 A_8 A_7 A_6 A_5 A_4 A_3 A_2 A_1 A_0

1 0 0 0 0 0 0 0 0 0 0 0 0 0 0 0 0 0 0 0

1 1 1 1 1 1 1 1 1 1

地址为 80000H～803FFH

第二组：1 0 0 0 0 0 0 0 0 1 0 0 0 0 0 0 0 0 0 0

1 1 1 1 1 1 1 1 1 1

地址为 80400H～807FFH

第三组：1 0 0 0 0 0 0 0 1 0 0 0 0 0 0 0 0 0 0 0

1 1 1 1 1 1 1 1 1 1

地址为 80800H～80BFFH

第四组:1 0 0 0 0 0 0 0 1 1 0 0 0 0 0 0 0 0 0 0

1 1 1 1 1 1 1 1 1 1

地址为 80C00H ~ 80FFFH

显然,在实现存储器与 CPU 连接时必须明白片内用了多少条地址线,片外又用了多少条地址线。

那么,当同一存储系统中采用不同片内地址线的芯片时,应该如何译码呢?

【例 6-2】 今有 2114 芯片(1K ×4)、2716 芯片(2K ×8)芯片若干,构成一个 4KB 容量的存储系统,需要有 2KB 的 RAM 和 2KB 的 EPROM,该如何连线?

2114 片内有 10 条地址线,而 2716 片内有 11 条地址线,显然,在译码时应该利用除了 $A_0 \sim A_{10}$ 之外的 9 条地址线参加 138 译码。正确的画法如图 6-19 所示。

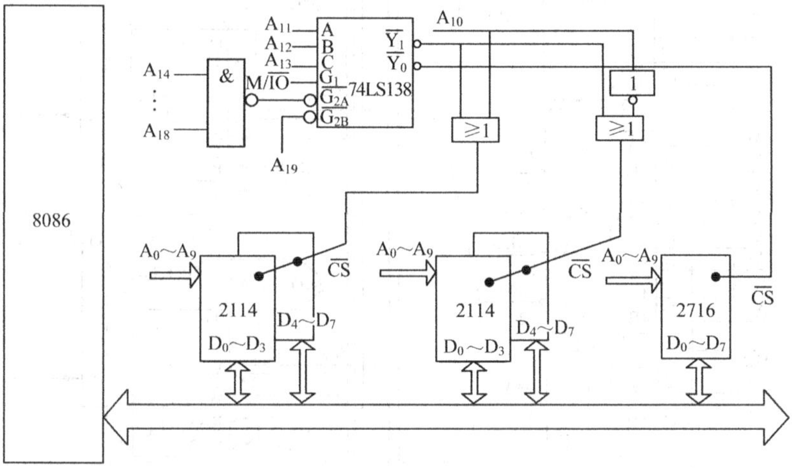

图 6-19 存储器举例二

显然据图示可知,EPROM 的地址: 7C000H ~ 7C7FFH

RAM 的地址: 7C800H ~ 7CFFFH

【例 6-3】 讨论 IBM - PC/XT 机的动态存储器系统。

根据动态 RAM 芯片的特点,在动态 RAM 与 CPU 的连接中着重要注意下面几个问题。

1. 行地址和列地址的形成

该存储系统的容量为 64K ×8 RAM,其 RAM 芯片的行地址和列地址形成电路如图 6-20 所示。

PC/XT 机中 RAM 子系统采用 4164 动态 RAM 芯片,有 4 组芯片,每组 9 片,其中 8 片构成 64KB 容量的存储器,一片用于奇偶校验位,4 组动态 RAM 芯片构成 XT 机系统板上 256 KB 容量的内存。送到每个组中的行、列地址由两片 74LS158(二选一选择器)组成的地址多路器提供。74LS158 的真值表如表 6-4 所示。

表 6-4 74LS158 的真值表

控　制	输　入	输　出
S	1A ~4A,1B ~4B	1Y ~4Y
L	×	Y = A
H	×	Y = B

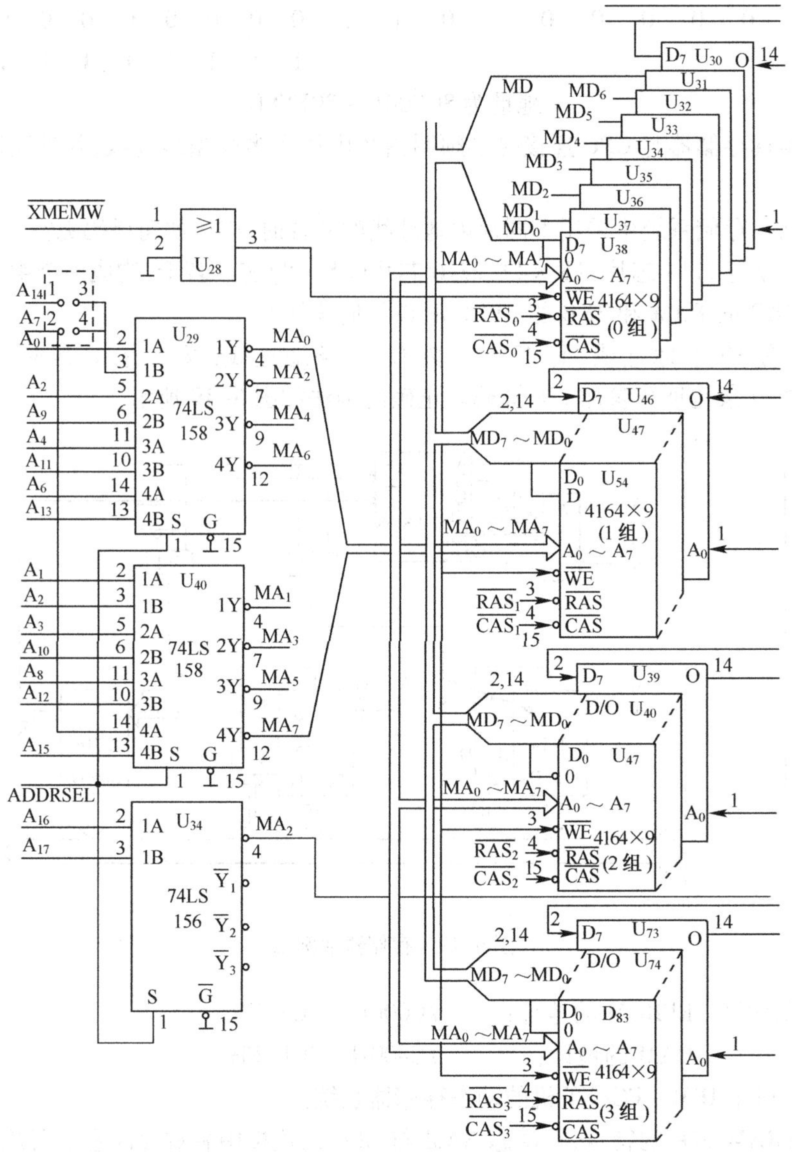

图 6-20　行地址和列地址形成电路

2. $\overline{\text{RAS}}$和$\overline{\text{CAS}}$的产生

$\overline{\text{RAS}}$和$\overline{\text{CAS}}$信号产生电路如图 6-21 所示。

该电路产生 4 组动态 RAM 存储器的$\overline{\text{RAS}_0}$ ~ $\overline{\text{RAS}_3}$和$\overline{\text{CAS}_0}$ ~ $\overline{\text{CAS}_3}$。由两级地址译码器组成。第二级译码器由两片 74LS138 组成，U_{56}产生行地址选通信号$\overline{\text{RAS}_0}$ ~ $\overline{\text{RAS}_3}$；U42 产生列地址选通信号$\overline{\text{CAS}_0}$ ~ $\overline{\text{CAS}_3}$。第二级译码器工作需满足以下 3 个条件：①第一级译码器的输出 Q_0 = "H"；②非刷新操作，$\overline{\text{DACK}_0\text{BRD}}$ = "H"（无效电平）；③有存储器读或写信号$\overline{\text{XMEMR}}$、$\overline{\text{XMEMW}}$。

$\overline{\text{CAS}}$译码器工作条件还需满足下面 3 个条件中的一个：①$\overline{\text{AEN}}$ = "L"（有效），DMA 操作；②$\overline{\text{MEMR}}$ = "L"（有效），即存储器读；③ $\overline{\text{MWTC}}$ = "L"（有效），即存储器写。

图中延迟线 TD_1 使 U_{42}滞后 U_{56}工作，以满足 CAS 比$\overline{\text{RAS}}$滞后有效。

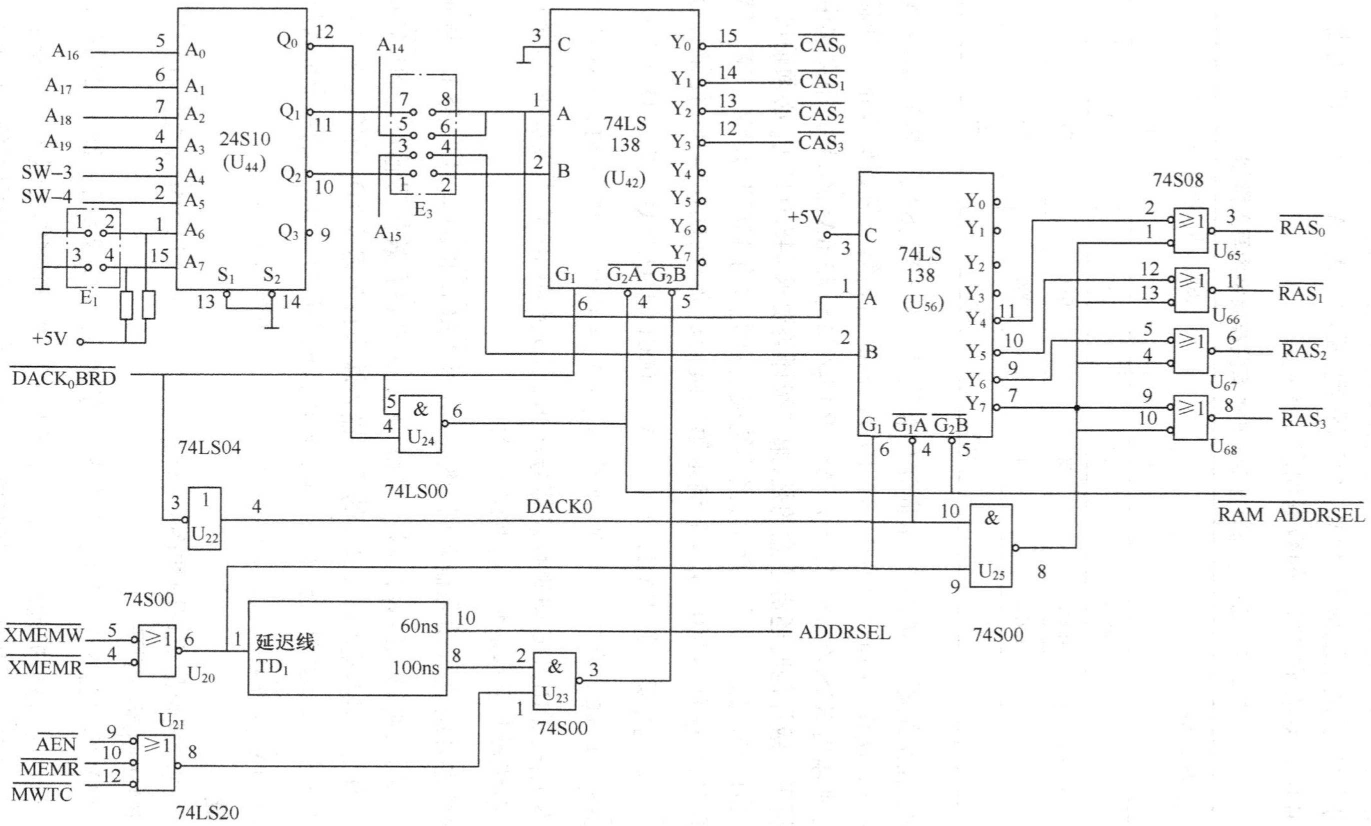

图6-21 $\overline{RAS}$和$\overline{CAS}$信号产生电路

第一级译码器由24S10(U_{44})组成,这是一个256×4位的ROM,在256个4位存储单元中,预先写入适当数值,地址线 $A_7 \sim A_0$ 用来选择其中一个存储字(4位数据 $Q_3Q_2Q_1Q_0$),S_2,S_1 为输出控制端,当 S_2S_1 = "LL"时,24S10的 $Q_3 \sim Q_0$ 端有输出;$Q_3 \sim Q_0$ 的输出值随 $A_7 \sim A_0$ 的地址信号而异,$A_0 \sim A_3$ 接系统地址线高4位 $A_{16} \sim A_{19}$;A_4,A_5 接系统板上配置开关位3和4——SW_3,SW_4(SW_3 和 SW_4 的状态,反映系统板上RAM的配置情况,见注);A_6、A_7 恒为"H",根据第二级译码要求,24S10芯片中有关单元应写入的数据如表6-5所示。

表6-5　第一级译码器24S10中有关存储字内写入数据

总线地址 \ $Q_2\ Q_1\ Q_0$		SW_4、SW_3(即24S10的 A_5、A_4)			
		00	01	10	11
$A_{19} \sim A_{16}$(即24S10的 $A_3 \sim A_0$)	0000	001	001	001	001
	0001	000	011	011	011
	0010	000	000	101	101
	0011	000	000	000	111

从上表可见,在系统板上RAM容量固定的情况下(即 SW_4、SW_3 固定),$A_{19} \sim A_{16}$ 为0000、0001、0010、0011时,Q_2Q_1 分别对应为00,01,10,11,同时加到第二级译码器的选择输入端B和A,经译码后,分别输出 RAS_0/CAS_0,RAS_1/CAS_1,RAS_2/CAS_2 和 RAS_3/CAS_3,用以选中四组RAM中的一组。分析第一级译码时还需注意的是,第二级译码要求24S10的 Q_0 必须输出"H"才能正常工作,在表中也应满足这一要求。例如,当系统板上只配置有128KB RAM, SW_3、SW_4 = 01,当 $A_{19} \sim A_{16}$ = 0000时,$Q_2Q_1Q_0$ = 001,Q_0 = 1满足第二级译码要求,Q_2Q_1 = 00,使第二级译码输出 $\overline{RAS_0}$ = L, $\overline{RQS_3}$ = L,选中第一组RAM;当 $A_{19} \sim A_{16}$ = 0001时,$Q_2Q_1Q_0$ = 011,Q_0 = 1,Q_2Q_1 = 01输出 $\overline{RAS_1}$ = L, $\overline{RAS_3}$ = L,选中第二组RAM;而当 $A_{19} \sim A_{16}$ = 0010和0011时, $Q_2Q_1Q_0$ = 000,Q_0 = 0,第二级译码不工作,无 $\overline{RAS}$,$\overline{CAS}$ 的有效信号输出,第3、4组RAM不被选中,这是符合实际情况的,因为此时系统板上根本未装上这两组RAM。

当动态RAM芯片组进行动态刷新时,图6-21中 $\overline{DACK_0BRD}$ = "L",经 U_{24} 与非门后输出"H"使 U_{43} 和 G_{2A} 无效,则第二级译码器不工作,无 $\overline{RAS}$、$\overline{CAS}$ 有效信号输出。而 $\overline{DACK_0BRD}$ 又经非门 U_{71} 反相为"H",送到与非门 U_{69},U_{69} 的另一输入端来自延迟线 TD_1 的输入端,当XMEMW或XMEMR有效时,TD_1 输入为"H",经 U_{69} 与非后输出低电平信号加到 U_{55} 的4个负或门,同时输出四组RAM芯片的 $\overline{RAS_0} \sim \overline{RAS_3}$,这正是动态RAM芯片刷新所要求的。

3. 刷新电路

PC/XT机中刷新逻辑的原理图如图6-22所示。这是一个以DMA(直接存储器存取)控制方式进行动态RAM刷新的例子。

4164动态RAM容量为64K×1位,有64K个存储单元,分成4个128×128的存储矩阵,每当 $\overline{RAS}$ = "L"(有效)时,将根据地址线 $A_6 \sim A_0$ 的值对每个矩阵相应地进行一次刷新,共刷新4×128个存储单元。要求2ms内对全部存储单元刷新一遍,则每一行刷新的时间间隔为2ms/128 = 15.625μs。在PC/XT机中采用15μs。

在图6-22中,15μs的时间间隔由定时器(采用8253可编程间隔计时器芯片)发出,作为DMAC(DMA控制器采用8237芯片)的请求信号 $DREQ_0$,DMAC向CPU发出HOLD(总线请求信

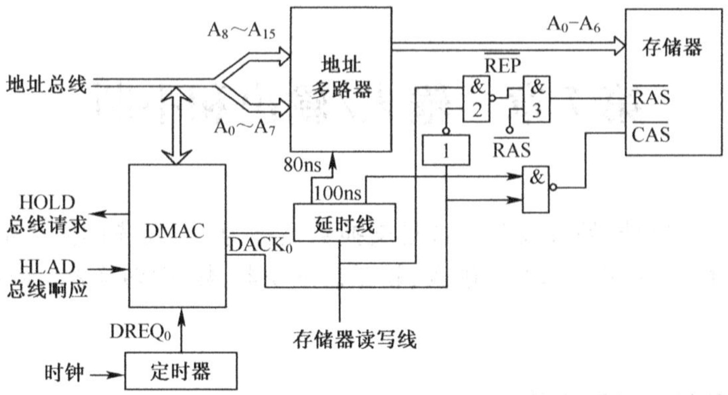

图 6-22　PC/XT 机中刷新逻辑的原理图

号)，经 CPU 允许(发出总线响应信号 HLDA)，DMAC 开始一次刷新操作，送出 $\overline{DACK_0}$(即图 6-22 中的 $\overline{DACK_0}$)经非门 1、非门 2、非门 3 后产生 5 组动态 RAM 芯片所需的 $\overline{RAS_0} \sim \overline{RAS_3}$ 有效信号，同时，DMAC 发出刷新地址 $A_6 \sim A_0$ 送到动态 RAM 各组芯片，在 $\overline{RAS}$ 有效信号作用下，对指定行(5×128 个存储单元)进行刷新。完成一次刷新后，DMAC 内部将地址自动加 1，等待下一次刷新请求。DMAC 完成一行刷新的时间为 5T = 850 ns，占整个刷新周期 15 μs 的 1/18。

6.5　习题

1. 内存和外存的功能如何？它们有什么联系和区别？

2. 高速缓冲区有什么功能？

3. RAM 和 ROM 有什么区别？

4. 利用若干 2114 芯片和 2716 芯片采用 75LS138 译码，构成 7KB 容量的存储器，要求有 5KB RAM 及 2KB ROM，请设计电路图。

5. 常见的存储芯片有哪些？它们的容量是多少？

第7章 输入/输出和中断

计算机通过I/O接口同外部设备或现场交换数据称为“输入/输出”。在微型计算机系统中，常用的外设有键盘显示器、打印机、硬盘、软磁盘驱动器、数/模转换器、模/数转换器、调制解调器和鼠标。

7.1 外设接口的一般结构

一个简单的外设接口框图如图7-1所示，从图可以看出CPU通过一个外设接口同外设之间交换的信息主要有3类：数据信息、状态信息和控制信息。

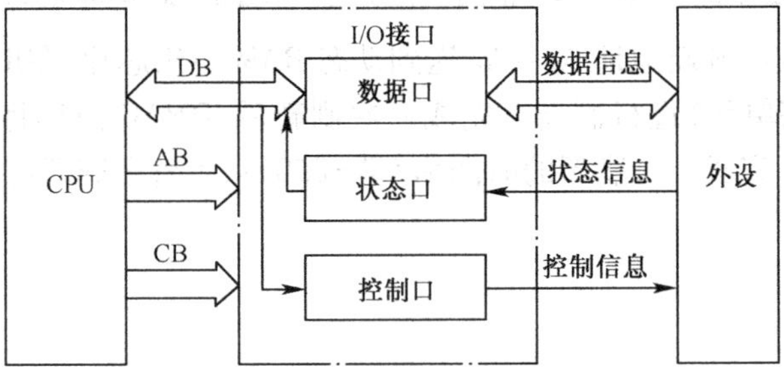

图7-1 一个简单的外设接口

7.1.1 数据信息

在微型机中，数据大致为以下3种基本类型。

1. 数字量

由键盘、光电输入机等读入的信息是以二进制形式表示的数或以ASCII码表示的数或字符。

2. 模拟量

当计算机用于控制时，大量的现场信息经过传感器把非电量（例如温度、压力、流量等）转换为电量，并经过放大得到模拟电压或电流。我们称这种模拟现场各种物理量的电量为模拟量。这些模拟量必须经过A/D转换才能输入计算机，计算机的输出也必须先经过D/A转换才能控制执行机构。

3. 开关量

开关量是一些状态量，如电动机的运转与停止、开关的合与断等。这些量用一位二进制数表示即可，故字长为16位的微机（一次输入或输出）可控制多个这样的开关量。

7.1.2 状态信息

状态信息表示外设当前所处的工作状态，例如，READY（准备好信号）表示输入设备已经准备好信息，CPU可执行输入指令从该外设输入数据；BUSY（忙信号）表示输出设备正在输出信息，即在“忙”着，同时也等于指示CPU等待。

7.1.3 控制信息

控制信息是由 CPU 发出的，用于控制 I/O 接口的工作方式以及外设的启动和停机等。状态信息和控制信息以及数据信息，通常以数据形式通过数据总线传送，这些信息在 I/O 接口中分别存放在不同的端口中，所谓端口是一些可以由 CPU 读或写的寄存器。通常这些端口分为“数据口”“状态口”和“控制口”，分别存放数据信息、状态信息和控制信息，在一个 I/O 接口中往往需要几个端口才能满足和协调外设工作的要求。CPU 通过访问这些端口来了解外设的状态、控制外设的工作以及与外设进行数据交换。

7.2 CPU 与外设交换数据的方式

在计算机的操作过程中，最基本和最大量的操作是数据传送。在微机系统中，数据主要在 CPU、存储器和 I/O 接口之间传送，在数据传送过程中，关键问题是数据传送的控制方式。按照 I/O 控制组织的演变顺序以及外设与主机并行工作的程度，微机系统中数据传送的控制方式有程序控制方式和 DMA（直接存储器存取）方式。

7.2.1 程序控制传递方式

程序控制的数据传送分为无条件传送、查询传送和中断传送。这类传送方式的特点是：以 CPU 为中心，数据传送的控制来自 CPU，通过预先编制好的输入或输出程序（传送指令和 I/O 指令）实现数据的传送。这种传送方式的数据传送速度较低，传送路径经过 CPU 内部的寄存器，同时数据的输入/输出的响应比较慢。

1. 无条件传送方式

无条件传送方式又称同步传送方式。主要用于外设工作的时间已知的场合，外设必须在微处理器限定的指令时间内准备就绪，并完成数据的接收或发送。通常采用的办法：把 I/O 指令插入到程序中，当程序执行到该 I/O 指令时，外设必定已为传送数据作好了准备，于是在此指令时间内完成数据传送任务。无条件传送是最简单的传送方式，它所需要的硬件和软件都很少。

一个无条件传送方式的例子如图 7-2 所示，这是一个同步传送的数据采集系统。图中 U_5 为继电器（U_{5a}为继电器的 8 个控制触点，U_{5b}为继电器的 8 个线圈），继电器线圈 $P_0 \sim P_7$ 分别控制 8 个触点 $K_0 \sim K_7$ 逐个接通，对 8 个输入模拟量进行采样，采样输入之模拟量送入一个 4 位十

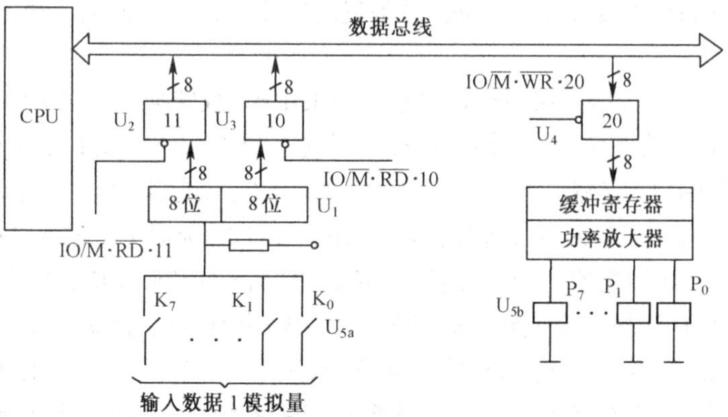

图 7-2 无条件传送

进制数字电压表 U_1 测量，把被采样的模拟量转换成16位BCD码(4位十进制数)，高8位和低8位通过两个8位端口 U_2(端口地址为11H)和 U_3(端口地址为10H)送上系统的数据总线，CPU通过IN指令读入转换后的数字量。至于究竟采样哪一通道的模拟量，则由CPU通过 U_4(端口地址为20H)输出控制信号，以实现对不同通道模拟量的采样("0"使线圈P的电流"断"；"1"使线圈P的电流"通")。

以下程序可以用来实现图7-2电路的数据采样。

```
START: MOV   DX ,0100H          ;01H→DH,设置闭合第一个继电器代码
                                ;00H→DL,设置断开所有继电器代码
       LEA   BX,DSTOR           ;输入数据缓冲区的地址偏移量→ BX
       XOR   AL,AL              ;清 AL 及进位标志
AGAIN: MOV   AL,DL
       OUT   20H,AL             ;断开所有继电器线圈
       CALL  NEAR DELAY1        ;模拟继电器触点的释放时间
       MOV   AL,DH
       OUT   20H,AL             ;使 P0 吸合
       CALL  NEAR   DELAY2      ;模拟触点闭合及数字电压表的转换时间
       IN    AX,10H
       MOV   [BX],AX
       INC   BX
       INC   BX
       RCL   DH,1               ;DH 左移一位,为下一个触点闭合准备
       JNC   AGAIN              ;8 个模拟量未输入完,循环此段程序
```

2. 查询传送方式

查询传送方式又称异步传送方式。当CPU同外设工作不同步且不知外设工作速率时，很难确保CPU在执行输入操作时，外设一定是"准备好"的，而在执行输出操作时，外设寄存器一定是"空的"。这样为保证数据传送的正确进行，提出了查询传送方式。采用这种方式传送前，CPU必须先对外设进行状态检测。完成一次传送过程的步骤如下：

1）通过执行一条输入指令，读取所选外设的当前状态。

2）根据该设备的状态决定程序去向，如果外设正在处于"忙"或"未准备就绪"，则程序转向重复检测外设状态；如果外设处于"空"或"准备就绪"，则发出一条输入或输出指令，进行一次数据传送。

一个查询传送的例子如图7-3所示，这是一个采用模/数转换器(A/D转换器)对8个模量 $IN_0 \sim IN_7$ 采样的数据采集系统。8个输入模拟量通过多路开关 U_5 选择后送入A/D转换器 U_1，多路开关 U_5 由控制端口 U_4(端口地址为04H)输出的3位二进制码(对应为 b_2、b_1、b_0 位)控制，当 $b_2b_1b_0=000$ 时选通 IN_0 输入A/D转换器，$b_2b_1b_0=111$ 时选通 IN_7 输入A/D转换器，每次只送出一路模拟量到A/D转换器。同时，由控制端 U_4 的 b_4 位控制A/D转换器的启动($b_4=1$)与停止($b_4=0$)。当A/D转换器完成转换后，READY端输出有效信号(高电平)，经过状态端口 U_2(端口地址为02H)的 b_0 位输入到CPU的数据总线，然后，经A/D转换后的数据由数据端口 U_3(端口地址为03H)输入CPU的数据总线。该数据采集系统中，采用了3个端口：数据口 U_3、控制口 U_4 和状态口 U_2。

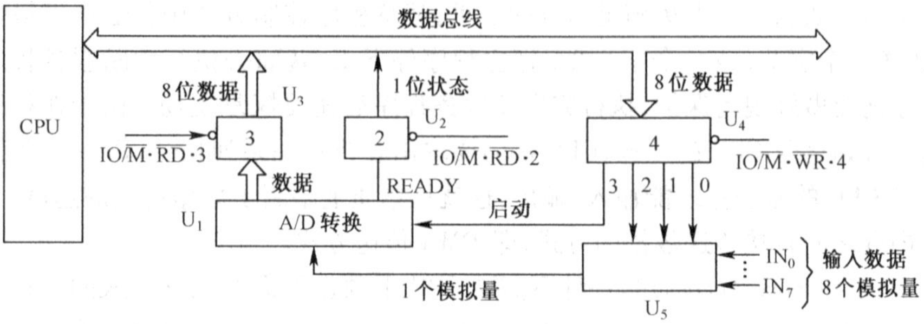

图 7-3　查询传送方式

根据上述要求，可编写如下数据采集程序：

```
START: MOV   DL,0F8H              ;设置启动 A/D 转换的信号
       MOV   DI, OFFSET  DSTOR    ;输入数据缓冲区的地址偏移量
AGAIN: MOV   AL,DL
       AND   AL,0EFH              ;使 b4 =0
       OUT   4,AL                 ;停止 A/D 转换
       CALL  DELAY                ;等待停止 A/D 操作的完成
       MOV   AL,DL
       OUT   4,AL                 ;启动 A/D 且选择模拟量 IN0
POLL:  IN    AL,2                 ;输入状态信息
       SHR   AL,1
       JNC   POLL                 ;若未 READY,程序循环等待
       IN    AL,3                 ;否则,输入数据
       STOSB                      ; 存至内存
       INC   DL                   ;修改多路开关控制信号,指向下一个模拟量
       JNZ   AGAIN                ;8 个模拟量未输入完,循环;已完,执行其他程序段
```

3. 中断传送方式

无条件传递和查询传送的缺点是 CPU 和外设只能串行工作。为了提高系统的工作效率，充分发挥 CPU 的高速运算的能力，在计算机系统中引入了“中断”系统，利用中断来实现 CPU 与外设之间的数据传送，这就是中断传送方式。

在中断传送方式中，通常在程序中安排好某一时刻启动某一台外设，然后 CPU 继续执行其主程序，当外设完成数据传送的准备后，向 CPU 发出中断请求信号，在 CPU 可以响应中断的条件下，现行主程序被“中断”，转去执行“中断服务程序”，在“中断服务程序”中完成一次 CPU 与外设之间的数据传送，传送完成后仍返回被中断的主程序，从断点处继续执行。

采用中断传送方式时，CPU 从启动外设到外设准备就绪这段时间，不像查询方式一样处于等待状态，而仅仅是在外设准备好数据传送的情况下才中止 CPU 执行的主程序，在一定程度上实现了主机和外设的并行工作。同时，如果某一时刻有几台外设发出中断请求，CPU 可以根据预先安排好的优先顺序，按轻重缓急处理几台外设同 CPU 的数据传送，这样在一定程度上也可以实现几个外设的并行工作。

7.2.2　DMA（直接存储器存取）传递方式

当某些外设，诸如磁盘、CRT 显示器、高速模/数转换器要求高速而大量传送数据时，采用程序控制方式来传送数据往往无法满足速度的要求，就拿程序控制方式中传送速度最快的中断方式而言，每传送一个字节（或一个字）就得把主程序停下来，转而去执行中断服务程序。在执行中断服务程序前要做好现场保护，执行完中断服务程序后还要恢复现场。由于在程序控制方式中数据传送过程始终受 CPU 的干预，CPU 都需要取出和执行一系列指令，每一个字节（或字）数据都必须经过 CPU 的累加器才能输入/输出，这就从本质上限制了数据传送的速度。为此，提出了在外设和内存之间直接传送数据的方式，即 DMA 传送方式。

DMA（Direct Memory Access）是一种不需要 CPU 干预也不需要软件介入的高速数据传送方式。由于 CPU 只启动而不干预这一传送过程，同时整个传送过程只由硬件完成而不需要软件介入，所以其数据传送速率可以很高。在 DMA 传送方式中，对这一数据传送过程进行控制的硬件称为 DMA 控制器（DMAC）。

1. DMA 操作的基本方法

1）周期挪用（Cycle Stealing）。利用 CPU 不访问存储器的那些周期来实现 DMA 操作，此时 DMAC 可以使用总线而不用通知 CPU 也不会妨碍 CPU 的工作。这种方法的关键是如何识别合适的可挪用的周期，以避免同 CPU 的操作发生冲突。有的 CPU 能产生一个表示存储器是否正在被用的信号（例如 M6800 的 VMA），有的 CPU 则规定在特定状态下（例如 Intel8080 的 T_4、T_5 状态）不访问存储器，此时就可用于实现 DMA 操作。周期挪用并不能减慢 CPU 的操作速度，但可能需要复杂的时序电路，而且数据传送过程是不连续和不规则的。

2）周期扩散。使用专用的时钟发生器/驱动器电路，当需要进行 DMA 操作时，由 DMAC 发出请求信号给时钟电路，时钟电路把供给 CPU 的时钟周期加宽，而提供给存储器和 DMAC 的时钟周期不变。这样，CPU 在加宽时钟周期内操作不往下进行，而这加宽的时钟周期相当于若干个正常的时钟周期，可用来进行 DMA 操作。加宽的时钟结束后，CPU 仍按正常的时钟继续操作。这种方法会使 CPU 的处理速度减慢，而且 CPU 时钟周期的加宽是有限的。因此用这种方法进行 DMA 传送，一次只能传送一个字节。

3）CPU 停机方式。在这种方式下，当 DMAC 要进行 DMA 传送时，DMAC 向 CPU 发出 DMA 请求信号，迫使 CPU 在现行的总线周期（机器周期）结束后，使其地址总线、数据总线和部分控制线处于高阻态，从而让出对总线的控制权，并给出 DMA 响应信号。DMAC 接到该响应信号后，就可以控制总线，进行数据传送的控制工作，直到 DMA 操作完成，CPU 再恢复对总线的控制权，继续执行被中断的程序。注意，采用这种方法进行的 DMA 传送期间，CPU 处于闲置状态，会降低 CPU 的利用率，而且会影响 CPU 对中断（包括不可屏蔽中断）的响应和动态 RAM 的刷新，这是需要加以考虑的。但在实际应用中，这是最常用的、最简单的传送方式，大部分 DMAC 都采用这种方式。

2. DMA 的传送方式

通常，大部分 DMAC 都有 3 种 DMA 传送方式：

1）单字节传送方式：每次 DMA 传送只传送一个字节的数据，传送后释放总线，由 CPU 控制总线至少一个完整的总线周期。然后又测试 DMA 请求线 DREQ，若有效，再进入 DMA 周期。在这种方式中要注意：①在 DMA 响应信号 DACK 有效前 DREQ 必须保持有效；②若 DREQ 在传送过程中一直保持有效，在两次传送之间也必需释放总线。

2）成组传送方式：一个 DMA 请求可以传送一组信息，这一组信息的字节数由编程决定（在 DMAC 初始化时），只要在 DACK 有效之前 DREQ 保持有效即可。一旦 DACK 有效，不管 DREQ 是否有效，DMAC 一直不放弃总线控制权，直到整个数组传送完。

3）请求传送方式：又称查询传送方式。该方式的传送类似于成组传递方式，但每传送一个字节后,DMAC 就检测 DREQ,若无效,则挂起;若有效,继续 DMA 传送直到:①一组信息传送结束;②外加信号强制 DMAC 中止操作。

3. DMAC(DMA 控制器)的基本功能

在 DMA 操作中,DMAC 是控制存储器和外设之间高速传送数据的硬件电路,是一种完成直接传送的专用处理器,它必须能够取代 CPU 和软件在程序控制传送中的各项功能。因此,DMAC 应该具有如下功能:

1)能接收外设的请求,向 CPU 发出 DMA 请求信号。

2)当 CPU 发出 DMA 响应信号后,DMAC 接管对总线的控制,进入 DMA 方式。

3)能寻址存储器,即能输出地址信息和修改地址。

4)能向存储器和外设发生相应的读/写控制信号。

5)能控制传送的字节数,判断 DMA 是否结束。

6)在 DMA 传送结束后,能结束 DMA 请求信号,释放总线,使 CPU 恢复正常工作。

以上是 DMAC 应该完成的基本功能,不同系列的 DMAC 往往附加一些新的功能,如 1 个芯片有几个通道,能在 DAM 传送结束时产生中断请求信号等。

7.3 中断技术

中断技术在现代计算机系统运行中是非常重要的技术,中断系统是随机自动连接各种程序的枢纽。

7.3.1 中断概述

什么是中断?中断是外设随机(指主程序运行到任何一条指令时)或程序预先安排产生中断请求信号,暂停 CPU 正在运行的程序,转入执行称为中断服务的子程序,中断服务完毕后,返回到主程序被中断处继续执行的过程。

引起中断的事件称为中断源,通常中断源有以下几种:

1)输入/输出设备:如键盘、显示器和打印机等。

2)数据通道:如磁带等。

3)实时控制过程中的各种参数。

4)故障源:如掉电保护等。

5)控制系统的现场测试信号以及软件中断。

为了满足上述各种条件下的要求,中断系统应具有以下功能:

1. 能实现中断响应、中断服务和中断返回

当有中断源发出中断请求时,CPU 能决定是否响应此中断,若接受这个中断请求,CPU 能在保护断点(现行 CS:IP 值)后,转去执行相应的中断服务程序,中断处理完成后能恢复断点,继续执行程序。

2. 能实现中断优先级排队

当两个或多个中断源同时提出中断请求时,CPU 要能根据各中断请求的轻重缓急程度,分别处理,即给每个中断源一个优先级别,保证首先处理优先级高的中断申请。

3. 能实现中断嵌套

若中断处理过程中又有新的优先级较高的中断请求,且当中断允许时,CPU 应能暂停正在执行的中断服务程序,转去响应并处理优先级较高的中断申请,待处理结束后,再返回原先优先级较低的中断处理过程,这种情况称为中断嵌套,也称为多重中断处理。

7.3.2 中断过程

对于不同的微机系统,CPU 中断处理的具体过程不尽相同,但是一个完整的中断过程应包括:中断请求、中断判优、中断响应、中断处理及中断返回 5 个基本过程,如图 7-4 所示。

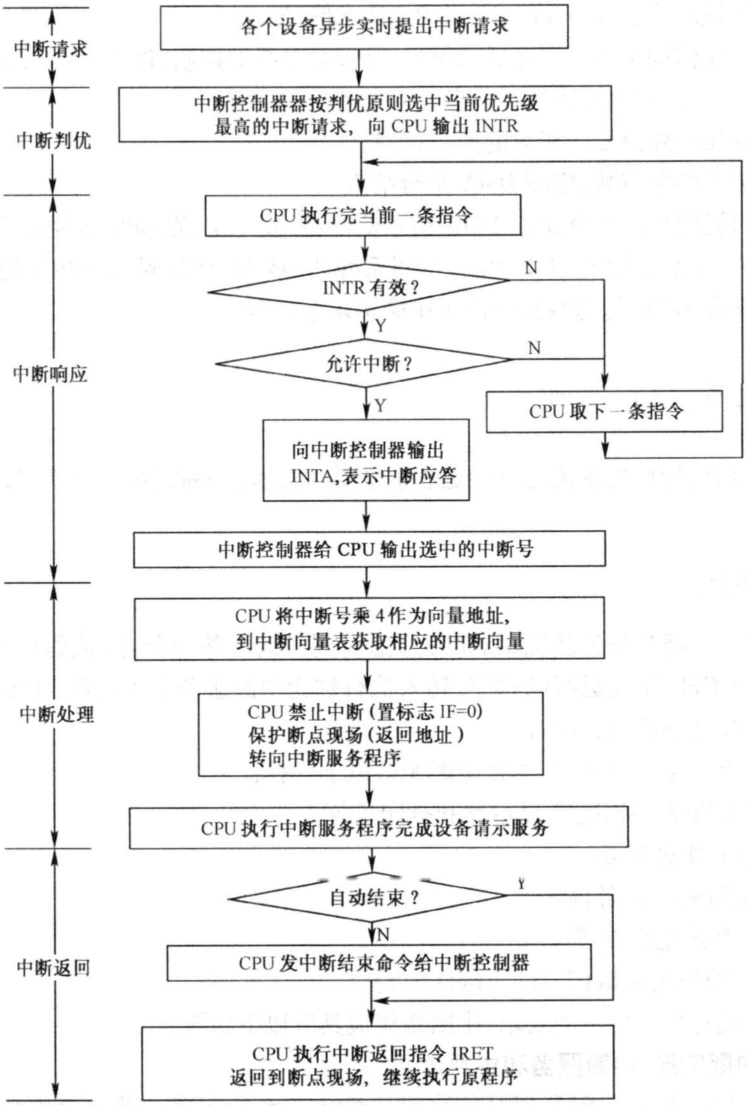

图 7-4　一个向量中断的全过程

1）中断请求。当某一外部中断源要求 CPU 中断时,首先要向 CPU 发出中断请求,该请求信号被存放在中断源接口电路的中断请求触发器中暂存,并通过 INTR 或 NMI 信号线引入 CPU 。

2）中断判优。由于中断请求是随机的,在某一瞬间有可能出现两个或两个以上中断源同时提出请求的情况。这时必须根据中断源的轻重缓急,给每个中断源确定一个中断级别—— 中断优先权。这样,在多个中断源同时发出中断请求时,中断系统能找出优先权级别最高的中断源,并首先响应它的请求,处理完毕后,再响应级别较低的中断源请求。

中断判优的另一个作用是实现中断嵌套,为此,在外部中断源的接口电路中,要设置一个中断屏蔽触发器,通过对屏蔽触发器置“1”或置“0”,实现屏蔽或允许中断源的请求,从而实现中断嵌套。

3）中断响应。该过程是中断系统中的重要一环,首先应清楚中断响应的条件。CPU 每执行完一条指令后,当查询到有中断请求且此时 CPU 允许中断(即中断允许标志位 IF = 1,开中断),CPU 才能响应中断。然后要掌握中断响应过程系统的工作,CPU 响应中断后要自动地关中断;保存 FR 和断点;形成中断入口地址。自动关中断通过使标志寄存器中的 IF 标志位清零来实现;保存断点是将被中断程序的断点,即当前 IP 和 CS 内容压入堆栈实现;形成中断入口地址是通过中断向量,查询中断地址表实现的。

4）中断处理。执行中断服务程序,服务程序开始要用压栈指令(PUSH)将要用到的寄存器内容压入堆栈(称保护现场),以便返回到主程序时能正确运行。中断服务程序结束后,必须要进行恢复现场操作,即用 POP 弹出指令把所保存的有关寄存器的内容从堆栈弹出,以便恢复到中断前的状态。

5）中断返回。通常在中断返回前,要用指令开中断,以便再次响应中断,然后执行中断返回指令 IRET。IRET 指令具有弹出断点地址送 IP 和 CS 及恢复标志寄存器 FR 内容的功能。

7.3.3 中断优先权

在系统中如果有多个中断源,就要考虑其优先权的问题。通常 CPU 只有一条中断请求线,当有多个中断源同时请求中断服务时,就要求 CPU 能识别出哪些中断源有中断请求,同时辨别和比较它们的优先权,先响应优先权级别最高的中断源的中断请求。另外,当 CPU 正在处理中断时,也要能响应更高级的中断请求,并屏蔽同级或较低的中断请求。确定中断的中断优先权一般可以采用软件和硬件两种方法。

1）软件查询方式。软件查询优先方式是最简单的中断优先处理方式。图 7-5 显示了采用软件查询方式的接口电路。将 8 个外设的中断请求触发器组合为一个端口,并赋予设备号,把外设的中断请求号相“或”后作为 INTR 信号。任一外设有请求时,都可以向 CPU 送出 INTR 信号,当 CPU 响应中断后,把中断寄存器的状态作为输入端口读入 CPU,然后逐位测试它们的状态,若有请求则转向服务程序入口。其流程如图 7-6 所示。

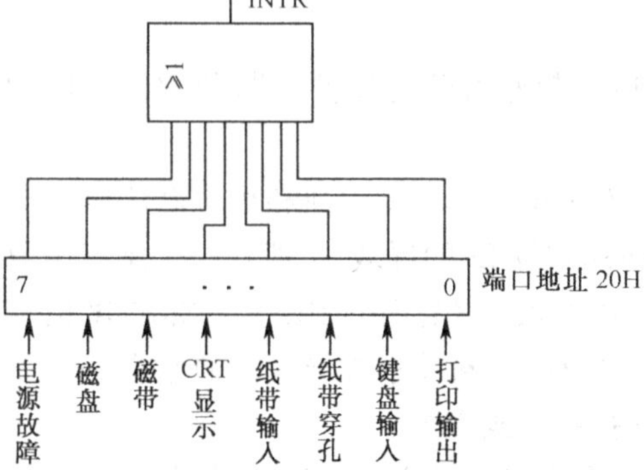

图 7-5 采用软件查询方式的接口电路

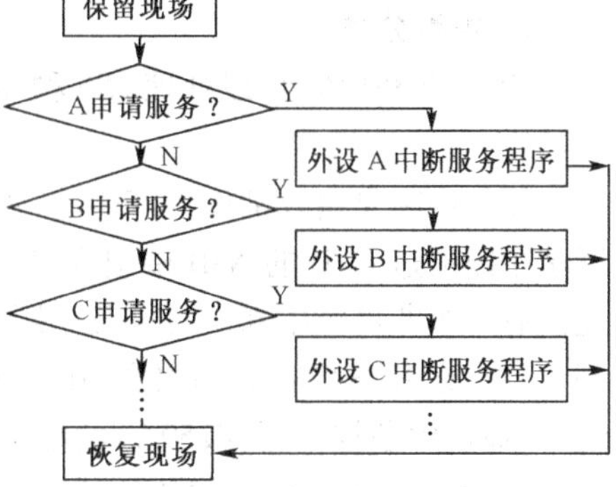

图 7-6 软件查询方式流程图

软件查询优先方式的优点是所需硬件简单,不需要硬件排队电路,但在中断源较多的情况下软件查询的时间较长。

2）硬件优先权排队电路。硬件优先权排队方式常用的有以下两种:

① 简单硬件方式——菊花链法或称链式优先权排队电路。链式优先权排队逻辑电路如图 7-7 所示。从图中可以看到，当一个接口有中断请求时，如果 CPU 允许中断，则会发出$\overline{\text{INTA}}$信号。如果级别较高的外设没有发中断请求信号，那么，该级中断逻辑电路会允许中断响应信号$\overline{\text{INTA}}$原封不动地往后传递，一直到发出中断请求的接口；另外，如果某一外设发出了中断请求信号，那么本级的中断逻辑电路就对后面的中断逻辑电路实行阻塞，使$\overline{\text{INTA}}$信号不再传到后面的接口。这样使$\overline{\text{INTA}}$信号一直沿着菊花链往后传递，直至发出中断请求信号的外设接口为止。当某一接口收到中断响应信号后，才撤销中断请求信号，并转入中断过程处理。

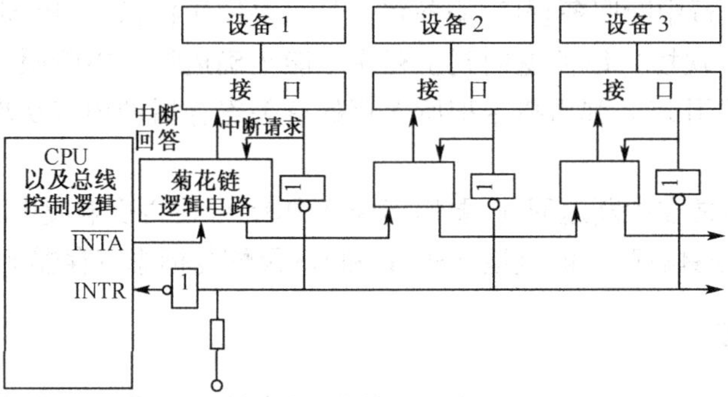

图 7-7　链式优先权排队逻辑电路

② 专用硬件方式——可编程的中断控制器。采用可编程中断控制器，是当前微型计算机系统中解决中断优先权管理的常用办法。详细说明将在 7.5 节介绍。

7.4　8086/8088 的中断系统

本节从应用的角度介绍 8086/8088 中断系统中的软件中断、硬件中断、中断响应、中断优先权等中断的实施过程。

7.4.1　中断结构

1. 中断分类

8086/8088CPU 可以处理 256 种类型的中断源，这些中断源可分为硬件中断和软件中断两大类。

硬件中断是由外部硬件产生的，也称外部中断。它又可分为非屏蔽中断和可屏蔽中断。非屏蔽中断通过 CPU 的 NMI 端引入，它不受内部中断允许标志位 IF 的屏蔽，一般在一个系统中只允许有一个非屏蔽中断。可屏蔽中断是通过 CPU 的 INTR 引入，它受内部中断允许标志 IF 的控制。只有在 IF =1 时，CPU 才能响应中断源的请求。IF =0 时，中断请求被屏蔽。通常在一个系统中，通过中断控制器（8259A）的配合，可屏蔽中断可以有一个或多个。

软件中断是 CPU 根据软件的某些指令或者软件对标志寄存器某个标志位的设置而产生的，由于它与外部中断电路完全无关，故称为内部中断。

2. 中断向量表

CPU 响应中断后，把正在执行程序的当前地址（CS: IP）压入堆栈保存，将中断服务程序入口地址送入 CS: IP，由此开始执行中断服务程序。在 8086 系统中，允许引入 256 种类型中断源（类型码为 0 ~ 255），相应有 256 个中断服务程序首址。存放中断地址的一段内存空间称中断向量表。8086 将 0000H: 0000H 至 0000H: 03FFH（即 0 段的 0 ~ 03FFH）单元的 1 KB 空间用作中断向量表，每个中断地址占 4 个单元，依次为 IP、CS，低位地址在前，高位地址在后，如图 7-8 所示。从表中可以看出，前 5 个中断类型为专用中断，有着固定的意义和处理功能。类型 5 ~ 31 号为操作系统所使用，用户不要自行定义。余下的类型32 ~ 255 号可供用户使用。中断类型码与中断向量所在位置（中断向量地址指针）之间的对应关系：

中断向量地址指针 = 4 × 中断类型码

例如：中断类型码为 20H（32）的中断源所对应的中断服务程序首址存放在 0000H: 0080H（4 × 20H = 80H）开始的 4 个单元中。如果在 0080H ~ 0083H 这 4 个单元中存放的值分别为 10H、20H、30H、40H，那么，该系统中 20H 号中断所对应的中断处理（服务）程序入口地址为 4030H: 2010H。

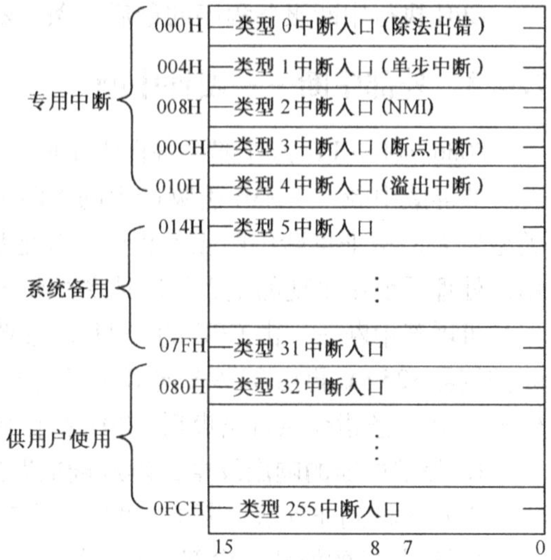

图 7-8　中断向量表

7.4.2　内部中断——软件中断

在 8086/8088 系统中，通过执行中断指令或由 CPU 本身启动的中断称为内部中断（也称软件中断）。除单步中断外，内部中断无法用软件禁止，即不受中断允许标志 IF 的影响。

1. 内部中断的类型

1）0 型中断——除法出错中断。执行除法指令（DIV 或 IDIV）时，若发现除数为 0 或商超出了寄存器所能表达的范围，则立即产生一个类型 0 的内部中断。

2）1 型中断——单步中断。若单步标志 TF = 1，则在每条指令执行完后，CPU 自动产生一个类型为 1 的中断，使程序单步执行。单步中断是一种强有力的调试手段。

3）3 型中断——断点中断。3 型中断是专供程序调试中设置断点用的，因而称断点中断。用 INT3 来表示。

4）4 型中断——溢出中断。若上一条指令使溢出标志 OF = 1，当执行溢出中断指令 INTO 时，立即产生类型 4 中断。若标志 OF = 0，则此指令不起作用。一般在算术运算指令之后安排一条 INTO 指令，便于程序处理溢出错误。

5）INT n 指令中断。CPU 在执行完 INT n 指令时立即产生一个中断，称它为“软中断”，中断类型由指令中的 n 指定。因为 INT 指令中可以指定任何的类型号，故此指令可方便地用来调试为外设编好的中断服务程序。

2. 内部中断的处理过程

8086/8088 中的各种中断的响应和处理过程是不相同的，主要区别在于如何获取相应的中断类型码。

对于专用中断，中断类型码是自动形成的。几种类型码为：类型 0、1、3、4。

对于 INT n 指令，其类型码为指令中给定的 n。取得了类型码后的处理过程是一样的，其顺序：①将类型码乘 4 作为向量表指针；②把 CPU 标志寄存器入栈，保护各个标志，此操作类似于 PUSHF 指令；③清除 IF 和 TF 标志，屏蔽新的 INTR 中断和单步中断；④保存断点，即把断点处 IP

和 CS 压栈，先压 CS 值后压 IP 值；⑤从中断向量表中取中断服务程序入口地址分别送入 IP 和 CS 中；⑥按新的地址执行中断服务程序。

CPU 执行中断服务程序的最后一条中断返回指令 IRET 后，返回到断点处继续执行原程序。

7.4.3 外部中断——硬件中断

8086/8088CPU 为外部设备提供了两条硬件中断信号线，即 NMI 和 INTR 中断请求信号。

非屏蔽中断——NMI 引脚产生的中断为非屏蔽中断，它不受中断允许标志位 IF 的控制。其类型号为 2，故非屏蔽中断服务程序入口地址放在 0 段的 0008H ~ 000BH 这 4 个单元中。该中断用来处理系统中出现的重大故障或紧急情况，如系统掉电及紧急停机处理等。

可屏蔽中断——由 CPU 的 INTR 端接收可屏蔽中断。各种中断源的请求信号通常都送到中断控制器 8259A，再由 8259A 向 CPU 发中断请求 INTR。但其受中断允许标志 IF 的控制，只有当 IF = 1，在一条指令执行结束后，CPU 才能响应可屏蔽中断的请求。

1. 外部中断的响应及中断响应周期时序

CPU 采样到非屏蔽中断请求时，自动提供中断类型号 2，然后根据中断类型号，查找中断向量表指针，其后的处理与内部中断一样。

当 INTR 信号有效，如中断允许标志 IF = 1，则 CPU 执行完一条指令后，进入可屏蔽中断响应周期。在中断响应周期中 CPU 从数据线中获取外部设备的中断类型码，其时序如图 7-9 所示。

8086/8088CPU 每响应一次中断，需要连续执行两个中断总线周期，产生两个中断响应信号 $\overline{INTA}$。在第一个 $\overline{INTA}$ 期间，CPU 将地址/数据总线置成浮空状态，用这个 $\overline{INTA}$ 信号通知发中断申请的设备，CPU 准备响应中断。在第二个 $\overline{INTA}$ 期间，申请中断的外设要将类型码送向数据总线的 $DB_7 \sim DB_0$ 位。CPU 在第二个 $\overline{INTA}$ 的 T_4 状态前沿，采样数据总线获取中断类型码。

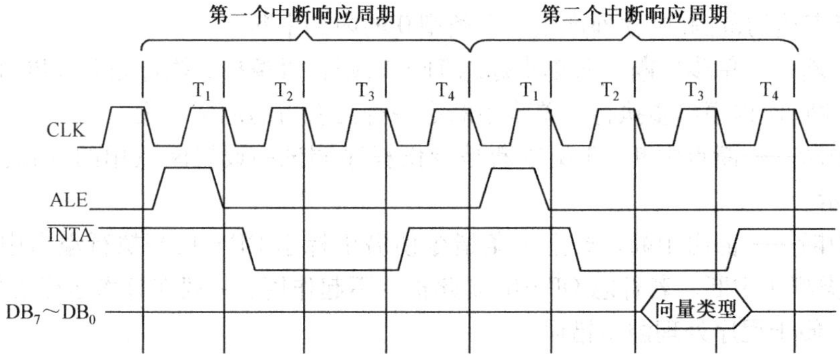

图 7-9 中断响应周期时序

2. 外部中断处理过程

在外部中断响应周期中，CPU 获取了外部中断类型码之后的中断处理过程，与前述的软中断过程顺序是一样的，不再赘述。

如果把 CPU 中断响应周期的动作和前面讲到的中断响应过程结合起来，当一个可屏蔽中断被响应时，CPU 实际执行了 7 个总线周期，即：

1）执行第一个 $\overline{INTA}$ 周期。

2）执行第二个 $\overline{INTA}$ 周期，被响应的外设通过 $D_0 \sim D_7$ 的 8 位数据线提供中断类型码 n（由 8259A 提供），CPU 接到类型码后，将它左移两位，形成向量表指针存入暂存器。

3）执行一个总线写周期，把标志寄存器内容 FR 压栈。同时置中断允许标志 IF 和单步标志 TF 为 0，以禁止中断响应过程中其他可屏蔽中断的进入，同时也禁止了中断过程中出现单步中断。

4）执行一个总线写周期，CS 压栈。

5）执行一个总线写周期，IP 压栈。

6）执行一个总线读周期，从中断向量表中取出中断服务程序入口地址的偏移量送 IP 中。

7）执行一个总线周期，从中断向量表中取出中断服务程序入口地址的段值送 CS。

非屏蔽中断与软中断跳过第 1)、2) 步，从第 3) 步开始执行到第 7) 步。

7.4.4 中断的优先权及中断响应

8086/8088 系统中，中断优先权排队次序从高到低：除法出错、INTn、INTO、NMI、INTR、单步中断。除单步之外的内部优先权最高，其次是非屏蔽中断，再次是可屏蔽中断，而单步最低。中断响应和处理流程如图 7-10 所示。

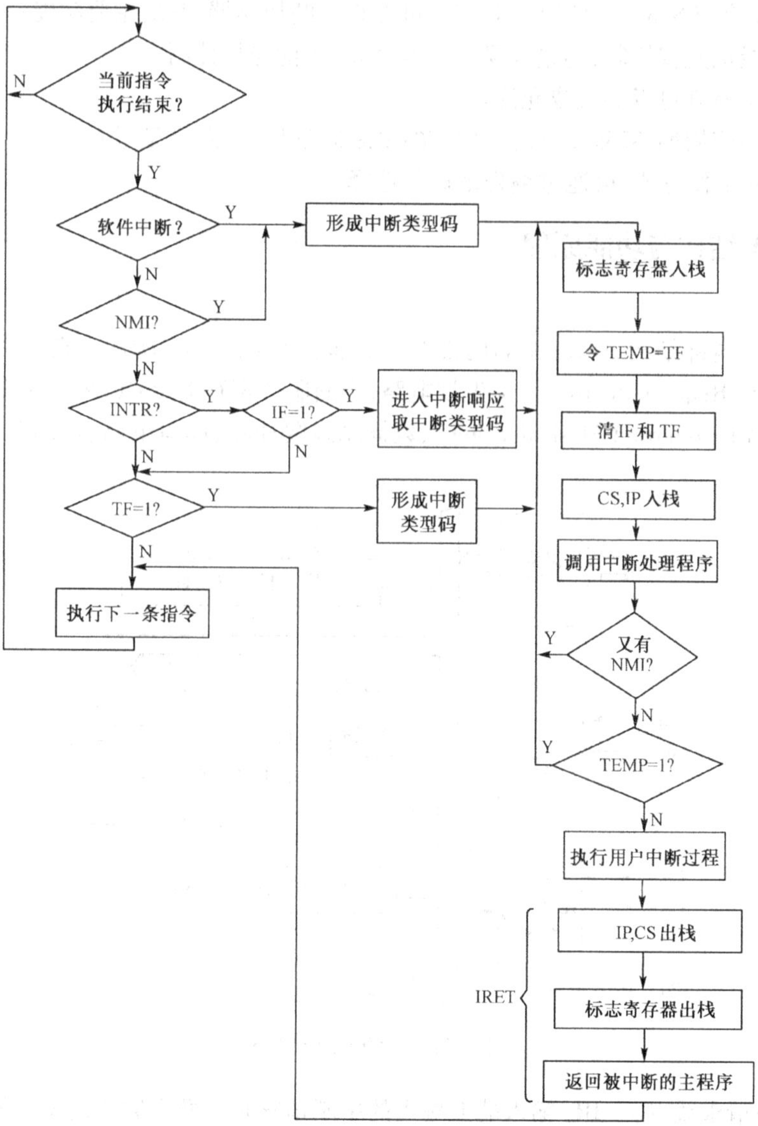

图 7-10　中断响应和处理流程

在当前一条指令执行过程中，CPU 对各种中断源进行识别和搜索，若有中断请求或是软中断指令，则当前指令执行完后，CPU 首先识别除法出错、软中断指令 INTn 或 INTO。若出现这种中断，则把控制转移到相应的中断服务程序；若无上述类型的中断请求，再依次查询 NMI 和 INTR 中断请求；若无任何外部中断，再检测单步中断标志 TF，如果 TF = 1，则执行单步处理程序，如果 TF = 0，则表示当前的指令周期内未出现任何类型的中断请求，于是顺序执行下一条指令。

7.5 8259A 可编程中断控制器

本节主要介绍 8259A 可编程中断控制器的结构、功能、编程和多片 8259A 组成的主从中断系统。最后通过一个实例，使读者掌握此中断系统的应用。

7.5.1 8259A 的主要功能

Intel 8259A 是与 8086 系列 CPU 兼容的可编程中断控制器，它的主要功能：

1）具有 8 级优先权控制，通过级联可扩展至 64 级优先权控制。

2）每一级中断都可以屏蔽或允许。

3）在中断响应周期，8259A 可提供相应的中断向量号（中断类型号）。

4）8259A 的工作方式，可通过编程来进行选择。

7.5.2 8259A 结构与功能原理

1. 结构

1）8259A 的内部结构。8259A 的内部结构方框图如图 7-11 所示。它由中断请求寄存器 IRR（INTERRUPT Request Register）、优先权电路、中断服务寄存器 ISR（IN - Service Register）、中断屏蔽寄存器 IMR（Interrupt Mask Register）、数据总线缓冲器、读写电路、控制逻辑和级联缓冲/比较器组成。

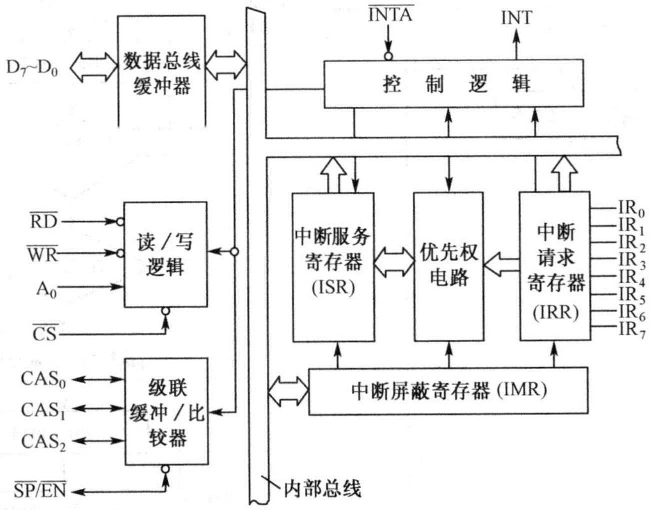

图 7-11 8259A 的方框图

- 8 条中断请求线 IR_0 ~ IR_7 输入端上输入的中断请求是由两个联级的寄存器 IRR 和 ISR 处理的。IRR 寄存所有要求服务的中断请求，ISR 寄存所有正在被服务的中断级。而 IMR

则存放对各级中断请求的屏蔽信息，该寄存器每位对应一个中断号，某位为 1，则屏蔽该号中断，否则开放该号中断。

- 优先权电路对保存在 IRR 中的各个中断请求，经过判断确定最高的优先权，并在中断响应周期把它选通送至中断服务寄存器 ISR。
- 数据总线缓冲是 8 位双向三态缓冲器，由它构成 8259A 与 CPU 之间的数据接口，是 8259A 与 CPU 交换数据的必经之路。
- 读写控制逻辑用来接收来自 CPU 读/写控制命令和选片、选端口控制信息。
- 级联缓冲器用来实现 8259A 片子之间的级联，使得中断由 8 级扩展至 64 级。
- 控制逻辑部分可以对片子内部的工作进行控制，使它按编程的规定工作。

2）8259A 的引线。8259A 是 28 个引脚的双列直插芯片，其引脚如图 7-12 所示。

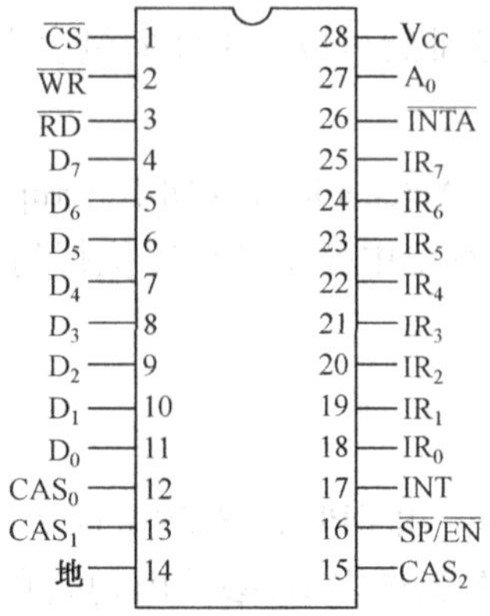

	引脚名
D_7~D_0	数据总线（双向）
$\overline{RD}$	读输入
$\overline{WR}$	写输入
A_0	命令选择地址
$\overline{CS}$	选片
CAS_2~CAS_0	级联线
$\overline{SP}/\overline{EN}$	从程序 / 允许缓冲
INT	中断输出
$\overline{INTA}$	中断响应输入
IR_0~IR_7	中断请求输入

图 7-12　8259A 的引线

- $D_7 \sim D_0$：双向三态数据线，它可直接与数据总线连接。
- $IR_0 \sim IR_7$：中断请求输入线，其中 IR_0 优先权最高，IR_7 最低。
- INT：中断请求输出，接 CPU 的中断请求线 INTR。
- $\overline{INTA}$：中断响应输入，接收 CPU 发来的中断响应$\overline{INTA}$信号。
- $\overline{CS}$：片选信号线，当该脚为低电平时，8259 被选中。
- $\overline{WR}$：写控制信号线，当为低电平时，CPU 向 8259A 写入控制信号。
- $\overline{RD}$：读控制信号线，当为低时，可将 8259A 内部寄存器的信息读至数据总线。
- A_0：用以选择 8259A 内部不同寄存器，通常与地址总线 A_0 相连接。
- $CAS_0 \sim CAS_2$：级联信号，对于主 8259A，它们是输出线，而对于从 8259A，它们是输入线。这 3 条线与$\overline{SP}/\overline{EN}$配合，实现 8259A 的级联。
- $\overline{SP}/\overline{EN}$：从程序/缓冲器允许信号，是一个双功能信号。当 8259A 工作于缓冲器方式时，它被作为控制缓冲器传送方式的输出信号；当 8259A 工作于非缓冲方式时，用于规定 8259A 是主 8259A（$\overline{SP}=1$）还是从 8259A（$\overline{SP}=0$），在只有一片 8259A 的系统中，$\overline{SP}/\overline{EN}$接高电平。

2. 8259A 的工作原理

8259A 的工作原理是通过其内部各处理部件的工作过程来体现的。下面通过对 8259A 工作过程的分析,来说明其工作原理。

当系统通电后,首先应对 8259A 初始化。所谓初始化,是由 CPU 执行一段程序,向可编程芯片写入若干命令字,规定其工作状态,使其处于准备就绪的状态。8259A 初始化完成后,随时可接收外设传来的中断请求信号。当外设发出中断请求后,8259A 对外部中断请求处理过程如下:

1) 当有一条或若干条中断请求输入线(IR_0 ~ IR_7)变高,则 IRR 的相应位置 1。

2) 若中断请求线中至少有一条是中断允许的,则 8259A 由 INT 引脚向 CPU 发出中断请求。

3) 若 CPU 处于开中断状态,则在当前指令执行完后,用$\overline{INTA}$信号作为响应。

4) 8259A 在接收到 CPU 的$\overline{INTA}$信号后,使最高优先权的 ISR 位置 1,而相应的 IRR 位复位。注意,在此周期中,8259A 并不向系统数据总线送任何内容。

5) 在中断响应周期的第 2 个$\overline{INTA}$信号期间,8259A 向数据总线输送一个 8 位指针(向量号或类型号),CPU 读取此类型号,把它乘以 4 作为地址就可以从中断向量表中取出中断服务程序入口地址(包括段地址和偏移地址)。

6) 若 8259A 工作在自动结束中断 AEOI 方式(Automatic End Of Interrupt),在第 2 个$\overline{INTA}$脉冲结束时,使中断源在 ISR 的相应位复位。否则,直至中断服务程序执行到 EOI 命令,才使 ISR 的相应位复位。

7.5.3 8259A 的编程

8259A 的编程分两部分:一部分为初始化编程。由 CPU 向 8259A 送 2 ~ 4 字节的初始化命令字 ICW(Initialization Command Word)。在 8259A 工作之前,必须由初始化命令使其处于准备就绪状态。另一部分为工作方式编程。由 CPU 向 8259A 送 3 个字节的工作命令字 OCW(Operation Command Word)以规定 8259A 的工作方式,该命令字可在 8259A 初始化命令字 ICW 后的任何时间写入。

1. 8259A 的初始化编程

8259A 的初始化命令字共 4 个(ICW_1 ~ ICW_4)。不是任何情况下都需要设置 4 个命令字,可根据 8259A 的使用情况来选取,它们的设置过程如图 7-13 所示。

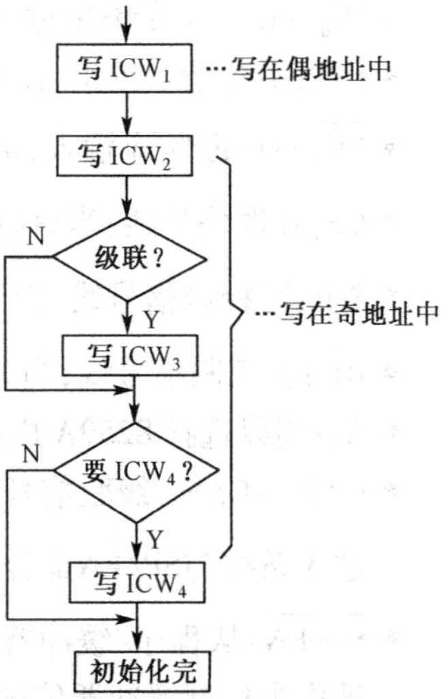

图 7-13 写 ICW 流程

1) 写初始化命令字 ICW_1——芯片控制字,具体格式如图 7-14 所示。

端口地址为偶地址 $A_0 = 0$, $D_4 = 1$ 时表示当前写入的是 ICW_1 命令字,其他各位定义如下。

- D_0:用来表示是否需要设置 ICW_4 命令字。$D_0 = 1$ 表示需要,否则不需要设置 ICW_4。对于 8086/8088 系统中,该位 $D_0 = 1$。
- D_1:指出系统中使用单片还是多片 8259A,若 $D_1 = 1$ 表示单片,否则表示多片。
- D_2:对 8086/8088 系统该位不用,常置为 0。
- D_3:规定中断请求的触发方式。$D_3 = 1$ 为电平触发方式,$D_3 = 0$ 为边沿触发方式。
- D_4:$D_4 = 1$ 为 ICW_1 的标志位。
- D_5 ~ D_7:8086/8088 系统该位无效,通常置"0"。

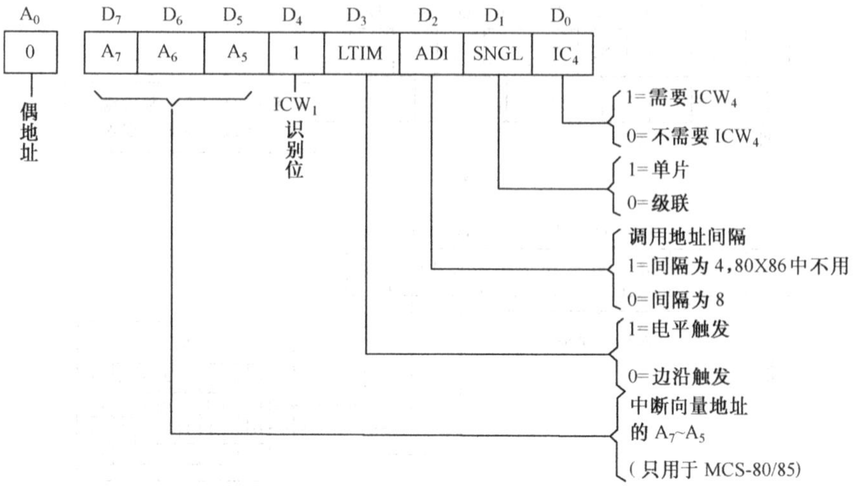

图 7-14　ICW_1 的格式

2）写初始化命令字 ICW_2——中断类型控制字用来定义中断类型码的高 5 位，其格式如图 7-15 所示。$A_0=1$ 表示该命令字写入奇端口地址。低三位取决于当前中断请求是由 IR_0 ~ IR_7 中的哪一个端输入，具体见表 7-1。

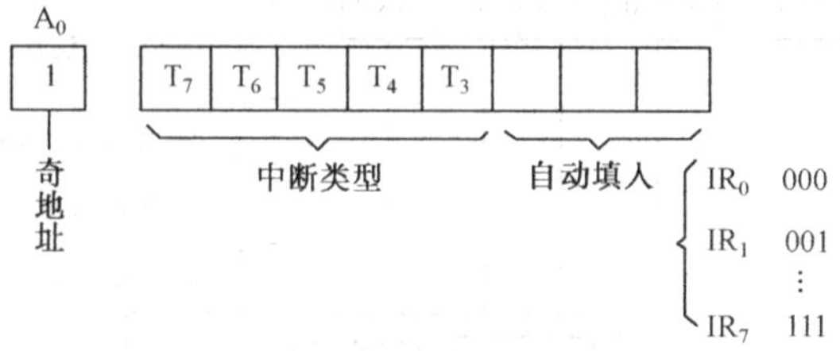

图 7-15　ICW_2 的格式

表 7-1　8259A 的中断向量

	D_7	D_6	D_5	D_4	D_3	D_2	D_1	D_0
IR_7	T_7	T_6	T_5	T_4	T_3	1	1	1
IR_6	T_7	T_6	T_5	T_4	T_3	1	1	0
IR_5	T_7	T_6	T_5	T_4	T_3	1	0	1
IR_4	T_7	T_6	T_5	T_4	T_3	1	0	0
IR_3	T_7	T_6	T_5	T_4	T_3	0	1	1
IR_2	T_7	T_6	T_5	T_4	T_3	0	1	0
IR_1	T_7	T_6	T_5	T_4	T_3	0	0	1
IR_0	T_7	T_6	T_5	T_4	T_3	0	0	0

3）写初始化指令字 ICW_3——主/从片初始化，用来定义 8259A 的级联。若有多片 8259A 级联，则主 8259A 和每一片 8259A 都必须分别初始化 ICW_3。主/从片 ICW_3 的格式如图 7-16 所示。

主片 ICW_3 用 D_0 ~ D_7 位表示响应的 IR_0 ~ IR_7 中断请求输入端有无从片，某位 $D_i=1$ 表示有。从片的 ICW_3 用 D_0 ~ D_2（ID_0 ~ ID_2）位来表示从片的识别码，即表示该从 8259A 接在主 8259A 的哪一个 IR 端上。如：$D_2D_1D_0=100$，则表示该从 8259A 接在主 8259A 的 IR_4 端。

4）写初始化命令字 ICW_4——方式控制字。该命令字对于 8086/8088 系统是必须设置的初始化命令字，其格式如图 7-17 所示。各位定义如下。

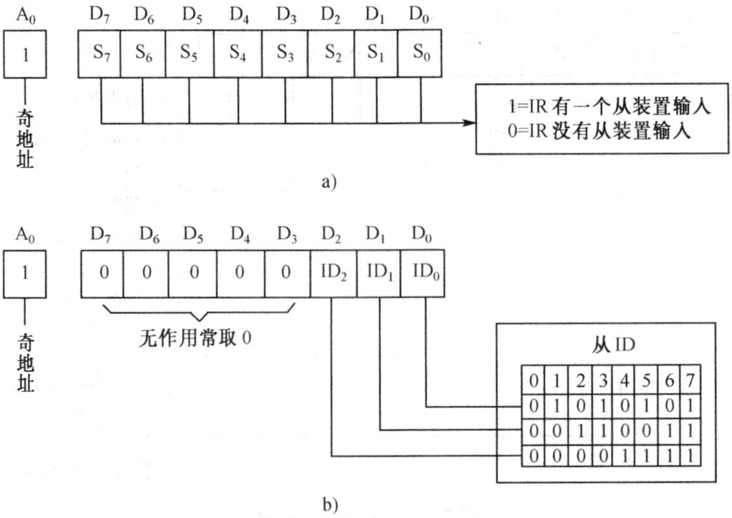

图 7-16　ICW_3 的格式

a)主片命令字　b)从片命令字

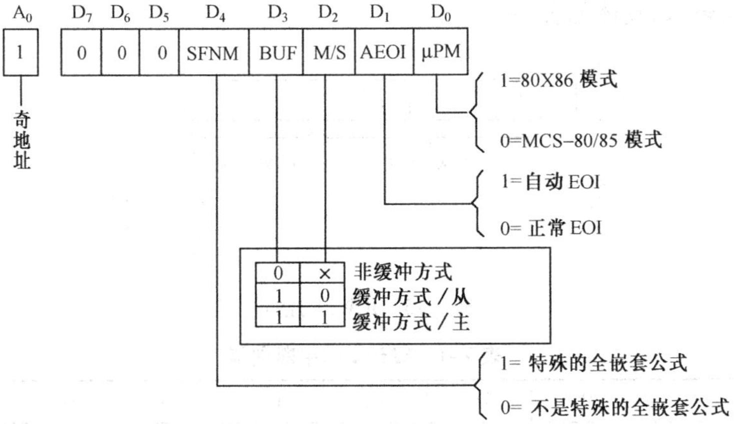

图 7-17　ICW_4的格式

- D_0:定义微处理器系统 。$D_0=1$ 表示工作于 8086/8088 系统。
- D_1:规定中断的方式,即 ISR 是否有自动复位功能。该位为 1 则为自动结束中断 AEOI 方式,否则为正常结束中断方式 EOI。
- D_2:和 D_3 配合使用。$D_3=0$ 时,D_2 位无作用;$D_3=1$ 时,$D_2=0$ 表示从 8259A,$D_2=1$ 表示主 8259A。D_3定义缓冲器,$D_3=1$ 为缓冲方式,表示 8259A 和系统数据总线有缓冲器连接,此时$\overline{SP}/\overline{EN}$变为允许输出线。
- D_4:$D_4=1$ 表示优先级顺序采用特殊全嵌套方式。
- $D_5 \sim D_7$:未定义。通常置为 0。

初始化指令字 ICW_2、ICW_3、ICW_4 的端口地址写入时均为 $A_0=1$(奇地址),由于采用堆栈技术,故编程时需完全按图 7-13 所示流程顺序写入命令字以区别它们,否则 8259A 将不能正常工作。

2. 8259A 的操作命令字

在对 8259A 进行初始化编程后,片子已做好了接收中断请求的准备。在 8259A 的工作期间可由操作命令字规定各种工作方式。8259A 有 3 个操作命令字 $OCW_1 \sim OCW_3$。在设置操作命令字时,顺序上没有严格的要求,但是端口地址上有严格的规定。即 OCW_1 必须写入奇地址端口($A_0=1$),OCW_2 和 OCW_3 必须写入偶地址端口($A_0=0$)。

1) 操作命令字 OCW_1——屏蔽操作命令字。该命令字用来设置或清除对中断的屏蔽称中断屏蔽命令字,格式如图 7-18 所示。

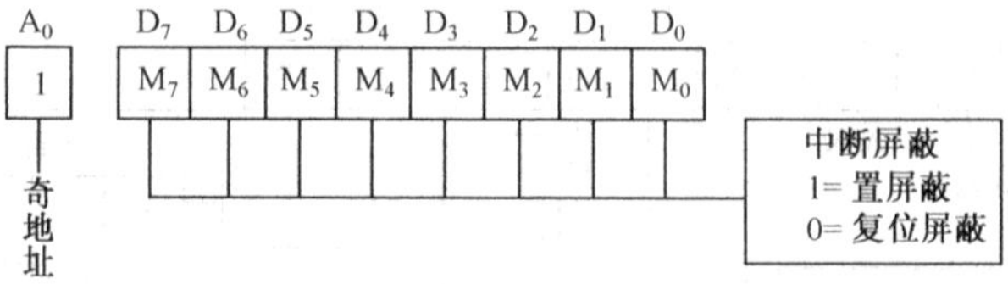

图 7-18　OCW_1 的格式

若 OCW_1 的某位为 1,则相应中断源被屏蔽,若为 0,则允许中断。如 $OCW_1=80H$,则表示 IR_7 中断被屏蔽,即使 IR_7 端有中断请求信号,但由于中断屏蔽寄存器 IMR 的 D_7 位被置 1,故 8259A 并不发出 INT 信号。

2) 操作命令字 OCW_2——中断方式命令字。该命令字用来设置优先级循环和中断结束方式,其格式如图 7-19 所示。

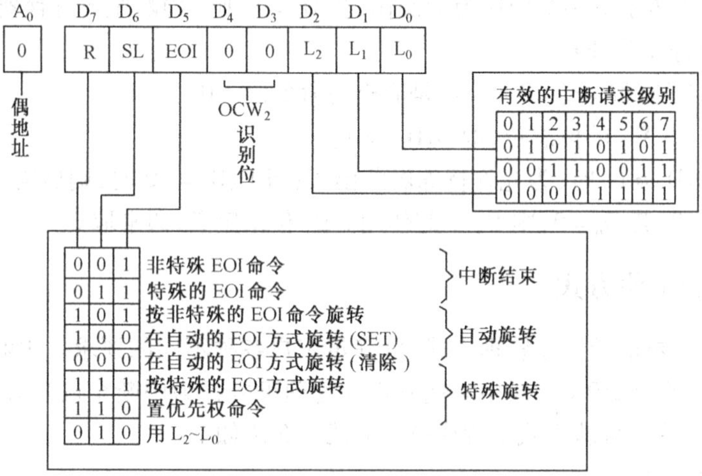

图 7-19　OCW_2 的格式

OCW_2 的各位定义如下。

- D_5:EOI 是中断结束命令,该位为 1 时,则使当前中断服务寄存器相应位 ISR 复位。如果 ICW_4 中设置 AEOI=0(正常中断结束方式),则必须在中断服务程序的返回指令 IRET 前写一条 OCW_2 命令字,使 EOI=1,8259A 得到 EOI 命令后,便将中断服务寄存器 ISR 的相应位复位。
- D_7:R 位为中断排队是否循环的标志。R=1,为优先级循环方式;R=0,为非循环方式。
- $D_2D_1D_0$:$L_2L_1L_0$ 三位有两个用处。当 OCW_2 中设置特殊优先级循环方式时,$L_2L_1L_0$ 指出循环开始时系统最低优先级编码;如果 OCW_2 的设置特殊中断命令结束,则 $L_2L_1L_0$ 指明具体要清除当前服务寄存器的哪一位。
- D_6:SL 位决定 OCW_2 中 $L_2L_1L_0$ 是否有效,若 SL=1,$L_2L_1L_0$,则选择有效;否则无效。

● 用 R、SL、EOI 的不同组合可决定 8259A 的几种不同的工作方式。

● D_4、D_3 位的 00 是写入 OCW_2 的标志。

3）操作命令字 OCW_3——状态操作命令字。该操作命令字功能有 3 方面：设置和撤销特殊屏蔽方式、设置中断查询方式、设置对 8259A 内部寄存器的读出命令。OCW_3 的具体格式如图 7-20 所示。

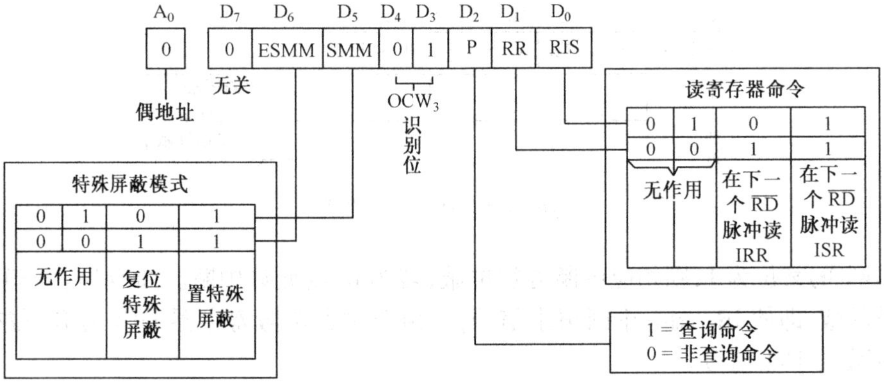

图 7-20　OCW_3 的格式

● D_0、D_1：$D_1=1$ 表示下一个操作为读操作，若 $D_0=1$ 则读中断服务寄存器 ISR，若 $D_0=1$ 则读中断请求寄存器 IRR。

● D_2(P)：决定是查询命令(P＝1)还是非查询命令(P＝0)。

● D_4、D_3：写入 OCW_3 的标志位，即 $D_4D_3=01$。

● D_6、D_5：当 $D_6D_5=11$ 时，为允许特殊屏蔽模式；当 $D_6D_5=10$ 时，则撤销特殊屏蔽模式返回正常屏蔽模式；若 $D_6=0$，则 D_5 不起作用。D_7 位未定义，通常取 0。

7.5.4　8259A 的工作方式

8259A 具有非常灵活的中断管理方式，可满足用户各种不同的要求。中断优先权的管理是中断管理的核心问题。8259A 中对中断优先权的管理可概括为中断全嵌套方式、自动循环的中断优先级循环方式、中断屏蔽方式及程序查询方式。介绍如下：

1. 中断全嵌套方式

1）全嵌套方式。当工作在全嵌套方式时，8259A 写入初始化命令字后，中断优先权是固定的，即 IR_0 优先权最高，IR_7 优先权最低。当 CPU 响应中断时，申请中断的优先权最高的中断源在 ISR 中相应位置位，而且把它的中断向量号(类型码)送到数据总线，在此中断源的中断服务程序完成前，与它同级或优先权更低的中断源请求被屏蔽，只有优先权比它高的中断源的请求才允许。

2）特殊全嵌套方式。当 8259A 处于联级情况下，就需要特殊的全嵌套方式。在这种方式下与全嵌套方式工作情况基本相同，不同之处：① 当某一从片中断请求被响应后，主片不封锁从片的 INT 输入端，以使该从片优先级更高的中断源的请求能得到响应；② 当从片中断处理快要结束时，要用软件检查从片服务寄存器 ISR 的内容，检查是否为 0，若为 0，则这个从片的中断请求是唯一的，此时连发两个中断结束命令 EOI，使主片、从片都结束中断，如果只发一个 EOI 命令则主片不结束中断。

2. 中断优先级循环方式

在实际应用中,中断优先级的情况是比较复杂的,不一定有明显的等级,而且优先权还可能改变。所以,不能总是规定 IR_0 优先权最高,IR_7 优先权最低,而是要根据实际情况来处理。8259A 中有两种改变优先权的办法。

1) 自动循环方式。在某些应用情况下,若干个中断源有相等的优先权。因此,当某一个中断源服务完以后,它的优先级应该变成最低的。这样,某个中断源的请求必须等待,在最坏的情况下,必须等待其他 7 个中断源都被响应一次后,才能再被响应。下面用图 7-21 说明在这种工作模式下,优先权是如何改变的。

在循环前,若 IR_4 和 IR_6 同时有中断请求,而当时的优先权次序为 IR_0 最高,IR_7 最低,如图 7-21a 所示。因此,CPU 就响应 IR_4 的请求。而在 IR_4 被服务以后,它的优先权就变成最低的了。而原先相邻的较次级的 IR_5 就变成优先权最高的了,如图 7-21b 所示。因而,接着响应 IR_6 的中断请求,这种工作方式可由 OCW_2 来决定。

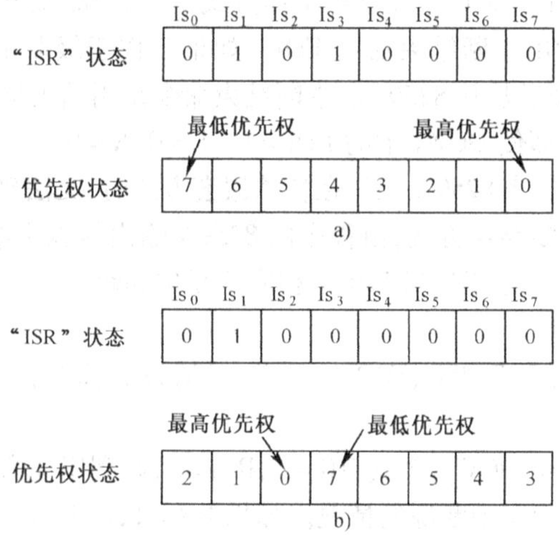

图 7-21　自动循环模式下优先权的改变

2) 特殊循环方式。上述自动循环方式,适用于优先权相等情况下。如果中断源的优先权需要任意改变,就必须工作在特殊循环方式下。此时,可用程序通过写 OCW_2 来改变优先权。例如设置 IR_5 为最低优先权,则 IR_6 的优先权就变为最高。这时 OCW_2 最高 3 位为 110,而最低 3 位 $L_2 \sim L_0$ 应为 101(最低优先权编码)。

3. 中断屏蔽方式

8259A 的 8 条中断请求线的每一条都可根据需要单独屏蔽,可通过写入 OCW_1 的命令字来实现。8259A 有以下两种屏蔽方式。

1) 普通屏蔽方式。用 OCW_1 将 IMR 寄存器某一位或几位置 1,即可将相应的中断请求屏蔽。

2) 特殊屏蔽方式。用 OCW_3 设置该方式(即 $D_6D_5=11$)后,此时在 OCW_1 写入的中断屏蔽命令中,为"1"的这些位的中断被屏蔽,而为"0"的这些位的中断,不管优先权如何,在任何情况下都可申请中断。

4. 程序查询方式

8259A 在这种方式下,不向 CPU 发出 INT 信号,或使 IF = 0 禁止中断输入。CPU 利用查询命令(OCW_3 中 $D_2=1$)获得当前请求服务的优先级。此时,8259A 内部仍进行 8 级中断请求的判优和屏蔽管理。

令 OCW_3 的 D_2 位 P 置为 1 后的下一个读命令，8259A 将其看做中断响应信号，使最高优先权的 ISR 的相应位置位。读命令从数据总线上读取一个字节，其内容如图 7-22 所示。

其中，D_7 位 I = 1 表示此片 8259A 有中断请求，I = 0 则无中断请求，可查询别的 8259A。在 I = 1 时，W_0 ~ W_2 为中断请求的最高优先级中断源的编码。

A_0	D_7	D_6	D_5	D_4	D_3	D_2	D_1	D_0
0	I	—	—	—	—	W_2	W_1	W_0

图 7-22　从数据总线上读取内容

5. 中断结束命令

当某个中断源的服务完成时，必须给 8259A 一个中断结束命令，使这个中断源在 ISR 中相应位复位。根据不同的工作方式，8259A 可以有以下几种不同的结束方法。

1）自动中断结束方式（AEOI）。如果 ICW_4 中规定工作在这种方式，则在最后一个中断响应周期的 INTA 信号后沿，8259A 自动使中断源在 ISR 的相应位清 0。这种方式只能用于不要求中断嵌套的情况。

2）非自动中断结束方式（EOI）。在这种工作方式下，当中断服务完成从中断服务程序返回前，必须用指令向 8259A 发出中断结束命令 EOI。如果工作于级联情况下，必须送两个 EOI 命令，一个送主片 8259A，一个送从片 8259A。中断结束命令是用输出指令向 8259A 的偶地址端口输出 OCW_2 的操作命令字，即使 OCW_2 中的 EOI = 1，SL = 0，R = 0。

3）特殊中断结束方式。当 8259A 工作在特殊嵌套方式时，无法确定当前正在处理的是哪一级中断，这时就采用特殊中断结束方式，由程序向 8259A 输出特殊中断结束命令，使 OCW_2 中的 EOI = 1，SL = 1，R = 0，而 L_2 ~ L_1 指出对 ISR 中相应位复位编码。

6. 读 8259A 的状态

8259A 几个内部寄存器 IRR、ISR、IMR 的状态，可通过读命令读入 CPU 供用户了解 8259A 的工作情况。

在读命令之前，输出一个 OCW_3，令其 RR = 1，RIS = 0，则利用读命令可读入中断请求寄存器 IRR 的状态，其中包括未被响应中断源的情况。如果 RR = 1，RIS = 1，则利用读命令可读入在（中断）服务寄存器 ISR 的状态，其中包含着处于服务程序中的中断源的情况，也可以看到是否有嵌套的情况。

当对奇地址端口（A_0 = 1）进行读操作时，可读到中断屏蔽寄存器 IMR 的状态。

7.5.5　由多片 8259A 组成的主从式中断系统

在一个系统中若中断源多于 8 个，则必须采用多片 8259A 进行级联。其中有一片主 8259A，若干片从 8259A，把中断源扩展到 64 个，如图 7-23 所示。

主 8259A 的 3 条级联线 CAS_0 ~ CAS_2 做输出线，连至每个从 8259A 的 CAS_0 ~ CAS_2。每个从 8259A 的中断请求信号 INT，连至主 8259A 的一个中断请求输入端。主 8259A 的 INT 线连至 CPU 的中断请求输入端 INTR。

主 8259A 和每一片从 8259A 必须分别初始化和设置必要的工作状态。每一片 8259A 都必须分配两个端口地址，即 A_0 = 0 偶地址，A_0 = 1 奇地址。当任一从 8259A 有中断请求时，需经过主 8259A 向 CPU 发出中断请求。在 CPU 响应中断时，第一个中断响应周期，主 8259A 通过 3 条级联线输出被响应中断的从 8259A 的编码。由此编码确定的从 8259A 在第 2 个中断响应周期输出它的中断向量号（ICW_2）。如果中断请求信号并非来自从片，则 CAS_0 ~ CAS_2 上没有信号，而在第 2 个 $\overline{INTA}$ 信号到来时，主片将中断向量号送到数据线上。

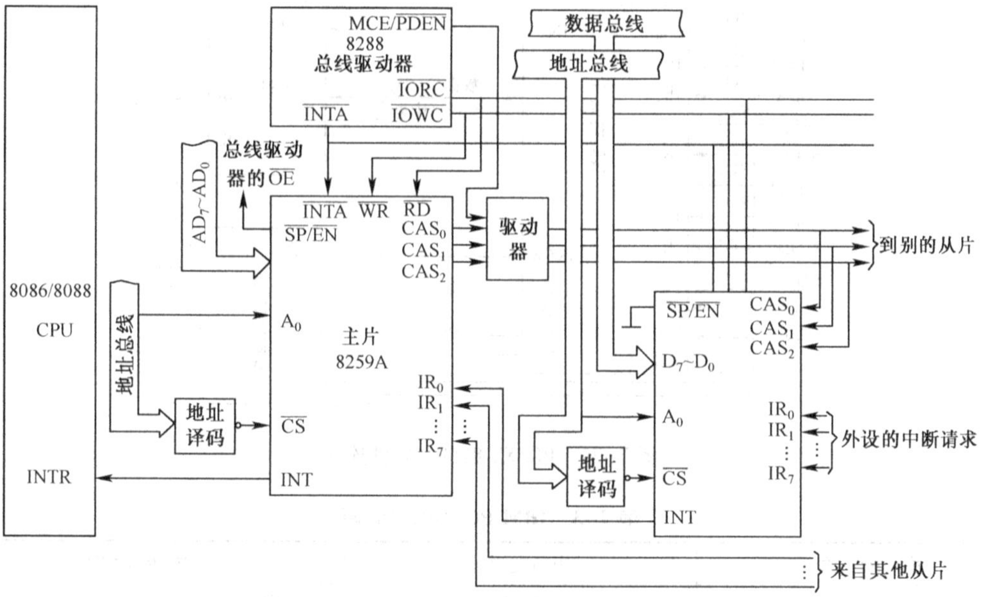

图 7-23 主从式中断系统

7.5.6 8259A 的编程实例

1. 初始化编程

初始化编程在 7.5.3 中已做过介绍，在初始化命令之后，写入 OCW_1 ~ OCW_3 的操作命令字。这些操作命令字的读/写操作由 $\overline{WR}$、$\overline{RD}$信号、A_0 以及命令字某些特定位所规定（见表 7-2）。

表 7-2 8259A 读/写操作

A_0	D_4	D_3	$\overline{RD}$	$\overline{WR}$	$\overline{CS}$	输入操作（读）
0			0	1	0	IRR，ISR 或中断级别→数据总线①
1			0	1	0	IBM→数据总线
						输出操作（写）
0	0	0	1	0	0	数据总线→OCW_2
0		1	1	0	0	数据总线→OCW_3
0	1	×	1	0	0	数据总线→OCW_1
1	×	×	1	0	0	数据总线→OCW_1，OCW_2，OCW_3，$OCW_4$②
						断开功能
×	×	×	1	1	0	数据总线→三态（无操作）
×	×	×	×	×	1	数据总线→三态（无操作）

① IRR、ISR 或中断级别选择，取决于在读操作前所写入 OCW_3 的内容。

② 由片上的顺序逻辑队列使这些命令字按适当顺序写入。

【例 7-1】 对 IBM PC/XT 机中使用的 8259A 进行初始化编程，硬件连接如图 7-24 所示。

在 IBM PC 中，只有一片 8259A，可接外部 8 级中断，在 I/O 地址空间中分配给 8259A 的端口地址为 20H 和 21H。对 8259A 的初始化规定：边沿触发方式，缓冲方式，中断结束为 EOI 命令方式，中断优先权管理采用全嵌套方式。8 级中断源类型码为 08H ~ 0FH。各级中断源规定见表 7-3。

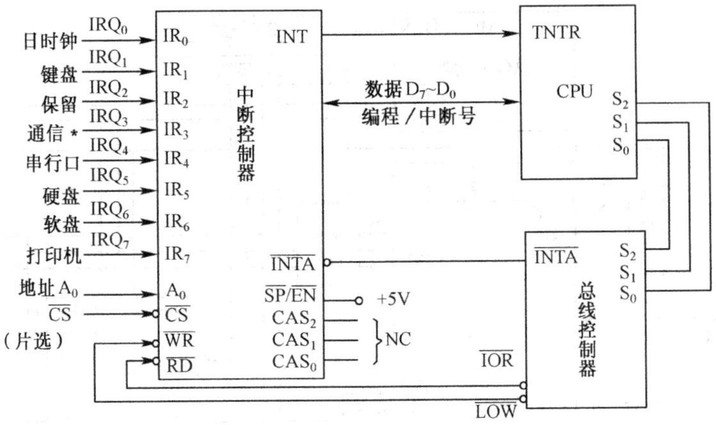

图 7-24　PC/XT 8259A 硬件连接

表 7-3　IBM PC 外部中断源

中　断　源	中断类型号	中 断 功 能
IR_0	08H	时钟定时器
IR_1	09H	键盘
IR_2	0AH	未定（保留）
IR_3	0BH	异步通信（COM_2）
IR_4	0CH	异步通信（COM_1）
IR_5	0DH	磁盘
IR_6	0EH	软盘
IR_7	0FH	并行打印机

根据系统要求初始化编程如下：

```
MOV  AL,13H
                    设置 ICW1 为边沿触发,单片 8259A,需要 ICW4
OUT  20H,AL
MOV  AL,0CH
                    设置 ICW2,类型码为 08H(IR0)
OUT  21H,AL
MOV  AL,0DH
                    设置 ICW4,全嵌套方式,缓冲方式,正常 EIO
OUT  21H,AL
```

初始化完成后，8259A 处于全嵌套工作方式，可以响应外部中断请求。根据操作要求，设置 8259A 的操作命令字 OCW_1 ~ OCW_2 如下：

1）如允许时钟、键盘、异步通信卡中断，则设置 OCW_1 为 0ECH（屏蔽字）。

```
MOV  AL,0ECH
                    屏蔽字写入奇地址口
OUT  21H,AL
```

2）由于设置的是正常 EOI，因此在中断服务程序结束后，返回断点前必须对 OCW_2 写入

00100000B 即 20H 作结束中断操作命令。

```
MOV AL,20H          ;设置 OCW2 的值为 20H
OUT 20H,AL          ;写入 OCW2 的端口地址 20H
IRET                ;中断返回
```

3）在程序中通过设置 OCW_3，可读出 IRR、ISR 的状态以及查询当前的中断源。

2. 应用实例

【例 7-2】 用 PC/XT 中的 8259A 产生中断，在每次主机响应外部中断 IR_2 时，显示出字符串“THIS IS A 8259A INTERRUPT!”，中断 10 次后退出，设 8259A 偶地址为 20H，奇地址为 21H。

编程说明：主机已对 8259A 进行了初始化编程为中断类型码 ICW_2 前 5 位初始化为 00001，因此 IR_2 的中断类型号为 0AH；ICW_4 初始化中断结束方式为 EOI，ICW_1 ~ ICW_4 中其他初始化的规定同上例所述。因此，在应用主机系统内部的 8259A 时，不必再对 8259A 初始化命令字，只要根据命令字的有关要求，对相应的操作命令字进行编程，以及向中断向量表装入中断向量。具体如下：

1）向奇地址端口 IMR 寄存器送出屏蔽字 11111011B，屏蔽其他中断，仅允许 IR_2 中断。

2）外部中断服务结束时，必须使用中断结束命令，结束中断，即向偶地址端口送 20H 使 OCW_2 的高 3 位 R = 0，SL = 0，EOI = 1。

3）装入中断向量。

4）中断服务程序返回断点前，关闭 IR_2 中断。

虽然系统中 IR_2 硬中断为用户保留，但编程时仍然将 IR_2 对应的中断向量（中断类型为 0AH）保存起来，然后设置新的中断向量以指向中断处理程序。

5）调用系统 21H 号中断的 35H 号功能将系统中原 0AH 号中断向量取出保存于 ES：BX 中。

```
MOV   AL,0AH
MOV   AH,35H
INT   21H                          ;取 0AH 号中断向量送 ES:BX
PUSH ES
PUSH BX
```

6）调用系统 21H 号中断的 25H 号功能将新的中断向量装入。

```
MOV   DX,SEG INT - PRO
MOV   DS,DX                        ;中断向量段地址送 DS
MOV   DX,OFFSET INT - PRO          ;中断向量偏移地址送 DX
MOV   AL,0AH
MOV   AH,25H
INT   21H                          ;调用 25H 号功能装入新的中断向量
```

根据上述编程要求的程序如下：

```
INTA0     EQU 20H
INTA1     EQU 21H
STACK     SEGMENT
DQQ       DB 100 DUP(?)
STACK     ENDS
```

```
        DATA    SEGMENT
        MESS    DB'THIS IS A 8259A INTERRUPT! 0AH,0DH,$'
        CSREG   DW ?
        IPREG   DW ?
        DATA    ENDS
        CODE    SEGMENT
                ASSUME CS:CODE,DS:DATA,SS:STACK
START:  MOV AX,DATA
        MOV DS,AX
        MOV AX,STACK
        MOV SS,AX
        MOV SP,SIZE DQQ
        CLI
        MOV AX,350AH            ;取0AH中断向量,送ES:BX
        INT 21H
        MOV AX,ES               ;保存中断向量
        MOV CSREG,AX
        MOV IPREG,BX
        PUSH DS
        MOV DX,SEG INT-PRO      ;设置新的中断向量以指向
        MOV DS,DX               ;中断处理程序
        MOV DX,OFFSET INT-PRO
        MOV AX,250AH
        INT 21H
        POP DS
        IN AL,INTA1             ;取中断屏蔽寄存器内容
        MOV BP,AX               ;送BP
        AND AL,0FBH             ;开放IR2的中断
        OUT INTA1,AL
        MOV BX,10               ;中断次数
LL:     STI
        HLT
        SUB BX,1                ;显示次数
        JNZ LL
        MOV AX,BP               ;恢复中断屏蔽寄存器内容
        OUT INTA1,AL
        PUSH DS
        MOV DX,IPREG
        MOV AX,CSREG            ;恢复IR2的中断向量
        MOV DS,AX
        MOV AX,250AH
        INT 21H
        POP DS
        STI
```

```
        MOV AX,4C00H            ;返回 DOS
        INT 21H
INT-PRO PROC NEAR
        MOV DX,OFFSET MESS      ;显示字符串
        MOV AH,09H
        INT 21H
        MOV DX,INTA0            ;发中断结束命令
        MOV AL,20H
        OUT DX,AL
        IRET
 INT-PRO ENDP
 CODE ENDS
      END START
```

7.6 8237A 可编程 DMA 控制器

Intel 8237A 是一种高功能的可编程的 DMA 控制器，采用主频 5 MHz 的 8237A 传送速度可达到 1.6 MB/s。

7.6.1 8237A 的主要功能

1）在一个片子中有 4 个独立的 DMA 通道，每个通道均可独立地传送数据。

2）每个通道的 DMA 请求都可以分别允许和禁止。

3）每个通道的 DMA 请求有不同的优先权，优先权可以是固定的，也可以是旋转的。

4）每一个通道一次传送的最大长度可达 64 KB，既可以在存储器与外设间进行数据传送，也可以在存储器的两个区域之间进行传送。

5）8237A 的 DMA 传送有以下 4 种方式：①单字节传送；②数据块传送；③请求传送方式；④级联方式。

每一种方式下，都能接收外设的请求信号 DREQ，向外设发出响应信号 DACK，向 CPU 发出 DMA 请求信号 HRQ，当接收到 CPU 的响应信号 HLDA 后就可以接管总线，进行 DMA 传送。每传送一个数据，修改地址指针，字节数减 1，当规定的传送长度减到 0 时，会发出 TC 信号结束 DMA 传送或重新初始化。

6）有一条结束处理的输入信号 $\overline{EOP}$，允许外界用此输入端来结束 DMA 传送或重新初始化。

7）8237A 可以级联，任意扩展通道。

7.6.2 8237A 的结构和工作原理

1. 8237A 的编程结构和引脚

DMA 控制器一方面可以控制系统总线，这时通常称它为总线主模块；另一方面又可以和其他接口一样，接受 CPU 对它的读/写操作，这时，DMA 控制器就成了总线从模块。8237A 的编程结构和引脚信号都与这两方面的情况有关。

1）8237A 的编程结构。从图 7-25 中可以看到，8237A 内部包含 4 个独立的通道，每个通道包含 16 位的地址寄存器和状态寄存器。

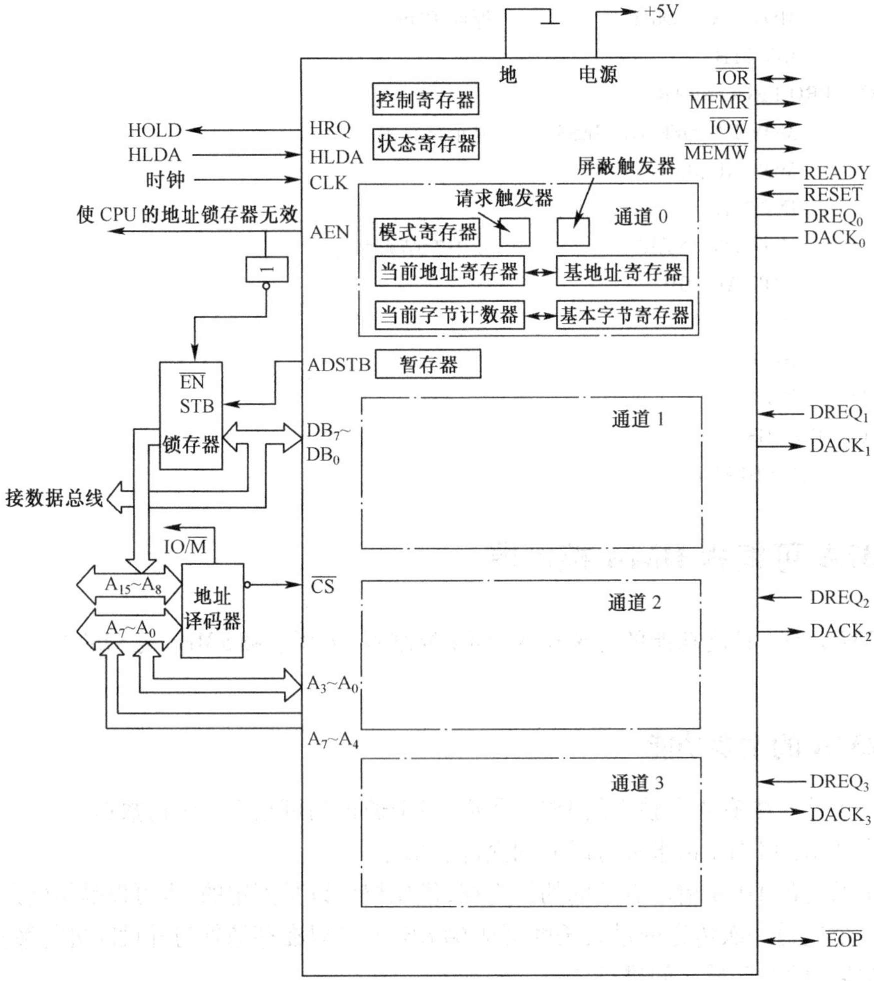

图 7-25　8237A 的内部编程结构和外部连接

基地址寄存器用来存放本通道 DMA 传送时的地址初值，这个初值是在 CPU 编程时写入的。编程时，初值也同时被写入当前地址寄存器。当前地址寄存器的值在每次 DMA 传送后自动加 1 或减 1。CPU 可以用输入指令分两次读出当前地址寄存器的值，每次读 8 位，但基地址寄存器的值不能被读出。当一个通道被自动预置（这可以通过设置模式寄存器来实现，后面将要讲到这一点）时，一旦计数到 0，当前地址寄存器会根据基地址寄存器的内容自动回到初值。

基本字节计数器用来存放 DMA 传送时的字节数初值，初值比实际传送的字节少 1。初值也是在编程时由 CPU 写入的，而且初值也被写入当前字节计数器。在 DMA 传送时，每传送 1 字节，当前字节计数器的值自动减 1，当由 0 减到 FFFFH 时，产生计数结束信号 EOP。当前字节计数器的值也可通过两条输入指令读出，每次读 8 位。

2）8237A 的引脚信号。图 7-26 所示为 8237A 的引脚信号，其各信号的含义如下。

- CLK：时钟输入端，8237A 的时钟频率为 3MHz。
- $\overline{CS}$：片选输入端，低电平有效。
- RESET：复位输入端，芯片复位时，屏蔽寄存器被置 1，其他寄存器清 0。
- READY：准备好信号，当所用的存储器或 I/O 设备的速度比较慢时，需要延长传送时间，

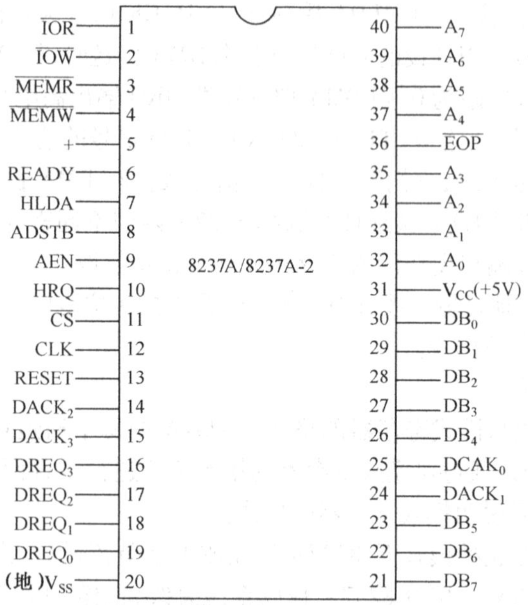

图 7-26　8237A 的引脚信号

此时，使 READY 信号处于低电平；当传送完成时，READY 端输出高电平，以表示存储器或外设准备就绪。

- ADSTB：地址选通输出信号，高电平有效。此信号有效时，DMA 控制器的当前地址寄存器中的 8 位地址送到外部锁存器。
- AEN：地址允许输出信号，高电平有效。AEN 使地址锁存器中锁存的高 8 位地址送到地址总线上，与芯片直接输出的低 8 位地址共同构成内存单元地址偏移量。AEN 信号也使与 CPU 相连的地址锁存器无效，这样，就保证了地址总线上的信号是来自 DMA 控制器，而不是来自 CPU。
- $\overline{MEMR}$：存储器读信号，低电平有效。
- $\overline{MEMW}$：存储器写信号，低电平有效。
- $\overline{IOR}$：输入/输出设备读信号，低电平有效。在 DMA 控制器作为从模块时，CPU 读取 DMA 控制器中内部寄存器的值；在 DMA 控制器作为主模块时，$\overline{IOR}$作为输出信号由 DMA 控制器送出，此信号有效时，I/O 接口部件中的数据被读出送往数据总线。
- $\overline{IOW}$：输入/输出设备写信号。和$\overline{IOR}$类似，在 DMA 控制器作为从模块时，$\overline{IOW}$的方向是送入 DMA 控制器，此信号有效时，CPU 往 DMA 控制器的内部寄存器中写入信息，即进行编程；在 DMA 控制器作为主模块时，$\overline{IOW}$的方向是由 DMA 控制器送出的，此信号有效时，存储器中读出的数据被写入到 I/O 接口中。
- $\overline{EOP}$：DMA 传送结束信号，双向信号。
- DREQ：通道 DMA 请求输入信号，每个通道对应一个 DREQ 信号端。DREQ 的极性可以通过编程来选择。当外设的 I/O 接口要求 DMA 传送时，便使 DREQ 处于有效电平，直到 DMA 控制器送来 DMA 响应信号 DACK 以后，I/O 接口才撤除 DREQ 的有效电平。
- DACK：这是 DMA 给 I/O 接口的响应信号，每个通道对应一个 DACK 信号端。DMA 控制器获得 CPU 送来的允许信号 HLDA 后,便产生 DACK 信号送到相应外设接口。

- HRQ:总线请求信号。当外设的 I/O 接口要求 DMA 传送时,往 DMA 控制器发送 DREQ 信号,如果相应的通道屏蔽为 0,则 DMA 控制器端 HRQ 输出高电平,向 CPU 发出总线请求。
- HLDA:总线响应信号。这是 CPU 对 8237A 的 HRQ 信号的响应。
- $A_3 \sim A_0$:最低 4 位地址线,它们是双向三态信号线。在 DMA 控制器作为从模块时,$A_3 \sim A_0$ 作为输入线,CPU 用这 4 条地址线选择 8237A 内部不同寄存器。在 DMA 作为主模块时,由这 4 条信号线输出要访问的存储单元的最低 4 位地址。
- $A_7 \sim A_4$:4 条三态的地址输出线,DMA 传输时提供高 4 位地址。
- $DB_7 \sim DB_0$:8 位双向数据线。

2. 8237A 的工作原理

1) 8237A 的工作模式和模式寄存器的格式。8237A 的每个通道可以用 4 种模式的任何一种进行工作。模式的选择是通过对模式寄存器的第 6、7 位进行设置而实现的。下面首先介绍 4 个模式下的工作情况,然后说明模式寄存器的格式。

- 单字节传送模式:在这种模式下,8237A 每完成 1 字节传送后,内部字节计数器减 1,地址寄存器的值加 1 或减 1,接着 8237A 释放系统总线,这样 CPU 至少可以得到一个总线周期。但是 8237A 在释放总线后,会立即对 DREQ 端进行测试,一旦 DREQ 有效,则 8237A 会立即发总线请求,在获得总线控制权后,又成为总线主模块而进行 DMA 传送。
- 块传送模式:在这种模式下,可以连续进行多个字节的传送,只有当字节计数器减为 0,从而在 $\overline{EOP}$ 端输出一个负脉冲或者外部 I/O 接口往 DMA 控制器的 $\overline{EOP}$ 送一个低电平信号时,8237A 才释放总线而结束传送。
- 请求传送模式:这种模式与块传送类似,只是每传送 1 字节后,8237A 都对 DREQ 端进行测试,如果检测到 DREQ 端变为无效电平,则立刻停止传送,但测试过程仍然进行。当 DREQ 又变为有效电平时,就在原来的基础上继续进行传送。
- 级联传送模式:几个 8237A 可以进行级联,构成主从式 DMA 系统,级联的方式是把从片的 HRQ 端和主片的 DREQ 端相连,将从片的 HLDA 端和主片的 DACK 端相连,而主片的 HRQ 和 HLDA 连接系统总线。这样最多可以由 5 个 8237A 构成二级 DMA 系统,得到 16 个 DMA 通道。级联时,主片通过软件在模式寄存器中设置为级联传送模式。从片不用设置级联方式,但要设置所需的其他 3 种方式之一。

了解 8237A 的工作模式后,再看模式寄存器的格式。

如图 7-27 所示,模式寄存器的最高 2 位用来设置工作模式。$D_7D_6=00$ 时,为请求传送模式;$D_7D_6=01$ 时,为单字节传送模式;$D_7D_6=10$ 时,为块传送模式;$D_7D_6=11$ 时,为级联传送模式。模式寄存器的 D_5 位指出每次传送后地址寄存器的内容加 1 还是减 1,这样就决定了在内存中存储数据或读数据的次序。

D_4 位为 1 时,可以使 DMA 控制器进行自动预置。什么叫自动预置?大家知道,在 DMA 控制器开始工作前,要由 CPU 通过指令对基本地址寄存器和基本字节计数器设置初值,这时,当前地址寄存器和当前字节计数器也送入相应的内容。如果 8237A 被设置为具有自动预置功能,那么,在计数器为 0 时,当前地址寄存器和当前字节计数器会从基本地址寄存器和基本字节计数器中重新取得新值,从而又可以进入下一个数据传送过程。要注意的是,如果一个通道被设置为具有自动预置功能,那么,本通道对应的屏蔽位必须为 0。

模式寄存器的 D_3、D_2 位用来设置数据传送类型。数据传送的类型有 3 种,即写传送、读传送

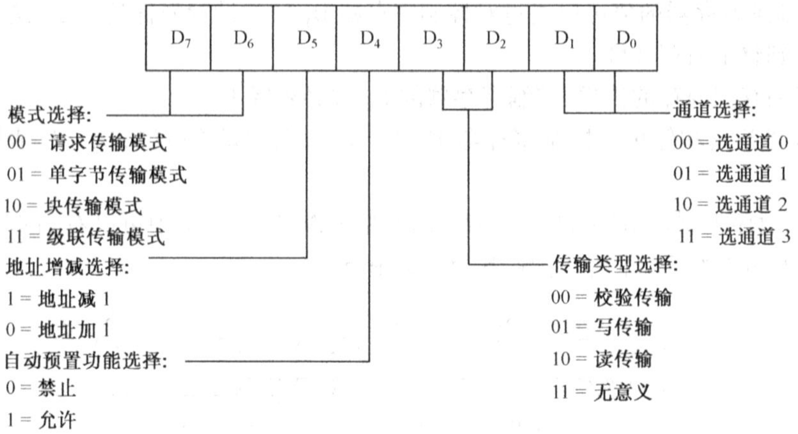

图 7-27　模式寄存器的格式

和校验传送。写传送是指由 I/O 接口往内存写入数据，此时，$\overline{IOR}$信号和$\overline{MEMW}$信号有效；读传送是指将数据从存储器读出送到 I/O 接口，此时，$\overline{IOR}$信号和$\overline{MEMW}$信号有效；校验传送用来对读传送功能和写传送功能进行校验，这是一种模拟传送，此时 8237A 也会产生地址信号和$\overline{EOP}$信号，但是并不是产生对存储器和 I/O 接口的读/写信号。校验功能一般是器件测试时使用的，使用者并不对此感兴趣。

模式寄存器的最低两位 D_1、D_0 用来指出通道号。

2）控制寄存器的格式和有关问题。8237A 控制寄存器的格式如图 7-28 所示，现结合 8237A 的工作说明控制寄存器各位的控制功能。

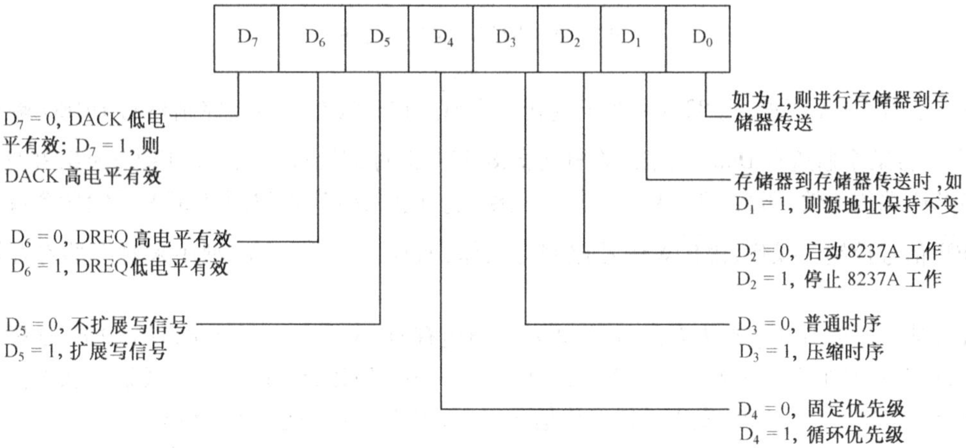

图 7-28　8237A 控制寄存器的格式

① 内存到内存的传送。多数情况下，8237A 进行的是外设的 I/O 端口和内存的传送，除此之外，8237A 还可以实现内存区域到内存区域的数据传送。也就是说，可以把一个数据块从内存的一个区域传送到另一个区域。为了实现这种传送，就要把源区的数据先送到 8237A 的暂存区中，然后再送到目的区。这就是说每次内存到内存的传送要用到两个总线周期。

在进行内存到内存的传送时，固定用通道 0 的地址寄存器放源地址，而用通道 1 的地址寄存器和字节计数器放目的地址和计数值。在传送时，目的地址寄存器的值像通常一样进行加 1 或减 1，但是，源地址寄存器的值可以通过对控制寄存器 D_1 位的设置而保持恒定，这样就可以使同一个数据传送到整个内存区域。

为了进行内存到内存的传送，控制寄存器的 D_0 位必须置 1。

② 8237A 的启动和停止。控制寄存器中，$D_2=0$，表明启动 8237A；$D_2=1$，表明停止 8237A 的工作。

③ 时序及时序类型。图 7-29 是 8237A 的典型工作时序，从图中可以看到 8237A 的工作过程可以分为这样几个状态，即 S_I、S_0、S_1、S_2、S_3、S_4 和 S_W。

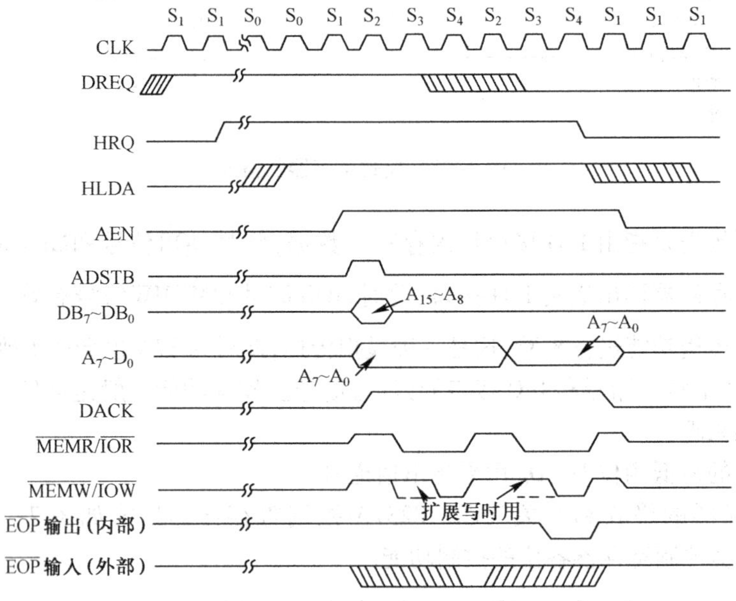

图 7-29　8237A 的典型时序

如果没有 DMA 请求，则 8237A 处于空转状态 $\overline{SI}$。在 $\overline{SI}$ 状态，DMA 控制器对 DREQ 端进行测试，判断是否某个通道有 DMA 请求。在 $\overline{SI}$ 状态，8237A 也对 $\overline{CS}$ 端进行测试，如果 $\overline{CS}$ 为 0，并且 4 个通道的 DREQ 端均无效，那么，8237A 就工作于从模式。此时，CPU 可以对 8237A 设置命令或读取状态，由 $\overline{IOR}$ 信号控制读操作，由 $\overline{IOW}$ 信号控制写操作，而地址线 $A_3 \sim A_0$ 则用来对内部寄存器进行寻址。

如果某个通道 DREQ 端为有效电平，表示此通道有 DMA 请求。于是，8237A 将 HRQ 驱动为有效电平，从而向 CPU 发出总线请求，这样就进入 S_0 状态。所以，S_0 状态是总线请求状态。此状态一般要重复多次，直到 CPU 发出总线允许信号以后，才使 8237A 进入 S_1 状态。

在 S_1 状态，8237A 用来传送地址使能信号，以便锁存地址 $A_{15} \sim A_0$。大多数情况下，这几位地址不需要改变，这时，S_1 状态就被跳过，而直接进入 S_2 状态，只有在块传送跨越内存一个 256 字节的数据块，从而需要改变 $A_{15} \sim A_0$ 时，才用到 S_1 状态。S_2 状态主要用来修改存储单元的低 16 位地址。如果外部设备的速度太慢，那么在 S_2 之后需插入等待状态 S_W。

8237A 有两种时序，一种叫普通时序，一种叫压缩时序，可以在其一中工作。普通时序工作时，用 S_3 状态，将 $A_{15} \sim A_8$ 送到地址总线；当 8237A 工作于压缩时序时，不用 S_3 状态，只更新 8 位地址总线 $A_7 \sim A_0$。在 S_4 状态，8237A 对传送模式进行测试，如果不是块传送模式，也不是请求传送模式，那么，测试之后立即回到 S_2 状态。

④ 关于扩展写信号功能。若外设的速度太慢，则 8237A 必须选择普通工作时序，若普通工作时序仍不能满足要求，那么就要在硬件上通过 READY 信号使 8237A 插入等待周期。为了使 READY 信号早些有效，将$\overline{IOW}$和$\overline{MEMW}$信号的负脉冲加宽，让它们提前到来，这就是扩展写信号的方法。当控制寄存器 $D_5=1$ 时，即可实现扩展写信号方法。

⑤ 优先级问题。当控制寄存器的 $D_4=0$ 时，各通道的优先权固定，通道 0 优先级最高，通道 3 优先级最低。当 $D_4=1$ 时，各通道采用循环优先级。例如当前的优先级次序是 2→3→0→1，当通道 2 进行了一次传递后，优先级变为 3→0→1→2，依此类推，可以防止一个通道垄断系统。

⑥ DREQ 和 DACK 的极性，由控制寄存器 D_6 位决定：

当 $D_6=0$ 时，说明 DREQ 高电平有效；

当 $D_6=1$ 时，说明 DREQ 低电平有效。

当 $D_7=0$ 时，说明 DACK 高电平有效；

当 $D_7=1$ 时，说明 DACK 低电平有效。

3）状态寄存器的格式。如图 7-30 所示，状态寄存器的低 4 位指出 4 个通道的计数结束状态。如 $D_3=1$，表示通道 3 计算到 0。状态寄存器的高 4 位指出 4 个通道的请求响应情况。如 $D_7=1$，表示通道 3 需要 DMA 处理，依此类推。

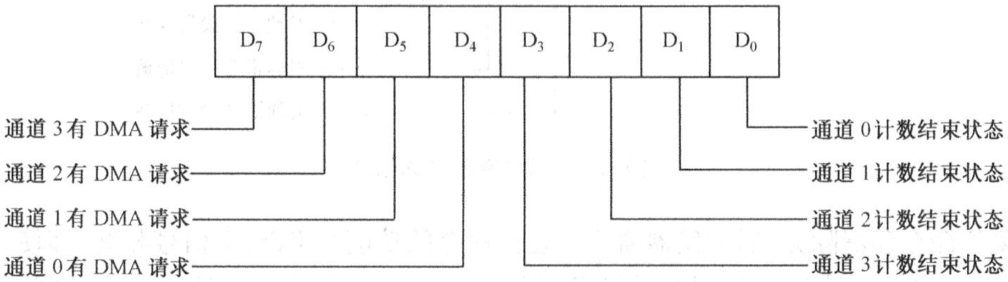

图 7-30　8237A 的状态寄存器格式

4）请求标志和屏蔽标志的设置。8237A 的每个通道都配备一个 DMA 请求触发器和一个 DMA 屏蔽触发器，它们分别用来设置 DMA 请求标志和屏蔽标志。之所以设置 DMA 请求标志，主要因为软件申请 DMA 请求，需通过对请求标志的设置实现。当一个通道的 DMA 屏蔽标志为“1”时，这个通道就不接收任何 DMA 请求。

在软件上怎样设置 DMA 请求标志和 DMA 屏蔽标志？在 DMA 请求寄存器中设置请求字节就可以实现对 DMA 请求标志的设置。如图 7-31 所示，DMA 请求寄存器中的 D_1、D_0 用来指出通道号，D_2 用来标志是否相应通道设置 DMA 请求。

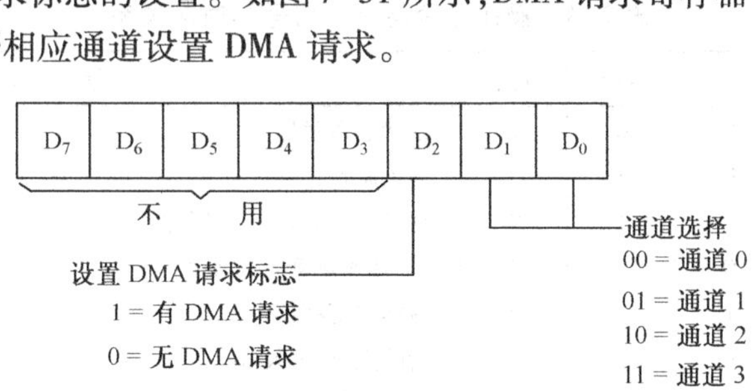

图 7-31　DMA 请求寄存器格式

DMA 的屏蔽标志是通过往屏蔽寄存器中写入屏蔽字来设置的，如图 7-32 所示。

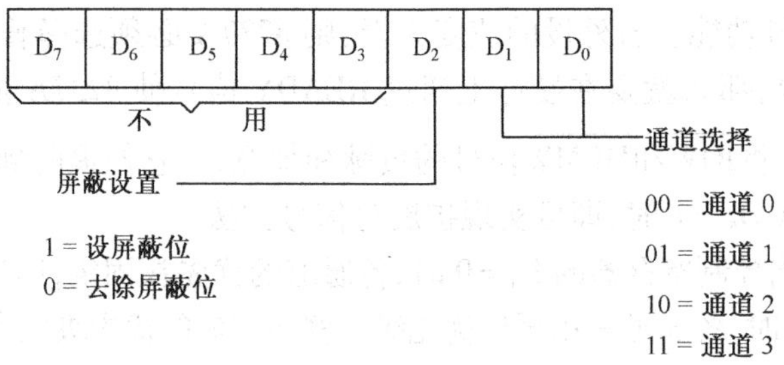

图 7-32　屏蔽寄存器的格式

8237A 屏蔽寄存器的 D_1、D_0 位用来指出通道号，$D_2=1$，相应的通道设置 DMA 屏蔽，D2 =0，则 DMA 允许。

此外，如图 7-33 所示，8237A 还允许使用综合屏蔽字命令来设置屏蔽情况，$D_3 \sim D_1$ 分别对应通道 3 ~ 通道 0，当 $D_i=1$，相应的通道 i 的 DMA 请求被屏蔽，$D_i=0$，相应的 DMA 允许。

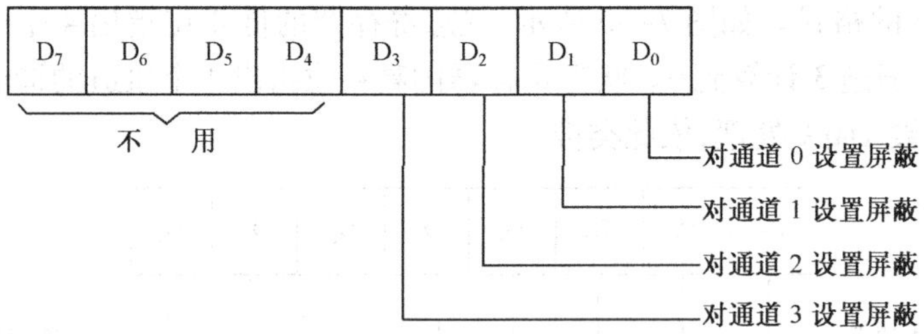

图 7-33　综合屏蔽字的格式

5）复位命令和清除先/后触发器命令。复位命令的功能和 RESET 信号相同，即使各寄存器清“0”，而使屏蔽寄存器置“1”。先/后触发器是为了设置计数器和地址寄存器初值而建立的。8237A 只有 8 条地址线，为了实现几位地址和数据的传送，只有把高低 8 位分开传送。当先/后触发器置“0”时，先送低 8 位；当先/后触发器置“1”时，先送高 8 位。为了保证正确设立初值，应该先清除先/后触发器。

6）8237A 各寄存器对应的端口地址。8237A 的编程命令是通过对内部寄存器的写操作来执行的，而状态寄存器的内容可以通过读操作读出来。无论读还是写，均需要有相应的端口地址，8237A 的端口地址的分配见表 7-4。当然使用 8237A 的前提条件是片选信号 $\overline{CS}$ 有效。

表 7-4　操作命令与有关信号的对应关系

A_3	A_2	A_1	A_0	$\overline{IOR}$	$\overline{IOW}$	命　令
1	0	0	0	0	1	读状态寄存器
1	0	0	0	1	0	写控制寄存器
1	0	0	1	1	0	写 DMA 请求标志寄存器
1	0	1	0	1	0	写 DMA 屏蔽标志寄存器
1	0	1	1	1	0	写模式寄存器
1	1	0	0	1	0	清除先/后触发器
1	1	0	1	0	1	读暂存器
1	1	0	1	1	0	发复位命令
1	1	1	0	1	0	清除屏蔽标志
1	1	1	1	1	0	综合屏蔽标志

在表 7-4 中虽然没有看到地址寄存器和字节计数器的对应端口号,实际上在 8237A 中,CPU 访问地址寄存器和字节计数器时,基本地址寄存器和当前地址寄存器合用一个端口,基本字节计数器和当前字节计数器也合用一个端口。这就是说,CPU 向基本地址寄存器进行写操作时,当前地址寄存器也写入同样的内容。与此类似,CPU 向基本字节计数器进行写操作时,当前字节计数器中也写入同样的内容。这时 A_3 一定为零,A_2 和 A_1 合在一起指明通道号,A_0 为 0,说明访问基本地址寄存器和当前地址寄存器;A_0 为 1,说明访问字节计数器,表 7-5 列出了各通道对应的地址寄存器和字节计数器的端口地址,其中起始地址对应于 $A_3 = A_2 = A_1 = A_0 = 0$。

表 7-5　地址寄存器和字节计数器的端口地址

DMA 通道	地址寄存器和当前地址寄存器	基本字节计数器和当前字节计数器
通道 0	起始地址 +0	起始地址 +1
通道 1	起始地址 +2	起始地址 +3
通道 2	起始地址 +4	起始地址 +5
通道 3	起始地址 +6	起始地址 +7

7.6.3　8237A 的编程和应用举例

为了掌握 8237A 的编程方法,本节结合 IBM PC/XT 系统中 8237A 的应用来进行说明。

在 XT 机中,8237A 的通道 0 用来对动态 RAM 进行刷新,通道 2 和通道 3 分别用来进行软盘驱动器和内存之间的数据传送以及硬盘和内存之间的数据传送,通道 1 用来提供其他传送功能,如网络通信功能。

系统中采用固定优先级,即动态 RAM 刷新的优先权最高。4 个 DMA 请求信号中,只有 $DREQ_0$ 是和系统板相连,其他几个请求信号即 $DREQ_1$ ~ $DREQ_3$ 都接到总线扩展槽的引脚上,由对应的软盘接口板和网络接口板提供。同样 DMA 应答信号 $DACK_0$ 送往系统板,而 $DACK_1$ ~ $DACK_3$ 送往扩展槽。

在 XT 机中,8237A 对应的端口地址为 0000H ~ 000FH,在下面的编程中要用到标号 DMA 代表首址 0000H,及 8237A 相关的提供高 4 位地址 A_{19} ~ A_{16} 的页面寄存器 74LS670,它的地址值输出端口为 0083H。下面用注释程序段来说明怎样对 8237A 进行初始化、测试以及使用。

```
        ;初始化和测试程序段
        MOV   AL,04
        MOV   DX,DMA+8        ;DMA+8 为控制寄存器的端口号
        OUT   DX,AL           ;输出控制命令,关闭 8237A 使它不工作
        MOV   AL,00
        MOV   DX,DMA+0DH      ;DMA+0DH 是总清命令端口号
        OUT   DX,AL           ;发总清命令
        MOV   DX,DMA          ;DMA 为通道 0 的地址寄存器对应端口号
        MOV   CX,0004
WRITE:  MOV   AL,0FFH
        OUT   DX,AL           ;写入地址低位,先/后触发器在总清时已清除
        OUT   DX,AL           ;写入地址高位,这样,16 位地址为 FFFFH
        INC   DX
        INC   DX              ;指向下一通道
```

```
        LOOP  WRITE              ;使4个通道的地址寄存器中均为FFFFH
        MOV   DX,DMA+0BH         ;DMA+0BH为模式寄存器的端口
        MOV   AL,58H
        OUT   DX,AL              ;对通道0进行模式选择,单字节读传送方式,地址加1
                                 ;变化,设置自动预置功能
        MOV   AL,42H
        OUT   DX,AL              ;对通道2设置模式,同通道1
        MOV   AL,43H
        OUT   DX,AL              ;对通道3设置模式,同通道1
        MOV   DX,DMA+8           ;DMA+8是控制寄存器的端口号
        MOV   AL,0
        OUT   DX,AL              ;对8237A设控制命令DACK为低电平有效DREQ为高
                                 ;电平有效固定优先级,启动工作
        MOV   DX, DMA+0AH        ; DMA+0AH是屏蔽寄存器的端口号
        OUT   DX,AL              ;使通道0去除屏蔽
        MOV   AL,01
        OUT   DX,AL              ;使通道2去除屏蔽
        MOV   AL,01
        OUT   DX,AL              ;使通道1去除屏蔽
        MOV   AL,03
        OUT   DX,AL              ;使通道3去除屏蔽;此时,4个通道开始工作,通道0~3
                                 ;为校验传输,而校验传输是一种模拟传输,不修改地址,
                                 ;也并不真正传输数据,所以地址寄存器的值不变,只有
                                 ;通道0真正传输数据,下面的程序段对通道1~3的地
                                 ;址寄存器的值进行测试
        MOV   DX,DMA+2           ;DMA+2是通道1的地址寄存器端口
        MOV   CX,0003
READ:   IN    AL,DX              ;读地址的低位字节
        MOV   AH,AL
        IN    AL,DX              ;读地址的高位字节
        CMP   AX,OFFFFH          ;比较读取的值和写入的值是否相等
        JNZ   HHH                ;如不等,则转HHH
        INC   DX
        INC   DX                 ;指向下一个通道
        LOOP  READ               ;测下一个通道
                                 ;后续测试
HHH:    HLT                      ;如出错,则停机等待
                                 ;网络传输程序
NETTRA: MOV   DX,DMA+0CH         ;DMA+0CH为先/后触发器的端口地址
        MOV   AL,00
        OUT   DX,AL              ;清除先/后触发器
        MOV   DX,DMA+09H         ;DMA+09H是请求标志寄存器的端口地址
        OUT   DX,AL              ;清除DMA请求标志
        MOV   AX,01
```

```
        OR   AX,SI            ;在 AL 中构成对通道 1 的模式字,即地址加 1 变化,非自
                              ;动预置如 SI 为 48H,则为读传输即主机到网络,如 SI 为
                              ;44H,则为写传输即网络到主机
        MOV  DX, DMA +0BH     ;DMA +0BH 为模式寄存器的端口地址
        OUT  DX,AL            ;设置通道 1 的模式字
        MOV  AX,ES            ;取主程序指定的内存区段地址
        MOV  CL,04
        ROL  AX,CL            ;段地址循环左移 4 位
        MOV  CH,AL            ;高 4 位保存到 CH 中
        AND  AL,0F0H
        ADD  AX,BX            ;形成 20 位物理地址的低 16 位送 AX
        JNC  ABC              ;无进位,则不修改高 4 位地址,转 ABC
        INC  CH               ;有进位,则高 4 位加 1
ABC:    MOV  DX,DMA +2        ;DMA +2 为通道 1 的地址寄存器对应端口
        OUT  DX,AL            ;输出地址低 8 位
        MOV  AL,AH
        OUT  DX,AL            ;输出地址高 8 位
        MOV  AL,AH
        AND  AL,0FH           ;地址最高 4 位
        MOV  DX,DMA +83H      ;DMA +83H 为页面寄存器对应的端口地址
        OUT  DX,AL            ;输出最高 4 位
        MOV  AX,DI            ;AX 中存放要传送的字节数
        DEC  AX               ;字节数减 1 作为计数值
        MOV  DX,DMA +3        ;DMA +3 为通道 1 的字节计数器对应的端口地址
        OUT  DX,AL            ;输出计数值的低 8 位
        MOV  AL,AH
        OUT  DX,AL            ;输出计数值的高 8 位
        MOV  DX,DMA +0AH      ;DMA +0AH 为屏蔽寄存器的端口号
        MOV  DX,01
        OUT  DX,AL            ;去除通道 1 的屏蔽
        MOV  DX,DMA +8        ;DMA +8 为控制寄存器的端口号
        MOV  AL,60H
        OUT  DX,AL            ;启动 8237A 工作,用固定优先级普通时序,DACK 信号
                              ;为低电平有效,DREQ 亦为低电平有效
        MOV  DX,DMA +8        ;DMA +8 为状态寄存器的端口号
WAIT:   IN   AL,DX            ;读取状态
        AND  AL,02H           ;看 DMA 是否结束
        JZ WAIT               ;未结束,则等待
                              ;若结束,则进行后续处理
```

7.7 习题

1. CPU 与外设交换数据的方式有几种？各有什么特点？

2. 比较中断传送和 DMA 传送的区别。

3. 编写一段程序，使从终端上输入 80 个字符，存放在 BUFFER 开始的内存缓冲区中；并要求每读入一个字符，在终端上显示输入的字符。

4. 什么叫中断？采用中断技术有哪些好处？

5. 什么叫中断系统？它具备哪些功能？

6. CPU 在什么情况下才响应中断？中断处理过程一般包括哪些步骤？

7. 何谓非屏蔽中断和可屏蔽中断？

8. CPU 如何识别中断源？

9. 什么叫中断优先权？有哪些解决中断优先权的办法？

10. 简述 8086/8088CPU 的中断结构及中断处理过程。

11. 8086/8088 的中断系统分哪几类？其优先顺序如何？

12. 中断入口地址表的功能是什么？已知中断类型码分别为 84H 和 0FAH，它们的中断入口在中断入口地址表的什么位置上？

13. 若在一个系统中有 5 个中断源，它们的优先排序为 1，2，3，4，5。它们的中断服务程序入口地址分别为 $LOOP_1$、$LOOP_2$、$LOOP_3$、$LOOP_4$、$LOOP_5$。试编写一中断服务程序，当有中断请求 CPU 响应时，能用软件查询办法转到优先权最高的中断源。

14. 8086/8088CPU 如何获得中断类型码？

15. 简述中断控制器 8259A 的内部结构和主要功能。

16. 某系统中有 5 个中断源，它们从中断控制器 8259A 的 $IR_0 \sim IR_4$ 中以脉冲方式引进系统，它们的中断类型码分别为 40H，41H，42H，43H 和 44H，中断入口分别为 3500H，4080H，4505H，5540H 和 6000H。允许它们以完全嵌套方式工作，请编写相应的初始化程序，使 CPU 响应任何一级中断时，能正确进入各自中断服务程序入口。

17. 试编写出只有一片 8259A 的 8086 系统中 8259A 的初始化程序。8259A 的地址为 02C0H 和 02C1H，要求：①中断请求采用电平触发；②IRQ 请求的中断类型是 16；③采用缓冲器方式；④采用普通的 EOI 命令。

第 8 章　接口技术与常见接口芯片的应用

输入/输出接口电路是微处理器和外围设备交换信息的通道，是微型计算机的重要组成部分。随着现代科学技术的飞速发展，各种专用、通用接口芯片应运而生，学习典型接口芯片的工作原理和使用方法，也就成为掌握微机接口技术的一项重要内容。

本章主要介绍 8255A 并行 I/O 接口芯片；8251A 串行 I/O 接口芯片；8253 计数器/定时器芯片；AD574、ADC0809 和 DAC0832 等模/数、数/模转换芯片。

输入/输出接口电路，一方面要接收来自 CPU 的地址信号、数据信号和控制信号，另一方面还要与各种类型的外设相连，以实现 CPU 与外设之间的数据传送。在本章的学习中，对于典型接口芯片，从硬件上既要掌握其与 CPU 信号的连接，也要掌握其与外设信号的连接；从软件上既要熟练掌握其初始化编程，也要掌握其应用程序的编写。

8.1　接口概述

本节主要介绍接口的功能和接口与系统的连接。

8.1.1　接口的功能

1. 地址译码和 I/O 设备的选择

由于 CPU 和若干个 I/O 接口均连接在同一总线上，接口的另一端连接外围设备，因此，当 CPU 进行 I/O 操作时，只允许被选中的 I/O 接口与数据总线相通，从而实现主机与特定外设之间的数据传送。此时，非选中的 I/O 接口应呈高阻态，与数据总线隔离。这就要求接口对 CPU 送来的 I/O 地址码进行识别，以决定该时刻本芯片是否工作。

2. 信息的输入与输出

接口应该根据 CPU 发来的读/写控制信号，决定当前进行的是输入操作还是输出操作，并且随之能从总线上接收 CPU 送来的数据和控制信息，或者将数据或状态信息由接口送到总线上。

3. 信息的转换功能

信息转换功能有两种：其一，是在串行信息传送时，接口要把 CPU 输出的并行数据转换成串行格式输出，或者把外设输入的串行格式的数据转换成并行数据传送给 CPU；其二，是把数字信号转换成模拟信号，或者把模拟信号转换成数字信号。

4. 联络和中断管理功能

接口和 CPU 之间有时需要了解对方的工作状态，以便相互协调工作。例如，当接口中已经有一个外设送来的数据时，接口应能发出一个“数据准备好”信号，以通知 CPU 取走数据。

一个带有中断控制器的接口，应该具有发送中断请求信号和接收中断响应信号的功能，当其接收到中断响应信号后，还应该具有向 CPU 回送中断类型号的功能。此外，根据需要接口还应具有优先级管理功能。

5. 可编程功能

一些常用的典型接口芯片具有几种工作方式可供选择。通过向这些接口芯片内部的控制寄存器写入不同的代码,可以选择其不同的工作方式。此即所谓的对可编程芯片的初始化。

6. 错误检测功能

在串行通信接口设计中,需要考虑对传输错误的检测问题。常用的可编程串行通信接口芯片,一般能检测两类错误:一是传输错误,这类错误是由传输线路上的噪声干扰所致,可通过奇/偶校验进行检测;二是覆盖错误,如果接口中已经有一个外设送来的数据,而 CPU 还没有来得及取走,此时外设又向接口中送来一个新的数据,则会出现覆盖错误。

8.1.2 接口与系统的连接

典型 I/O 接口与系统总线连接逻辑如图 8-1 所示。

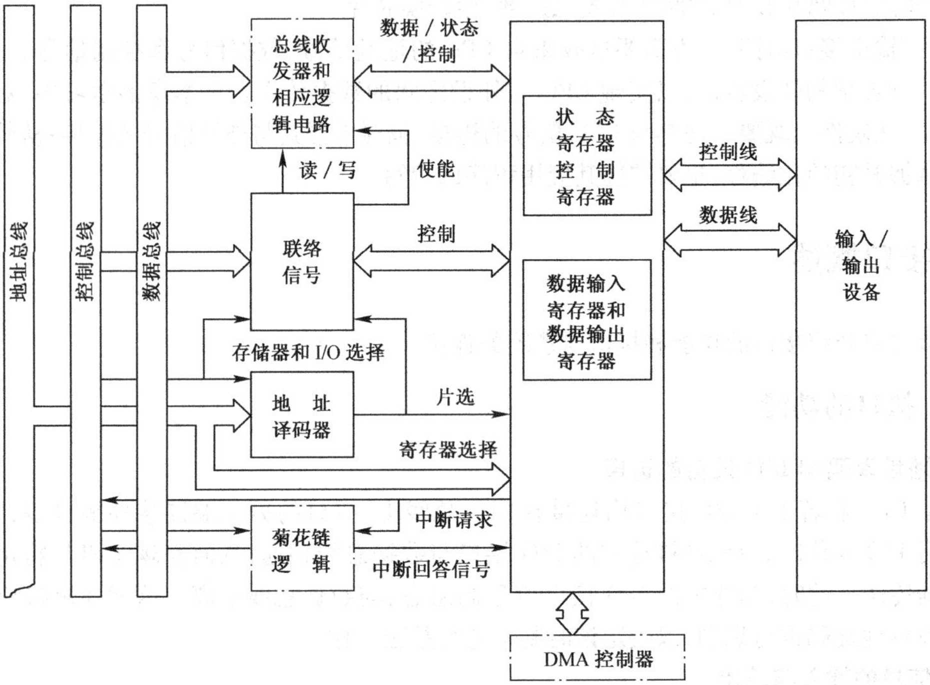

图 8-1 典型 I/O 接口与系统总线连接逻辑

从逻辑结构上分析,一个接口可以分成两部分:第一部分用来与系统总线相连,第二部分用来与 I/O 设备相连。

第一部分的主要功能:实现与 CPU 的启动、选中接口等控制信号的配合,提供传输数据信息的 I/O 端口。因为各种接口都要连在同一总线上,所以典型接口电路中这部分结构均很类似。

第二部分的功能随接口类型的不同而异,其电路结构与设备传输数据的要求以及数据格式紧密相关。例如,对串行接口和并行接口而言,这部分的差别就很大。

为了支持总线结构,接口中通常设置总线收发器和相应的逻辑电路。总线收发器主要起到增加驱动能力的功效。逻辑电路的作用是控制总线收发器的工作。在设计接口逻辑电路时,要考虑到联络信号随接口类型的不同而异。对于典型的接口逻辑电路应能接收 CPU 发来的读/写信号,用以决定数据传输方向。在 8086 系统工作于最小模式时,逻辑电路应能接收 CPU 送来的 $\overline{RD}$、$\overline{WR}$和 M/$\overline{IO}$信号,以完成对 I/O 接口的读/写控制。工作于最大模式时,逻辑电路应能接收$\overline{IORC}$和$\overline{IOWC}$信号,将其直接作为接口的读/写信号。此外,逻辑电路还要产生总线收发器所需要的允许信号$\overline{OE}$和数据传送方向信号 T。

地址译码器除了接收地址信号外，还应该把 CPU 提供的用来区分 I/O 地址空间和内存地址空间的信号用于译码过程。在最小模式系统中，即 M/$\overline{IO}$信号，其为“1”时访问内存，为“0”时访问 I/O 接口。在最大模式系统中，可用$\overline{IORC}$和$\overline{IOWC}$来直接指出 I/O 地址空间，$\overline{IORC}$有效为输入控制，$\overline{IOWC}$有效为输出控制。若译码器确定了某一接口芯片被访问，那么，译码器应提供给该接口芯片一个有效的片选信号。如果一个接口有若干个寄存器可以读/写，则需进一步指出本次访问哪一个寄存器。在实际应用时，一般用地址信号的最低 1 或 2 位结合读/写信号来实现对接口内部寄存器的寻址。

8.2 并行通信和并行接口芯片

并行通信就是把一个字符的全部 n 个数据位用 n 条线同时进行传输。与串行通信相比，它具有传输速度快、效率高等优点。但是，由于并行通信所用的电缆较多，在长距离传输时，电缆的损耗以及为了避免传输数据错误而增加的辅助设备会成为突出的问题。所以，并行通信适用于数据传输速率要求较高，而传输距离较短的场合。

实现并行通信的接口就是并行接口。根据需要，一个并行接口可以设计为输入接口，负责输入信息；也可以设计为输出接口，负责输出信息；还可以设计为双向通信接口，既负责输入信息，又负责输出信息。例如，在计算机系统中连接键盘的接口是输入接口；连接行式打印机的接口是输出接口；连接磁盘驱动器的接口是双向通信接口。

8.2.1 并行通信的概念

图 8-2 是典型的并行接口和外设连接的示意图。图中并行接口左边与 CPU 相连，并画出了所连接的信号线。并行接口右边用一个通道和输入设备相连，用另一个通道和输出设备相连，输入、输出通道各有独立的信号联络控制线。

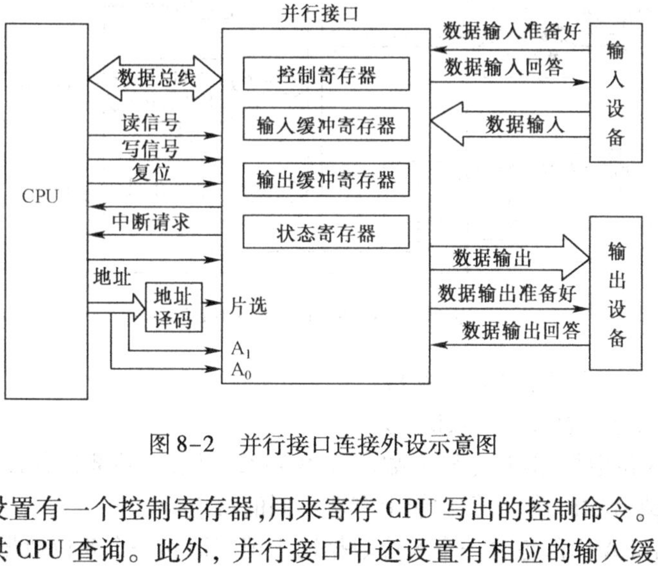

图 8-2 并行接口连接外设示意图

并行接口内部设置有一个控制寄存器，用来寄存 CPU 写出的控制命令。另有一个状态寄存器提供各种状态位供 CPU 查询。此外，并行接口中还设置有相应的输入缓冲寄存器和输出缓冲寄存器，用于暂存输入/输出数据。

并行接口实现数据输入和输出的过程可概述如下：

在输入过程中，当外设将数据通过数据输入线送给接口时，使状态位“数据输入准备好”成为高电平（有效电平）。接口在把数据接收到数据输入缓冲寄存器的同时，把“数据输入回答”置“1”，作为对外设输入的响应。外设接到该回答信号后就撤销数据和“数据输入准备好”信号。接口收到数据后，在状态寄存器中设置“输入准备好”状态位，以便 CPU 对其进行查询。若要支持中断工作方式，接口还应向 CPU 发出中断请求。这样 CPU 既可以用软件查询方式，也可以用中断方式输入接口中的数据。在 CPU 读取了接口中的数据后，接口将自动清除“输入准备好”状态位，并使与 CPU 相连的数据总线处于高阻态，以便外设送来下一个数据。

在输出过程中，每当外设从接口接收了一个数据之后，接口的输出缓冲器变为“空”，接口中状态寄存器的“输出准备好”状态位置“1”，以此表示 CPU 当前可以向接口输出数据，接口也可向 CPU 发出中断请求。当输出数据送到接口的输出缓冲寄存器后，接口自动将状态寄存器中的“输出准备好”状态位清 0，输出数据通过接口的输出线送到外设，与此同时接口向外设发送一个“数据输出准备好”信号，通知外设接收数据。外设接收数据，并向接口回送一个“数据输出回答”信号，接口收到该信号后，自动将状态寄存器中的“输出准备好”状态位重新置“1”，以便 CPU 输出下一个数据。

8.2.2 可编程并行通信接口芯片 8255A 的应用

8255A 是一种通用的可编程并行输入/输出接口芯片，它的功能可通过软件程序来设置。通过它可直接将 CPU 数据总线与外部设备连接起来，使用灵活方便。

1. 8255A 的内部结构

8255A 芯片的内部结构框图如图 8-3 所示。

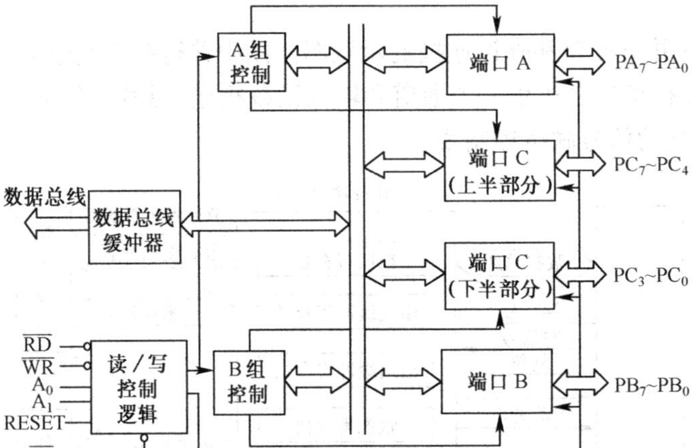

图 8-3 8255A 内部结构框图

从图中可知，8255A 由以下 3 部分组成：

（1）外设接口部分（数据端口 A、B、C）

8255A 有 3 个 8 位数据端口，分别为端口 A、B 和 C，用来与外部设备连接，通过编程可以将其选择为输入端口或者输出端口，但功能上有着不同的特点。

1）端口 A。端口 A 内部包含一个 8 位数据输入锁存器和一个 8 位数据输出锁存/缓冲器。

2）端口 B。端口 B 内部包含一个 8 位数据输入缓冲器和一个 8 位数据输出锁存/缓冲器。

3）端口 C。端口 C 内部包含一个 8 位数据输入缓冲器和一个 8 位数据输出锁存/缓冲器。通过向芯片写入方式选择控制字，端口 C 可以被分成两个 4 位端口。

在与外部设备连接不需要联络控制线时，这 3 个端口都可以用作输入或输出端口。当需要联络控制线时，端口 A 和端口 B 作为输入或者输出端口，端口 C 配合端口 A 和端口 B 的工作，端口 C 用作控制信号输出和状态信号输入。

（2）内部逻辑（A 组控制和 B 组控制电路）

这两组控制电路，根据芯片内部的控制寄存器内容（CPU 输出的方式选择控制字）和来自读/写控制逻辑电路的读/写命令，控制两组端口的工作方式和读/写操作。

A 组控制电路控制端口 A、端口 C 高 4 位（$PC_7 \sim PC_4$）的工作方式和读/写操作。

B 组控制电路控制端口 B、端口 C 低 4 位（$PC_3 \sim PC_0$）的工作方式和读/写操作。

（3）CPU 接口部分

1）读/写控制逻辑电路。其作用是将 A_1、A_0、$\overline{CS}$（片选）、$\overline{RD}$、$\overline{WR}$、RESET 信号进行组合，通过 A 组和 B 组控制电路完成 8255A 对数据信息、状态信息和控制信息的传输控制。

2）数据总线缓冲器。它是一个 8 位的双向三态数据缓冲器，是 8255A 与 CPU 数据总线的接口。所有数据的输入/输出，CPU 用输出指令向 8255A 发出的控制字和用输入指令从 8255A 读入外设的状态信息，都是通过这个缓冲器传送的。

2. 8255A 的引脚及功能

8255A 芯片共有 40 个引脚，如图 8-4 所示。除了电源和地引脚之外，其他引脚信号可以分为两类：与外设相连的引脚和与 CPU 相连的引脚。

（1）与外设相连的引脚

8255A 有 24 个引脚可与外设相连，分为 $PA_7 \sim PA_0$、$PB_7 \sim PB_0$ 和 $PC_7 \sim PC_0$ 三组，分别对应 8255A 的端口 A、B、C 的数据线，均为双向三态。端口 B 和 C 的引脚具有达林顿复合晶体管驱动能力（在 1.5 V 时输出 1 mA），所以通常选择端口 B 或 C 作为输出端口。

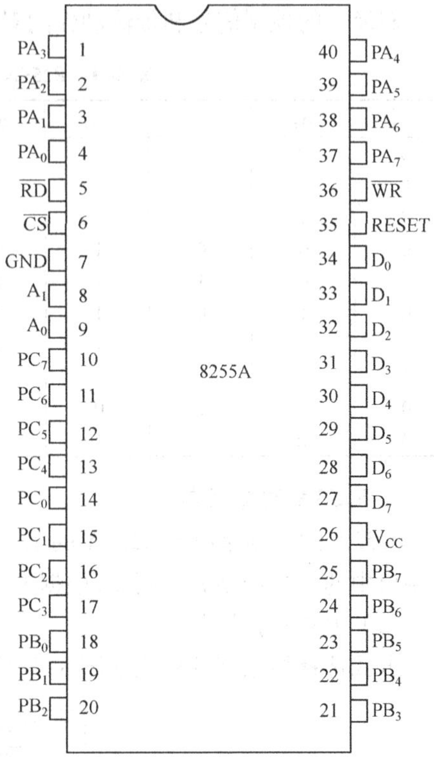

图 8-4　8255A 芯片引脚信号

（2）与 CPU 相连的引脚

8255A 与 CPU 相连的引脚有两组，即数据线引脚和控制线引脚。数据线引脚 $D_7 \sim D_0$ 共有 8 条，为双向三态，与 CPU 的数据总线连接；控制线引脚有 6 条，均为输入，与 CPU 的地址线和控制线相连接。

- RESET：复位信号，高电平有效。8255A 复位后，所有内部寄存器包括控制字寄存器都清零，3 个数据端口被自动设置为输入端口，24 条 I/O 引脚为高阻状态。
- $\overline{CS}$：片选信号，低电平有效。在该引脚为低电平时，8255A 被选中，读信号 $\overline{RD}$ 和写信号 $\overline{WR}$ 对 8255A 有效，8255A 可与 CPU 进行数据传送。
- $\overline{RD}$：读信号，低电平有效。$\overline{RD}$ 有效时，CPU 从 8255A 中读取输入数据（输入）。

- $\overline{WR}$：写信号，低电平有效。$\overline{WR}$有效时，CPU 向 8255A 写控制字或数据（输出）。
- A_1、A_0：端口选择信号，用来对 8255A 内部 3 个数据端口和一个控制端口进行寻址。规定 A_1A_0 为 00、01、10 时，分别选中端口 A、端口 B 和端口 C；为 11 时选中控制端口。

8086CPU 有 16 位数据总线，在进行数据交换时，CPU 总是将低 8 位数据与偶地址端口交换；高 8 位数据与奇地址端口交换。而 8255A 芯片是一个 8 位的并行接口，其 8 位数据线引脚 D_7 ~ D_0 通常接在 CPU 数据总线的低 8 位，因此 CPU 要求 8255A 的 4 个端口地址必须全为偶地址。为了既满足上述要求，又满足 8255A 本身规定的 4 个端口地址应为 00、01、10 和 11 的要求，所以在 8086 系统中，将 8255A 的 A_1、A_0 引脚分别接到 CPU 地址总线的 A_2、A_1，并且当 CPU 对 8255A 的端口进行读写时，应将其地址最低位 A_0 设置为 0。当 8 位接口芯片与 8086CPU 连接时，一般都存在类似的问题，以后不再重复说明。

8255A 的控制信号和传输动作的对应关系见表 8-1。

表 8-1　8255A 的控制信号和传输动作的对应关系

$\overline{CS}$	A_1	A_0	$\overline{RD}$	$\overline{WR}$	传输说明
0	0	0	0	1	从端口 A 读数据送到数据总线（输入）
0	0	1	0	1	从端口 B 读数据送到数据总线（输入）
0	1	0	0	1	从端口 C 读数据送到数据总线（输入）
0	0	0	1	0	数据从数据总线送端口 A（输出）
0	0	1	1	0	数据从数据总线送端口 B（输出）
0	1	0	1	0	数据从数据总线送端口 C（输出）
0	1	1	1	0	数据从数据总线写到控制寄存器（输出）
1	×	×	×	×	D_7 ~ D_0 进入高阻状态
0	1	1	0	1	非法的信号组合
0	×	×	1	1	D_7 ~ D_0 进入高阻状态

3. 8255A 的控制字

8255A 的控制字决定 8255A 的工作方式，而控制字是由 CPU 通过输出指令写到 8255A 的控制端口中的。控制字分为两类，根据 D_7 位的状态来决定。

（1）方式选择控制字

方式选择控制字的格式如图 8-5 所示。

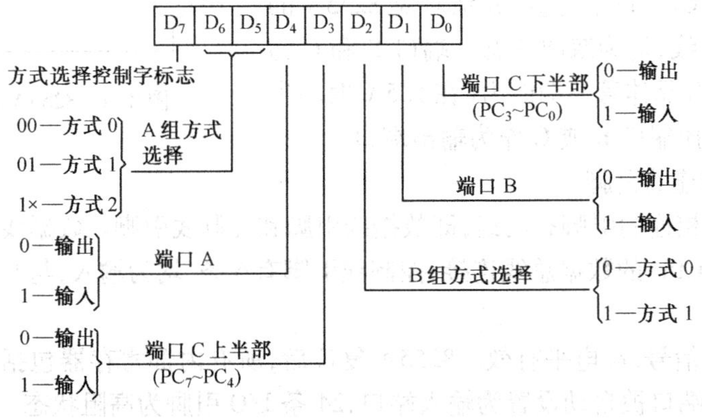

图 8-5　8255A 方式选择控制字

其中，$D_7=1$ 是方式选择控制字的特征标志，D_6、D_5、D_4 和 D_3 位用来选择 A 组的工作方式以及端口 A 和端口 C 高 4 位的输入/输出性质；D_2、D_1 和 D_0 位用来选择 B 组的工作方式以及端口

B和端口C低4位的输入/输出性质。

1）8255A有3种工作方式，即：

方式0——基本的输入/输出方式；

方式1——选通的输入/输出方式；

方式2——双向传输方式。

2）端口A可以工作于3种工作方式中任何一种，端口B只能工作于方式0或者方式1，端口C可以分为两个4位端口，作为一般的输入/输出端口使用。端口C可以配合端口A和端口B工作，为它们提供控制信号和状态信号。

3）A组和B组控制电路将3个数据端口划分为两组。A组包括端口A和端口C的高4位$PC_7 \sim PC_4$；B组包括端口B和端口C的低4位$PC_3 \sim PC_0$。8255A允许划分为同一组的两个端口分别工作于输入状态和输出状态。例如，当A组工作在方式0时，端口A可用作输入，端口C的高4位可用作输出。

关于方式选择控制字的用法，下面举例说明。

【例8-1】设在某8086系统中有一个8255A芯片，8255A的$D_7 \sim D_0$接到8086CPU数据总线的低8位，8255A的A_1、A_0分别接到CPU地址总线的A_2、A_1。若已知该芯片的4个端口地址分别为0E0H、0E2H、0E4H和0E6H，要求8255A工作在如下工作方式：

端口A——方式0，输出；

端口B——方式0，输入；

端口C高4位——输出；

端口C低4位——输入。

1	0	0	0	0	0	1	1

图8-6　8255A的方式选择控制字

这样，8255A的方式选择控制字代码如图8-6所示。

其方式选择控制字为83H，用如下指令完成该芯片工作方式的选择：

```
MOV   AL,83H      ;方式选择控制字送AL
OUT   0E6H,AL     ;方式选择控制字输出给8255A控制端口
```

（2）端口C置位/复位控制字

端口C经常用于配合端口A和B工作，为它们提供控制信号和状态信号，因此端口C的各位经常作为控制位或状态位来使用。为了方便用户单独设置某一个控制位或状态位，8255A提供了端口C置位/复位控制字，其格式如图8-7所示。

端口C置位/复位控制字中，$D_7=0$是其标志位。控制字的D_3、D_2、D_1位指明了对端口C哪一位进行操作，而D_0位则指明对端口C相应位的操作是置"1"还是清"0"，$D_6 \sim D_4$为任意值（一般设为0）。需要注意的是，尽管该控制字是对端口C的各位置"1"或清"0"，但是该控制字必须写入8255A的控制口。例如，把端口C的PC_7位清"0"，其控制字为00001110B，即十六进制的0EH；端口C的PC_5置"1"，其控制字应为0BH。假设8255A控制口地址为0E6H，则可用下列程序实现上述要求。

```
MOV   AL,0EH      ;PC7清"0"控制字送AL
MOV   DX,0E6H     ;控制口地址送DX
OUT   DX,AL       ;对PC7清"0"操作
MOV   AL,0BH      ;PC5置"1"控制字送AL
OUT   DX,AL       ;对PC5置"1"操作
```

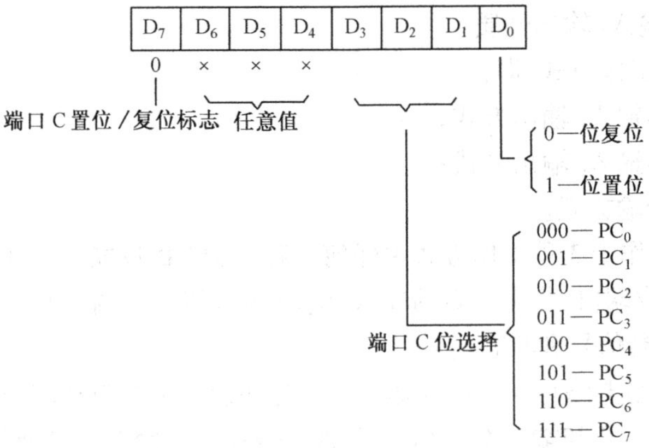

图 8-7　8255A 端口 C 置位/复位控制字

4. 8255A 的工作方式

8255A 有 3 种工作方式，端口 A 可以工作于这 3 种方式的任意一种，而端口 B 只能工作于方式 0 或者方式 1。下面着重分析这 3 种工作方式的具体含义及其特点。

（1）方式 0——基本输入/输出方式

在这种方式下，通常不使用联络信号或无固定的联络信号，也不使用中断。3 个数据端口 A、B、C（C 分为两个 4 位端口）通过方式选择控制字，可任意选定为输入或者输出，而且同属于一组的两个端口也可以分别定义为输入或者输出。CPU 只要对 8255A 执行 I/O 指令即可输入和输出数据。

方式 0 的主要特点归纳如下：

1）两个 8 位端口 A、B 及两个 4 位端口（端口 C 的高 4 位、低 4 位）中的任一端口，均可以作为输入端口或输出端口，且各端口均是独立的。

2）4 个端口的输入或输出，可以有 16 种不同的组合。

3）各端口输入时无锁存，输出时有锁存。

下面通过分析方式 0 的时序关系，使读者进一步理解端口工作在方式 0 的含义。

图 8-8 和图 8-9 所示分别为方式 0 的输入时序和输出时序，其中参数说明见表 8-2 和表 8-3。

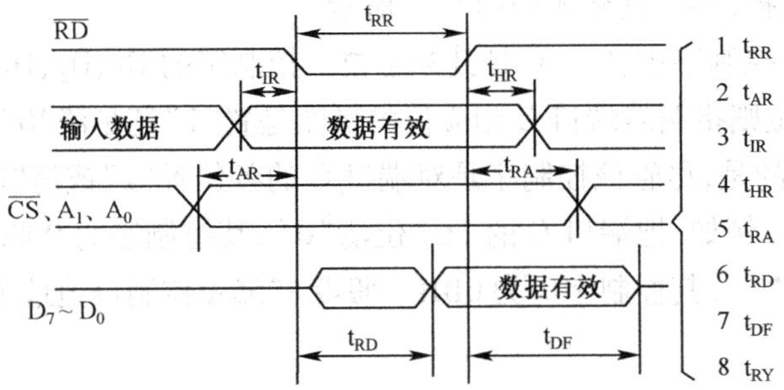

图 8-8　方式 0 输入时序

在方式 0 输入时，由时序图 8-8 可以看出，CPU 应首先发出端口地址信号及片选信号，之后，至少要经过 t_{AR}时间，才发出读信号$\overline{RD}$。读信号的有效电平应保证 t_{RR}时间。

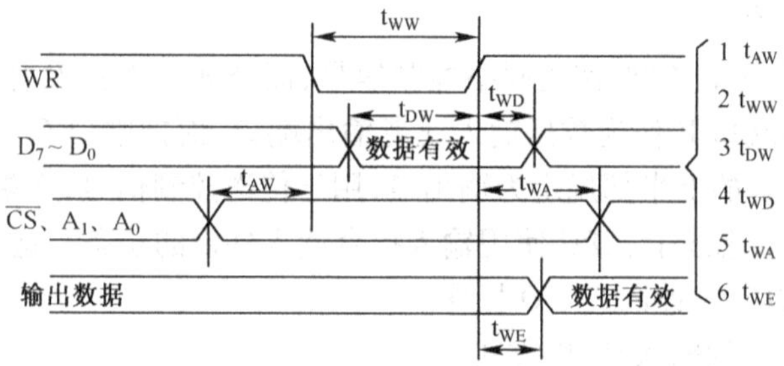

图 8-9　方式 0 输出时序

8255A 在读信号有效以后，经过 t_{RD} 时间的延迟，就可以将其端口 A、B、C 上的数据传输到数据总线 $D_7 \sim D_0$。

表 8-2　方式 0 输入时序参数说明

参　数	说　明	8255A	
		最小时间/ns	最大时间/ns
t_{RR}	读脉冲的宽度	300	
t_{AR}	地址稳定领先于读信号的时间	0	
t_{IR}	输入数据领先于 $\overline{RD}$ 的时间	0	
t_{HR}	读信号过后数据继续保持时间	0	
t_{RA}	读信号无效后地址保持时间	0	
t_{RD}	从读信号有效到数据稳定时间		250
t_{DF}	读信号撤除后数据保持时间	10	150
t_{RY}	两次读操作之间的时间间隔	850	

图 8-9 给出了方式 0 的输出时序。为了将数据可靠地输出到 8255A，对各信号有如下要求：

1）片选信号 $\overline{CS}$、端口地址选择信号 A_1、A_0，必须在写信号前 t_{AW} 时间有效，并且要求它们一直保持到写信号撤销以后，再经过 t_{WA} 时间才能消失。

2）写脉冲宽度至少要有 400 ns（t_{WW} 时间）。

3）在写信号结束之前，数据至少提前 t_{DW} 时间出现在数据总线上，且保持 t_{WD} 时间。

这样，在写信号结束后，8255A 最多再经过 t_{WE} 时间的延迟，CPU 输出的数据就可以出现在 8255A 的指定端口的数据线上，继而送到外部设备。

表 8-3　方式 0 输出时序参数说明

参　数	说　明	8255A	
		最小时间/ns	最大时间/ns
t_{AW}	地址稳定领先于写信号的时间	0	
t_{WW}	写脉冲的宽度	400	
t_{DW}	数据有效时间	100	
t_{WD}	数据保持时间	30	
t_{WA}	写信号删除后的地址保持时间	20	
t_{WE}	写信号结束到数据有效的时间		350

方式 0 通常有两种使用情况：一种是无条件传送方式，另一种是查询式传送方式。

在无条件传送方式下，CPU 和外设交换数据不需要联络控制信号，因此，8255A 的 3 个数据端口可以全部用于数据传送。

在查询方式传送方式下，需要使用联络控制信号，而方式 0 本身没有规定固定的联络信号。此时，一般将端口 A 和端口 B 作为数据输入或者输出端口，而把端口 C 用于传送控制信号和状态信号。例如，把端口 C 的上半部规定为输出口，用于传送控制信号；而端口 C 的下半部规定为输入口，连接到外设的状态线上，CPU 使用输入指令读入外设的状态。这样，端口 A 和端口 B 通过端口 C 的配合就可以完成查询式 I/O 操作。

(2) 方式 1——选通的输入/输出方式

在这种方式下，端口 A 和端口 B 进行输入/输出传输时，需要占用端口 C 的部分位作为联络信号。

方式 1 的主要特点：

1) 两个 8 位数据输入/输出端口 A 和 B(均带锁存功能)，在端口 C 的配合下工作。

2) 端口 C 中有 3 位用于端口 A 的输入/输出控制，另有 3 位用于端口 B 的输入/输出控制，并且均提供中断逻辑。

3) 若只有一个数据端口工作在方式 1，那么另一个数据端口及端口 C 余下的 5 位可工作于方式 0；若两个数据端口都工作于方式 1，那么端口 C 余下的 2 位仍可由程序指定作为输入或输出位，也可进行置位/复位操作。

方式 1 输入时，对于端口 C 的规定如图 8-10 所示，其中各个控制信号的意义如下。

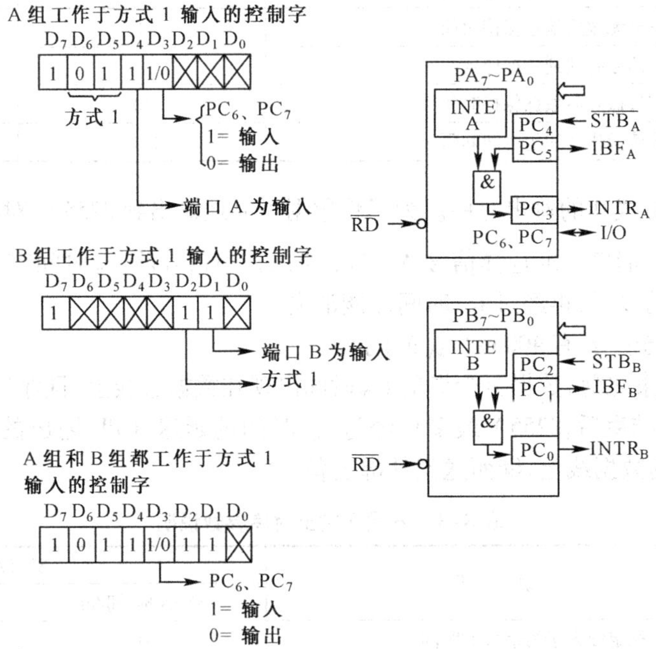

图 8-10　方式 1 时输入端口对应的控制信号

- $\overline{STB}$(Strobe)：选通信号，低电平有效。这是外设提供的选通输入信号。使用$\overline{STB}$可将外设送来的数据选通存入到 8255A 的输入缓冲器中。
- IBF(Input Buffer Full)：输入缓冲器满信号，高电平有效。这是 8255A 送出的状态信号。当其有效时，表示当前已经有一个新的数据在输入缓冲器中，只要 CPU 没有从 8255A 把数据读走，它就一直维持高电平。此信号有两个用途：一是通知外设暂不要送数据，二是供 CPU 查询，一旦查询到该信号有效，CPU 即可用输入指令输入该数据。IBF 信号是由 $\overline{STB}$信号使其置位，由$\overline{RD}$信号后沿使其复位。

- INTR(Interrupt Request)：中断请求信号，高电平有效。这是 8255A 的一个输出信号，通常用作向 CPU 发出中断申请，也可用作状态查询。INTR 端是在$\overline{STB}$和 IBF 均为高电平时被置为有效。在 CPU 响应中断或通过查询后使用输入指令读走数据时，由$\overline{RD}$信号前沿使 INTR 无效。
- INTE(Interrupt Enable)：中断允许信号。由置位/复位控制字对 PC_4(用于端口 A)或 PC_2(用于端口 B)置“1”和清“0”来控制。置“1”时，该数据端口允许中断(满足条件时可发出 INTR 信号)；清“0”时，禁止中断(不能发出 INTR 信号)。

图 8-11 是方式 1 的输入时序，其中各参数见表 8-4。

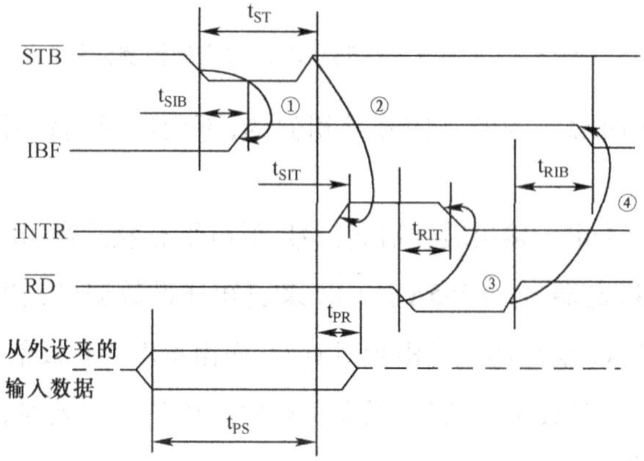

图 8-11　方式 1 输入时序

表 8-4　方式 1 输入时序参数说明

参　数	说　明	8255A	
		最小时间/ns	最大时间/ns
t_{ST}	选通脉冲的宽度	500	
t_{SIB}	选通脉冲有效到 IBF 有效之间的时间		300
t_{SIT}	$\overline{STB}$=1 到中断请求 INTR 有效之间的时间		300
t_{PR}	数据保持时间	180	
t_{PS}	数据有效到$\overline{STB}$无效之间的时间	0	
t_{RIT}	$\overline{RD}$有效到中断请求信号撤除之间的时间		400
t_{RIB}	$\overline{RD}$为 1 到 IBF 为 0 之间的时间		300

方式 1 的输入时序图表明，当外设的输入数据准备好后，外设应送来选通信号，用选通信号$\overline{STB}$把数据送到 8255A 的输入缓冲器（带锁存器），经过 t_{SIB}时间后，输入缓冲器满信号 IBF 有效。该信号既可通知外设暂停输入数据，又可供 CPU 查询。8255A 在选通信号结束以后，经过 t_{SIT}时间，发出中断请求信号 INTR，为 CPU 工作在中断方式下输入数据提供了条件。

无论 CPU 工作于查询方式还是中断方式，最终都要用输入指令从 8255A 中读取数据，而 CPU 在执行输入指令时会发出$\overline{RD}$信号。若是中断方式，当读信号有效后，经过 t_{RIT}时间，就会使中断请求信号失效。$\overline{RD}$信号结束后，数据已读至 CPU，8255A 输入缓冲器空，经过 t_{RIB}时间 IBF

变为低电平，从而就可以开始下一个数据输入过程。

图 8-12 中显示出了方式 1 时输出端口对应的控制信号。

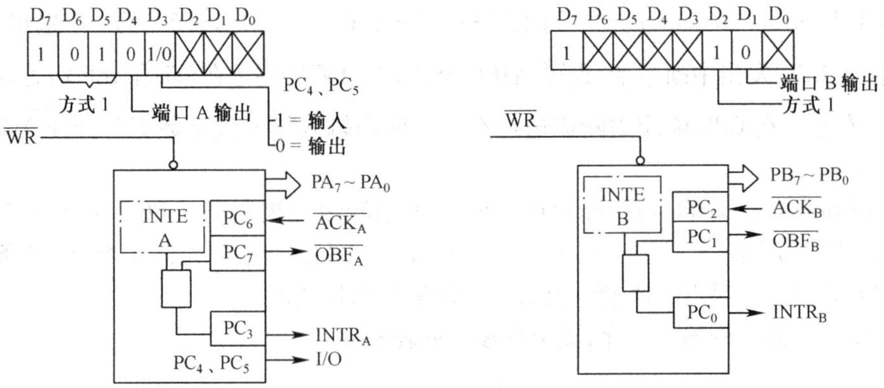

图 8-12　方式 1 时输出端口对应的控制信号

由图可以看出，A、B 两端口的控制信号是相似的，下面以通用信号（即不分 A、B 口）进行说明：

- $\overline{OBF}$（Output Buffer Full）：输出缓冲器满信号，低电平有效。当$\overline{OBF}$有效时，表示 CPU 已经把数据输出到了指定端口。8255A 用$\overline{OBF}$来通知外设数据已经准备好，外设可以取走数据了。$\overline{OBF}$信号由$\overline{WR}$信号的上升沿置成有效，而由$\overline{ACK}$的有效信号使$\overline{OBF}$失效。
- $\overline{ACK}$（Acknowledge）：外设响应信号，低电平有效。该信号有效时，表示外设已经从 8255A 输出端口取走数据。
- INTR（Interrupt Request）：中断请求信号，高电平有效。当输出设备从 8255A 输出口提取数据后，向 8255A 发出$\overline{ACK}$信号，待该信号无效后，$\overline{OBF}$也为高电平时，INTR 变为高电平。当写信号$\overline{WR}$的前沿来到时，INTR 变为低电平，即复位。
- INTE（Interrupt Enable）：中断允许信号。INTE 为“1”时，允许中断；INTE 为“0”时，使端口处于中断屏蔽状态，即不发 INTR 信号。在使用时，INTE 由软件来设置，向 PC_6 的置“1”操作可以使端口 A 的 INTE 为“1”，允许中断；反之，为中断屏蔽状态。对于端口 B 而言，通过对 PC_2 的置位或复位操作，来决定端口 B 是处于允许中断状态还是屏蔽中断状态。

图 8-13 是 8255A 工作于方式 1 的输出时序图，其中各参数见表 8-5。

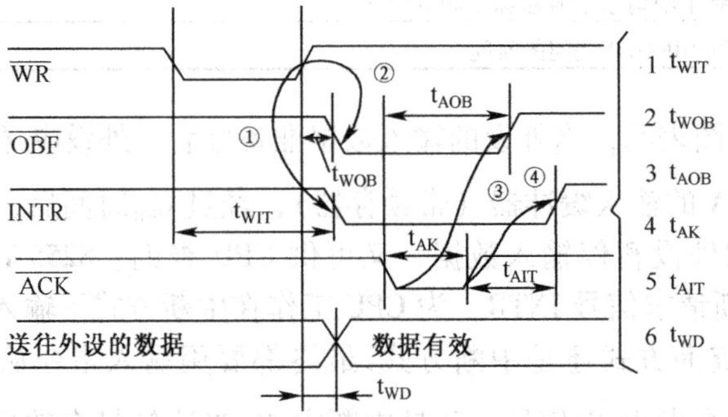

图 8-13　方式 1 输出时序

表 8-5　方式 1 输出时序参数说明

参　数	说　明	最小时间/ns	最大时间/ns
t_{WIT}	从写信号有效到中断请求无效的时间		850
t_{WOB}	从写信号无效到输出缓冲器清零的时间		650
t_{AOB}	$\overline{ACK}$有效到$\overline{OBF}$无效的时间		350
t_{AK}	$\overline{ACK}$脉冲的宽度	300	
t_{AIT}	$\overline{ACK}$为 1 到发新的中断请求的时间		350
t_{WD}	写信号撤除到数据有效的时间		350

8255A 工作在方式 1 的输出端口一般采用中断方式与 CPU 通信。从方式 1 的输出时序图中可以看到,CPU 响应中断后,便向 8255A 输出数据。写信号$\overline{WR}$的上升沿使中断请求信号 INTR 失效,表示 CPU 已经响应了中断,同时使$\overline{OBF}$有效,通知外设数据已准备好,外设可以取走数据。

时序表明,在 CPU 发出写信号后经过 t_{WD}时间,数据就存放到端口的输出缓冲器中并出现在端口的数据总线上。当外设收到数据后,便发一个$\overline{ACK}$信号,该信号一方面使$\overline{OBF}$无效,表示数据已经取走,当前输出缓冲器已空;同时又使 INTR 有效,向 CPU 发出中断请求信号,从而开始一个新的数据输出过程。

应该注意的是,8255A 在方式 1 下,规定一个端口作为输入或者输出的同时,自动规定了有关的控制信号。如果外设能为 8255A 提供所需的选通信号或数据接收应答信号,那么使 8255A 的端口工作在方式 1 状态下,可以很容易地配合 CPU 在中断方式下工作。

(3) 方式 2——双向传输方式

方式 2 只适用于端口 A。在此方式下,外设在 $PA_7 \sim PA_0$ 的 8 位数据线上,既可向 8255A 发送数据又可从 8255A 接收数据。这种方式也必须使用联络控制线,这时由端口 C 自动提供相应的联络控制信号。一个双向 8 位数据端口 A 需要占用端口 C 的 5 位。

方式 2 的输入和输出均是锁存的。A 口工作于方式 2 时,B 口可工作于方式 0 或方式 1。

图 8-14 给出了方式 2 的联络控制信号,图中各控制信号的含义如下。

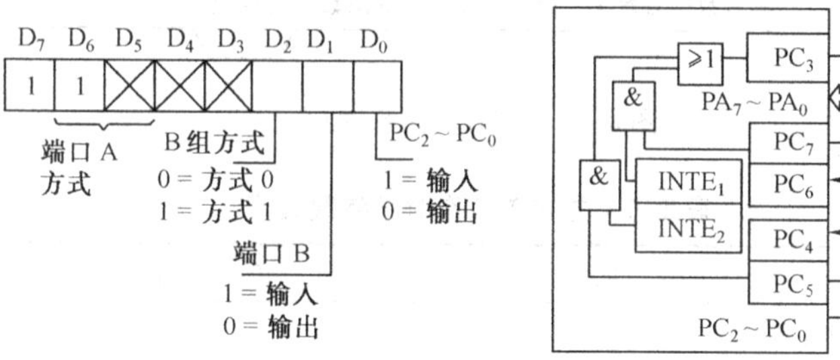

图 8-14　方式 2 的联络控制信号

- $INTR_A$:中断请求信号,高电平有效。当一个输入/输出操作完成且要进入下一个操作时,8255A 都通过这一引脚向 CPU 发出中断请求信号。值得注意的是,8255A 的输入/输出操作是作为两个中断源,产生一个中断请求信号,转到一个中断服务程序处理的,因此在中断服务程序中必须先查询是输入中断还是输出中断,然后再进行相应处理。
- $\overline{STB_A}$:外设提供给 8255A 的选通信号,低电平有效。此信号与方式 1 输入时的$\overline{STB_A}$作用相同，它将外设送来的数据选通存入到 8255A 端口 A 的输入锁存器。

- IBF_A：8255A 送出的状态信息，高电平有效。此信号与方式 1 输入时的 IBF_A 信号作用相同，表示输入数据还没有被 CPU 取走。IBF_A 与$\overline{STB_A}$成对使用，作为双向输入的控制联络信号。
- $\overline{OBF_A}$：输出缓冲器满信号，低电平有效。这个信号是双向输出时由 8255A 发给外设的选通信号，当$\overline{OBF_A}$有效时，表示 CPU 已经将一个数据写入 8255A 端口 A，通知外设取走数据。
- $\overline{ACK_A}$：外设对$\overline{OBF_A}$的响应信号，低电平有效。该信号使 8255A 端口 A 的输出缓冲器将数据送出到 PA_7 ~ PA_0 数据线上，否则方式 2 时输出缓冲器处于高阻状态。$\overline{ACK_A}$和$\overline{OBF_A}$成对使用，作为双向输出的控制联络信号。
- $INTE_1$：输出中断允许信号。该信号用于控制是否允许 8255A 发出双向输出的中断请求。当 $INTE_1$ 为“1”时，允许 8255A 向 CPU 发出 $INTR_A$ 信号；而 $INTE_1$ 为“0”时，禁止 8255A 向 CPU 发出 $INTR_A$ 信号。通过对 PC_6 的置位/复位来设置 $INTE_1$ 的状态。
- $INTE_2$：输入中断允许信号。该信号用于控制是否允许 8255A 发出双向输入的中断请求。当 $INTE_2$ 为“1”时，允许 8255A 向 CPU 发出 $INTR_A$ 信号；当 $INTE_2$ 为“0”时，禁止 8255A 向 CPU 发出 $INTR_A$ 信号。通过对 PC_4 的置位/复位来设置 $INTE_2$ 的状态。

方式 2 的工作时序如图 8-15 所示，其中有关参数见表 8-6。

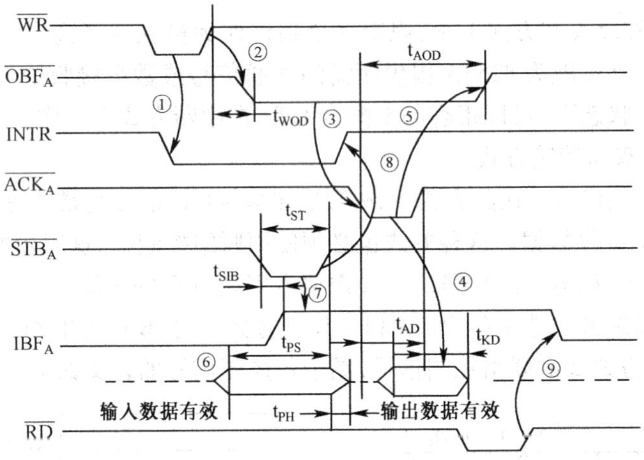

图 8-15　方式 2 工作时序

表 8-6　方式 2 工作时序参数说明

参　数	说　明	最小时间/ns	最大时间/ns
t_{ST}	选通脉冲宽度	500	
t_{SIB}	选通有效到 IBF_A 有效之间的时间		300
t_{PS}	数据有效到$\overline{STB_A}$无效之间的时间	0	
t_{PH}	数据保持时间	180	
t_{WOD}	写信号无效到$\overline{OBF_A}$有效的时间		650
t_{AOD}	$\overline{ACK_A}$有效到$\overline{OBF_A}$无效的时间		350
t_{AD}	$\overline{ACK_A}$有效到数据输出的时间		350
t_{KD}	数据保持时间	200	

实际上，方式 2 的时序相当于方式 1 的输入时序和输出时序的组合，且在方式 2 下，可以随时开始一个输入过程或输出过程。

对于输出过程，CPU 响应中断，在中断服务程序中执行输出指令时，CPU 发出写脉冲信号 $\overline{WR}$。$\overline{WR}$信号使中断请求信号 INTR 变低（如图 8-15 中①所示），同时也使输出缓冲器满信号 $\overline{OBF_A}$变低（如图 8-15 中②所示）。外设接到$\overline{OBF_A}$信号后，发出$\overline{ACK_A}$信号（如图 8-15 中③所示）。$\overline{ACK_A}$信号打开 8255A 的输出缓冲器，并使数据出现在 8255A 的数据线 $PA_7 \sim PA_0$ 上（如图 8-15 中④所示），同时也使输出缓冲器满信号$\overline{OBF_A}$有效（如图 8-15 中⑤所示），指示可以开始下一个数据传送过程。

对于输入过程，当外设向端口 A 送来数据时（如图 8-15 中⑥所示），同时也发来选通信号，将数据锁存到 8255A 端口 A 的输入锁存器中，这时，输入缓冲器满信号 IBF_A 变为高电平（如图 8-15 中⑦所示）。选通信号结束时，向 CPU 发送中断请求信号（如图 8-15 中⑧所示）。当 CPU 响应输入中断，执行输入指令时，CPU 会发出读信号$\overline{RD}$，将数据从 8255A 端口 A 读到 CPU 中，这样，输入缓冲器满信号 IBF_A 又变为低电平（如图 8-15 中⑨所示），中断请求信号也失效，指示可以开始下一个数据传送过程。

鉴于方式 2 是一种双向工作方式，它非常适合于一个外设既作为输入设备，又作为输出设备的应用场合。例如，软盘驱动器既需要能从软盘驱动器的磁盘中输入数据，也需要能向磁盘中输出数据。因此软盘驱动器接口就可以使用 8255A 的工作方式 2，将软盘驱动器的数据线和控制/状态线分别连接到 8255A 的 $PA_7 \sim PA_0$ 和 $PC_7 \sim PC_3$ 上，即可进行双向数据传送。

5. 8255A 应用举例

（1）8255A 工作于方式 0 应用举例

【例 8-2】某接口设计采用一片 8255A 实现，其端口 A 连接并行打印机，端口 B 连接纸带读入机，如图 8-16 所示。8255A 工作于方式 0，以查询式传送数据。

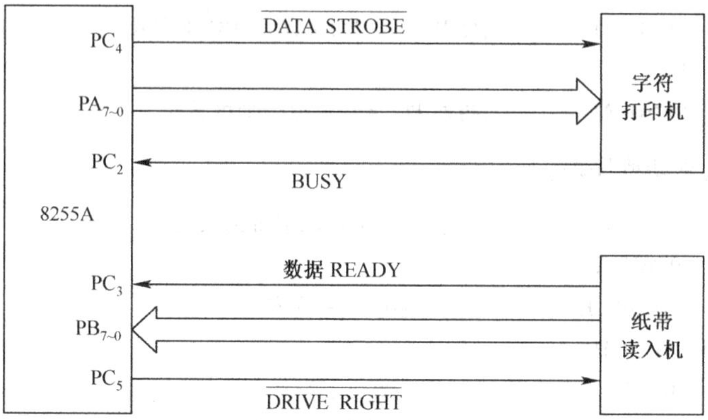

图 8-16　8255A 工作于方式 0 应用举例

本例使用端口 C 传送控制和状态信息，各控制信号的意义如下。

- $\overline{\text{DATA STROBE}}$：数据选通信号。打印机要有一个宽度为 0.5 μs 的脉冲，作为数据选通信号，由 PC_4 位输出。
- BUSY：这是打印机的状态信号。当其有效时为高电平，此时表示打印机“忙”，不能接收新的输出数据，由 PC_2 位读入。

- $\overline{\text{DRIVE RIGHT}}$：此信号驱动纸带前进一步，并读一个字符。它是 8255A 给外设的启动信号，由 PC_5 位输出。
- DATA READY：纸带读入器的状态信号。其为高电平表示纸带读入器已将数据准备好，由 PC_3 位读入。

根据控制和状态信号在端口 C 上的分布，端口 C 的上半部应定义为输出，下半部应定义为输入。端口 A 输出，端口 B 输入。因此，8255A 方式控制字应该为 10000011B = 83H。

设在系统中 8255A 的端口地址如下。

端口 A：E0H　　端口 B：E2H　　端口 C：E4H　　控制口：E6H

其应用程序设计如下：

1）8255A 初始化程序段。

```
MOV  AL,83H            ;方式控制字送 AL
OUT  0E6H,AL           ;方式控制字写入 8255A 控制口
MOV  AL,09H            ;用置位方式使 PC4 =1
OUT  0E6H,AL           ;使DATA STROBE为高，打印机选通无效
MOV  AL,0BH
OUT  0E6H,AL           ;PC5 =1，断开纸带读入机
```

2）打印机驱动程序段。

```
LPST: IN   AL,0E4H     ;将端口 C 各位状态读入 AL
      AND  AL,04H      ;通过 PC2 测试 BUSY 状态
      JNZ  LPST        ;结果不为 0，说明忙信号为“1”，应等待
      MOV  AL,CL
      OUT  0E0H,AL     ;如不忙，则把 CL 中字符通过端口 A 输出
      MOV  AL,08H
      OUT  0E6H,AL     ;使 PC4 =0，即DATA STROBE为低
      INC  AL
      OUT  0E6H,AL     ;再使 PC4 =1，形成一个负脉冲
```

3）纸带读入机驱动程序段。

```
RDST: MOV  AL,0AH      ;使 PC5 =0，启动纸带读入机
      OUT  0E6H,AL
RDLP: IN   AL,0E4H     ;读入端口 C 的内容
      AND  AL,08H
      JZ   RDLP        ;未准备好，则等待
      IN   AL,0E2H     ;已准备好，则从端口 B 输入数据
      MOV  CL,AL       ;将输入数据保存到 CL 中
      MOV  AL,0BH
      OUT 0E6H,AL      ;使 PC5 =1，断开纸带输入机
```

（2）8255A 工作于方式 1 应用举例

【例 8-3】 8255A 工作于方式 1，可以支持 CPU 以中断方式和外设进行通信。图 8-17 是一个使用 8255A 的接口电路，其中字符打印机以中断方式工作。

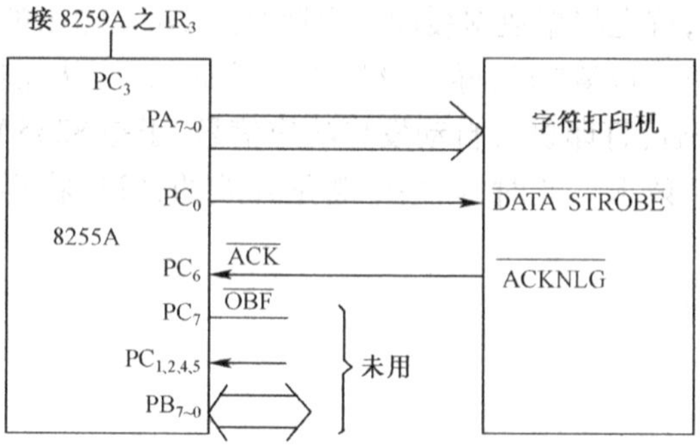

图 8-17　8255A 工作于方式 1 应用举例

将 8255A 端口 A 置于工作于方式 1 的输出数据通道时，PC_7 自动作为 $\overline{OBF}$ 信号输出端，PC_6 自动作为 $\overline{ACK}$ 信号输入端，PC_3 自动作为 INTR 信号输出端。

本例中，打印机要求有一个数据选通信号，这里设计由 CPU 控制 PC_0 来产生选通脉冲。$\overline{OBF}$ 在此处不用，$\overline{ACK}$ 连接打印机的 $\overline{ACKNLG}$ 端。

将 PC_3 连到 8259A 的中断请求信号输入端 IR_3，其对应的中断类型号为 0BH，由于 0BH × 4 = 002CH，所以应该将中断向量写入 0000H:002CH 开始的 4 个单元中。假设 8259A 在系统程序中已经完成初始化，又设 8255A 的 4 个端口地址如下。

端口 A:D0H　　端口 B:D2H　　端口 C:D4H　　控制口:D6H

由于端口 A 工作于方式 1，且为输出，而 PC_0 也用作输出，所以 8255A 的方式控制字可以设定为 A0H。

本系统软件设计中，由中断服务子程序完成向打印机的输出，而主程序仅完成对 8255A 设置方式控制字和开放中断等初始化工作，之后主程序可以执行其他操作。注意这里的开放中断，不仅仅是执行开中断指令 STI、使 CPU 的中断允许标志 IF = 1，还要使 8255A 的 $INTE_A$ 为 1，即让 8255A 中的端口 A 也处于中断允许状态。

设下面所编制的中断服务子程序入口地址为 3200H:0100H，需要向打印机输出的字符已经存放在输出数据缓冲区中，且该数据缓冲区的首地址存放在 DS 段 DATAPTR 变量名下。

主程序中有关 8255A 初始化及设置中断向量的程序段如下：

```
MAIN: MOV  AL,0A0H
      OUT  0D6H,AL            ;设置 8255A 方式控制字
      MOV  AL,01H
      OUT  0D6H,AL            ;置 PC0 =1,使选通无效
      MOV  AX,0
      MOV  ES,AX              ;ES 为 0,指向中断向量表
      MOV  AX,0100H           ;取中断服务子程序入口地址偏移量
      MOV  ES:[002CH],AX
      MOV  AX,3200H           ;取中断服务子程序入口地址段值
      MOV  ES:[002EH],AX
      MOV  AL,0DH
      OUT  0D6H,AL            ;置 8255A 之 INTEA =1,允许端口 A 中断
      STI                     ;8086CPU 开放中断
      (后接其他程序)
```

在中断服务子程序中，首先根据数据缓冲区指针取出 1B 要输出的数据，经由 8255A 的端口 A 输出，之后将端口 C 的第 0 位清“0”、再置“1”，形成选通信号，从而将数据送进打印机。当打印机收到数据并打印字符后，打印机会自动发出响应信号，于是 8255A 自动将端口 A 的指示信号撤销，进而产生新的中断请求。此时，如果中断是开放的，CPU 将再次响应中断、执行中断服务子程序。

中断服务子程序如下：

```
PUSH    AX
PUSH    BX
MOV     BX,DATAPTR          ;将 DATAPTR 处内容取到 BX 中
MOV     AL,[BX]
OUT     0D0H,AL             ;从 A 口送出 1B 数据
MOV     AL,0
OUT     0D6H,AL             ;使 PC0 为 0,产生选通信号
INC     AL
OUT     0D6H,AL             ;使 PC0 为 1,撤销选通信号
INC     BX
MOV     DATAPTR,BX
POP     BX
MOV     AL,20H              ;向 8259A 发 EOI
OUT     20H,AL
POP     AX
IRET                        ; 中断返回
```

6. 8255A 在键盘和数码管显示接口中的应用

在微型计算机系统中，键盘和显示器是必不可少的 I/O 设备。以 8255A 芯片为主，可以组成键盘和 LED 显示器的输入/输出接口。

在图 8-18 中，8255A 的端口 A 和端口 B 均工作于方式 0，且端口 A、B 和端口 C 的上半部定义为输出方式，端口 C 的下半部定义为输入方式。用端口 C 实现键盘扫描，端口 A、B 控制 LED 显示。

(1) 键盘接口

键盘扫描的硬件采用矩阵式结构。若键盘具有 m×n 个键，则键盘矩阵应有 m 行 n 列，其中 m 行由一个输出端口控制，n 列由一个输入端口控制。当某一行输出为低电平时，如果有某一列上有键按下，则该列的输入也为低电平，这个低电平通过列输入端口读入 CPU。通过识别行和列线上的电平状态，可以识别键是否闭合，即键是否按下。

本例中 8255A 用于管理 4×4 共 16 个键。8255A 端口 C 规划：PC_3 ~ PC_0 输入，PC_7 ~ PC_4 输出。设 3 号键按下，如果第 0 行此时为低电平，则通过 3 号键的闭合，使第 3 列也成为低电平。逐行扫描可管理整个键盘。

用行扫描法识别闭合键的步骤：首先使第 0 行为低电平，其余行为高电平，然后输入列信息，查询列线电平状态。如果有某一列线变为低电平，则表示第 0 行和此列线相交的位置上的键被按下，如果所有列线均为高电平，则说明第 0 行没有键按下。之后，再将第 1 行变为低电平，随后检查列线中是否有变低电平的列线。如此向下一行一行地扫描，直到最后一行。在扫描过程中，当发现某一行有键按下时，即列输入中有一位为 0，便退出扫描，根据行线位置和列线位置，识别

此刻闭合的是什么键。

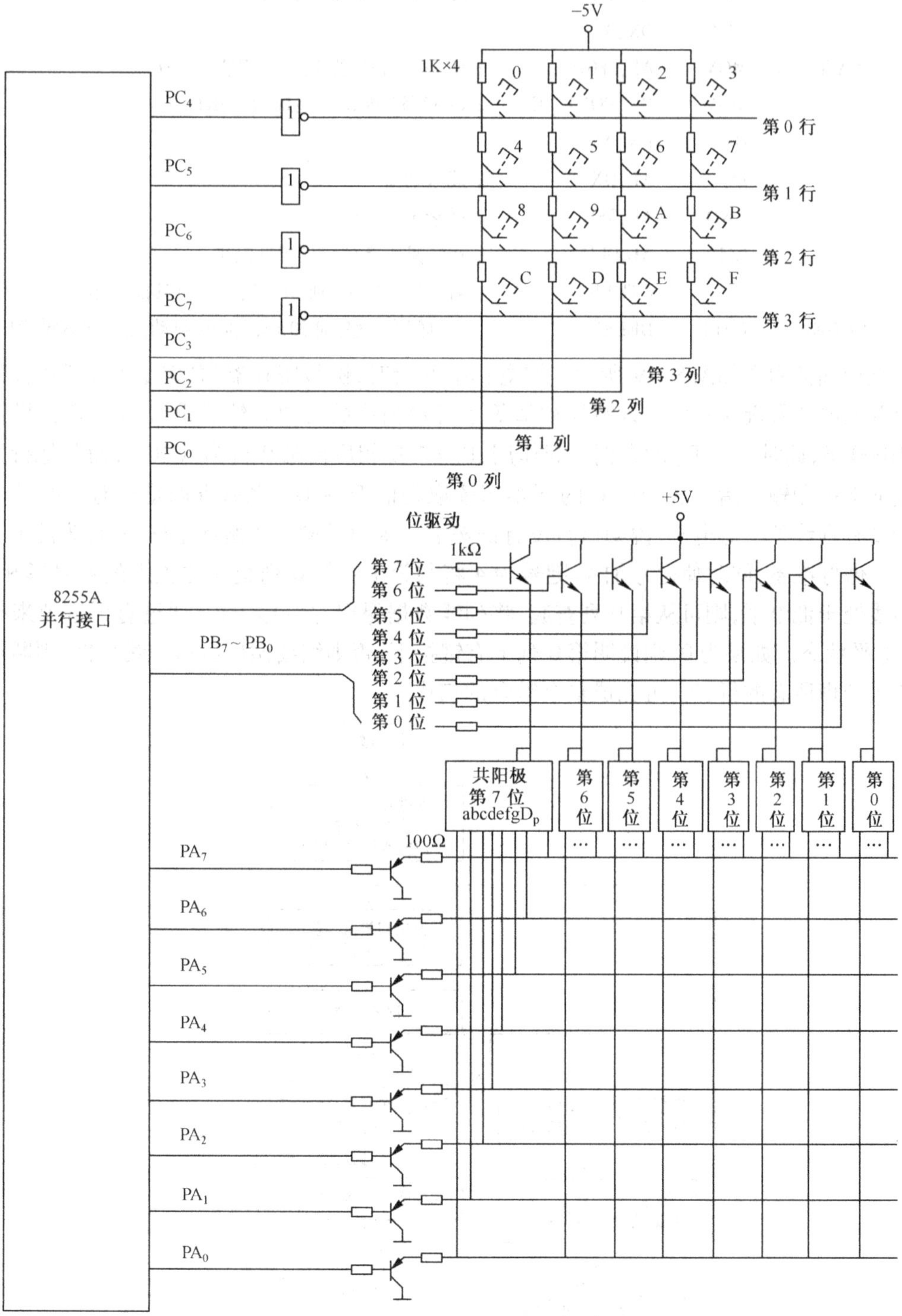

图 8-18　8255A 用于键盘和显示器接口

键盘扫描开始时可以先快速检查键盘中是否有键按下。即首先使输出行均处于 0 电平状态，再检查列线输入是否有 0 电平。如果有 0 电平，再逐行扫描具体定位，如果读得列数据各位全为高电平，则说明无键闭合。快速检查程序如下：

```
START:    MOV    DX,PORT_CTL   ;设 8255A 控制端口地址为 PORT_CTL
          MOV    AL,81H        ;8255A 方式控制字送 AL
          OUT    DX,AL
WAIT_IN:  MOV    AL,0F0H       ;使 PC7~PC4 为 1,经反相器后为 0
          MOV    DX,PORT_C     ;设 8255A 端口 C 地址为 PORT_C
          OUT    DX,AL
          IN     AL,DX         ;读入列值
          AND    AL,0FH        ;屏蔽掉高 4 位
          CMP    AL,0FH        ;比较是否有列线处于低电平
          JZ     OTHER         ;若没有低电平,则 CPU 转去执行其他工作
DONE:     CALL   DELAY         ;有键闭合,则延时 20 ms,消除键抖动,之后进入键盘扫描程序
```

键盘扫描流程图如图 8-19 所示。键盘扫描开始时,键号寄存器清“0”,这与第 0 行第 0 列交叉位置上的 0 号键相对应。计数器初值等于键盘扫描的行数。然后设置端口 C 扫描输出初值 00010000B,此时 $D_3 \sim D_0$ 的数据不起作用,$D_4 = 1$ 反相后使第 0 行为低电平,而其他行为高电平。接下来可用输入指令从端口 C 的下半部读取列值 $D_3 \sim D_0$,之后查询是否有列线处于低电平。若没有列线处于低电平,说明该行没有键按下。将扫描输出值循环左移一位,为使下一行输出低电平做好准备,同时使键号加 4,键号为 4 将与第 1 行第 0 列交叉位置上的 4 号键相吻合。若有列线处于低电平,则可从第 0 列查起,将列线数据保留并右移一位,通过有无进位来检查第 0 列的电平状态。如果为 0,则说明第 0 列上有键按下,否则继续循环右移列线数据,判断有无进位。依次处理所有的行、列,可完成整个键盘的扫描。

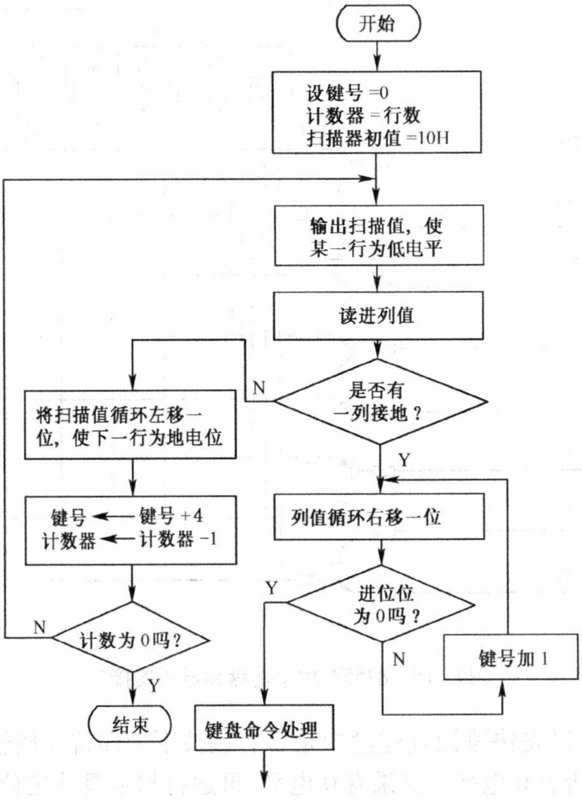

图 8-19　键盘扫描流程图

按照图 8-19 流程编写的程序如下：

```
        MOV   BL,0         ;键号初值设置为0
        MOV   CL,10H       ;送扫描初值
        MOV   BH,04H       ;行数4送入计数器
FROW:   MOV   AL,CL        ;扫描值送AL
        MOV   DX,PORT_C    ;设端口C地址为PORT_C
        OUT   DX,AL
        ROL   AL,1         ;行扫描值左环移一位
        MOV   CL,AL        ;保存行扫描值
        IN    AL,DX        ;读列值
        AND   AL,0FH       ;屏蔽无用的高4位
        CMP   AL,0FH
        JNZ   FCOL         ;列线有低电平,则转FCOL
        ADD   BL,04H       ;没有低电平,则使键号值加4
        DEC   BH
        JNZ   FROW         ;行扫描未完,转FROW
        JMP   DONE         ;扫描完毕转DONE
FCOL:   ROR   AL,1
        JNC   PROCE        ;查定某列为低电平时转PROCE
        INC   BL           ;否则键号加1
        JMP   FCOL         ;继续寻找
PROCE:                     ;键值译码处理程序
DONE:                      ;键扫描完毕,系统转至其他处理程序
```

（2）LED 显示接口

在图 8-18 中，由 8255A 的端口 A、端口 B 实现 LED 显示器接口，下面首先介绍 LED 显示器。

1）七字段 LED 显示器。LED 的主要部分为七段发光二极管，如图 8-20a 所示。七个字段分别称为 a、b、c、d、e、f、g 段，通常还有一个小数点段 D_P。通过七段的亮与灭的组合，可以显示 0 ~ 9 和 A ~ F 等字符，从而实现十六进制数的显示。例如，控制 a、b、c、d、e、f 段亮而 g 段灭，就显示出数字 0。LED 有共阳极和共阴极两种接线结构，如图 8-20b 和图 8-20c 所示。

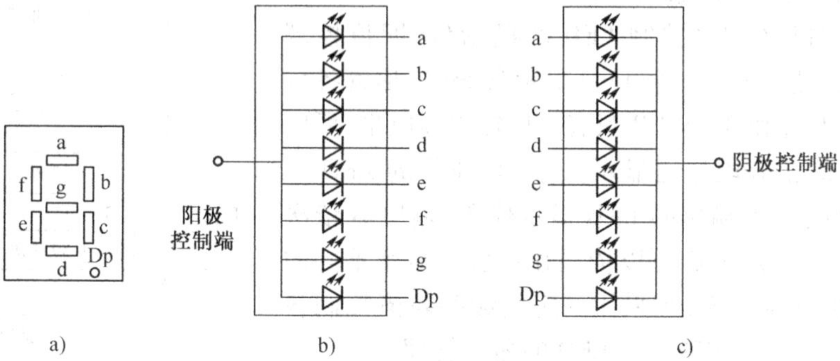

图 8-20　七段 LED 显示器

a) LED　b) 共阳极接法　c) 共阴极接法

当使用共阴极结构的 LED 时，各字段阴极控制端共接低电平，各字段阳极控制端凡接高电平者亮。如要显示 b 字母，只要使 c、d、e、f、g 段的阳极接高电平即可。

使用共阳极结构的 LED 时，各字段阳极控制端共接高电平，凡阴极接低电平的字段亮。

七段发光二极管的工作电流通常在 5 ~ 15 mA 范围内，使用时需接入限流电阻。

在多个 LED 显示电路中，通常把阴(阳)极控制端接至一输出端口，称为位控端口；而把数据显示段接至另一个输出端口，称为段控端口。程序应向段控端口输出一个十六进制数的七段 LED 代码。表 8-7 为七段 LED 显示代码表。

表 8-7　七段 LED 显示代码表

	共阴极接法									共阳极接法								
	D_7	D_6	D_5	D_4	D_3	D_2	D_1	D_0	七段代码	D_7	D_6	D_5	D_4	D_3	D_2	D_1	D_0	七段代码
	Dp	g	f	e	d	c	b	a		Dp	g	f	e	d	c	b	a	
0	0	0	1	1	1	1	1	1	3FH	1	1	0	0	0	0	0	0	C0H
1	0	0	0	0	0	1	1	0	06H	1	1	1	1	1	0	0	1	F9H
2	0	1	0	1	1	0	1	1	5BH	1	0	1	0	0	1	0	0	A4H
3	0	1	0	0	1	1	1	1	4FH	1	0	1	1	0	0	0	0	B0H
4	0	1	1	0	0	1	1	0	66H	1	0	0	1	1	0	0	1	99H
5	0	1	1	0	1	1	0	1	6DH	1	0	0	1	0	0	1	0	92H
6	0	1	1	1	1	1	0	1	7DH	1	0	0	0	0	0	1	0	82H
7	0	0	0	0	0	1	1	1	07H	1	1	1	1	1	0	0	0	F8H
8	0	1	1	1	1	1	1	1	7FH	1	0	0	0	0	0	0	0	80H
9	0	1	1	0	1	1	1	1	6FH	1	0	0	1	0	0	0	0	90H
A	0	1	1	1	0	1	1	1	77H	1	0	0	0	1	0	0	0	88H
B	0	1	1	1	1	1	0	0	7CH	1	0	0	0	0	0	1	1	83H
C	0	0	1	1	1	0	0	1	39H	1	1	0	0	0	1	1	0	C6H
D	0	1	0	1	1	1	1	0	5EH	1	0	1	0	0	0	0	1	A1H
E	0	1	1	1	1	0	0	1	79H	1	0	0	0	0	1	1	0	86H
F	0	1	1	1	0	0	0	1	71H	1	0	0	0	1	1	1	0	8EH
P	0	1	1	1	0	0	1	1	73H	1	0	0	0	1	1	0	0	8CH

2）利用 8255A 实现 LED 显示接口。在图 8-18 中，8255A 的端口 A 用来输出显示字符的七段 LED 代码，故端口 A 为段控端口。程序中可以把显示字符的 LED 代码组成一个表。设 LEDADDR 为 LED 显示代码表的首地址，那么要显示的数字的 LED 代码，其内存地址 = 表首地址 + 数字值。例如要显示“8”，其对应的 LED 显示代码就在首地址 + 8 为地址的单元中。利用换码指令 XLAT，易实现数字到显示代码的转换。

8255A 的端口 B 用来控制 LED 的显示位，即位控端口。当通过段控端口送出一个 LED 显示代码时，尽管各位 LED 都接收到，但是由于端口 B 只有一位输出高电平，所以只有一个 LED 的相应段导通显示数字，其他位的 LED 不亮。这样，配合端口 A 输出的 LED 显示代码，端口 B 依次选中一位 LED 进行驱动，就可以依次在各位上显示不同的数字。利用人的视觉惯性，当采用一定的频率轮流控制各位 LED 显示时，就可以实现多位 LED 的显示管理。

设从 TABLE 开始存放着 LED 显示代码表，从 BUFFDATA 开始存放着 8 位需要显示的数字。其中从 BUFFDATA 开始的第一个数据送最左边的 LED，下一个数据送左边第二个 LED，依次进行直到最后一个数据送最右边的 LED。程序框图如图 8-21 所示。8 位 LED 显示程序如下：

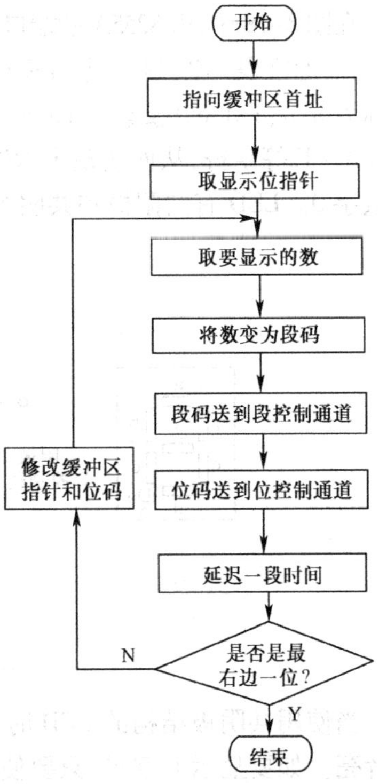

图 8-21　多位 LED 动态扫描程序框图

```
LED:        MOV   DI,OFFSET BUFFDATA      ;DI 指向显示缓冲区首址
            MOV   CL,80H                  ;位码送 CL
DISI:       MOV   AL,[DI]                 ;要显示的数送 AL
            MOV   BX,OFFSET TABLE         ;BX 指向 LED 显示代码表
            XLAT                          ;段码取到 AL
            MOV   DX,PORT_A               ;设 8255A 的端口 A 地址为 PORT_A
            OUT   DX,AL                   ;段码从 8255A 的 A 口输出
            MOV   AL,CL                   ;位码送 AL
            MOV   DX,PORT_B               ;设 8255A 的端口 B 地址为 PORT_B
            OUT   DX,AL                   ;位码从端口 B 输出
            PUSH  CX                      ;延时程序段
            MOV   CX,30H
DELAY:      LOOP  DELAY
            POP   CX
            CMP   CL,01H                  ;显示扫描到最右一位 LED 吗
            JZ    QUIT                    ;已经显示一遍,退出
            INC   DI
            SHR   CL,1                    ;位码右移一位,指向下一位
            JMP   DISI
QUIT:       RET
TABLE:      DB 0C0H,0F9H,……,8EH           ;共阳极 LED 数字 0~F 显示代码表
BUFFDATA:   DB    8 DUP(?)                ; 8 个字节的显示缓冲区
```

8.3 串行通信和串行接口芯片

串行通信,就是使数据一位一位地依次进行传输而实现通信。在传输中每一位数据都占据一个固定的时间长度。此时,只要少数几条线就可以在系统间交换信息。

与并行通信相比,串行通信具有传输线少、成本低等优点,特别适合于远距离传送,其缺点是速度慢。若并行传送 n 位数据需时间 T,则串行传送的时间至少为 nT。

可编程串行通信接口部件有多种,典型内部结构如图 8-22 所示。图中示出,串行接口部件内部有 4 个主要寄存器:控制寄存器、状态寄存器、数据输入寄存器和数据输出寄存器。

控制寄存器用来保存决定接口工作方式的控制信息。状态寄存器中的每一位都可以用来标识传输过程中的某一种错误或者当前传输状态。数据输入寄存器总是和串行输入/并行输出移位寄存器配对使用。在输入过程中,数据一位一位从传输线进入串行接口的移位寄存器,在接口的自动控制下,当接收到的数据位形成一个完整的字符之后,数据就从移位寄存器传送到数据输入寄存器,等待 CPU 读取。在输出过程中,数据输出寄存器和并行/串行移位寄器配对使用。当 CPU 输出一个数据时,先将数据写入到数据输出寄器,之后接口部件自动将数据传送至移位寄存器,然后再一位一位地通过输出传输线送到对方。

8.3.1 串行通信的概念

1. 全双工方式与半双工方式

如图 8-23 所示,两个串行接口之间分别用两根独立的传输线发送和接收信号,使发送和接

收数据可同时进行，这种串行通信工作方式称为全双工方式。

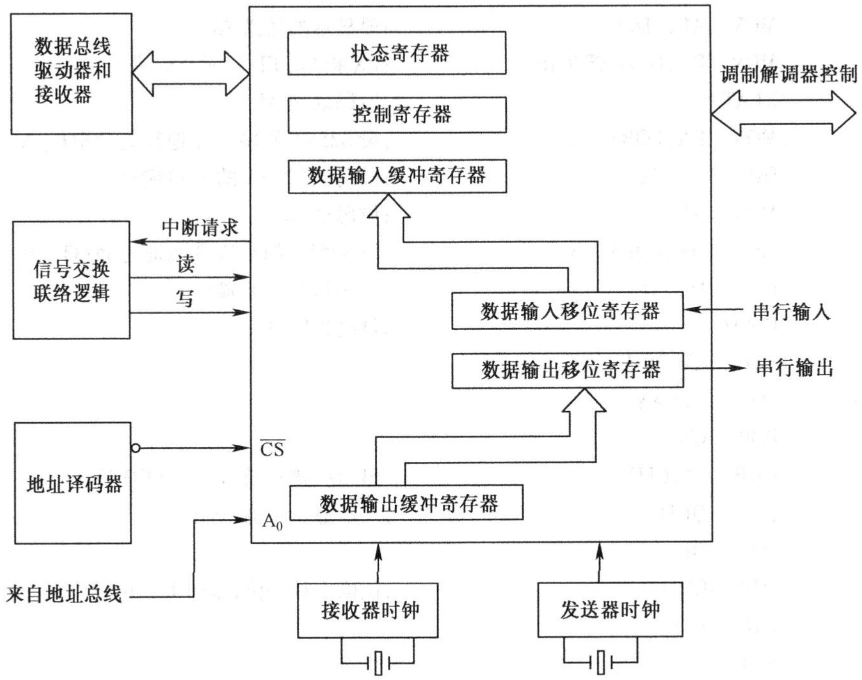

图 8-22　典型可编程串行通信接口内部结构

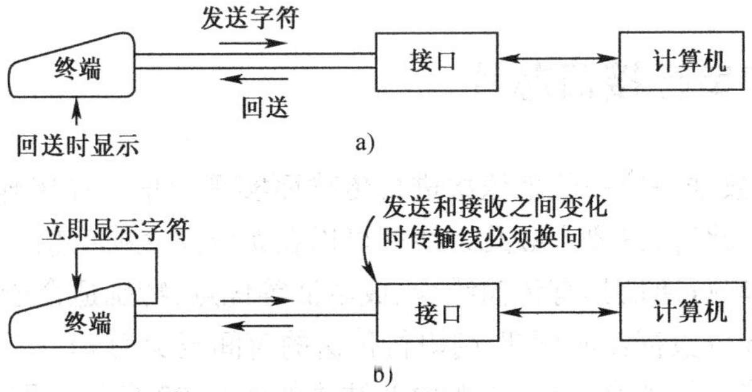

图 8-23　全双工和半双工传输方式
a) 全双工方式　b) 半双工方式

与全双工方式相对应的称为半双工方式。在半双工方式中，输入过程和输出过程使用同一根传输线，因此，半双工方式在某一时刻只能进行发送数据或者接收数据。

2. 同步通信和异步通信

串行通信可以分为两种类型，一种是同步通信，另一种是异步通信。

采用同步通信时，一般将若干字符组成一个信息组，字符一个接着一个传输，但是在每组信息（通常称之为信息帧）的开始要加上 1 ~ 2 个同步字符，在没有字符传输时，要发送专用的"空闲"字符或同步字符，其原因是同步传输字符必须连续传输，不允许有间隙。

所谓异步通信，是指通信中两个字符的时间间隔是不固定的，而在同一字符中的两个相邻数位间的时间间隔是固定的通信方式。异步通信中每个字符的传送格式如图 8-24 所示。一个字符在传输时，除了传送它本身的编码外，还要传输几个附加的数位。一般在字符开始传输前，传输线必须在逻辑上处于"1"状态,可称其为标识态。每个字符的传输用一个起始位(逻辑"0")表示开始,用停止位表示字符结束,在起始位和停止位之间是 n 位字符编码和奇偶校验位。由起始位开始,紧接着是字符编码和奇偶校验位,最后是结束位,这样构成的一串数据称为一帧。一帧数据各位代码间的时间间隔是固定的,而相邻两帧数据的时间间隔是不固定的。可见,异步通信时字符是一帧一帧传送的,每帧字符的传送靠起始位来同步。在异步通信的数据传送中,传输线上允许空字符。

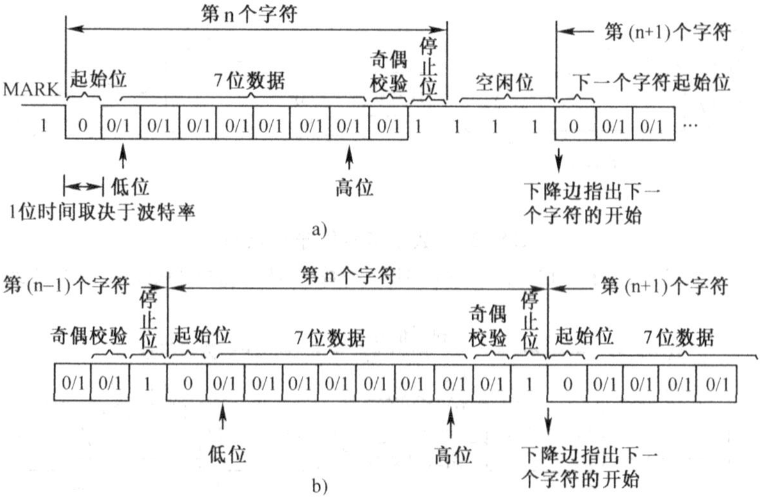

图 8-24　异步通信的数据格式

a) ASCII 码传送的数据格式　b) 数据传送时的数据格式

异步通信必须遵循的两项规定:

(1) 字符的格式

每个字符在传送时,必须在前面加一位起始位,在后面加上 1 位、1.5 位或 2 位停止位。例如 ASCII 码传送时,这一帧应该是前面 1 个起始位,接着 7 位 ASCII 编码,之后是 1 位奇偶校验位,最后是 1 位停止位,共 10 位为一帧。

(2) 波特率

波特率就是传送数据位的速率,用位/秒(bit/s)表示。例如,数据传送的速率为 120 字符/秒,每帧包括 10 个数据位,则传送波特率:

$$10 \times 120\ \text{bit/s} = 1200\ \text{bit/s} = 1200\text{Baud}$$

每一位的传送时间是其倒数:$T_d = 1/1200\text{s} = 0.833\text{ms}$

一般情况下,异步通信的波特率在 50 ~ 9600Band 之间,最高可达 19200Baud。这一点在设计串行接口的发送和接收时钟时要注意。串行通信中的异步通信允许的发送端和接收端时钟误差或波特率误差达 4% ~5%。

3. 信号的调制与解调

计算机通信是一种数字信号的通信,如图 8-25a 所示,它要求传输线的频带很宽。但是当前在实际长距离通信中,通常是利用电话线进行信息传递的,而电话线的频带(如图 8-25b)又没有这么宽,所以,若简单地直接使用电话线传送数字信号,就会造成被传输信号发生畸变,如图 8-25c所示。

为了保证信号传送的正确性,故在长距离通信中,采用调制/解调器来改善信号的品质。调制器(Modulator)把数字信号转换为模拟信号,经过传输线送到目的地后,再用解调器(Demodulator)检测此模拟信号,并把它转换成数字信号,这个过程如图 8-26 所示。在实际应用中,通常把调制器和解调器做在一起,构成调制解调器(MODEM)。在长距离串行通信中,通信的双方要用一对调制解调器来实现信号的转换。

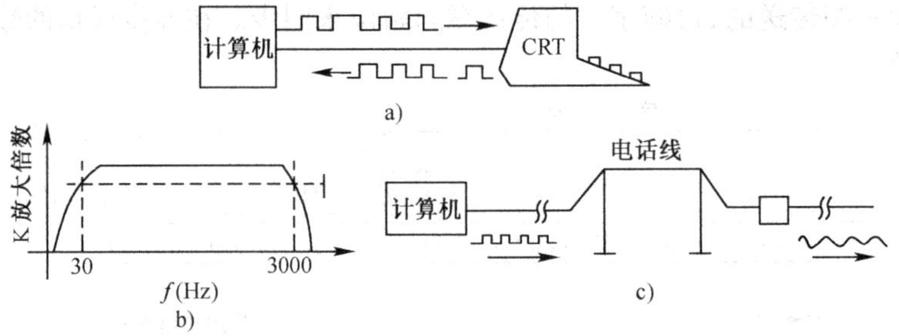

图 8-25　数字信号传输示意图

a) 通信信号示意图　b) 电话线的频带图　c) 数字信号通过电话线传送产生的畸变

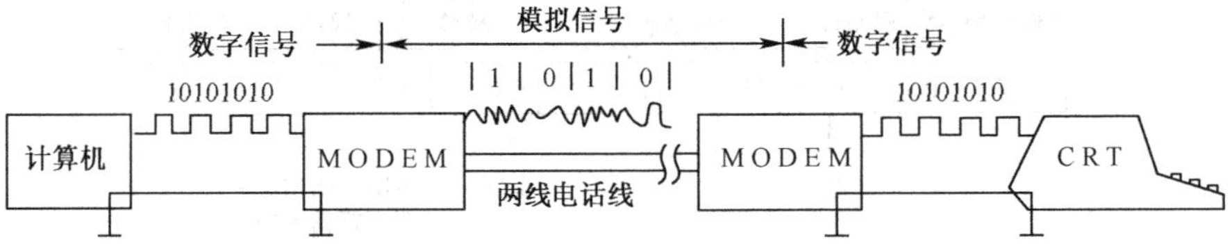

图 8-26　调制与解调过程示意图

移频键控(Frequency Shift Keying,FSK)是一种常用的调制方法,它把数字信号的“1”和“0”调制成不同频率的模拟信号,其调制原理如图 8-27 所示。

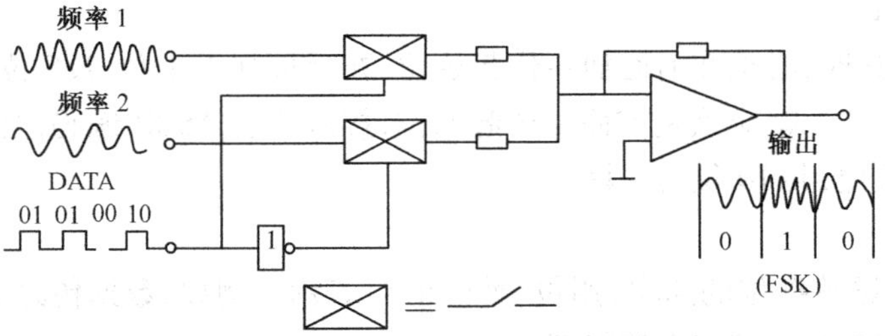

图 8-27　FSK 调制原理图

两个不同频率的模拟信号,分别由电子开关控制,在运算放大器的输入端相加,而电子开关由要传输的数字信号控制。当信号为“1”时,控制上面的电子开关导通,送出一串频率较高的模拟信号;当信号为“0”时,控制下面的电子开关导通,送出一串低频模拟信号,于是在运算放大器的输出端,就得到了调制后的信号。

4. RS-232C 接口

RS-232C 是 EIA(Electronics Industring Association)推荐的国际通用的一种串行通信接口标准。它采用 25 芯或者 9 芯的 D 型连接器,如图 8-28 所示。

由于它的每个引脚都有标准规定,必须连接规定的信号,所以对任何具备 RS-232C 接口的设备,都可以不需要附加任何硬件而与计算机直接相连。图 8-29 所示为 RS-232C 信号引脚连接图。

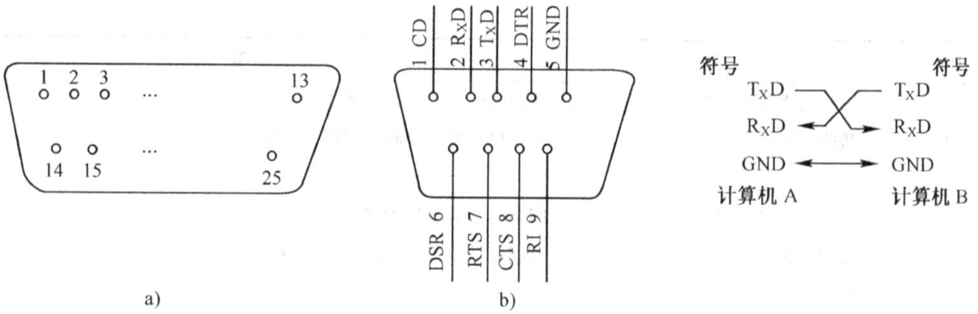

图 8-28　25 芯和 9 芯 D 型连接器信号规定
a）D 型 25 芯插头　b）D 型 9 芯插头

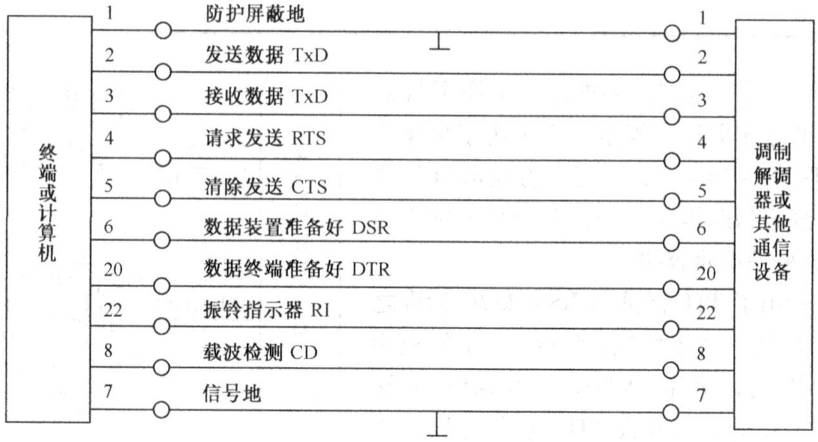

图 8-29　RS-232C 信号引脚连接图

表 8-8 列出了引脚和信号之间的对应关系，其中第一列数字是 25 芯 D 型接插件的引脚号。

表 8-8　RS-232C 的信号定义表

引脚号	名　称	说　明
1	保护地	作为设备接地端
2	发送数据(出)	将数据送调制解调器
3	接收数据(入)	从调制解调器接收数据
4	请求发送	在半双工方式下控制发送器的开或关
5	允许发送	指出调制解调器准备好发送
6	数据终端准备好	指出调制解调器不处在测试模式，而是可进入工作状态
7	信号地	作为所有信号的公用地
8	载波信号检测	指出调制解调器正在接收另一端送来的信号
9	空	
10	空	
11	空	
12	第二通道接收信号检测	指出在第二通道上检测到信号
13	第二通道允许发送	指出第二通道准备好发送
14	第二通道发送数据	往调制解调器以较低速率输出
15	发送器定时	为调制解调器提供发送器定时信号

（续）

引脚号	名　　称	说　　明
16	第二通道接收数据	从调制解调器以较低速率输入
17	接收器定时	为接口和终端接收器提供信号定时
18	空	
19	第二通道请求发送	闭合第二通道的发送器
20	数据终端准备好	调制解调器连接到链路，并开始发送
21	空	
22	音响指示	指出在链路上检测到音响信号
23	数据率选择	可选择两个同步速率之一
24	发送器定时	为接口和终端提供发送器定时信号
25	空	

RS－232C 除了对信号引脚的定义作了规定外，对信号电平标准也作了规定。它采用了负逻辑规定逻辑电平，将 －15～－5 V 规定为逻辑“1”，将 +5～+15 V 规定为逻辑“0”。显然，该信号电平与常用的 TTL 电平是不兼容的。

图 8-30 示出了 TTL 标准与 RS－232C 标准之间的电平转换电路。由图可见，把 TTL 电平转换为 RS－232C 电平，可以采用 SN75188（MC1488）发送器。由 RS－232C 电平转换成 TTL 电平，可以采用 SN75189A（MC1489）接收器。

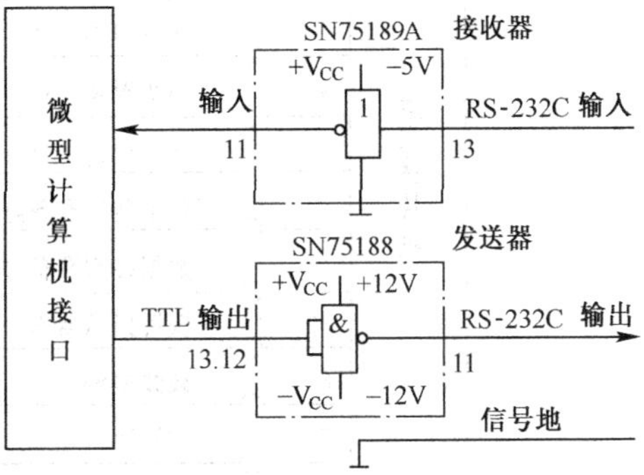

图 8-30　RS－232C 与 TTL 之间电平转换

8.3.2　可编程串行通信接口芯片 8251A 的应用

1. 8251A 的基本性能

8251A 是可编程的串行通信接口芯片，它是一个通用的同步/异步接收/发送器件。其基本性能如下：

1）可工作于同步方式或异步方式。

2）同步方式下，每个字符可定义为 5～8 位，可内同步或外同步，能自动插入同步字符。

3）异步方式下，每个字符可定义为 5～8 位，时钟速率为传输波特率的 1 倍、16 倍或 64 倍。

4）能自动产生中止字符，自动检测和处理中止字符；可产生 1 个、1.5 个或 2 个停止位。

5）同步方式下，波特率为 0～64 kbit/s；异步方式下，波特率为 0～19.2 kbit/s。

6）全双工方式，双缓冲的发送器和接收器。

7）具有自动错误检测功能，可检测奇偶错、数据丢失和帧错误，用户可通过输入状态寄存器内容进行查询。

8）全部输入/输出与 TTL 兼容。

2. 8251A 的逻辑结构及工作原理

（1）8251A 逻辑结构

图 8-31 是 8251A 逻辑结构和外部连接图。

数据输入缓冲寄存器和数据输出缓冲寄存器：CPU 利用输入/输出指令读写数据的寄存器，

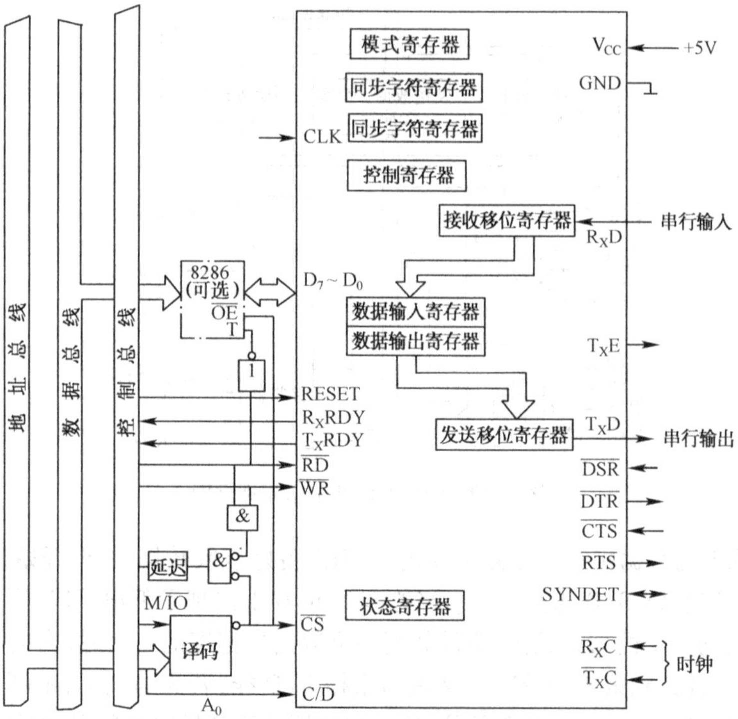

图 8-31　8251A 逻辑结构和外部连接图

它们使用同一端口地址，但执行输入指令时访问的是数据输入缓冲寄存器，执行输出指令访问的是数据输出缓冲寄存器。

接收移位寄存器：将送到 8251A 的 R_XD 端的各位串行数据接收之后进行移位，拼接成 8 位并行数据，存入数据输入缓冲寄存器，等待 CPU 读走。

发送移位寄存器：CPU 执行输出指令，将数据写入 8251A 的数据输出缓冲寄存器，再送至发送移位寄存器。发送移位寄存器通过移位将并行数据逐位从 8251A 的 T_XD 端输出，变成串行传输。

模式寄存器：由软件程序设置模式寄存器的内容，它规定 8251A 的工作模式（同步传送还是异步传送）以及接收和发送字符的格式。

控制寄存器：8251A 的全部工作过程都是由控制寄存器控制的，用户可通过软件程序设置控制寄存器的内容。

状态寄存器：存放 8251A 工作过程中的一些状态信息，供程序查询。

同步字符寄存器：共两个，用于存放同步方式下所用的同步字符。

（2）8251A 内部工作原理

8251A 内部工作原理如图 8-32 所示。

从工作原理上 8251A 可以分成 5 个主要部分，各部分之间通过内部数据总线相连。这 5 个部分是接收器、发送器、调制/解调控制电路、读/写控制逻辑和数据总线 I/O 缓冲器。数据总线 I/O 缓冲器又由状态缓冲器、发送数据/命令缓冲器和接收数据缓冲器 3 部分组成。以下就接收器和发送器分别叙述其在异步、同步方式下的工作过程。

1）接收器。接收器从 R_XD 引脚上接收串行数据，并按规定的格式将其转换为并行数据，之后存入接收数据缓冲器（数据输入缓冲器）。

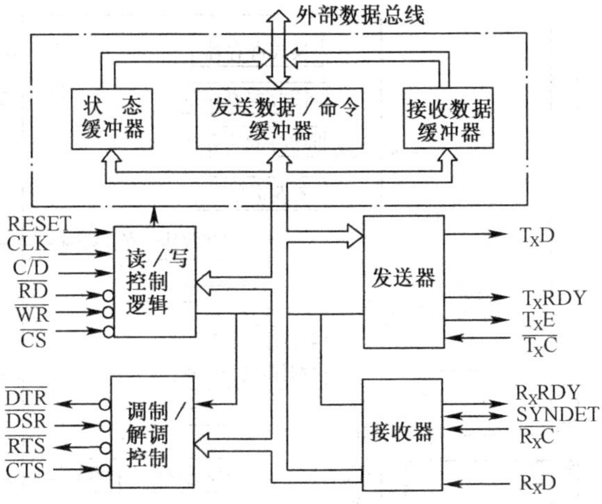

图 8-32 8251A 内部工作原理框图

① 异步方式下的数据接收。在异步方式下,当准备好接收数据时,即开始检测 R_XD 线上的信号。若无字符传送,则 R_XD 为高电平。当检测到 R_XD 上出现了低电平时,则认为它是一帧信息的起始位,便启动一个内部计数器,当计数到一个数据位宽度的一半时(若时钟脉冲频率为波特率的 16 倍,则为计数到第 8 个脉冲),又重新采样 R_XD 线,若为高电平,则刚才采样得到的低电平可能是噪声信号而不是真正的起始位,这时接收器并不开始接收数据,而是继续检测新的起始位;若仍为低电平,则确认它就是起始位。此后,每隔 16 个时钟脉冲采样一次 R_XD 线,将采样结果送到移位寄存器。经移位寄存器处理,再经过奇偶校验和对停止位的检查并去掉停止位后,就变成了并行数据。此数据经 8251A 内部数据总线送至数据输入缓冲器,同时发出 R_XRDY 信号,告知 CPU 已经接收到一个数据。

② 同步方式下的数据接收。在同步方式下,当接收数据时,首先要搜索同步字符。这又分为内同步和外同步方式。

在内同步方式下,8251A 通过监测 R_XD 线来搜索同步字符。每当 R_XD 出现一个数位就把它接收下来,并把它送入移位寄存器移位。直到接收一个完整字符后,即与同步字符寄存器内容(由程序设定)相比较,若不相等,重复上述操作,继续搜索同步字符。若相等,则说明 8251A 搜索到同步字符了。如果 8251A 被编程设定为采用一个同步字符方式,则认为同步已经实现。如果规定为两个同步字符,那么只有连续接收到两个约定的同步字符时,才认为实现了同步,否则要重新从第一个同步字符起开始检测。一旦实现了同步,8251A 的 SYNDET 引脚就升为高电平。

在外同步方式下,由外部其他设备在其 SYNDET 引脚(此时为同步输入端)加一个高电平实现同步。一旦在 SYNDET 引脚出现高电平并维持至少一个接收时钟脉冲周期时间,8251A 便认为已经实现同步了。

8251A 实现同步后,接收器就在接收时钟信号的上升沿对 R_XD 线上的数据进行采样,并把接收到的数据位送到移位寄存器中。当在移位寄存器中形成了一个完整的数据后,就把数据送至接收数据缓冲寄存器,同时发出 R_XRDY 准备好信号,通知 CPU 来读取。

2) 发送器。发送器接收 CPU 送来的并行数据,通过发送移位寄存器按照程序规定的数据格式变成串行数据流,在发送时钟的下降沿逐位从 T_XD 引脚输出。

① 在异步方式下,发送器在发送每一个字符前先自动发送 1 个起始位,然后再发送字符数据,最后根据编程所规定的要求加上 1 位奇/偶校验位以及 1 个、1.5 个或者 2 个停止位。由起

始位、数据位、校验位、停止位构成一帧数据，每一位数据都是在发送时钟 TXC 的下降沿从 8251A 的 T_XD 引脚发出。初始化编程时设置在方式选择字中的波特率因子决定了数据传输的波特率可以是发送时钟频率的 1、1/16 或者 1/64。

② 在同步方式下，发送器从 CPU 接收到至少 1 个待发送的字符后，在发送数据前，依据初始化编程时的设定插入 1 个或 2 个同步字符，然后发送字符数据块。而在数据块中，除了插入初始化编程时设定的奇偶校验位外，不再插入别的位。当 8251A 正在发送数据而 CPU 却来不及提供新数据时，8251A 发送器会自动插入同步字符，在 T_XD 端发出，因为在同步方式时被传送的字符间不允许存在间隙。

不论是在同步还是在异步工作方式，只有当程序设置了 T_XEN(Transmitter Enable——允许发送)和$\overline{CTS}$(Clear to Send——由外设发来的、对 CPU 请求发送信号的响应信号)有效时，才能发送。

发送器的另一个功能是发送中止字符(BREAK)。中止字符是由在通信线上的连续低电平信号组成的。只要 8251A 的命令寄存器的 D_3 位为“1”，发送器就始终发送中止字符。

3. 8251A 的接口信号

8251A 用来作为 CPU 与外设或调制解调器间的接口，如图 8-33 所示。

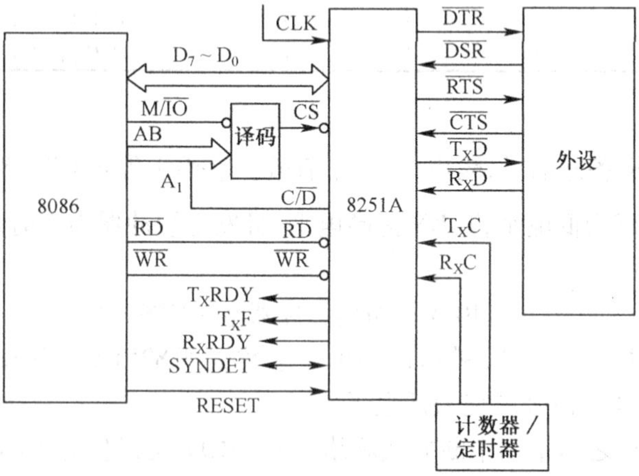

图 8-33　8251A 与 CPU 及外设连接示意图

由图可见 8251A 接口信号分为两组，一组是 8251A 和 CPU 之间的连接信号，另一组是 8251A 和外部设备或调制解调器之间的连接信号。

(1) 8251A 与 CPU 接口信号

1) 数据线 $D_7 \sim D_0$。8251A 的数据线 $D_7 \sim D_0$ 是双向三态的，它们与 CPU 系统数据总线相连，用于在 CPU 与 8251A 之间传送数据(包括 CPU 对 8251A 的编程命令和 8251A 送往 CPU 的状态信息)。

2) 片选信号$\overline{CS}$。当$\overline{CS}$为低电平时，8251A 被选中，8251A 才能与 CPU 传送数据。否则，8251A 的数据线处于高阻态。

3) 读/写控制信号。

- $\overline{RD}$：读信号，一般直接连接到 CPU 的$\overline{RD}$引脚或$\overline{IORC}$引脚。$\overline{RD}$为低电平时，表示 CPU 正在从 8251A 读取数据或状态信息。
- $\overline{WR}$：写信号，一般直接连接到 CPU 的$\overline{WR}$引脚或$\overline{IOWC}$引脚。$\overline{WR}$为低电平时，表示 CPU 正

在向 8251A 写入数据或控制信息。

- $C/\overline{D}$:控制/数据信号,是 CPU 送往 8251A 的信号,用来区分当前数据总线上的信息是数据还是控制或状态信息。当 $C/\overline{D}$为高电平时,表示传送的是控制信息(写过程)或者状态信息(读过程);当 $C/\overline{D}$为低电平时,表示传送的是数据。

将 $C/\overline{D}$线与 CPU 的一位地址线相连,之后,对不同的端口地址进行读操作就可以分别读取数据或状态信息,对不同的端口地址进行写操作就可以分别写入数据或控制信息。

这里强调一点,一片 8251A 使用两个端口地址。数据输入端口和数据输出端口合用一个端口地址,状态端口和控制端口合用一个端口地址,它们用$\overline{RD}$、$\overline{WR}$信号进行区分。

$\overline{RD}$、$\overline{WR}$和 $C/\overline{D}$3 个信号的组合,决定了 CPU 对 8251A 的各种操作,具体关系见表 8-9。

表 8-9　$\overline{RD}$、$\overline{WR}$和 $C/\overline{D}$的编码及对应操作

$\overline{RD}$	$\overline{WR}$	$C/\overline{D}$	具体操作
0	1	0	CPU 从 8251A 输入数据
1	0	0	CPU 向 8251A 输出数据
0	1	1	CPU 从 8251A 读取状态
1	0	1	CPU 向 8251A 写入控制命令

4) 收发联络信号。

- T_XRDY:发送器准备好信号,输出,高电平有效。它用于告知 CPU,8251A 已经为发送字符作好准备。当$\overline{CTS}$为低电平,T_XEN 为高电平,且发送缓冲器为空时,T_XRDY 引脚变为高电平,即:

$$T_XRDY = 输出缓冲器空 \cdot CTS \cdot T_XEN$$

若 T_XRDY 为高电平,则 CPU 就可以输出一个数据到 8251A。当 8251A 接收来自 CPU 的一个数据后,T_XRDY 信号就变为低电平。

如果 8251A 和 CPU 之间采用中断方式联络,则 T_XRDY 可以作为中断请求信号。

- T_XE:发送器空信号,输出,高电平有效。若发送器中的发送移位寄存器已经变空,T_XE 变为高电平。当 8251A 从 CPU 得到一个数据时,T_XE 变为低电平。

T_XE 与 T_XRDY 的区别在于后者表示发送器第一级缓冲器的状态,在正常工作时,当发送移位寄存器把一个字符移位输出完了,发送命令/数据缓冲器就把 CPU 送来的数据并行地送到发送移位寄存器,此时,发送缓冲器为空,T_XRDY 有效,但发送移位寄存器仍有数据在串行移位输出,T_XE 无效。T_XRDY 信号使 CPU 立即输出一个数据至发送缓冲器。所以,正常工作时,发送缓冲器空,T_XRDY 信号有效,而发送移位寄存器不会变空,T_XE 信号无效。只有当 T_XRDY 信号有效但 CPU 来不及将数据送来时,则发送移位寄存器把数据移到输出完之后变空,T_XE 信号才会有效。

在同步方式下,因不允许传送的字符(数据)之间有空隙,若 CPU 来不及向 8251A 中输出字符(数据),此时 T_XE 将变为高电平,发送器将自动地在输出线上插入同步字符,从而填补传输间隙。在插入同步字符时,T_XE 仍维持高电平,以表明发送器空了。

- R_XRDY:接收器准备好信号,输出,高电平有效。该信号有效表示当前 8251A 已经从外部设备或调制解调器上接收到了一个字符,正等待 CPU 读取。当 CPU 从 8251A 读取一个字符后,R_XRDY 自动变为低电平。

在查询传送方式下,该信号可以作为状态信号供 CPU 查询;在中断传送方式下,可以作为中断请求信号，但是如果 R_XRDY 和 T_XRDY 同时连接到 CPU 的 INT 端，就必须经过一个"或"门，并在中断处理程序中查询是哪一个中断，也可以将这两个中断请求信号分别连接到 8259 的两个中断请求输入端以产生不同的中断向量，转到不同的中断处理程序。

- SYNDET：同步检测信号，高电平有效。SYNDET 引脚只用于同步方式，既可以作为输入，也可以作为输出。当 8251A 工作在内同步方式时，SYNDET 作为输出端，如果 8251A 检测到了规定的同步字符，则 SYNDET 引脚变为高电平，以此表示接收已经达到同步。如果程序规定为双同步字符，SYNDET 会在第二个同步字符的最后一位的中间变为高电平，表明接收已经达到同步。在 CPU 执行一次读操作后，变成低电平。

当 8251A 工作在外同步方式时，SYNDET 作为输入端，从这个输入端输入一个至少维持一个接收脉冲周期的正脉冲作为启动脉冲，使 8251A 在 $\overline{R_XC}$ 的下一个下降沿开始收集并装配字符。当程序指定 8251A 为外同步方式后，内同步检测就不起作用了。

在复位后，SYNDET 变为低电平。

（2）8251A 与外部装置之间的接口信号

8251A 与外部装置之间的接口信号可分为数据信号、收发联络信号和时钟信号 3 类。

1）数据信号。

- T_XD：发送数据信号端，输出。CPU 送往 8251A 的并行数据在 8251A 内部转变为串行数据后，从 T_XD 线上逐位发送。
- R_XD：接收数据信号端，输入。外部装置通过 R_XD 线送来串行数据，在 8251A 内部被接收移位寄存器逐位接收，当接收一个完整的数据后被变换成并行数据，供 CPU 读取。

2）收发联络信号。

- $\overline{DTR}$：数据终端准备好信号，输出，低电平有效。$\overline{DTR}$是 8251A 送往外设的信号，表示 CPU 已经准备好接收数据。使用初始化编程命令可使其变为有效。
- $\overline{DSR}$：数据装置准备好信号，输入，低电平有效。这是来自外设的信号，表示外设已经准备好发送数据。CPU 可通过读取 8251A 的状态寄存器内容，在其 D_7 位检测到该信号。
- $\overline{RTS}$：请求发送信号，输出，低电平有效。由 8251A 送往外设，表示 CPU 已经准备好发送数据。CPU 可以通过对 8251A 的编程使其有效。
- $\overline{CTS}$：清除发送（允许发送）信号，输入，低电平有效。这是外设对$\overline{RTS}$的响应信号，当其有效时 8251A 才能执行发送操作。在发送过程中，如果该信号变为无效，则发送器在将已经写入的字符全部发送完毕之后停止发送。

以上 4 个信号，对于远距离串行通信时，因为要用到调制解调器，故实际上是 8251A 和调制解调器的接口信号。

若以上 4 个信号用于和计算机外部设备连接，外设不要求有联络信号时，这些信号端可以悬空不用，但$\overline{CTS}$应该接地。因为只有$\overline{CTS}$有效，才能向 T_XRDY 为高电平，CPU 才能向 8251A 发送数据。

3）时钟信号。

- CLK：8251A 内部工作时钟信号，输入。8251A 由 CLK 输入产生其内部工作时序。需要注意的是，此时钟信号并不控制串行传送率或串行接收率，但是它的频率在同步方式工作时，必须大于接收器和发送器时钟频率的 30 倍；在异步方式工作时，必须大于接收器和发送器时钟频率的 4.5 倍。

• $\overline{R_XC}$:接收器时钟信号,输入。此时钟信号控制 8251A 接收器接收字符的速率。

在同步方式下,$\overline{R_XC}$的频率等于接收数据的波特率。在异步方式下,$\overline{R_XC}$的频率可以取波特率的 1、16 或 64 倍,在 8251A 初始化时由波特率系数指明。

• $\overline{T_XC}$:发送器时钟信号,输入。此时钟信号控制 8251A 发送器发送字符的速率。$\overline{T_XC}$频率和波特率之间的关系与$\overline{R_XC}$相同。

实际应用中,如果要求发送和接收的波特率相同,$\overline{R_XC}$和$\overline{T_XC}$通常可以连接到一个时钟发生器上。

4. 8251A 的编程

计算机接口技术是软件、硬件的结合体,有了硬件作为物质基础,软件才能充分发挥其作用。8251A 是一个可编程的多功能串行通信接口芯片。在实际应用中,必须首先对其进行初始化编程,选择其具体的工作方式。对 8251A 进行初始化编程,要求按照以下顺序进行:

首先,在芯片复位后,第一次应该向其奇地址端口($C/\overline{D}=1$)写入方式选择控制字(存入 8251A 内部的模式寄存器。)

其次,如果方式选择控制字中规定了 8251A 工作在同步方式,则应该向其奇地址端口($C/\overline{D}=1$)写入 1 字节或者 2 字节的同步字符(存入同步字符寄存器)。

最后,不论是同步方式还是异步方式,均应向其奇地址端口($C/\overline{D}=1$)写入操作命令控制字(存入 8251A 内部的控制寄存器),使其开始进行输入/输出工作。

图 8-34 为 8251A 初始化流程图。

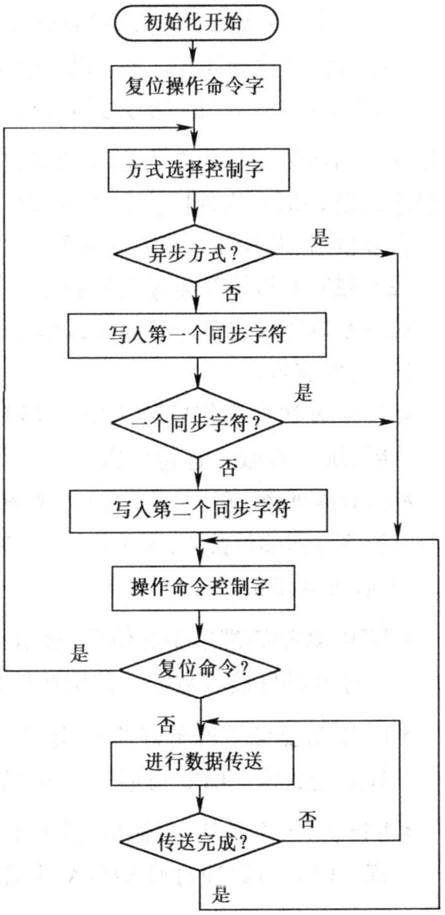

图 8-34　8251A 初始化流程图

(1) 方式选择控制字

8251A 方式选择控制字格式如图 8-35 所示。方式选择控制字可分为如下 4 个部分。

• D_1D_0:用于确定是工作于同步方式还是异步方式。当 $D_1D_0=00$ 时,表示工作于同步方式;当 $D_1D_0\neq00$ 时,表示工作于异步方式,且 D_1D_0 的 3 种组合用来选择输入或输出时钟频率与波特率之间的系数。

• D_3D_2:用于确定字符的位数。当 $D_3D_2=00$ 时,传输字符被定义为 5 位;$D_3D_2=01$、10 或 11 时,传输字符分别被定义为 6、7、8 位。

• D_5D_4:用于确定奇偶校验性质。当 D_5D_4 的编码为 00 或 10 时,无奇偶校验;$D_5D_4=01$ 时,为奇校验;$D_5D_4=11$ 时,为偶校验。

• D_7D_6:在同步方式和异步方式下的意义不同。

在异步方式下,该两位除编码为 00 时无意义外,其他编码定义停止位的位数。$D_7D_6=01$ 时,为 1 个停止位;$D_7D_6=10$ 时,为 1.5 个停止位;$D_7D_6=11$ 时,为 2 个停止位。

在同步方式下,该两位用以确定是内同步还是外同步,以及同步字符的个数。$D_6=1$ 定义为

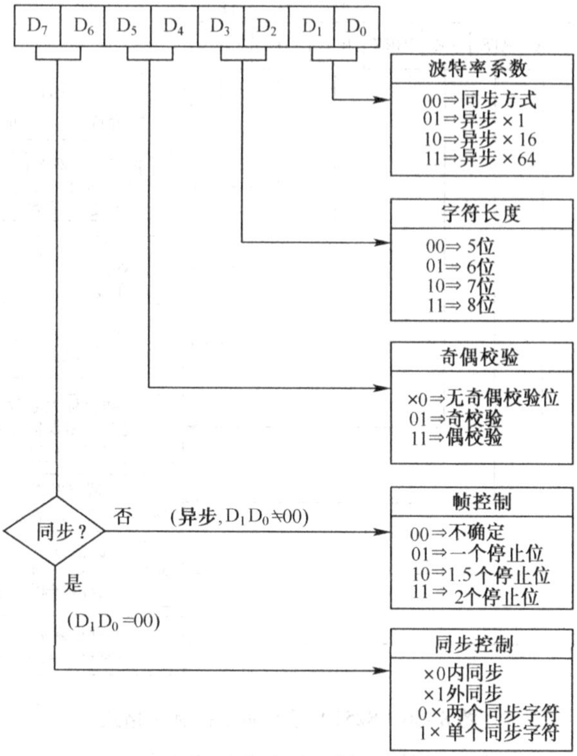

图 8-35　方式选择控制字格式

外同步；$D_6=0$ 定义为内同步。$D_7=0$ 定义为 2 个同步字符；$D_7=1$ 定义为 1 个同步字符。

例如，有一 8251A 芯片用于异步串行通信，要求波特率系数为 16，字符长度为 7 位，偶校验，2 个停止位。此时的方式选择控制字应为

$$11111010B = FAH$$

又如，将 8251A 用于同步通信接口，且要求内同步、2 个同步字符、字符长度为 7 位、偶校验。其方式选择控制字应为

$$00111000B = 38H$$

在选择了同步方式时，紧跟在方式选择控制字后面输出到 8251A 芯片的应是同步字符。如果要求使用两个同步字符，则应连续向 8251A 写入两个同步字符。这两个同步字符可以相同，也可以不同。

（2）操作命令控制字

操作命令控制字用于规定 8251A 的工作状态——启动串行通信开始工作或者芯片复位。操作命令控制字的格式及其各位的含义如图 8-36 所示。

初始化 8251A 芯片时，当写入方式选择控制字，定义 8251A 芯片为异步通信，或者定义为同步通信且同步字符已经写入 8251A 后，接下来应该向 8251A 写入操作命令控制字。根据对 8251A 工作状态的不同要求，可以随时向其奇地址端口（$C/\overline{D}=1$）写入操作命令控制字。即在不改变 8251A 工作方式的前提下，操作命令控制字可以根据需要随时写入其奇地址端口，以便重新规定其工作状态。

若要改变 8251A 工作方式，则必须先使 8251A 芯片复位。操作命令控制字为 40H 时，表示是内部复位命令。只要把 40H 输出到 8251A 奇地址端口（$C/\overline{D}=1$），8251A 芯片即被复位。之

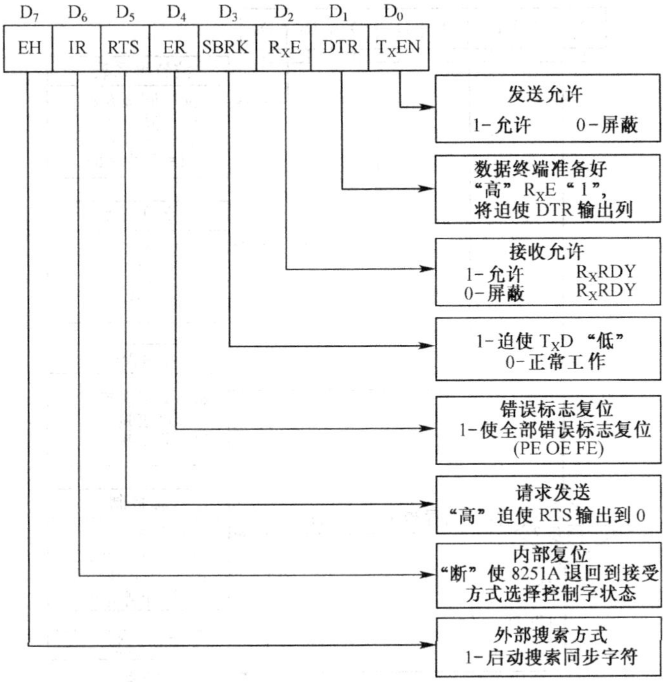

图 8-36　8251A 操作命令控制字格式

后,又可重新向 8251A 写入方式选择控制字,规定其新的工作方式。

(3) 状态寄存器格式

通过读取 8251A 奇地址端口($C/\overline{D}=1$),可以获得其内部状态寄存器内容——状态字。状态寄存器的格式如图 8-37 所示。

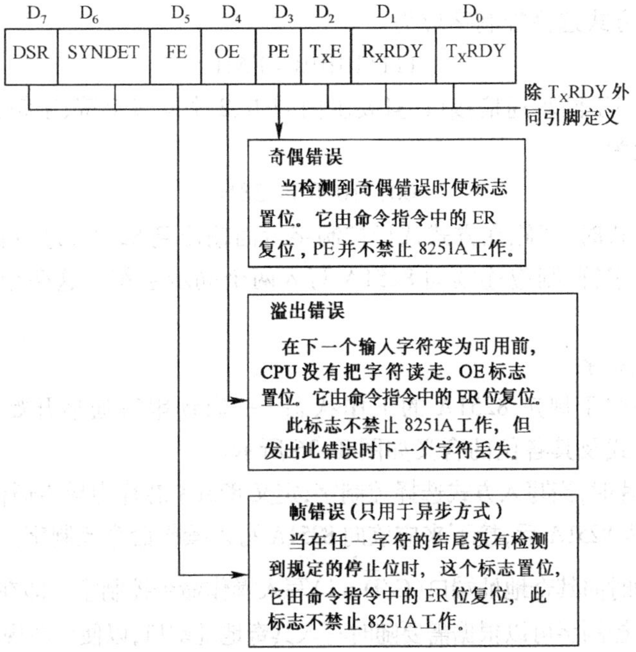

图 8-37　8251A 状态寄存器的格式

状态寄存器的第1、2、6位分别对应8251A的R_XRDY、T_XE、SYNDET引脚信号，其意义与相应的引脚信号相同。

状态寄存器的第0位T_XRDY用来指出当前数据输出缓冲器是否为空，为1表示为空。需要注意的是，状态位T_XRDY和引脚T_XRDY信号有所不同。状态位T_XRDY置1的条件，是数据输出缓冲器为空；而引脚T_XRDY信号置1的条件，是数据输出缓冲器为空和$\overline{CTS}=0$以及T_XEN=1同时满足。在发送前和发送后这两者的状态可能不一致，在发送过程中这两者的状态总是一致的，前者可供CPU查询，后者可作为中断请求信号。

当CPU向8251A输出一个字符后，状态位T_XRDY自动清0。同理，当CPU从8251A输入一个字符后，状态位R_XRDY自动清0。

状态寄存器的第3、4、5位分别作为奇/偶校验出错标志、溢出（丢失数据）出错标志和帧错误标志。当数据传输过程中产生某种类型错误时，相应的出错标志位置1。

状态寄存器的第7位DSR和调制解调器的状态有关，当调制解调器被接通并准备好发送数据时，状态位DSR为1。

5. 8251A初始化编程及应用举例

（1）异步方式下的初始化编程

【例8-4】设在某8086系统中有一片8251A，其占用的端口地址分别为1A0H和1A2H，要求其工作方式选择为：异步通信，字符用7位二进制数表示，奇校验，1.5个停止位，波特率系数为64。对其工作状态的要求：使发送允许T_XEN有效，接收允许R_XE有效，使数据终端准备好信号有效，复位出错标志，将请求发送信号置于有效电平。

经分析知，其方式选择控制字应该为9BH，操作命令控制字应该为37H。初始化编程如下：

```
MOV    DX,1A2H
MOV    AL,9BH
OUT    DX,AL      ；设置工作方式
MOV    AL,37H
OUT    DX,AL      ；设置工作状态
```

（2）同步方式下的初始化编程

【例8-5】设某8251A芯片端口地址分别为1A0H和1A2H。要求其工作方式：同步方式、内同步、两个同步字符、奇校验、每个字符8位。并设第一个同步字符为EFH，第二个同步字符为7EH。要求其工作状态：复位出错标志，启动发送器和接收器，当前CPU已经准备好且请求发送。

另外，本例中假设是要改变8251A的工作方式，即原来8251A已经工作于其他方式。这样，需要先用内部复位命令使8251A复位，也即需将40H写入8251A的控制端口，之后方可重新写入方式选择控制字、同步字符、操作命令控制字。

经分析知，其方式选择控制字应为1CH，其操作命令控制字应为B7H。初始化程序段如下：

```
MOV   DX,1A2H
MOV   AL,40H
OUT   DX,AL          ;复位8251A
MOV   AL,1CH
OUT   DX,AL          ;写入方式选择控制字，规定其工作方式
```

```
MOV   AL,0EFH
OUT   DX,AL          ;写入第一个同步字符
MOV   AL,7EH
OUT   DX,AL          ;写入第二个同步字符
MOV   AL,0B7H
OUT   DX,AL          ;写入操作命令控制字,设置其工作状态
```

(3) 使用查询方式接收传送数据举例

【例 8-6】 设 8251A 工作于异步方式,7 个数据位,1.5 个停止位,奇校验,波特率系数为 64。其数据端口地址为 A0H,控制端口地址为 A2H。

通过查询 8251A 状态寄存器中的 R_XRDY 位,可以确定 8251A 是否已经从外设接收到了一个字符。若已接收到,即 R_XRDY 有效,CPU 就可执行输入指令从 8251A 的数据端口($C/\overline{D}=0$)取回 1 字节数据放在内存缓冲区。程序中还要检测状态寄存器的第 3、4、5 位,看是否出现了奇偶错、溢出错或帧错误。若发现错误,应停止输入,并转错误处理程序。在 8251A 从外设接收到一个字符后 R_XRDY 会自动置位,在 CPU 读取一个字符后 R_XRDY 位会自动复位。

本例中,假设 CPU 通过 8251A 完成 100 字节的输入。

```
      MOV   AL,9BH
      OUT   0A2H,AL        ;写入异步方式选择字
      MOV   AL,37H
      OUT   0A2H,AL        ;写入命令指令字
      MOV   BX,BUFPTR      ;设缓冲区首址存放在 DS 段 BUFPTR 变量名下
      MOV   DI,0           ;变址寄存器清 0
      MOV   CX,100         ;设置计数器值 100
WAIT: IN    AL,0A2H        ;输入状态字
      TEST  AL,02H         ;测试状态字 RXRDY 位
      JZ    WAIT           ;若 8251A 未收到字符,则重新取状态字
      IN    AL,0A0H        ;若 RXRDY 有效,则从数据口输入数据
      MOV   [BX+DI],AL     ;将接收到的字符送入缓冲区
      INC   DI             ;缓冲区指针下移一个单元
      IN    AL,0A2H        ;再读入状态字
      TEST  AL,38H         ;测试有无 3 种错误
      JNZ   ERROR          ;若有错,转错误处理程序 ERROR
      LOOP  WAIT
      JMP   EXIT           ;如已输入 100 个字节,则转 EXIT 结束
```

(4) 8251A 在 CRT 接口中的应用

在实际使用 8251A 时,还应注意以下两个问题:

其一,电平转换问题。在远距离串行通信时,发送方要使用调制器,接收方要使用解调器。8251A 的信号为 TTL 电平,而调制解调器是 RS-232C 标准规定的电平,所以收、发方均要加上电平转换器。将 8251A 输出的 TTL 电平信号变换为 RS-232C 标准要求的电平信号,将调制解调器送来的 RS-232C 标准电平信号变换为 TTL 电平信号。

其二,同步方式下对同步字符的检测问题。如果采用内同步方式,则由 8251A 自身来检测同步字符。当检测到同步字符后,8251A 会从 SYNDET 引脚输出一个高电平信号,用来通知调制

解调器当前已经检测到同步字符，已经实现同步。如果采用外同步方式，则由调制解调器和有关设备完成对同步字符的检测。检测到同步字符后，调制解调器通过 SYNDET 引脚给 8251A 一个信号，通知 8251A 当前已经实现同步。

下面介绍某计算机系统中以 8251A 作为 CRT 接口的例子，其连接图如图 8-38 所示。

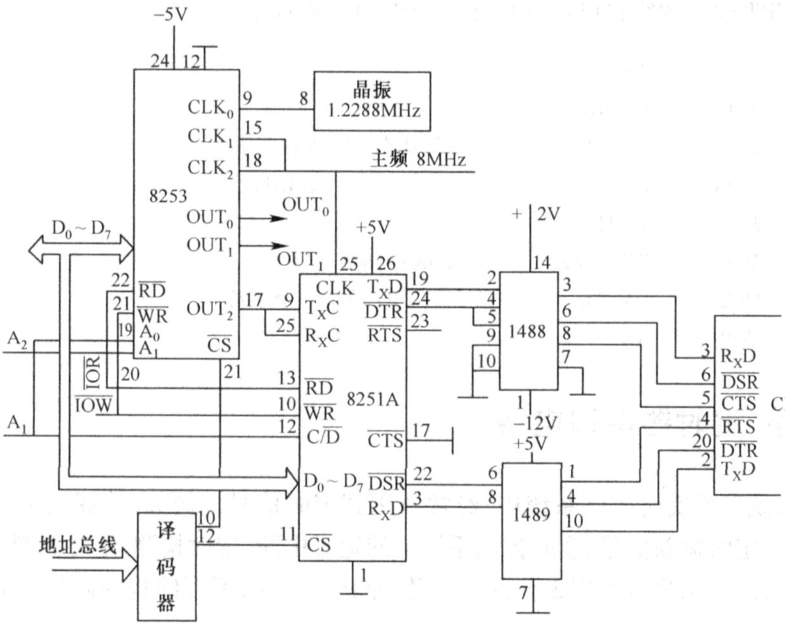

图 8-38　8251A 作为 CRT 接口的连接图

8251A 的数据线 $D_7 \sim D_0$ 和 8086 系统 16 位数据总线的低 8 位 $D_7 \sim D_0$ 相连接。8251A 的 $\overline{CS}$ 信号来自端口地址译码器，本例设端口地址 0E8H 和 0EAH。8251A 的读信号 $\overline{RD}$、写信号 $\overline{WR}$ 分别连接到控制总线上的 $\overline{IOR}$ 和 $\overline{IOW}$ 上。8251A 的主时钟端 CLK 连接到频率为 8MHz 的时钟上。8251A 的发送时钟 $\overline{T_XC}$ 和接收时钟 $\overline{R_XC}$ 统一连接到 8253 的计数器通道 2 的 OUT 输出端，使用相同的时钟频率。

8251A 的输入和输出信号均是 TTL 电平，而 CRT 信号是 RS-232C 电平，所以，需用 MC1488 将 8251A 的输出信号变换为 RS-232C 电平再送到 CRT，用 MC1489 将 CRT 输出信号变换为 TTL 电平后再送到 8251A。

以下是 8251A 的初始化程序段：

```
          MOV    AL,40H     ;若 8251A 状态不定，初始化开始先保证可靠复位
          MOV    CX,3       ;为使 8251A 可靠复位，向控制口写 3 个 40H
          MOV    DX,0EAH    ;DX 指向 8251A 控制口
RESET:    OUT    DX,AL
          CALL   DELAY      ;DELAY 延时子程序，等待接口电路动作完毕
          LOOP   RESET
          MOV    AL,0DBH    ;写入方式控制字：异步方式，波特率系数为 64
          OUT    DX,AL      ; 7 个数据位，1 位奇校验，2 个停止位
          MOV    AL,27H     ;写入命令字，启动发送器和接收器
```

```
OUT DX,AL
(后接其他处理程序)
```

当要向 CRT 输出一个字符时,程序应先对 8251A 的状态字进行测试,判断 T_XRDY 状态位是否有效,若 T_XRDY 为"1",说明当前数据输出缓冲器为空,这样,CPU 即可向 8251A 输出一个字符。假设要向 CRT 输出的字符已经存放在 AL 中,可编程如下:

```
        PUSH    AX
        MOV     DX,0EAH
WAIT:   IN      AL,DX           ;从状态口输入状态字
        TEST    AL,01H          ;测试状态字 TxRDY 位
        JZ      WAIT
        MOV     DX,0E8H         ;DX 指向数据口
        OUT     DX,AL           ;向 CRT 输出一个字符
        POP     AX
```

8.4 计数器/定时器接口电路

在计算机系统以及实时控制系统中,经常要用到定时信号。例如:计算机系统中的日历时钟、动态存储器的定时刷新信号;实时控制系统中的定时中断、定时检测、定时控制等。

一般情况下,定时信号可以用 3 种方法获得,即软件定时、不可编程的硬件定时以及可编程的硬件定时。

1) 软件定时,是通过计算机执行一段程序实现定时,通常写成子程序形式,称为延时子程序。延时子程序的设计方法是根据所需要的时间常数选择一些指令,这些指令执行的时间应该和时间常数相等。这种方法的优点是节省硬件。主要缺点是执行延时程序期间,CPU 一直被占用,降低了 CPU 的利用率。此外,设计延时子程序时,需要计算程序中用到的每条指令的指令周期,且要拼凑所需延时时间,设计比较麻烦。

2) 不可编程的硬件定时,主要指用元器件搭成的延时电路。例如,用小规模集成电路器件 555,外接定时的元件——电阻和电容组成的定时器。这样的定时电路简单,只要改变电阻电容的大小,就可以在一定范围内改变定时时间。但是,这种定时电路在硬件连接好后,定时时间和定时范围不能由程序来控制和改变,用起来不能得心应手。

3) 可编程的硬件定时,是由一种专用芯片——可编程计数器/定时器作为主要硬件,在简单的程序控制下,能产生准确的时间延迟。在实际应用中,根据所需要的定时时间,用指令对计数器/定时器设置时间常数,并启动计数器/定时器开始工作。此时,CPU 不必过问它的工作,而可以去做别的工作。当计数器/定时器芯片计数或定时达到预定值时,可以自动产生一个脉冲输出。这种方法的优点是在计数或定时过程中,不占用 CPU。并且利用计数器/定时器产生的中断信号还可以建立多作业环境,实现多任务并行处理,从而大大地提高了 CPU 的利用率。

本节主要介绍计数器/定时器的基本工作原理和计算机系统中广泛采用的计数器/定时器芯片 8253。

8.4.1 计数器/定时器工作原理

可编程计数器/定时器具有两种功能:一是作为计数器,设置好计数值后,计数器被启动,每

当一个计数脉冲到来，便进行减“1”计数，当减至“0”时，输出一个信号；二是作为定时器，在设置好定时常数后，定时器开始工作，在一个固定频率的时钟脉冲驱动下，进行减“1”计数，并按定时常数不断地输出为时钟周期整数倍的定时间隔。

两者的主要差别：作为计数器时，在减到“0”之后输出一个信号，此次计数过程便结束了；而作为定时器时，在减到“0”之后输出一个信号，接着自动重装计数值开始下一个周期的定时，如此连续不断地产生信号。

实际上，两种工作方式都是基于计数器的减“1”操作。典型的计数器/定时器的基本原理如图 8-39 所示。

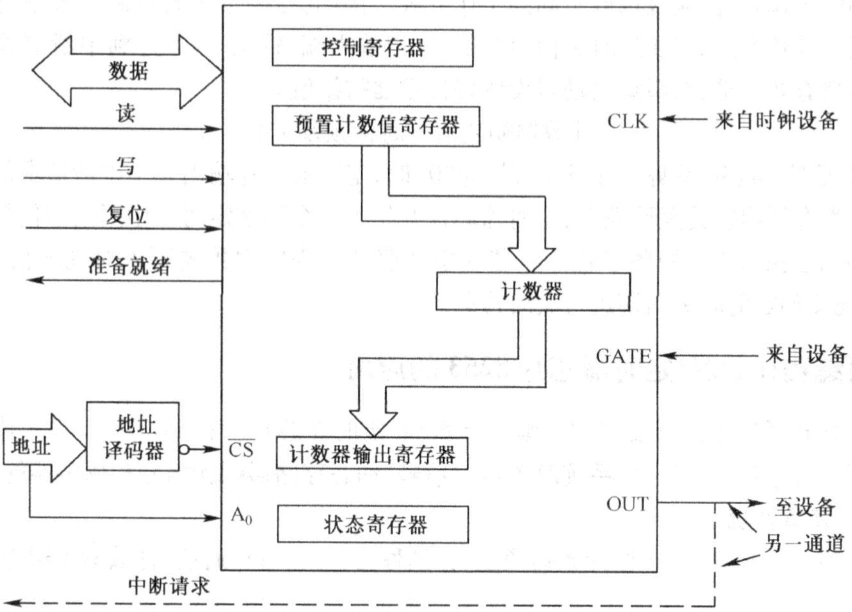

图 8-39　典型计数器/定时器基本原理图

图 8-39 计数器/定时器中包括了 4 个寄存器和一个计数器。这 4 个寄存器分别是预置计数值寄存器、计数器输出寄存器、控制寄存器和状态寄存器。预置计数值寄存器和控制寄存器分别对应于两个输出端口。但是，也有的计数器/定时器不含状态寄存器，8253 芯片就在其列。关于芯片中的计数器，它在工作时从预置计数值寄存器获得计数初值，之后由初始值开始进行减“1”计数，最后减至“0”。这里，计数器不直接和 CPU 进行联络，其内容的变化自动传输给计数器输出寄存器。CPU 可以从计数器输出寄存器中用输入指令读回某个时刻的计数值。

输入信号中有一个时钟信号 CLK，它决定了计数速率。还有一个门脉冲信号 GATE，作为对时钟的控制信号。门脉冲信号对时钟信号的控制方法有多种。例如，可以规定：在门脉冲为高电平时，使时钟信号 CLK 有效，而当门脉冲为低电平时，则时钟信号无效。

当计数到“0”时，在 OUT 端给出输出信号。计数器/定时器的输出可以接到系统控制总线的中断请求线上。此时，当计数到“0”时，OUT 端输出的就是中断请求信号了。该信号还可以接到输入/输出设备上，作为 I/O 的启动信号。

控制寄存器用来控制计数器/定时器的工作方式。所谓计数器/定时器的工作方式是指时钟脉冲和门脉冲如何配合来产生输出。归纳起来，计数器/定时器有以下几种工作方式：

1）门脉冲控制时钟输入。门脉冲有效，则时钟有效；门脉冲结束时，时钟无效。

2）用门脉冲重新启动计数。

3）用门脉冲停止计数。原来计数器在不停地计数，当门脉冲到来时，计数停止，并使输出端 OUT 为高电平。

4）单一计数。此情况下与门脉冲无关，只要门脉冲为有效电平就可以了。计数器按给定的初值进行减 1 计数，计数到“0”时，输出停止。

5）循环计数。当计数值到达“0”时，给出一个输出信号，然后又从预置计数值寄存器获得计数初值，开始新的计数过程。

在不同的工作场合，应该选取不同的工作方式。例如，在一个实时检测系统中，检测时钟就可以采用循环计数方式。此时，时钟信号送到 CLK 输入端，输出 OUT 连到中断请求线上，门脉冲输入端维持有效电平，在系统启动时设置好计数器初始值。

$$计数器初始值 = 时钟频率 \times T$$

其中，T 是检测时钟周期。每当计数值为“0”时，定时器芯片输出一个中断请求信号，同时将预置计数值寄存器内容传至计数器，定时器芯片开始下一个周期定时。中断请求信号引起中断，CPU 响应中断后执行中断服务子程序。若在中断服务子程序中预先写入对现场信号的采集指令，即可实现按预定的时钟周期进行实时检测。

8.4.2 可编程计数器/定时器芯片 8253 的应用

8253 是微机系统中广泛使用的可编程计数器/定时器芯片。在 PC 中，即以一片 8253 作为 CPU 的外围支持电路，用来产生系统时钟定时信号、动态存储器刷新信号和扬声器的发声信号。

1. 8253 基本情况

8253 具有 3 个独立的 16 位计数器通道，分别称为：计数器 0 通道、计数器 1 通道和计数器 2 通道。

（1）主要功能

- 每个芯片内部有 3 个独立的 16 位计数器通道。
- 每个计数器通道都可以单独作为定时或计数使用，且都可以按照二进制或二 - 十进制计数。
- 每个计数器的计数速率可高达 2MHz，最高计数速率为 2.6MHz。
- 每个计数器通道有 6 种工作方式，可由程序设置或改变。
- 所有输入输出都与 TTL 兼容。

（2）8253 的内部结构

8253 的内部结构如图 8-40a 所示。从图中可以看到，8253 内部可分为数据总线缓冲器、读/写逻辑、控制字寄存器以及 3 个独立的功能相同的计数器 0 ~ 2。

1）数据总线缓冲器。这是 8253 与 CPU 数据总线连接的 8 位双向三态缓冲器。CPU 执行 8253 初始化程序向 8253 写入控制字、CPU 向某一通道写入计数值或者 CPU 从某一通道读取计数值时，CPU 通过输入/输出指令对 8253 进行读写。此时，所有信息都要通过这 8 条数据总线传送。

2）读/写逻辑。这是 8253 内部操作的控制部分，它接收来自系统总线的信息，产生控制整个芯片工作的控制信号。由 $\overline{CS}$ 信号决定读/写逻辑是否工作，当 $\overline{CS}$ 为高电平时，禁止读/写逻辑

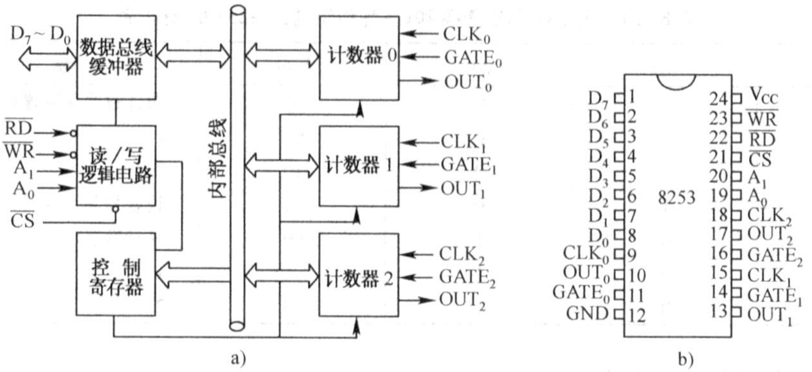

图 8-40　8253 芯片内部结构及引脚图

a）内部结构　b）引脚图

工作；当$\overline{CS}$为低电平时，允许读/写逻辑工作。

3）控制字寄存器。在 8253 初始化编程时，CPU 写入芯片的控制字就存放在控制字寄存器中，该控制字规定了通道的工作方式。控制字寄存器只能写入不能读出。

4）计数器 0～2。这是 3 个完全独立的计数器/定时器通道，各自可按不同的方式工作。每个计数器内部都包含一个 16 位预置初始值寄存器、一个可预置数减法计数器和一个锁存器。可预置数减法计数器，从预置初始值寄存器处得到初始值后，开始进行减 1 操作，此时，锁存器跟随可预置数减法计数器的内容而变化。当有一个锁存命令出现后，锁存器便锁定当前计数值，直到被 CPU 读走之后，它又随可预置数减法计数器的变化而变化。计数器是采用二进制计数还是采用二 - 十进制计数、以及其工作方式的选择均是由控制字指定的。

（3）8253 引脚功能

8253 引脚定义如图 8-40b 所示。8253 是一个双列直插式 24 脚芯片，各引脚意义如下。

- $D_7 \sim D_0$：三态数据线。
- $CLK_0 \sim CLK_2$：计数器 0～2 的时钟输入端。
- $GATE_0 \sim GATE_2$：计数器 0～2 的门控输入，当 GATE 为低电平时，禁止计数器工作；GATE 为高电平时，允许计数器工作。
- $OUT_0 \sim OUT_2$：计数器 0～2 的输出，其输出波形取决于工作方式。
- A_1A_0：用来对 3 个计数器通道和控制寄存器进行寻址的引脚，由 A_1 和 A_0 的 4 种编码组合来选择 4 个端口之一。
- $\overline{RD}$：读信号，低电平有效。该信号有效时，表示 CPU 正在对 8253 的一个计数器进行读当前计数值的操作。
- $\overline{WR}$：写信号，低电平有效。该信号有效时，表示 CPU 正在向 8253 的控制寄存器写入控制字或者向一个计数器写入计数初值。
- $\overline{CS}$：片选信号，低电平有效。该信号有效说明系统选中该芯片，此时，CPU 可以对该片 8253 进行读/写操作。

表 8-10 中列出了 A_1、A_0、$\overline{RD}$、$\overline{WR}$和$\overline{CS}$组合时，对 8253 芯片的各种操作。

表 8-10　A_0、A_1、$\overline{RD}$、$\overline{WR}$和$\overline{CS}$各种组合对 8253 的操作表

$\overline{CS}$	$\overline{RD}$	$\overline{WR}$	A_1A_0	操　作
0	1	0	00	对计数器 0 设置计数初值
0	1	0	01	1
0	1	0	10	2
0	1	0	11	设置控制字或者给一个命令
0	0	1	00	从计数器 0 中读出当前计数值
0	0	1	01	1
0	0	1	10	2

2. 8253 初始化编程和工作方式

(1) 8253 初始化编程

因为 8253 的 3 个计数器和控制寄存器分别具有独立的编程地址,且控制字本身的内容又指明了所选定的计数器通道号,所以 8253 初始化编程没有严格的顺序规定。但是,编程时必须遵守以下两条原则:

其一,对计数器设置计数初始值前必须先将控制字写入。

其二,初始值设置时,要符合控制字中的格式规定。是只写低字节,还是只写高字节,或者是先写低字节、后写高字节。

编程命令可以分为两类:一类是读出命令,用来读取计数器的当前值;另一类是写入命令,它包括写入控制字、写入计数初值和写入锁存命令。

1) 8253 的控制命令。在 8253 初始化编程中,由 CPU 向 8253 的控制寄存器输出一个控制字,用来选择计数器通道、设置工作方式和计数格式。控制字的格式如图 8-41 所示。

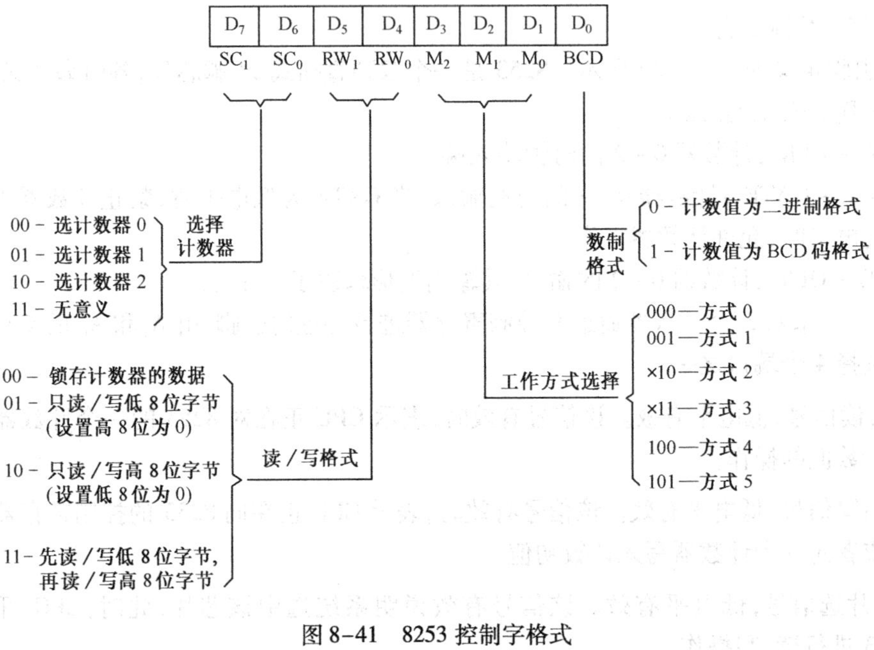

图 8-41　8253 控制字格式

关于 8253 控制字各位的含义在图 8-41 中已经清楚地标出,此处不再赘述。这里只强调 D_5 和 D_4 位的选择:00 编码是对计数器进行锁存操作,它使得当前减法计数器中的值在锁存器中锁定;01、10 和 11 三种编码用于指明初始化时向 8253 写入计数初值的格式。此格式同时也是程序中读取计数器当前值的顺序。

2）设置初值命令。设置初值命令用来设置计数的初始值。根据在控制字中 D_5 D_4 位的约定，计数初始值可以是 8 位，也可以是 16 位。若为 16 位，则要用两条输出指令完成计数初值的设定，先送低字节，后送高字节。

3）锁存命令。8253 在设置初值后就开始工作了。锁存命令是为了配合 CPU 读取计数器当前值而设置的。在读取计数值时必须先用锁存命令（控制字的 D_5D_4 位为 00 时）将当前计数值在输出锁存器中锁定，之后再由 CPU 输入。否则，计数器的计数值有可能正处在改变过程中，这样输入就可能得到一个不确定的结果。

锁存命令一旦写入 8253，输出锁存器即被锁定。因为输出锁存器是跟随减法计数器工作的，所以输出锁存器中锁定的值就是减法计数器在同一时刻的值。而当 CPU 将锁定值用输入指令读取后，锁存器自动失锁，又跟随减法计数器工作。在锁存和读出计数值的过程中，减法计数器在不停地作减 1 计数，这样就保证了在读出计数值的过程中不影响计数的进行。

（2）8253 的工作方式

8253 具有 6 种不同的工作方式，它们遵守以下 3 条基本规则：

其一，控制字写入 8253 时，所有的控制逻辑电路立即复位，输出端 OUT 进入初始状态。

其二，计数器初始值写入以后，要经过一个时钟周期，减法计数器才开始工作。时钟脉冲的下降沿使计数器进行减 1 计数。计数器能容纳的最大初始值为 0，在二进制计数时 0 相当于 2^{16}；在 BCD 码计数时，0 相当于 10^4。

其三，一般情况下，在时钟脉冲 CLK 的上升沿时，采样门控信号。对于给定的工作方式，对门控信号的触发方式是有具体规定的。在 8253 的工作方式 0、4 中，门控信号为电平触发；在工作方式 1、5 中，门控信号为上升沿触发；在工作方式 2、3 中，两种触发方式皆可。用电平触发的情况下，在时钟脉冲的上升沿对门控信号进行采样。在用上升沿触发的情况下，要用到 8253 计数器内部的一个边沿触发器，边沿触发器在这里实际上是专门用来检测门控脉冲上升沿的，与此同时，计数器控制逻辑电路在每个时钟脉冲的上升沿也要对边沿触发器进行采样，用以检测边沿触发器是否被外部门控脉冲触发过。边沿触发器的工作过程是门控脉冲上升沿使其置位，在下一个时钟脉冲上升沿时，边沿触发器被采样，采样之后又复位。这个过程保证了对上升沿触发门控信号的采样。一般情况下边沿触发的门控信号是一个很窄的脉冲，正、负脉冲皆可。而在电平触发情况下，门控信号必须在下一个时钟上升沿时保持高电平，否则，此门控信号将为无效。

下面介绍 8253 的 6 种工作方式。

1）方式 0——计数结束中断。在方式 0 下，控制字写入 8253 的控制字寄存器后，使 OUT 输出端变低。开始计数要有两个条件：其一是门控 GATE 信号必须为高电平；其二是写入计数器初值。满足以上两个条件计数器开始计数，直到计数到“0”时，OUT 输出端变高。其过程如图 8-42所示。

方式 0 主要特点如下：

① 计数器只计数一遍。当计数到 0 时，并不恢复计数值，不开始重新计数，且输出 OUT 保持为高电平。只有在写入另一个新计数值时，OUT 输出变低，开始新的计数。

② 在 CPU 执行向 8253 输出计数值指令的 $\overline{WR}$ 信号上升沿，8253 将计数值写入通道的可预

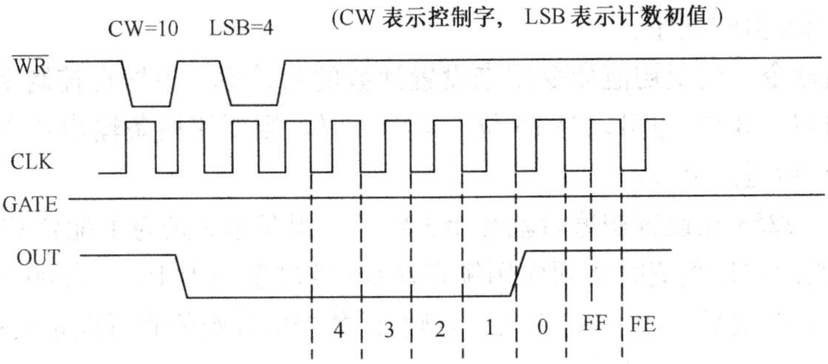

图 8-42 方式 0 波形

置计数值寄存器中。在此$\overline{WR}$信号上升沿后的下一个 CLK 脉冲，才将计数值由可预置计数值寄存器送到可预置减法计数器，该 CLK 脉冲的下降沿开始计数。因此若设置计数初值为 N，则输出信号 OUT 是在 N+1 个 CLK 脉冲之后才变高的。

③ 在计数过程中，可由门控信号控制暂停。GATE 信号为低电平时，计数暂停，GATE 信号变高后就接着计数，其波形如图 8-43 所示。

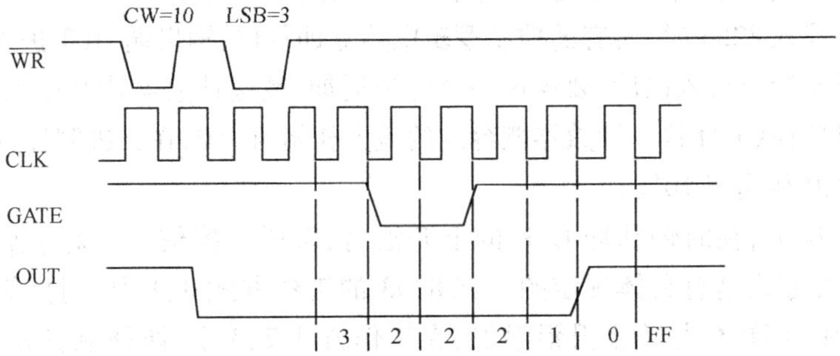

图 8-43 方式 0 下 GATE 信号的作用

④ 计数过程中可以改变计数值。若是 8 位计数值的情况，在写入新的计数值后，计数器将按新的计数值重新开始计数，如图 8-44 所示。如果是 16 位计数值，在写入计数初值的第一个字节后，计数器停止计数，在写入第二个字节后，计数器按新的计数值开始工作。

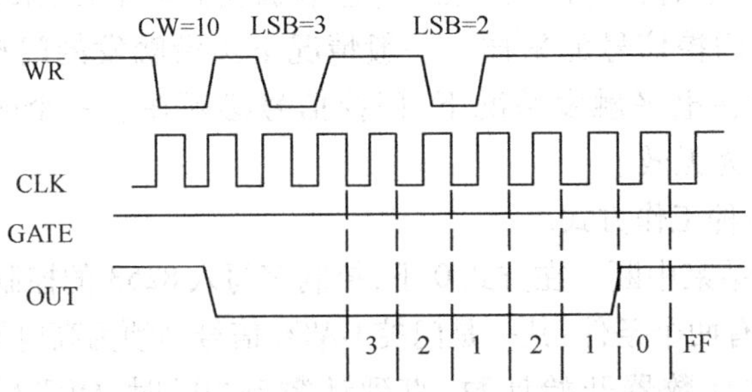

图 8-44 方式 0 下在计数过程中改变计数值

⑤ 若用于中断方式，可把 OUT 输出信号接到 8259 的中断请求输入端，以满足中断要求。

2) 方式 1——可重复触发的单稳态触发器。在方式 1 下，CPU 执行输出指令向 8253 写入控制字之后，输出 OUT 将保持为高电平（若原为低，则变为高）。接着当 CPU 写入计数值后，计数器并不开始计数，要等到外部门控脉冲 GATE 启动之后的下一个输入 CLK 脉冲的下降沿开始计数。开始计数时输出 OUT 变低，在整个计数过程中，输出 OUT 都维持为低电平，直到计数到 0，输出 OUT 方变为高。因此，该方式可输出一个单稳脉冲，若外部再次触发启动，则再次产生一个单稳脉冲，如图 8-45 所示。

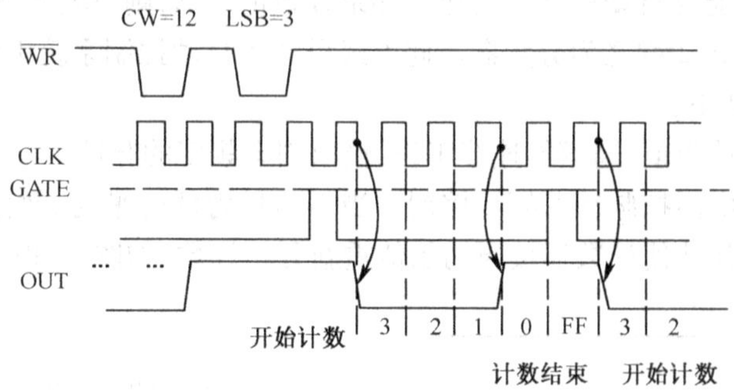

图 8-45　方式 1 波形

方式 1 主要特点如下：

① 若设置的初始计数值为 N，则输出的单稳脉冲的脉宽为 N 个 CLK 时钟周期。

② 可重复触发。其含义是当计数到零后，不用再次送计数值，只要再次由外部触发脉冲启动，即可输出一个同样宽度的单稳脉冲。

③ 计数过程中，重新设置初始计数值不影响当前的计数过程。只有再次触发启动后，计数器才按新计数值对应的脉冲宽度输出单稳脉冲，如图 8-46 所示。

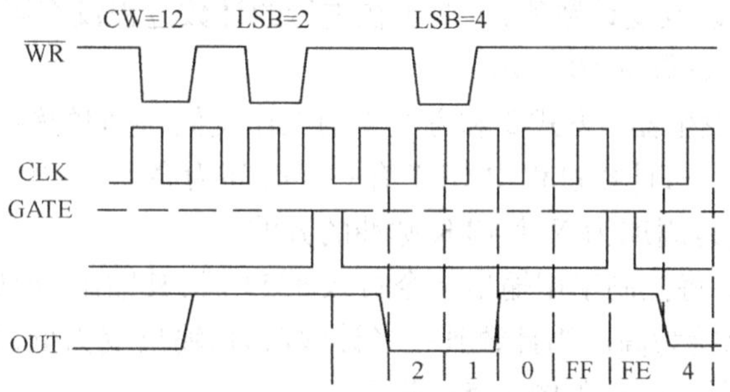

图 8-46　方式 1 下计数过程中改变计数值

④ 计数过程中，若外部 GATE 触发脉冲提前到来（即计数器未减至 0 时），则在触发脉冲上升沿之后的下一个 CLK 脉冲的下降沿，计数器将重新开始计数。这将使输出的单稳脉冲比原先设计值加宽，如图 8-47 所示。

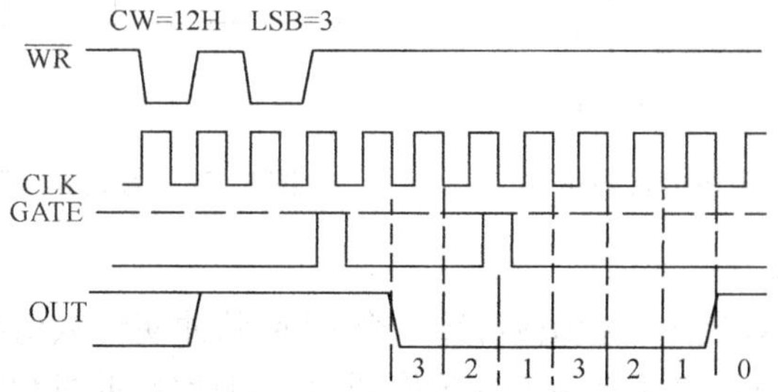

图 8-47　方式 1 下 GATE 信号的作用

3）方式 2——分频器。在方式 2 下，CPU 向 8253 输出控制字后，计数器输出 OUT 变高。在写入计数值后，计数器在下一个 CLK 的下降沿对输入时钟 CLK 计数。当计数到 1 时，输出 OUT 变低，经过一个 CLK 周期输出 OUT 变高，并且计数器开始重新计数，如图 8-48 所示。

在方式 2 下，芯片能够自动地连续工作。如果计数值为 N，则每输入 N 个 CLK 脉冲，OUT 输出一个负脉冲，故把方式 2 称之为分频器。此方式可产生自动控制系统中的定时信号。

方式 2 主要特点如下：

① 不用重新设置计数值，通道能连续工作，输出固定频率的脉冲。

② 计数过程可以由门控脉冲 GATE 控制。当 GATE 为低电平时，暂停计数。GATE 变为高电平后的下一个 CLK 脉冲使计数器按原初始值重新开始计数，如图 8-49 所示。

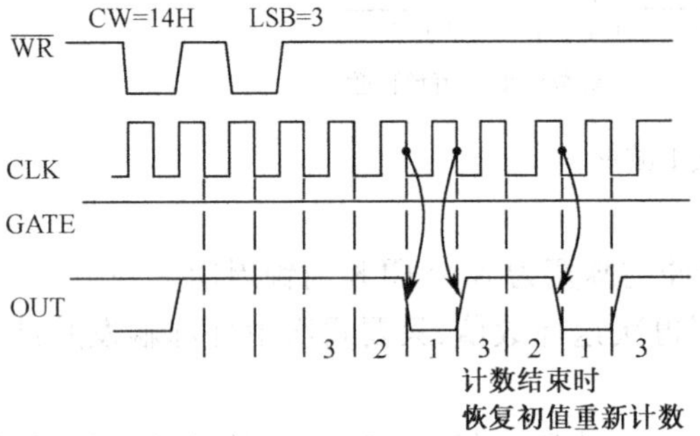

图 8-48　方式 2 波形

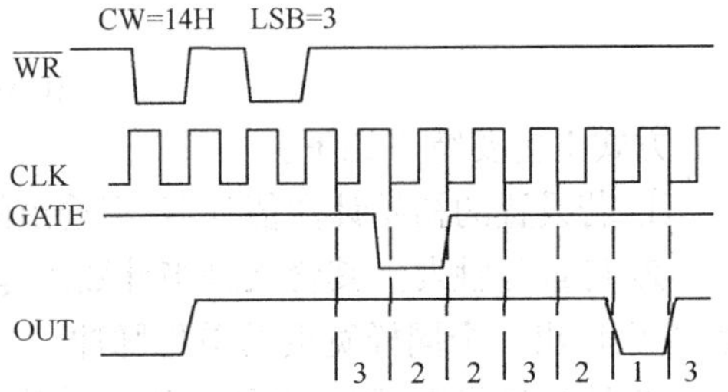

图 8-49　方式 2 时 GATE 的作用

③ 在计数过程中可以改变计数值，这对正在进行的计数过程没有影响。方式 2 改变计数值是在下次计数周期有效，如图 8-50 所示。

4）方式 3——方波发生器。方式 3 和方式 2 的工作类似，它们的输出都是周期性的，但方式 3 的输出为方波。方式 3 下，计数过程中 OUT 有一半时间为高，另一半时间为低。所以，若计数值为 N，则方式 3 的输出是周期为 N 个 CLK 脉冲的方波。

在方式 3 下，当 CPU 将控制字用输出指令写入 8253 后，其输出 OUT 为高，接着写入计数值后自动开始计数，输出保持为高。当计数到一半计数值时，输出变为低，直至计数到 0，输出又变高，重新从初始计数值开始计数，如图 8-51 所示。

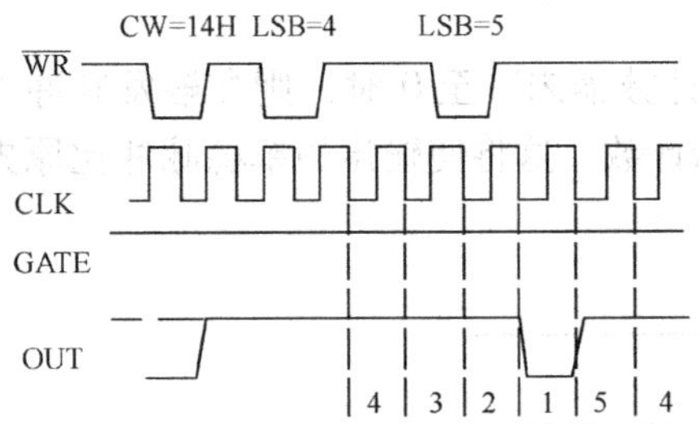

图 8-50　方式 2 在计数过程中改变计数值

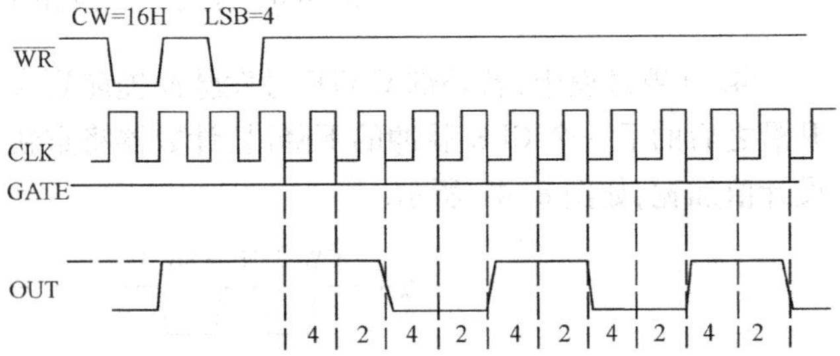

图 8-51　方式 3 计数值为偶数的波形

方式 3 的主要特点如下：

① 若计数值为偶数，在装入计数值后，每一个 CLK 脉冲使计数值减 2，当计数到 0 时，一方面使输出改变状态，另一方面又重新装入计数值开始新的计数，此过程将周而复始地重复进行。

若计数值为奇数，则在装入计数值后（此时输出为高电平），第一个 CLK 脉冲使计数器减 1，其后每一个 CLK 脉冲使计数器减 2。当计数到 0 时，输出不是立即变低，而是再经过一个 CLK

脉冲后变低。这样，方波为高电平的时间是(N-1)/2+1=(N+1)/2 个 CLK 脉冲。在输出由高电平变低的瞬间，计数初值寄存器的值被取出减 1 之后送入计数器，接下来每一个 CLK 脉冲使计数器减 2，当计数到 0 时，输出立即变高。在输出由低变高的瞬间，计数初值寄存器的值再次被取出送入计数器。重复上述过程，可输出近似的方波。其中(N+1)/2 个 CLK 周期为高电平，而(N-1)/2 个 CLK 周期为低电平。此时波形如图 8-52 所示。

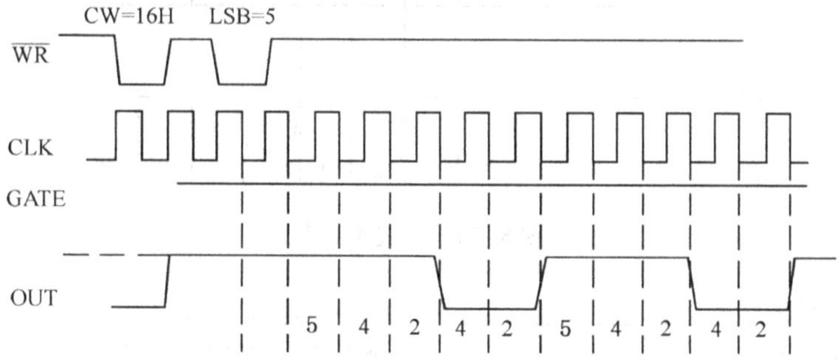

图 8-52　方式 3 计数值为奇数时波形

② GATE 信号能使计数过程重新开始。原则上，GATE=1 允许计数，GATE=0 禁止计数。如果在输出 OUT 为低电平期间，GATE=0，输出 OUT 立即变高，停止计数。当 GATE 变高之后，计数器将重新装入初始值，重新开始计数，如图 8-53 所示。

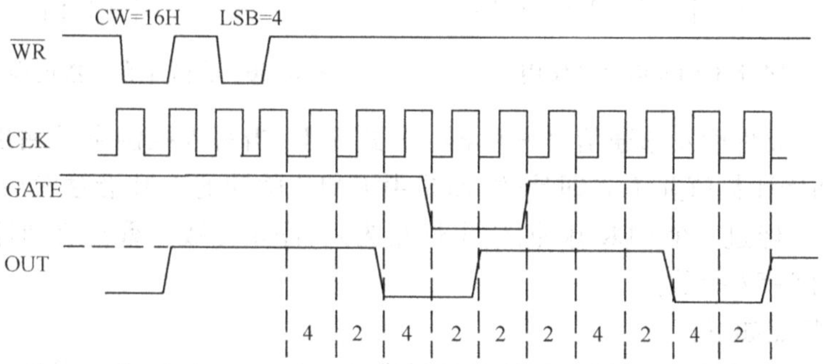

图 8-53　方式 3 下 GATE 信号的作用

③ 计数过程中写入一个新的计数值，不影响现行的计数过程。

5）方式 4——软件触发选通信号发生器。方式 4 下，写入控制字后，输出 OUT 变高电平。写入计数值后立即开始计数（相当于软件起动），当计数到 0 后，输出 OUT 变低，经过一个时钟脉冲后，输出又自动变为高，计数器停止计数，如图 8-54 所示。这种计数方式也是一次性的，只有写入新的计数值后，才能开始下一个计数过程。

方式 4 主要特点如下：

① CPU 写入计数值的下一个 CLK 脉冲，把计数值写入计数器，再下一个 CLK 脉冲开始减 1 计数。所以，如果设置计数值为 N，则在写入计数值后的 N+1 个 CLK 时钟脉冲，才输出一个负脉冲。

② 当 GATE=1 时允许计数，GATE=0 时禁止计数。所以要做到软件启动，则 GATE 应该保持为 1。GATE 信号的控制作用如图 8-55 所示。

③ 计数过程中改变计数值，则按新计数值重新开始计数，如图 8-56 所示。若计数值为双字

节，则在设置第一个字节时停止计数，在设置第二个字节后，按新计数值开始计数。

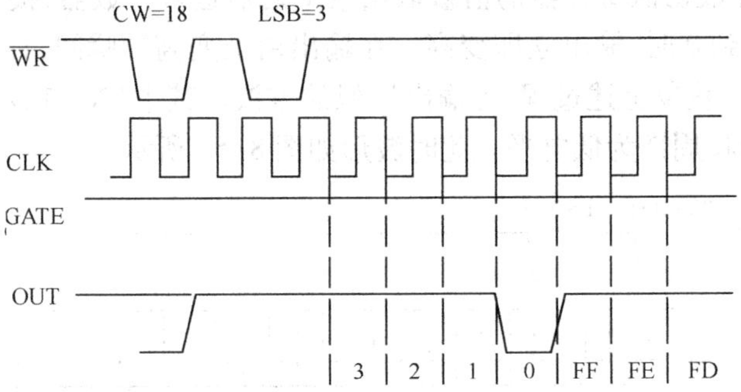

图 8-54　方式 4 波形

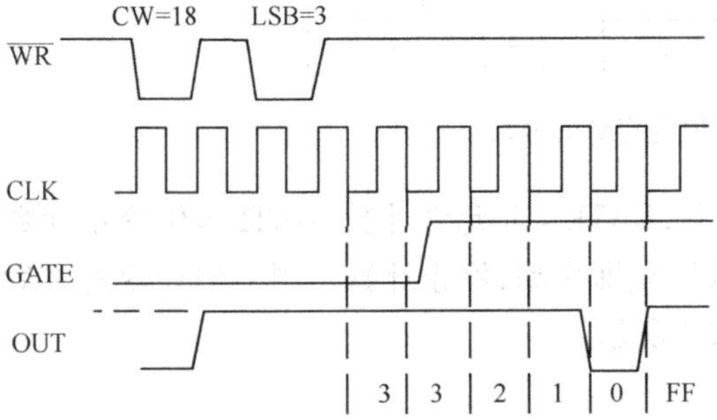

图 8-55　方式 4 下 GATE 信号的作用

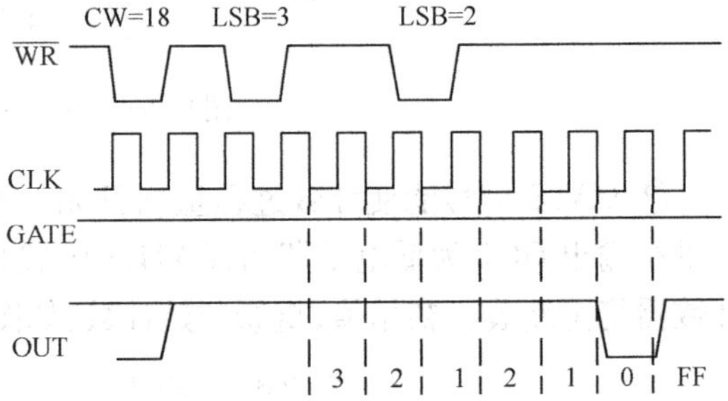

图 8-56　方式 4 在计数过程中改变计数值

6）方式 5——硬件触发选通信号发生器。方式 5 下，当写入控制字后输出 OUT 变为高电平。之后，写入初始计数值并不立即计数，而是由 GATE 脉冲的上升沿触发启动。当计数到 0 时，输出 OUT 变低，经过一个 CLK 脉冲，输出恢复为高，停止计数。重新启动计数，需要门控脉冲再次触发，如图 8-57 所示。

方式 5 主要特点如下：

① 若设置计数初始值为 N，则在门控脉冲触发后，经过 N +1 个 CLK 脉冲，输出端才输出一个负脉冲。

② 在计数过程中，通过施加门控 GATE 脉冲，可使计数器重新开始计数，如图 8-58 所示。

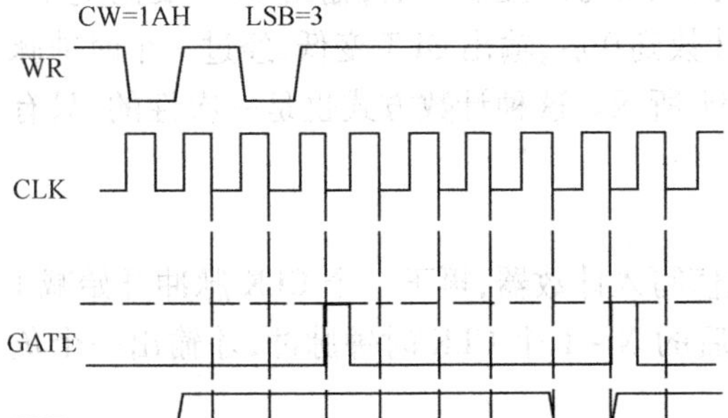

图 8-57　方式 5 波形

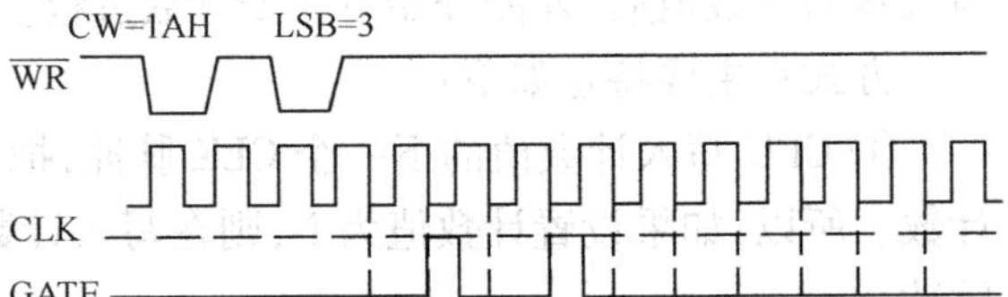

图 8-58　方式 5 下 GATE 信号的作用

③ 计数过程中改变计数值，只要没有门控信号的触发，就不影响计数过程。当计数到 0 后，若有新的门控信号的触发，则按新的计数值计数，如图 8-59 所示。

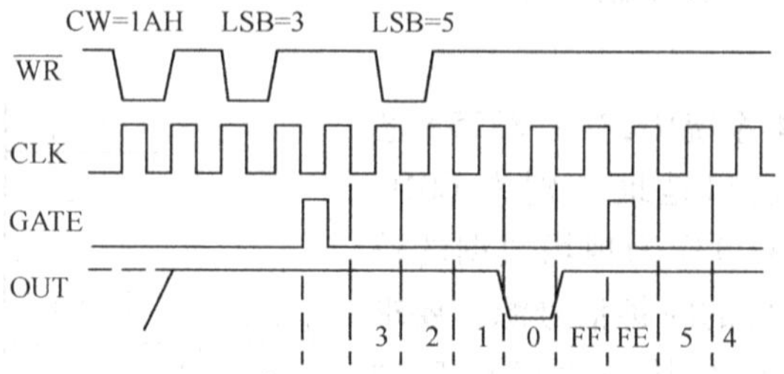

图 8-59 方式 5 在计数过程中改变计数值

3. 8253 应用举例

在 8253 应用中，首先要对其进行初始化编程。初始化编程包括写入控制字和写入计数初值两个步骤。

1）写入控制字。任一通道的控制字都要从 8253 的控制口地址写入，控制哪个通道由控制字的 D_7D_6 位来决定。

2）写入计数初始值。计数初始值经由各通道的端口地址写入。

【例 8-7】 设在 8086 系统中有一片 8253，其端口地址分配：通道 0 为 120H，通道 1 为 122H，通道 2 为 124H，控制端口为 126H。要求对其通道 0 进行初始化，使其工作于方式 0、二进制计数、计数初始值为 6688H。

针对此问题，经分析可知应写入 8253 的控制字为 30H。

其初始化程序段如下：

```
MOV    AL,30H       ; 控制字送 AL
MOV    DX,126H      ; 控制口地址送 DX
OUT    DX,AL        ; 向控制口写入控制字
MOV    AL,88H       ; 低 8 位计数值是 88H
MOV    DX,120H      ; 通道 0 端口地址送 DX
OUT    DX,AL        ; 向通道 0 写入计数初值的低 8 位
MOV    AL,66H       ; 高 8 位计数值为 66H
OUT    DX,AL        ; 向通道 0 写入计数初值的高 8 位
```

【例 8-8】 在 8253 的应用中，经常需要读取其某一通道的当前计数值。8253 计数器是 16 位的，要分两次读到 CPU 中，但是计数器正在计数中，在读取计数期间计数值有可能发生变化，因此，CPU 读取计数值时，先要锁存其计数值。其方法是向 8253 写入一个通道控制字，命令 8253 通道中的锁存器锁存。8253 的每一个通道都有一个 16 位的输出锁存器，一般情况下它的值随通道计数器的值变化，向通道写入锁存控制字后，它把计数器的现行值锁存，此时计数器继续计数。这样 CPU 就可用输入指令从所读通道端口地址读取锁存器中的值。CPU 读取了计数值后，输出锁存器自动解锁。

设 8253 中 4 个端口地址分别为 E0H、E2H、E4H、E6H，今要读取通道 0 的 16 位计数值，其程序如下：

```
MOV    AL,00H       ;计数器 0 的锁存命令送 AL
OUT    0E6H,AL      ;写入 8253 的控制字寄存器
```

```
IN      AL,0E0H    ;读计数器0的低8位数据
MOV     AH,AL      ;暂存入AH
IN      AL,0E0H    ;读计数器0的高8位数据
XCHG    AL,AH
```

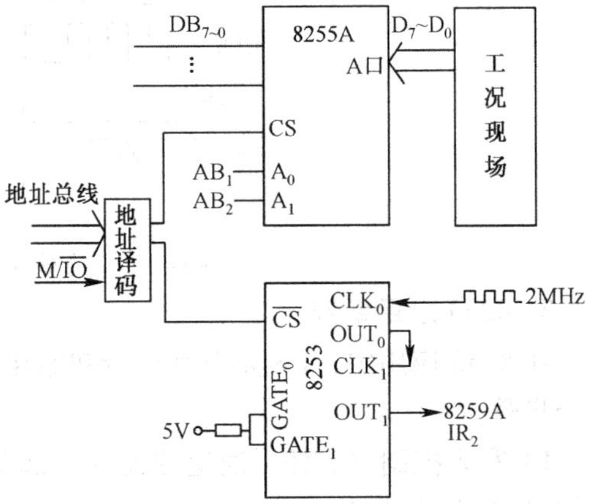

图8-60　8253在数据采集系统中的应用

【例8-9】某数据采集系统中,有一8255A芯片,其端口A、B、C和控制口地址分别为C0H、C2H、C4H和C6H,其中A口作为现场数据的输入口。又有一频率为2MHz的时钟信号源。要求以2s为周期进行数据采集,使用一片8253实现系统定时,其主要接线如图8-60所示。设8253的4个端口地址为E0H、E2H、E4H、E6H。

根据应用要求,8253应工作于方式2,使其每隔2秒产生一次中断请求。而$2MHz \div 0.5\ Hz = 4 \times 10^6$,即需要进行$4 \times 10^6$分频。如用通道0在方式2状态下工作,其最多分频65536次,这样仅用通道0满足不了定时要求。于是可以把通道0的输出,接至通道1的CLK_1端,用通道1输出再去申请中断。

依据以上分析,可令通道0工作于方式2,计数值为50000(C350H);通道1工作于方式2,计数值为80。

将8255A芯片规划:端口A工作于方式0、输入,端口B工作于方式0、输出。其方式控制字为90H。

初始化程序段如下:

```
MOV     AL,90H
OUT     0C6H,AL        ;对8255A初始化,写入方式控制字
MOV     AL,54H         ;初始化8253通道1为工作方式2,只写入低8位二进制计数值
OUT     0E6H,AL
MOV     AL,80
OUT     0E2H,AL        ;8位计数值写入通道1
MOV     AL,34H         ;初始化8253通道0为工作方式2,写入16位二进制计数值
OUT     0E6H,AL
MOV     AL,50H         ;向通道0写入计数值低8位
OUT     0E0H,AL
MOV     AL,0C3H        ;向通道0写入计数值高8位
OUT     0E0H,AL
```

中断服务程序中用一条IN AL,0C0H指令,即可从8255A的端口A输入数据。

8.5　模拟通道接口

模拟量输入/输出通道,是生产过程计算机控制系统的重要组成部分,是计算机与控制对象之间的一种典型接口方式。

8.5.1 概述

在自动控制系统中,需要测量和控制的参数往往是连续变化的模拟信号,如温度、压力、流量、速度等。这些物理量经传感器变成连续变化的电压、电流后,必须再变换成数字量,即需经模/数(A/D)转换,才能被数字计算机识别;这些数字量在计算机内经过运算处理,得到一个数字形式的控制量,将该控制量经过数/模(D/A)转换器,变成模拟的电压或电流信号,再送到执行机构去驱动相应的设备动作,即可实现对生产过程的自动控制。

典型计算机控制系统组成框图如图 8-61 所示。

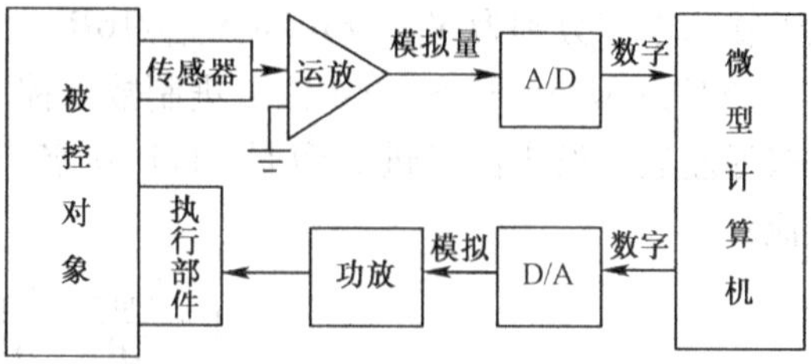

图 8-61 计算机控制系统组成框图

其中,传感器是一个能够把现场的各种物理量转换成为电量模拟信号的转换装置,其输出信号通常较弱,不适合远距离传输。故应使用运放将传感器的输出变换为适合于计算机接口的标准电信号,如 0 ~ 5V、0 ~ 10mA、4 ~ 20mA 等。

模拟电压或电流不能直接输入计算机,必须经过 A/D 转换器把电压信号转换成与其对应的数字量,CPU 才能接收。CPU 采集现场数据后通过计算,输出一个数字量对现场进行控制,一般来说现场的执行部件需要由电量模拟信号来驱动,这样计算机输出的数字量要通过 D/A 转换器变成模拟量,再经功率放大后送到执行部件。

8.5.2 数/模(D/A)转换器

1. 数/模转换器的工作原理

数/模转换器的功能是将数字量转换成模拟量。数字量由若干个数位构成,每个数位都有一定的权,如 8 位二进制数的最高位 D_7 的权为 $2^7=128$,只要 $D_7=1$,就表示具有了 128 这个数值。把一个数字量变成模拟量,就是要把每一位的代码按照权值转换为对应的模拟量,再把各位所对应的模拟量相加,其和便是数字量所对应的模拟量。

基于上述思路,在集成电路中,通常采用 T 型网络实现将数字量转换成模拟电流,然后由运算放大器完成模拟电流到模拟电压的转换。有些 D/A 转换器芯片已经包含了这两个部分,其输出即是模拟电压;也有些 D/A 转换器芯片仅完成了把数字量转换为模拟电流,这样的 D/A 芯片应该外接运算放大器,才能转换为模拟电压。

(1) T 型电阻解码网络

T 型电阻解码网络如图 8-62 所示,其特点是整个电阻网络中只有 R 和 2R 两种阻值的电阻。

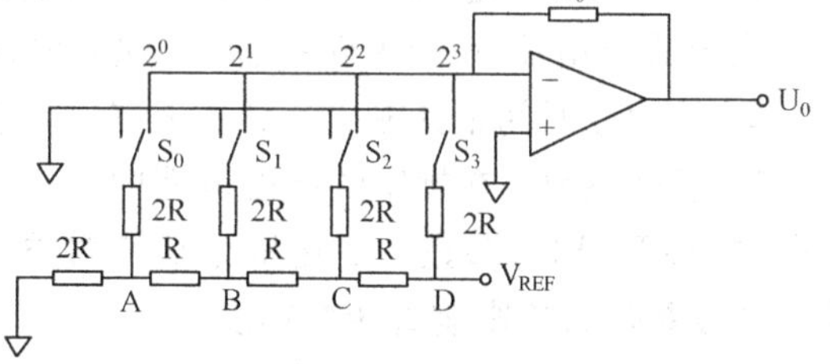

图 8-62 T 型电阻解码网络

在图 8-62 中,运算放大器的输入由 4 条支路构成,各支路经由开关 S_0、S_1、S_2、S_3 控制通断。若开关接到左边的接点,支路中的电阻就接到了地;若开关接到右边接点,支路中的电阻就接到了虚地。所以,不管开关接到哪个接点,都可以认为支路电阻接"地"了。但是,只有当开关和右边的接点相通时,才能给运算放大器的输入端提供电流。

T 型电阻解码网络中，节点 A 的左边为两个 2R 的电阻并联，它们的等效电阻为 R，节点 B 的左边也是两个 2R 的电阻并联，等效电阻也是 R，依次类推，最后的 D 点等效于一个电阻 R 连接在标准参考电压 V_{REF} 上。根据分压原理，C 点、B 点、A 点的电位分别为 $V_{REF}/2$、$V_{REF}/4$、$V_{REF}/8$。

现在已知各节点电位，接下来进一步分析各支路的电流值。当右边第一个支路的开关 S_3 和右边接点相连时，运算放大器得到的输入电流为 $V_{REF}/2R$。当右边第二个支路的开关 S_2 和右边接点相连时，运算放大器的输入电流为 $V_{REF}/4R$。同理，S_1 和 S_0 开关和右边接点相连时，运算放大器输入电流分别为 $V_{REF}/8R$ 和 $V_{REF}/16R$。

令开关 S_3、S_2、S_1、S_0 由 4 位二进制数来控制。当某位为 1 时，开关接通右边；当其为 0 时，开关接通左边。设 4 位二进制数是 1111，则各开关均与右边接点相连，这时流入运算放大器的电流：

$$I = \frac{V_{REF}}{2R} + \frac{V_{REF}}{4R} + \frac{V_{REF}}{8R} + \frac{V_{REF}}{16R}$$

$$I = \frac{V_{REF}}{2R}\left(1 + \frac{1}{2} + \frac{1}{4} + \frac{1}{8}\right) = \frac{V_{REF}}{2R}(1 + 2^{-1} + 2^{-2} + 2^{-3})$$

相应输出电压：

$$U_0 = -IR_0 = -\frac{R_0}{2R}V_{REF}(1 + 2^{-1} + 2^{-2} + 2^{-3})$$

上式说明，输出电压除了与输入的二进制数值大小有关外，还与运算放大器的反馈电阻 R_0 和标准参考电压 V_{REF} 有关。通常，电阻 R 在设计 D/A 芯片时已经确定，在实际应用中，选取不同的标准参考电压和反馈电阻 R_0 可以调节输出电压的范围。

（2）D/A 转换器的有关参数及术语

1）绝对精度。绝对精度是指对于给定的满刻度数字量，D/A 转换器实际输出值与理论值之间的误差。该误差是由于 D/A 的增益误差、零点误差、线性误差和噪声引起的，一般应低于 $2^{-(n+1)}$ 或1/2LSB。

2）相对精度（非线性度）。相对精度是指在满刻度已经校准的情况下，在整个刻度范围内，对应于任一数码的模拟量输出与它的理论值之差。该偏差通常用数字量最低有效位（LSB）的位数来表示或用该偏差相对满刻度的百分比表示。

3）分辨率。分辨率是指 D/A 转换器所能分辨最小量化信号的能力，这是对微小输入量变化和敏感程度的描述。用数字量的位数来表示，如 8 位、10 位、12 位等。对于一个分辨率为 n 位的转换器，它能对满刻度的 2^{-n} 输出作出反应，也称分辨率为 2^{-n}。

4）建立时间。建立时间是指数据变化量是满刻度时，达到终值 ±1/2LSB 所需的时间。对于输出形式是电流的 D/A 转换器，其建立时间是很快的，而对于输出形式为电压的 D/A 转换器，其主要建立时间是其输出运算放大器的响应时间。

5）温度系数。在规定的温度范围内，对应于温度每变化 1℃ 时，增益、线性度、零点及偏移（对双极性 D/A）等参数的变化量分别是增益系数、线性温度系数、零点温度系数和偏移温度系数。温度系数直接影响着转换精度。

2. 数/模转换器与 CPU 的接口

常用的 D/A 转换器中，有价格低廉的 8 位芯片，也有速度和分辨率较高、价格较贵的 12 位、16 位芯片。各种 D/A 芯片是否能直接和系统总线相连，取决于芯片内部有没有数据输入寄存器。

(1) 不带数据输入寄存器的 D/A 芯片的使用

当一个 D/A 芯片的输入端出现了待转换数据后,经过转换所需的延迟,在输出端应该出现与待转换数据相对应的电流或电压。对于没有输入寄存器的 D/A 转换器,随着输入数据的变化,输出电流或电压也随之变化。当输入数据消失后,输出电流或电压也随之消失。所以,应在 D/A 转换器前面加一个数据锁存器与系统总线相连。图 8-63 是一个用 74LS273 作为锁存器的 D/A 转换器连接图。

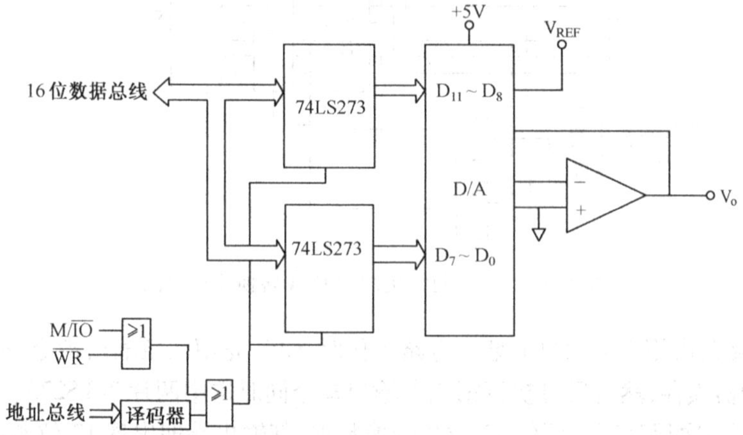

图 8-63 用 74LS273 作为锁存器的 D/A 转换器连接图

图中,74LS273 和 D/A 转换器组成一个带数据输入寄存器的 D/A 转换器。当 CPU 输出一个数据时,只要选通 74LS273,即可把数据送入锁存器。由 74LS273 提供给 D/A 转换器,此时,D/A 转换器输出端得到相应的电压信号。

如果 D/A 转换器是 12 位,而 CPU 是 8 位,则要使用两个锁存器和系统总线相连。CPU 通过两条输出指令,分别向两个锁存器所对应的端口地址输出数据,线路连接方法如图 8-64 所示。

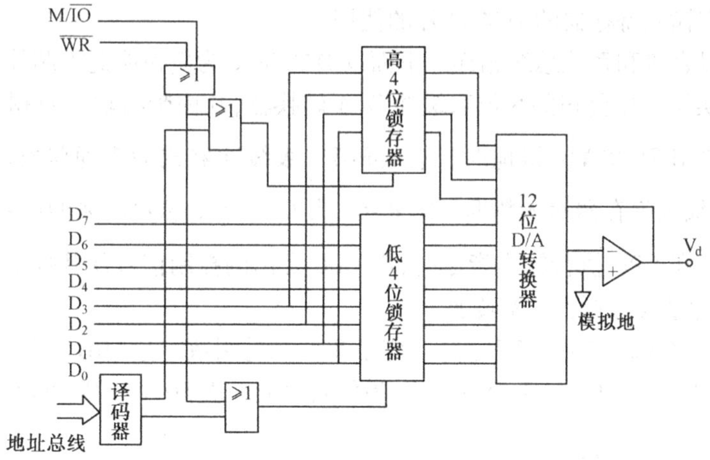

图 8-64 12 位 D/A 转换器与 8 位 CPU 的连接图

对于图 8-64 的连接法,CPU 执行两条输出指令后,D/A 转换器才能给出所需要的电流。在 CPU 执行第一条输出指令后,D/A 转换器给出的是一个与低 8 位数据相对应的电流,此时的模拟量输出不是与 12 位数字量相对应的值,只有等到 CPU 执行完第二条输出指令后,才能得到真正需要的模拟量。显然,这是一个应该避免的问题。解决的办法是用两级缓冲结构把 D/A 转换器与系统总线连接起来,如图 8-65 所示。

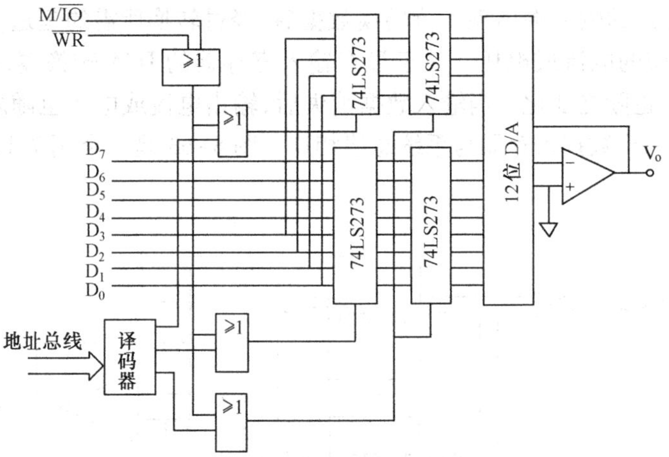

图 8-65　具有两级缓冲的 D/A 转换器连接图

图 8-65 电路共占用 3 个端口地址。电路工作时,CPU 先用两条输出指令,把 12 位数据送到第一级数据缓冲器锁存,然后通过执行第三条输出指令同时选中两片 74LS273(第二级缓冲),这样 D/A 转换器可一次得到所需要的 12 位待转换数据,其输出端即出现 12 位数据所对应的模拟量。可写出程序段如下:

```
MOV     AL,LDATA     ; 设 12 位 D/A 数据的低 8 位为 LDATA
OUT     LPORT,AL     ; 设用于锁存低 8 位数据的第一级缓冲锁存器端口地址是 LPORT
MOV     AL,HDATA     ; 设 12 位 D/A 数据的高 4 位为 HDATA
OUT     HPORT,AL     ; 设用于锁存高 4 位数据的第一级缓冲锁存器端口地址是 HPORT
OUT     CPORT,AL     ; 设第二级缓冲锁存器端口地址是 CPORT
```

(2) 具有数据输入寄存器的 D/A 芯片的使用

此类芯片可以直接和系统总线相连。下面以 DAC0832 为例说明此类芯片的应用。

DAC0832 是美国数据公司的 8 位双缓冲 D/A 转换器,片内带有输入数据寄存器,可与微处理器直接接口。当$\overline{XFER}$和$\overline{WR_2}$接地时,其内部第二级缓冲器成为直通状态。此时,可由 ILE、$\overline{CS}$、$\overline{WR_1}$控制向其输入寄存器写入数据。图 8-66 为 DAC0832 芯片的典型应用。其中 ILE 接高电平,$\overline{CS}$、$\overline{WR_1}$引脚在 CPU 执行输出指令时,由 CPU 发出的控制信号使其处于有效电平,从而控制 D/A 转换器锁存数据、进行 D/A 转换。

在图 8-66 中,将 V_{REF}接到 -5 V 上,对应于 8 位二进制数字量 00H ~ FFH,其输出电压为 0 ~5 V。设 D/A 转换的端口地址是 DAPORT,为使其完成一次 D/A 转换,可以执行以下程序:

```
MOV     AL,80H
MOV     DX,DAPORT
OUT     DX,AL       ;可在其输出得到 2.5V 左右电压值
```

在各种测量仪表中,可以使用 D/A 转换器产生所需要的波形。例如,对于图 8-66 所示电路,执行如下程序,就可以产生一个锯齿波。

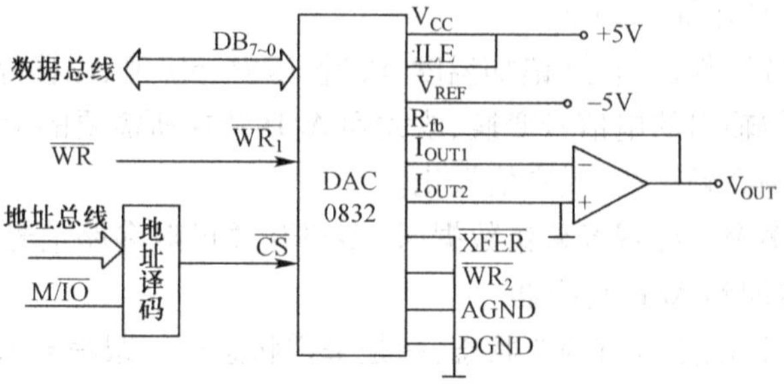

图 8-66　DAC0832 典型接线图

```
        MOV    AL,0FFH       ; 初值送 AL 寄存器
        MOV    DX,DAPOPT     ; D/A 端口地址送入 DX
LP1:    INC    AL
        OUT    DX,AL         ; 向 D/A 转换器输出数据
        JMP    LP1
```

以上程序段执行时,从微观上看每个锯齿波沿是由 256 个小台阶组成,由于 CPU 速度很快,所以宏观上看,仍为连续上升的锯齿波。如果需要一个负向锯齿波,只要将 INC AL 指令改为 DEC AL 指令即可。

对于锯齿波的周期,可以利用延迟进行调整。若延迟时间较短,则可在程序中插入几条 NOP 指令来实现。如果延时时间较长,则可用延时子程序予以实现。

```
          MOV    DX,DAPOPRT    ; D/A 端口地址送 DX
          MOV    AL,0FFH       ; 初值送 AL
LP1:      INC    AL
          OUT    DX,AL         ; 向 D/A 转换器输出数据
          CALL   DELAY         ; 调用延时子程序
          JMP    LP1
DELAY:    MOV    CX,100        ; 向 CX 中送延时常数
DELAY1:   LOOP   DELAY1
          RET
```

8.5.3 模/数(A/D)转换器

1. 概述

模/数转换器就是把模拟量转换成为数字量的电路,它是计算机控制系统的重要组成部分。图 8-67 是典型微机控制系统的组成框图。

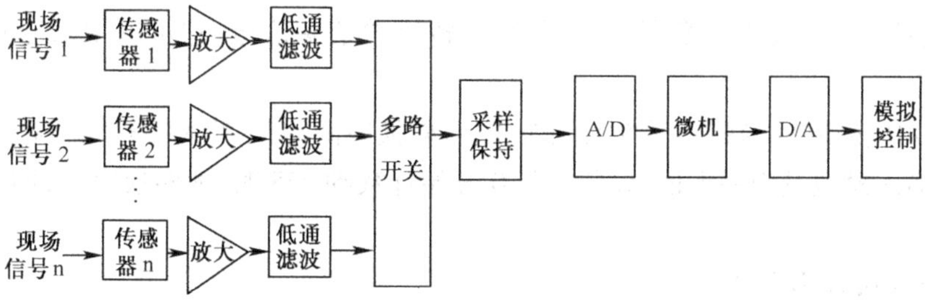

图 8-67　典型微机控制系统组成框图

图 8-67 中各部分作用简介如下。

- 传感器：把现场各种物理信号（诸如温度、流量、压力、pH 值、位移等）转换成电信号。
- 放大器：把传感器输出的电信号变换、放大到 A/D 转换所需要的量程范围。
- 低通滤波器：抑制高频干扰，提高信噪化。
- 多路开关：当对多个工况现场采集数据时，多路开关可对多路信号进行切换处理，使得每次只有一路信号加到 A/D 转换器。
- 采样/保持电路：该电路具有两个状态，一是采样状态——跟踪输入信号；二是保持状态——暂停跟踪输入信号，保持已采集到的输入信号，确保在 A/D 转换期间加在 A/D 转换器入口的信号值保持不变。
- A/D 转换器：把采样/保持电路锁存的模拟信号转换成数字信号，供 CPU 读取。

2. 模/数转换器的工作原理

实现模/数转换的方法很多，常用的方法有计数法、双积分法和逐次逼近法等。

（1）计数式 A/D 转换法

计数式 A/D 转换的工作原理如图 8-68 所示。其中，V_i 是模拟输入电压，V_o 是 D/A 转换器的输出电压，C 是计数器的计数控制端，当 C=1 时计数器开始计数，当 C=0 时则停止计数，$D_7 \sim D_0$ 是计数器的当前计数值，该计数值作为一个 D/A 转换器的输入。$D_7 \sim D_0$ 同时也是 A/D 转换器的输出。

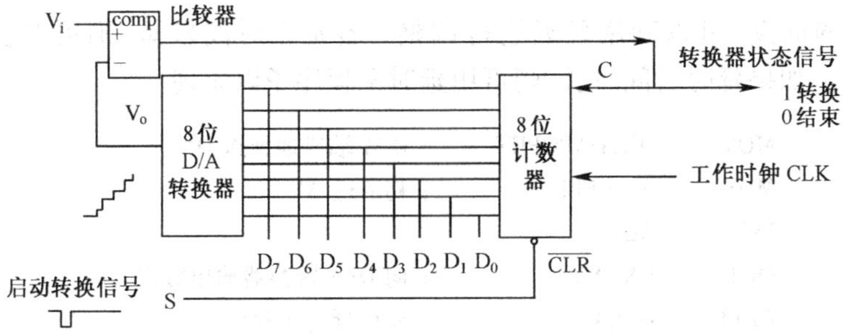

图 8-68　计数式 A/D 转换原理图

电路工作过程如下：

首先启动信号 S 有效（由高变低），使计数器复位（清零）；当启动信号恢复高电平时，计数器开始计数。因为计数器已被清零，即 $D_7 \sim D_0$ 为 0，故使得 D/A 转换器输出 $V_o = 0$。此时，若 $V_i > 0$，则比较器输出高电平，使计数控制信号 C 为 1。这样，计数器开始对 CLK 进行计数。随着计数值不断增大，D/A 转换器的输出 V_o 不断上升。当 V_o 上升到某值时，第一次出现 $V_o > V_i$ 的情况，此时比较器的输出变为低电平，使计数控制信号 C 为 0，导致计数器停止计数。这时 $D_7 \sim D_0$ 就是与模拟电压等效的数字量。

计数控制信号由高变低的负跳变也是 A/D 转换的结束信号，它可以用来通知计算机一次 A/D 转换完成。

计数式 A/D 转换法的缺点：转换时间较长，且转换时间与 V_i 的大小有关。对于一个 8 位 A/D 转换器，若输入模拟量为最大值，计数器从 0 开始计数到 255 时，才转换完毕，即要用 255 个计数脉冲周期。

（2）双积分式 A/D 转换法

双积分式 A/D 转换器的工作原理如图 8-69a 所示。电路中的主要部件包括积分器、比较器、计数器和标准电压源。

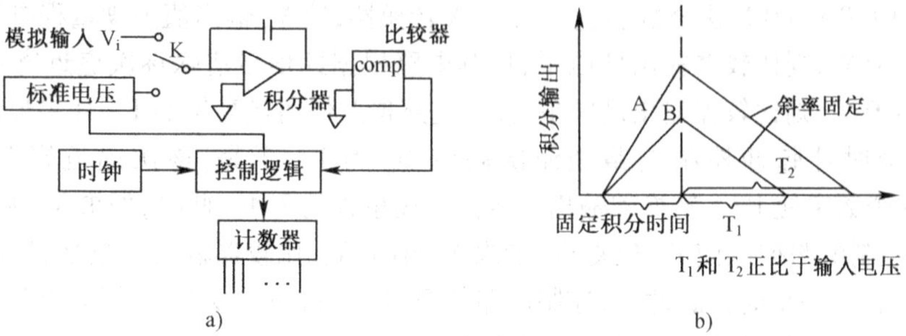

图 8-69　双积分式 A/D 转换原理和积分输出

a）工作原理图　b）积分输出图

电路工作过程分析如下：

首先，积分器对 V_i 进行固定时间的积分。因为积分时间固定，所以积分器的输出值大小与 V_i 大小有关。然后，积分器再对标准电压进行积分，标准电压的极性与 V_i 相反，使积分器的输出由某一值向 0 变化，故称此阶段为反向积分阶段。由于标准电压是稳定不变的，所以反向积分的斜率固定，反向积分的时间 T 正比于 V_i，如图 8-69b 所示。

再用标准的高频时钟脉冲测定反向积分花费的时间，就可以得到相对应于输入电压的数字量，即实现了 A/D 转换。

双积分式 A/D 转换的特点：转换精度高、抗干扰能力强、速度慢。通常转换频率小于10Hz，主要用于数字式测量仪表、温度测量等方面。

（3）逐次逼近式 A/D 转换法

逐次逼近式 A/D 转换法是一种广泛应用的 A/D 转换方法，它与计数式 A/D 转换法有相似之处。逐次逼近式 A/D 转换时，也是用一个 D/A 转换器的输出电压 V_o 与模拟输入电压 V_i 进行比较，以产生 A/D 结果。不同之处：在计数式 A/D 转换器中，其内部为 D/A 转换器提供计数值的计数器是普通的加 1 计数器，它从最低位向高位每次加 1 和进位；而在逐次逼近式 A/D 转换器中，采用一个逐次逼近寄存器存放计数值，并在相应的控制电路的控制下，从高位向低位逐位确定出其计数值。逐次逼近式 A/D 转换原理如图 8-70 所示。

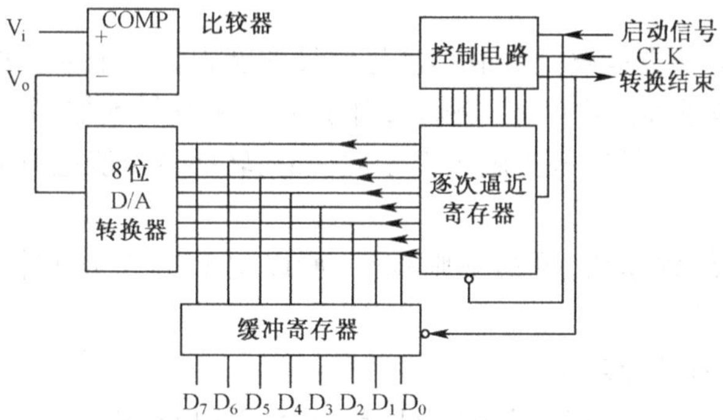

图 8-70　逐次逼近式 A/D 转换原理图

以 8 位的逐次逼近式 A/D 转换器为例，其工作过程：当启动信号由高电平变为低电平时，逐次逼近寄存器复位。当启动信号由低电平变为高电平后，开始逐位确定其数值应该是 1 还是 0，其顺序是从高位到低位逐位进行。在第 1 个时钟脉冲时，控制电路使逐次逼近寄存器的最高位为 1，其输出为 10000000B，这个数字量进入 D/A 转换器，使 V_o 输出值为满量程电压的一半。这时，如果 V_o 大于 V_i，则比较器输出低电平，控制电路根据此信号清除逐次逼近寄存器中的最高位；如果 V_o 小于 V_i，则比较器输出高电平，控制电路据此保留最高位的 1。如果最高位的 1 被保留下来，下一个时钟脉冲控制电路则使次高位 D_6 为 1。于是，逐次逼近寄存器的内容为 11000000B，这个数字使 D/A 转换器输出电压值为满量程的 3/4。此时，如果 V_o 大于 V_i，比较器输出低电平，控制电路据此使 D_6 位复位；如果 V_o 小于 V_i，比较器输出高电平，控制电路据此保留 D_6 位的 1。再下一个时钟脉冲时，控制电路使 D_5 位为 1，…重复上述过程，直到确定出 D_0 位。经过 N 次比较以后，逐次逼近寄存器中的数据就是与被测（输入）模拟量相应的 A/D 结果。

逐次逼近式 A/D 转换法的特点：速度快、转换精度高。

3. 模/数转换器的主要参数

（1）转换精度

转换精度反映了 A/D 转换器的实际输出接近理论输出的精确程度。

由于模拟量是连续的，而数字量是离散的，所以，一般是某个范围中的模拟量对应一个数字量。例如，有一个 A/D 转换器，从理论上计算，模拟量为 5 V 时对应的数字量为 800H，而实际转换中发现 4.997 ~ 4.999V 也对应数字量 800H。这就反映出一个转换精度问题。

A/D 转换的精度通常用数字量的最低有效位（LSB）来表示。设数字量的最低有效位对应于模拟量 Δ，这时，我们称 Δ 为数字量最低有效位的当量。

如果模拟量在 ±Δ/2 范围内都产生相对应的唯一的数字量，那么这个 A/D 转换的精度为 ±0LSB。如果模拟量在 ±3Δ/4 范围内都产生相同的唯一的数字量，那么这个 A/D 转换器的精度为 ±1/4LSB。这是因为和精度为 0LSB（误差范围为 ±Δ/2）的 A/D 转换器相比，这个 A/D 转换器的误差范围扩展了 ±Δ/4。同理，如果模拟量在 +Δ ~ −Δ 范围内都产生相同的唯一的数字量，那么这个 A/D 转换器的精度为 ±1/2LSB。这意味着和精度为 0LSB 的 A/D 转换器相比，现在的模拟量的允许误差范围扩展了 ±Δ/2。

（2）转换时间和转换率

转换时间是指完成一次 A/D 转换所需要的时间，转换率为转换时间的倒数，它们都表示了 A/D 转换的速度。例如，完成一次 A/D 转换所需要的时间是 20μs，则其转换率应为 50kHz。

（3）分辨率

分辨率是指 A/D 转换器能够分辨最小量化信号的能力。一个 n 位的 A/D 转换器，其分辨率等于模拟量输入的满量程值除以 2^n。例如，对于 8 位 A/D 转换器，若满量程值为 5.0V，则分辨率是 $5.0/2^8$ V ≈ 0.0195V，即当模拟输入低于此值时，转换器不能进行分辨。此值又称为一个最低有效位 LSB。

显然，A/D 转换器位数越长，分辨率则越高，所以也常用 A/D 转换器的位数来表示其分辨率。

4. 模/数转换器与系统的连接

随着现代科学技术的飞速发展，多种 A/D 转换器芯片应运而生。尽管 A/D 芯片的型号很多，但其外部特性有许多相似之处。从使用角度来看，其引脚信号通常有模拟量输入端、数据输出端、启动转换信号端和转换结束信号端。A/D 芯片和系统连接时，就要考虑这些信号的连接问题。

（1）模拟输入电压的连接

A/D 芯片的模拟输入电压,往往既可以是单端方式,也可以是差动方式。这种类型的 A/D 芯片常用 $V_{IN(+)}$、$V_{IN(-)}$ 或 $IN_{(+)}$、$IN_{(-)}$ 表示模拟输入端。此时,如用单端输入方式,则把模拟输入信号接到 $V_{IN(+)}$ 端,把 $V_{IN(-)}$ 接地;如用差动输入方式,则把模拟输入信号加在 $V_{IN(+)}$ 和 $V_{IN(-)}$ 端之间。

(2) 数据输出线和系统总线的连接

A/D 芯片的输出方式可分为以下两种:

一种芯片,其输出端具有可控的三态输出门,例如 ADC0809。这种芯片的输出端可以直接和系统总线相连,由读信号控制三态门。当 A/D 转换结束后,CPU 通过执行一条输入指令,将数据从 A/D 转换器读出。

另一种芯片,其内部输出端虽有三态门,但这个三态门不受外界信号的控制,而是由 A/D 转换电路在转换结束时自动接通。例如 ADC570 就是这样的芯片。此外,某些 A/D 转换器芯片内部根本就没有三态输出门电路,这种情况下,A/D 转换器芯片的数据输出线不能直接和系统数据总线相接,而必须通过附加的三态门作为缓冲器与系统数据总线接口。

对于 8 位以上的 A/D 转换器和系统总线相连时,还要考虑 A/D 输出数据线和系统总线的对应关系。这种情况下,要用读/写控制逻辑将转换结果按字节分时读出。

(3) A/D 转换器的启动转换信号

A/D 转换器要求的启动信号可分为两种形式,一种是电平启动信号,另一种是脉冲启动信号。使用电平启动信号的芯片,如 AD570、AD572,它们要求在整个转换过程中启动信号均要有效。如果中途电平信号失效,将导致转换停止而得到错误的结果。因此,通常要通过并行接口或 D 触发器来提供有效的电平信号。对于采用脉冲启动信号的 A/D 芯片,如 ADC0804、ADC0809、ADC1210 等,通常由 CPU 执行输出指令时发出的片选信号和写信号产生一个选通脉冲启动 A/D 转换。

(4) 转换结束信号以及 CPU 读取转换数据的方式

A/D 转换结束时,A/D 芯片会输出一个转换结束的状态信号,通知 CPU 读取转换结果。CPU 一般可以采用如下方式和 A/D 转换器进行联络,以实现对转换数据的读取。

1) 同步方式。根据预先掌握的 A/D 转换时间,CPU 用一条输出指令启动 A/D 转换后,执行一个与转换时间相等或稍大于转换时间的固定延时程序。待延时程序执行完,A/D 也已转换完毕,CPU 即可读取数据。

2) 查询方式。A/D 转换芯片有一个转换结束状态信号,将其接到状态输入端口的某一位上。A/D 转换启动后,CPU 不断读取并查询状态端口对应的状态位。一旦发现其有效,说明 A/D 芯片已经转换完毕,这时 CPU 可读取转换结果。

3) 中断方式。用这种方式时,把转换结束状态信号接到 8259A 芯片中断请求输入端,将其作为中断请求信号。CPU 可把读取转换数据的输入指令安排在中断服务程序中。这样,当 A/D 转换器转换完毕时,转换结束信号有效,由此向中断控制器提出中断请求,CPU 响应中断后执行中断服务程序时读回转换好的数据。

(5) 地线的连接

A/D 转换器的地线可分为两种:数字地和模拟地。

在一个系统中既有数字量又有模拟量,就会有两类芯片,一类是数字电路芯片,例如 CPU、译码器、门电路等;另一类是模拟电路芯片,如 D/A 转换电阻网络、运放等。这两类芯片应该选用两组独立的电源供电,在连线时,把所有的模拟地连在一起,所有的数字地连在一起。最后,作为系统参考地，用一个共地点把模拟地和数字地连接起来。这样接线可以避免构成地线回路，以免引起数字信号通过数字地线干扰模拟信号。

5. 典型8位A/D转换器芯片——ADC0809

ADC0809是CMOS、8位、单片A/D转换器。片内具有8路模拟开关，可控制选择8个模拟量输入中的一个。片内还带有三态输出锁存缓冲器，故其输出数据线可以直接连至系统数据总线。它采用逐次逼近式A/D转换法，具有较高的转换速度。

（1）主要性能

- 分辨率为8位。
- 总的不可调误差在±1LSB范围内。
- 典型转换时间为100μs。
- 具有锁存控制的8路多路开关。
- 输出具有三态缓冲控制。
- 采用5V单一电源供电，此时模拟电压输入范围为0~5V。
- 输出电平与TTL兼容。

（2）ADC0809的结构和工作原理

ADC0809芯片的内部结构如图8-71所示。

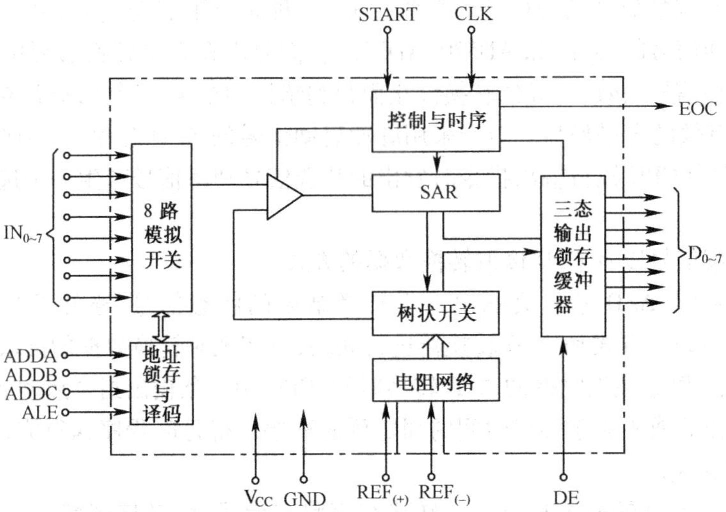

图8-71 ADC0809内部结构框图

8路模拟输入连接到一个8选1多路开关，该多路开关由三位地址输入ADDA、ADDB、ADDC的不同组合进行选择，例如ADDC、ADDB、ADDA组合为001就选择了IN_1端输入的模拟量。实际使用时，ADDC、ADDB、ADDA可以分别连在系统数据总线上，在启动A/D芯片转换的同时，送出8路开关的地址编码，选通1路模拟量。

ADC0809内部采用逐次逼近式A/D转换电路，由CLK信号控制内部电路的工作，由START信号控制转换的开始。转换结果在内部锁存，可通过三态缓冲器传至输出端。

（3）ADC0809芯片的引脚

ADC0809是一个具有28引脚的双列直插式芯片，图8-72示出了各引脚信号。

- $IN_7 \sim IN_0$：8路模拟电压输入端。

- $D_7 \sim D_0$：8 位数据输出端。
- START：启动 A/D 转换命令输入端，START 信号的上升沿所有内部寄存器清零，START 信号的下降沿开始进行 A/D 转换，在 A/D 转换期间 START 应为低电平。
- OE：输出使能信号输入端，高电平有效。该信号有效，打开输出三态门，转换结果从 ADC0809 芯片送至系统数据总线。
- EOC：转换结束输出信号。在中断方式下，此信号可以向 CPU 发出中断请求。在查询方式下，此信号可以作为 A/D 转换完毕的状态指示信号，EOC = 0 表示转换正在进行中，EOC = 1 表示转换完成。
- CLK：时钟脉冲输入端。ADC0809 内部没有时钟电路，所需时钟信号由外部电路提供，典型值为 640 kHz。
- V_{CC}：供电电源，接 +5V。
- GND：地。
- REF(+)：参考电压输入端。
- REF(−)：参考电源地。

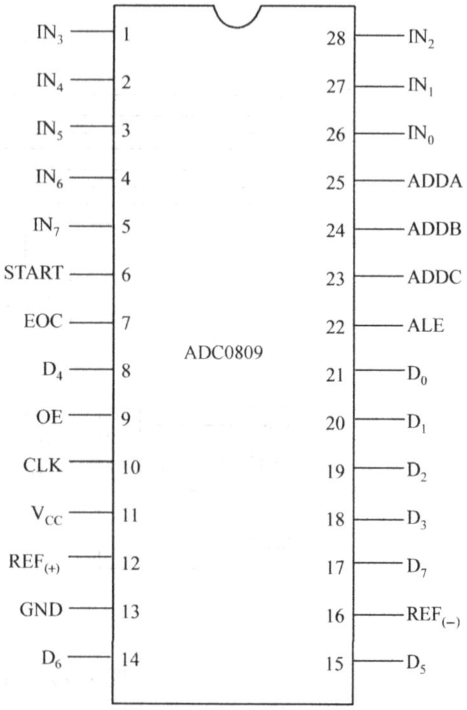

图 8-72　ADC0809 引脚排列图

- ADDC、ADDB、ADDA：选择模拟输入的编码信号端。它们应在 ALE 引脚信号的选通下实现锁存。
- ALE：地址锁存允许信号输入端。在 ALE 信号的上升沿，ADDC、ADDB、ADDA 端的状态进入内部地址锁存器中，经片内译码电路译码后，控制选通 8 路模拟量中的 1 路。

(4) 应用 ADC0809 实现 A/D 转换

ADC0809 芯片和 CPU 总线连接原理如图 8-73 所示。

设其端口地址为 A0H，要求对 8 路模拟量轮流采集，其结果存入偏移地址为 2500H 开始的内存缓冲区，用中断方式传输，可编程如下。

主程序段(应包括设置中断矢量部分，这里省略了)：

```
START:  MOV     BX, 2500H       ;设定输入缓冲区指针
        MOV     CX,8            ;设定 A/D 转换次数
        MOV     AH,0
LP1:    MOV     AL,AH
        OUT     0A0H,AL         ;启动 1 路模拟量转换
        STI                     ;开放中断
        HLT                     ;暂停,等待中断到来
                                ;实际应用中不是 HLT,而是完成其他工作的处理程序
        INC     AH              ;改变选择模拟量的编码
        LOOP    LP1             ;若不够 8 次,返回重新启动
                                ;主程序至此已完成一遍采集,其后应排入其他任务的处理指令
```

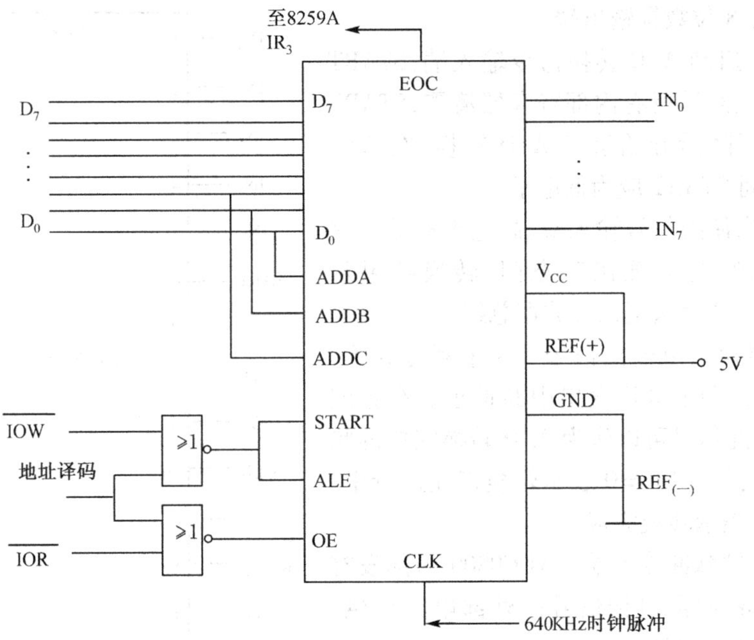

图 8-73　ADC0809 与系统总线连接图

中断服务程序部分:

```
INTEP:  PUSH   AX
        IN     AL,0A0H
        MOV    [BX],AL ;存入内存一个字节
        INC    BX
        MOV    AL,20H
        OUT    20H,AL  ;向 8259A 发 EOI
        POP    AX
        IRET
```

6. 典型 12 位 A/D 转换器芯片——AD574

AD574 是美国 AD 公司的产品,它是一个逐次逼近式 12 位 A/D 转换器,转换时间为 15 ~ 35μs。内部提供基准电压,并有可与 8 位或 16 位 CPU 总线直接连接的三态输出缓冲器。

(1) AD574 内部结构

由图 8-74 可以看到,AD574 内部由两大部分构成。一部分是一个 12 位的 D/A 转换器和电源基准(图中带阴影部分);另一部分为低功耗的逐次比较寄存器 SAR 和转换控制电路、时钟、比较器、总线接口。它们一起构成 12 位的逐次逼近式 A/D 转换器。

(2) AD574 主要特性

- 带有基准源和时钟的完整的 12 位 A/D 转换器。
- 带有三态缓冲器输出的 8 位或 16 位微处理器总线接口。
- 快速逐次逼近式 A/D 转换,典型的转换时间为 25μs。
- 分辨率:12 位;精度: ±1LSB。

(3) AD574 的引脚及工作时序

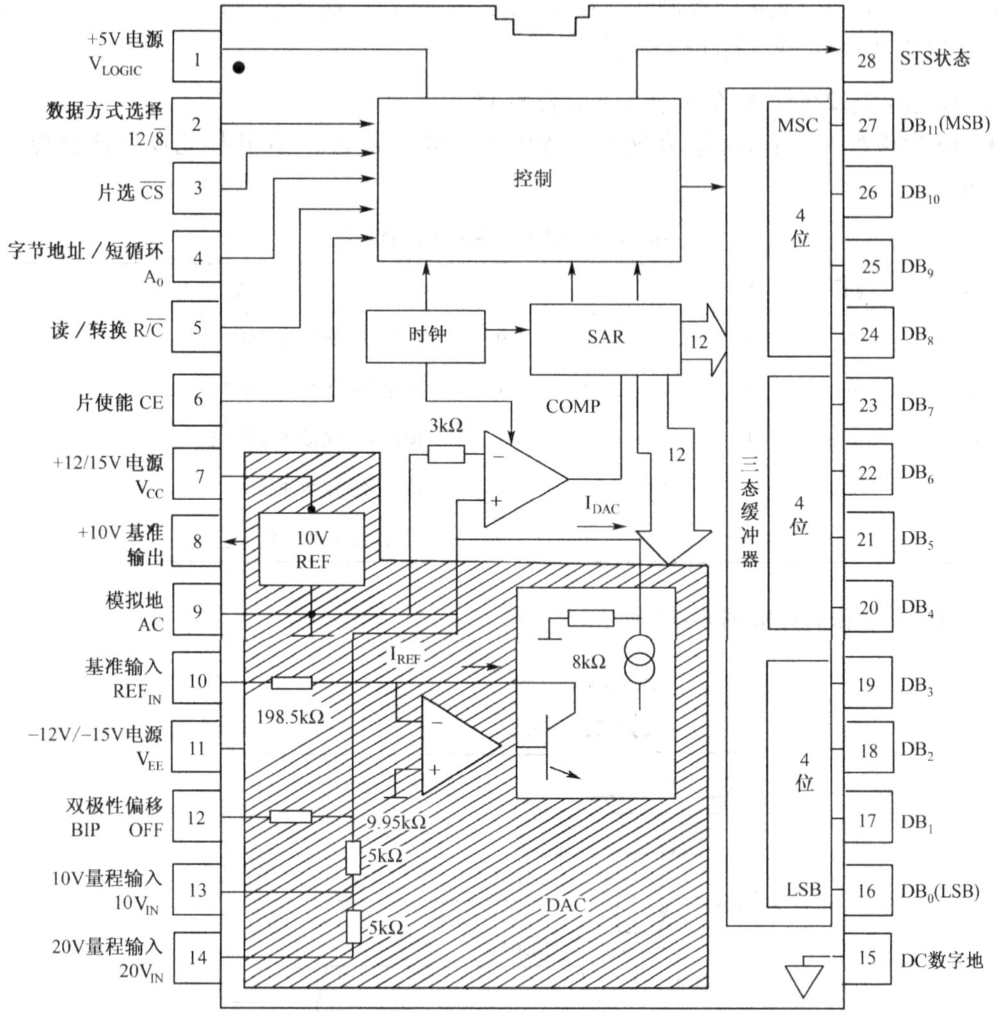

图 8-74　AD574 内部结构框图和引脚图

1）AD574 芯片为双列直插式 28 脚封装，如图 8-74 所示。

- $DB_{11}\sim DB_0$：12 位数字输出端，最高有效位（MSB）为 DB_{11}，最低有效位（LSB）DB_0。
- $10V_{IN}$和 $20V_{IN}$：均为模拟量输入端。其中 $10V_{IN}$可输入 0 ~ +10V 的单极性信号，也可输入 ±5V 范围内的双极性信号；$20V_{IN}$端可输入 0 ~ +20V 的单极性信号，也可输入 ±10V 范围内的双极性信号。
- $\overline{CS}$、CE、$R/\overline{C}$、$12/\overline{8}$和 A_0：均为 AD574 的逻辑控制信号输入端。

其中：

$\overline{CS}$是片选信号，低电平有效。

CE 是片使能端，高电平有效。

$R/\overline{C}$是读/转换信号。在$\overline{CS}$、CE 信号的配合下，该端为高电平可开启其三态输出缓冲器，供 CPU 读取转换结果；该端为低电平时启动 A/D 转换。

$12/\overline{8}$为输出数据方式选择端，该端为高电平时 12 位转换数据并行输出，为低电平时转换结果分为两个字节分时输出。

A_0 为 A/D 转换位数选择控制线。在 A_0 接高电平时，启动转换，则进行 8 位转换；如在 A_0 接低电平时启动转换，则进行 12 位转换。

$\overline{CS}$、CE、R/$\overline{C}$、12/$\overline{8}$和 A_0 的配合关系见表 8-11。

- STS 为状态信号输出端。在转换过程中 STS 输出高电平，在转换完成后该引脚给出低电平。

表 8-11　AD574 逻辑控制真值表

$\overline{CS}$	$\overline{WR}$	A_3	A_2	A_1	A_0	操　作
0	0	1	1	1	0	锁存第一级缓冲器低 4 位
0	0	1	1	0	1	锁存第一级缓冲器中 4 位
0	0	1	0	1	1	锁存第一级缓冲器高 4 位
0	0	0	1	1	1	锁存第二级缓冲器
0	0	0	0	0	0	所有锁存器均工作

2）AD574 工作时序如图 8-75 所示。

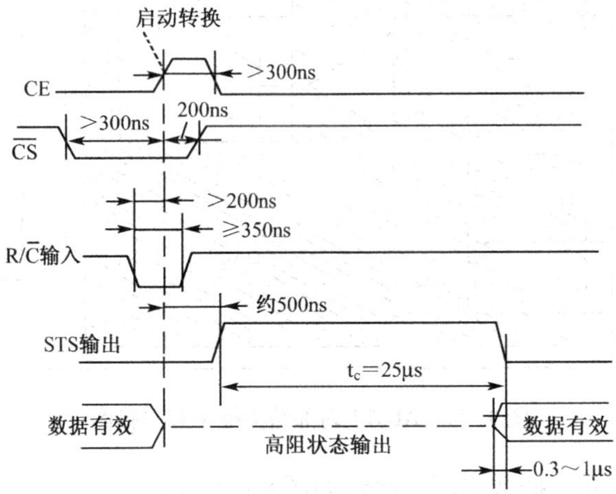

图 8-75　AD574 工作时序图

（4）AD574 芯片的连接

图 8-76 是单极性输入时的连接图，图 8-77 是双极性输入时的连接图。

在单极性输入时，其模/数转换关系：　　$V_i = V_{max} / 2^n \times D$

在双极性输入时，其模/数转换关系：　　$V_i = 2V_{max} / 2^n \times D$

其中：V_i 为模拟输入电压的实际值；V_{max} 为允许输入的模拟电压最大值；n 为转换的位数，取 8 或 12；D 为转换输出的数字量，8 位时，为 0～255；12 位时，为 0～4095。

图 8-78 是一个 AD574 通过 8255A 与 8086CPU 相连的接口电路。

在图 8-78 中，12/$\overline{8}$引脚接向 +5V，即允许 12 位 A/D 转换结果一起并行输出。A_0 引脚接地，根据表 8-11，在$\overline{CS}$、CE 和 R/$\overline{C}$信号的配合下可启动芯片进行 12 位 A/D 转换。$\overline{CS}$、CE、R/$\overline{C}$ 通过 8255A 端口 C 的 PC_2～PC_0 进行设置。A/D 转换的状态信号 STS 通过 8255A 端口 C 的 PC_7

进行读入，转换结果经由端口 A 和端口 B 读入。

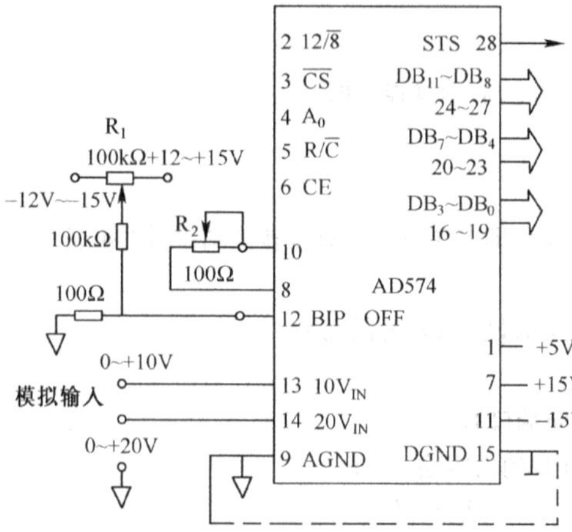

图 8-76　AD574 单极性输入连接图

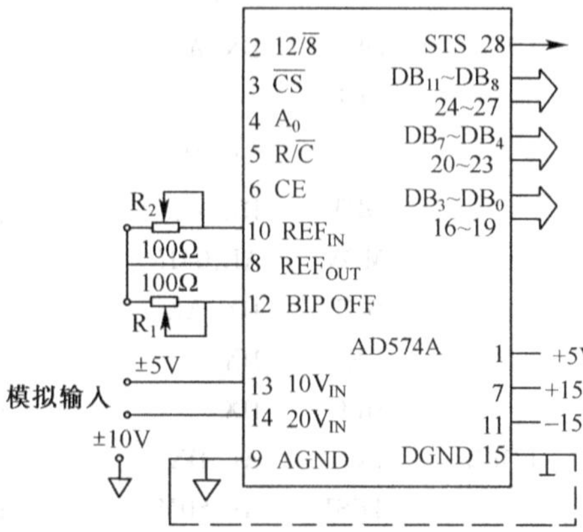

图 8-77　AD574 双极性输入连接图

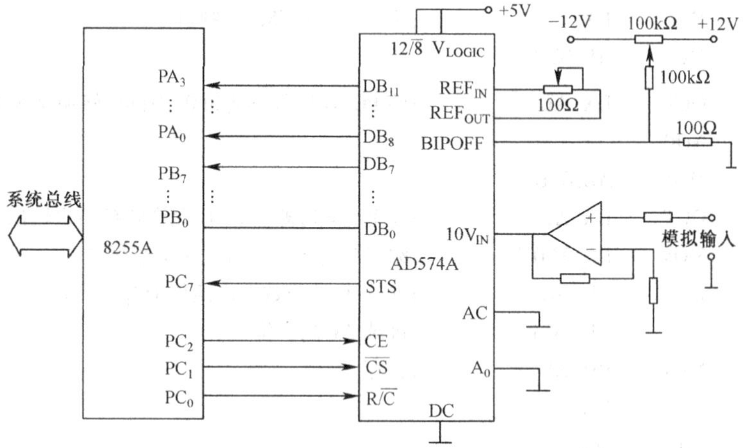

图 8-78　AD574 与 8086CPU 接口

按照图 8-78 的硬件连线，规划 8255A 端口 A 和端口 B 均工作在方式 0，端口 A、B 和 C 口上半部均为输入，端口 C 的下半部为输出。8255A 的方式选择控制字应为 9AH。设 8255A 的 4 个端口地址为 2C0H、2C2H、2C4H 和 2C6H。

控制 AD574 完成 A/D 转换的程序段如下：

```
MOV   DX,2C6H       ;DX 指向 8255A 的控制口
MOV   AL,9AH        ;8255A 方式控制字送 AL
OUT   DX,AL
MOV   AL,00H
OUT   DX,AL         ;使 PC0 =0,R/C端为低电平
NOP
MOV   AL,02H
OUT   DX,AL         ;使 PC1 =0,即CS端为 0
NOP
MOV   AL,05H
```

```
        OUT     DX,AL           ;使 PC2 =1,即 CE =1,启动 12 位转换
        NOP
        MOV     AL,03H
        OUT     DX,AL           ;使CS端为 1,启动过程结束
        NOP
        MOV     AL,01H
        OUT     DX,AL           ;使 PC0 =1,即 R/C =1,为读取转换结果做好准备
        MOV     AL,04H
        OUT     DX,AL           ;使 PC2 =0,恢复 CE 为低电平
        DEC     DX
        DEC     DX              ;DX 指向端口 C
POLL:   IN      AL,DX           ;将端口 C 的内容输入 AL
        TEST    AL,80H          ;查 STS(PC7)是否有效
        JNZ     POLL            ;STS 为高电平,表示正在进行转换,等待
        INC     DX
        INC     DX              ; DX 指向 8255A 控制口
        MOV     AL,02H
        OUT     DX,AL           ;使 PC1 =0,即CS端为 0,为读取转换结果做准备
        NOP
        MOV     AL,05H
        OUT     DX,AL           ;使 PC2 =1,即 CE =1,允许转换结果输出
        MOV     DX,2C0H         ;8255A 端口 A 地址送 DX 寄存器
        IN      AL,DX           ;取 A/D 转换数据高四位 DB11 ~ DB8
        AND     AL,0FH          ;屏蔽 AL 高 4 位
        MOV     BH,AL           ;暂存
        INC     DX
        INC     DX
        IN      AL,DX           ;从端口 B 读回 DB7 ~ DB0
        MOV     BL,AL           ;BX 中是 12 位 A/D 转换结果
        INC     DX
        INC     DX              ;DX 指向端口 C
        MOV     AL, 03H
        OUT     DX,AL           ;向端口 C 写入,使 CE =0,CS =1,R/C =1,结束操作
```

该程序采用查询方式,完成一次 12 位 A/D 转换。通过 8255A 端口 C 的各位,为 AD574 芯片提供控制信息。由 8255A 端口 A 输入高 4 位数据,端口 B 输入低 8 位数据,最后把 12 位数据放在 BX 寄存器中。程序中插入 NOP 指令是为了满足 AD574 的时序要求,在实际应用中,需要考虑 CPU 的时钟频率。

8.6 习题

1. 填空题

(1) 8255A 内部包括两组控制电路,其中 A 组控制________的工作方式和读写操作,B 组控

制________的工作方式和读写操作。

（2）8255A 的端口 A 工作于方式 2 时，使用端口 C 的________位作为与 CPU 和外部设备的联络信号。

（3）当 8255A 的端口 A 和端口 B 均工作于方式 1 输出时，端口 C 的 PC_4 和 PC_5 可以作为________使用。

（4）8255A 的端口 A 工作于方式 2 时，端口 B 可以工作于________。

（5）8255A 中，可以按位进行置位/复位的端口是________，其置位/复位操作是通过向________口地址写入________实现的。

（6）8251A 工作在同步方式时，最大波特率为________；工作在异步方式时，最大波特率为________。

（7）8251A 工作在异步方式时，每个字符的数据位长度可以是________，停止位长度可以是________。

（8）8251A 从串行输入线上接收到了一个字符后，将信号________置为有效。

（9）8251A 工作在同步方式时，同步检测引脚 SYNDET 可以作为输入或者输出信号使用。若工作在外同步方式，该引脚作为________；若工作在内同步方式，该引脚作为________。

（10）8253 工作于方式 0 下，控制信号 GATE 变为低电平后，对计数器的影响是________。

2. 已知 8255A 的端口 A、B、C 和控制口地址分别为 120H、122H、124H 和 126H，试按下列要求设计初始化程序：

（1）将端口 A 和端口 B 设置成方式 0，端口 A、端口 C 作为输出口，端口 B 作为输入口。

（2）将端口 A 设置成为方式 2，端口 B 设置成为方式 1，端口 B 作为输出口。

（3）将端口 A 和端口 B 均设置成为方式 1 的输入状态，且 PC_6、PC_7 设置成输出位。

3. 某一外部输入设备，当它准备好一个数据时，能够发出一个数据准备好的状态信号 READY（高电平有效）。当 CPU 把数据取走后，要求 CPU 通过 $\overline{ACK}$ 线向外设发一负脉冲，以便外设清除 READY 信号。试用 8255A 作为接口芯片，分别用查询和中断方式从外设读入 100 个数据，将其存入从 DAT _ BEG 开始的内存区。要求：画出 8255A 与外设之间的连线，并进行编程。

4. 试用 8255A 和 8253 芯片配合，设计一个交通信号自动控制系统。设计要求如下：

（1）在某一南北方向和东西方向的十字路口，每个方向都有红、黄、绿三色交通信号灯，如图 8-79 所示。要求信号灯按下列规则变化。

① 首先使某一方向绿灯亮，另一方向红灯亮。当出现下述情况之一时，开始变灯：其一是红灯已亮 30s；其二是红灯路口停留的车辆已达 5 辆。

② 变灯应遵循的规律：首先使绿灯闪烁 5s（注：0.5s 灭，0.5s 亮，重复 5 次），接着绿灯灭、黄灯亮，黄灯亮 5s 后，使得黄灯灭、红灯亮，紧接着使另一方向的红灯变为绿灯。在一个方向由绿灯变红灯的过程中，另一方向的红灯保持不变。

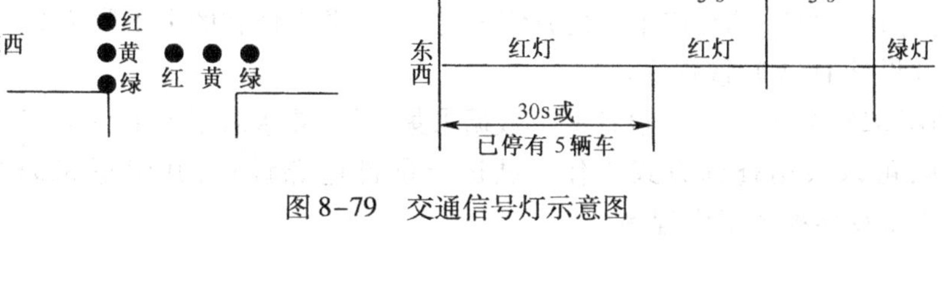

图 8-79　交通信号灯示意图

（2）画出硬件框图，编写控制程序。

提示：用 8253 来实现定时和检测车辆。用 8255A 某一端口的 6 根线控制交通灯。对于检测车辆，假设另有传感器电路进行配合，此传感器电路每当有一辆车时，会发出一个脉冲信号。

5. 图 8-80 是一个检测开关状态并控制相应继电器通断的电路。要求当开关 $S_0 \sim S_7$ 之一闭合时，使相应的继电器 $K_0 \sim K_7$ 之一吸合（也即让驱动电流流过继电器线圈）；若开关处于断开状态，则使相应的继电器释放。系统每隔 20ms 应检测一遍开关状态，并对继电器作相应控制。图中 8255A 的 4 个端口地址分别为 2C0H、2C2H、2C4H 和 2C6H。试完成：

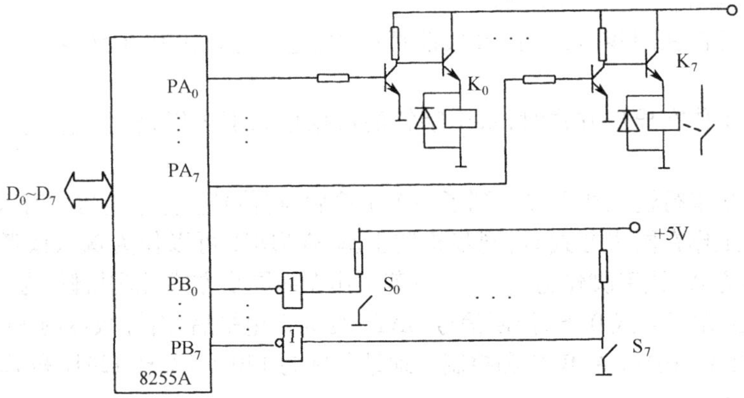

图 8-80　检测开关状态并控制继电器的电路

（1）8255A 的初始化编程（初始状态所有继电器的线圈均无电流流过）。

（2）设系统中具有一个 2MHz 的时钟信号源，另由一片 8253 来实现 20ms 的定时，每当 20ms 到时自动向 CPU 申请中断。编写中断服务程序，并在其中完成开关的检测和继电器的控制。

6. 设 8086 系统中有一片 8251A 芯片，其端口地址分别为 130H 和 132H。请按以下要求分别编出 8251A 的初始化程序：

（1）全双工异步方式通信，波特率系数为 16，每个字符数据为 7 位，偶校验，1.5 个停止位，传送过程错误不复位，且不使用调制解调器。

（2）全双工同步方式通信，每个字符数据为 8 位，不带校验，内同步，两个同步字符分别为 EFH 和 FEH。

7. 两台计算机均利用 8251A 芯片进行串行通信，通信规则：一方进行发送、另一方进行接收的半双工异步通信方式，波特率系数取 16，每个字符传送 7 位，奇校验，2 个停止位。试用查询方式实现串行通信，设计出逻辑电路图，并编写通信程序。

8. 已知某系统中 8253 的端口地址为 1E0H、1E2H、1E4H 和 1E6H，系统时钟为 2MHz。试编写 8253 的初始化程序，使其通道 0 产生周期为 1ms 的方波输出。

9. 已知某时钟信号源频率为 50kHz，试利用 8253 设计一个实时钟系统，画出硬件电路，并编程序。

10. 试利用 DAC0832 芯片产生三角波信号输出，要求三角波的上下限为 0 ~ +3V。试画出硬件电路图，并设计 D/A 转换程序。

11. 试利用 8255A、ADC0809 设计一个数据采集系统，要求对于 8 个在 0 ~5V 范围内的模拟信号进行采样，可以采用查询方式工作。试进行硬件电路设计，并编写 8255A 初始化程序、ADC0809 实现 A/D 转换的工作程序。

第9章 微机总线技术

总线是连接各部件的一组公共的信号线。利用总线可以实现微处理器与存储器、I/O接口之间、各功能电路之间和微机系统之间的通信。因此，总线技术在微型计算机技术中占有很重要的地位。

本章主要结合总线和接口的标准介绍常用的微机总线，如PC/XT总线、ISA总线、EISA总线和PCI总线等的基本概念及其应用开发，随之也对常用的接口标准如SCSI等进行介绍。最后较详细介绍目前流行的USB、IEEE1394接口标准的结构协议和应用。

9.1 微机总线与接口标准简介

本节主要介绍微机总线与接口标准的基本概念、总线的组成、总线的规范和性能指标。

9.1.1 微机总线与接口标准的基本概念

1. 微机总线的基本概念

在微机总线技术中，首先要搞清微机总线和总线标准的基本概念及其特点，分别介绍如下：

(1) 微机总线

微机总线是指连接微机各部件的一组传输信息的公共的信号线，统称为BUS。这组总线是由数据总线、地址总线、控制总线和电源线等组成。其中，数据总线用来传送数据信息，一般为双向传输；地址总线用来传送地址信息，一般为单向传输；控制总线用来传送控制信息；电源线用于连接电源。微机中利用总线把各部件连接在一起，组成一个相互传送信息并对信息加工处理的实体。

(2) 总线标准

所谓总线标准是指国际组织正式公布或推荐的应用各种不同模块组成各种计算机系统时必须遵守的规范，即计算机系统各模块之间通过微机总线连接和传输信息时，必须遵守的协议。总线标准一般从硬件和软件两个方面予以规范。硬件方面有总线的信号线定义及排序、系统结构、时钟屏蔽、仲裁及配置机构、电气规范等内容。软件方面有总线协议、驱动程序和管理程序等。

(3) 微机总线的特点

① 公用性是微机总线的最突出的特点。在微机系统内不同类型的功能模块均可挂接到总线上，并分时复用总线共享总线资源。

② 总线的信号线一般分为：数据总线(Data BUS，DB)、地址总线(Address BUS，AB)和控制总线(Control BUS，CB)。

③ 总线信号传输形式一般采用并行传输方式。

2. 微机接口的基本概念

(1) 接口

接口指的是CPU利用总线连接计算机系统各部件及外部设备的电路和为管理它们所编制的软件。

(2) 接口标准

接口标准指的是外设接口的规范和定义。其中涉及到外设接口信号线的定义及排序、传输速率、传输方向、电气和机械特性等方面内容。不同外设有不同的接口标准，只有符合该标准的外设，才能使用该接口标准。

(3) 接口标准的特点

① 专用性。一般情况下一种接口只连接一类设备，这是接口标准不同于总线标准的重要特点。

② 信号传输形式既有并行传输又有串行传输。

③ 接口标准一般实施在微机箱外以插头或插座形式提供给用户使用。

随着微机总线和计算机技术的不断发展，总线标准和接口标准的区别越来越小，目前的接口标准中也具备了微机总线的某些特点，近年来也常将它们称为总线，如新型视频接口标准 AGP 也常称为 AGP 总线，本章中把 AGP 接口标准编在总线一节中介绍，称之为 AGP 总线。

3. 微机总线与接口标准的类型

(1) 微机总线的类型

按照总线所处的位置可将微机总线分为以下 5 种类型。

① 内部总线。它是位于 CPU 的内部的总线，故称内部总线，此类总线用于连接 CPU 内部的 ALU、控制器及各种寄存器等功能模块。

② 系统总线。它主要用于 CPU、内存、I/O 接口及各插板之间连接和传输信息，是微机系统最重要的总线。

③ 元件级总线。它一般是 CPU 插件板使用的板上总线，用于芯片级的连接，实际上是 CPU 芯片引脚直接连接的信号线。

④ 局部总线。它是位于内部总线和系统总线之间的一级总线，但局部总线距离内部总线更近一些。它是目前高档计算机常采用的一种总线。局部总线的功能是使一些高速外设和内部总线直接相连，而不必像早期微机那样必须通过速度较慢的系统总线连接，解决了系统的 I/O 瓶颈问题，充分发挥了高速 CPU 的优势。目前微机系统所采用的局部总线主要是 PCI 总线。

⑤ 通信总线。它是微机之间或微机系统与通信设备之间进行信息传输的一组信号线。如微机之间采用串行通信时使用的 RS－232C/RS－485 总线。

(2) 接口标准的分类

接口标准依其所连接设备的性质和功能可分为以下 5 类：

① 串/并行接口标准。它是作为微机进行串行和并行输入/输出端口的标准，如 RS－232C/RS－485 和 IEEE1284 等。

② 外存接口标准。它是支持硬盘、光盘和磁带等存储设备的接口标准，如 IDE 和 SCSI 等。

③ 视频显示接口标准。它是支持显示的接口标准，如 3D 图形高速图形接口标准。

④ 测试仪器接口标准。它是支持和一些测试仪器仪表相连接的接口标准，如 VXI 接口标准。

⑤ 新型的通用外设接口标准。它是支持多种新型外设的通用型接口标准，如 USB。

9.1.2 微机总线的组成、总线规范和性能指标

1. 微机总线的组成

微机总线由几十乃至上百根信号线组成，按其信号类型考虑由以下 5 部分总线组成。

① 数据总线。数据总线为双向三态逻辑，用来传输数据，数据总线的宽度是总线性能优劣的

主要指标。如 PC/ST 总线为 8 位数据线,ISA 总线为 16 位数据线,PCI 总线为 32 或 64 位数据线。

② 地址总线。地址总线为单向三态逻辑,用来传送地址信息,地址线的根数决定系统的寻址范围,是微机系统规模的重要标志。如 PC/XT 总线有 20 位地址线,可直接寻址 1MB 地址空间;ISA 总线有 24 位地址,可直接寻址 16MB 地址空间;EISA 总线有 32 位地址线,可直接寻址 4GB 地址空间。

③ 控制总线。控制总线为单向、双向三态逻辑或非三态逻辑,用来传送控制信息和状态信息,控制总线反映了总线控制能力的强或弱。

④ 电源和地线。电源和地线说明了使用电源的规格。

⑤ 备用线。备用线主要作为系统功能扩充使用。

2. 总线规范及其性能指标

每一种总线都有详细的规范说明,一般包括以下内容:

① 信号功能规范。它包括信号线分类、数据传送方式及位数、控制信号的功能等。

② 电气规范。它包括驱动类型、每槽输入负载、供电电源、直流特性、交流特性等。

③ 定时规范。它包括各种操作的时间参数。

④ 机械规范。它包括插槽布置、插件板尺寸等。

在总线规范中包含了一些基本的性能指标,这些性能指标可用于总线的选用和比较。总线的基本性能大致反映在以下几个方面:

① 数据传输性能。数据传输始终是总线的基本功能,比较重要的性能参数包括传输类型(同步传输还是异步传输)、传输速率(MB/s)、数据线位数、地址线宽度等。

② 中断处理功能。几乎每种总线都支持中断功能,其关键参数是中断线数量、直接中断能力、中断类型等。

③ 多重主控功能。相当一部分总线支持多重主控。当多个主控设备同时请求总线进行信息传输时,需要总线仲裁来确定下一个使用总线的主控设备。其重要指标是总线仲裁系统构成、仲裁时间和仲裁算法等。

④ 其他实用功能。其他实用功能包括电源故障处理、总线错误检测、备用电池能力等。

3. 总线使用中的几个问题

(1) 负荷问题

在总线使用中,尤其是自行设计的插件板插入总线插槽进行工作时,除了要满足总线要求的操作逻辑外,还要考虑一些实际问题,主要是总线的直流负载和电容负载的大小,当时钟频率接近 100MHz 甚至更高时,还要考虑分布电感和电容的影响。

总线输入输出结构有集电极开路、三态门等形式,每种形式又有轻载和重载之分,每一种驱动类型都规定了直流负载的最大值,可以在总线规范中查取这些数据。负载过大,超过了规范的允许值,就会造成器件损坏。此外,总线还规定了每槽输入电容负载和总电容的额定值,每个线槽接入过多的 MOS 集成电路,会使总电容负载超过允许值,造成信号的波形上升沿和下降沿变坏,严重时会导致传输错误。

(2) 传输线效应问题

按照电路理论,传输频率较高时,信号线要用传输线的理论去分析,即产生总线的传输线效应。传输线的分布电感和电容构成传输线的特征阻抗。信号在传输线上从信号源向负载方向传送,当信号到达线路末端的负载时,往往会产生一个反射波,反射波的大小取决于传输线特征阻抗和负载阻抗不匹配的程度。反射波传到源端时由于信号源负载与传输线负载不匹配,再一次引起反射，于是信号在传输线上来回折返。当然，所有入射和反射信号也都会被传输线所消耗。传输线上的合成信号是所有入射和反射信号的瞬时和。分析证明，如果负载阻抗过大，传输信号的上下沿将变坏。负载阻抗过小，传输线的电压将以振荡形式达到渐近值，即会产生过冲。此外，当传输线长度相对于波长来说过于长的情况下，会引起数字信号出现时间上的延迟，这些都会影响到数据传输的正确性。

为了克服传输线效应，总线的长度要有所限制。时钟频率越高，总线长度就越短。

另外，可以在线路末端设法使末端阻抗与传输线阻抗相匹配，不产生反射波，也就不会引起不良后果。也可以采取源端匹配、末端开路的做法达到同样的效果。在长传输线情况下，若用缓冲器进行信号隔离，效果会更好。

9.2 微机系统总线

在不同的微型计算机中经常采用不同的总线系统，如最初准 16 位微机 IBM PC/XT 中采用的是 PC/XT 总线，386 系统板上前期采用的是 ISA 总线，后期采用的是 EISA 总线，486 主板上分别采用了 ISA 总线和 VESA 总线，Pentium 机主板上常采用 ISA 总线、PCI 总线和 AGP 总线。

下面介绍几种典型的总线。

9.2.1 PC/XT 总线

最早的准 16 位微机采用的是 PC/XT 总线，它是美国 IBM 公司于 1981 年推出的基于准 16 位 PC 机的总线系统。PC/XT 总线支持字节（8 位）数据传输和 20 位地址寻址空间。该总线把 CPU 作为总线的唯一主控设备，其余部件和外围设备均为从属关系，包括暂时掌握总线的 DMA 控制器和协处理器。

9.2.2 ISA 总线

ISA 总线是为 80286CPU 设计的，但也可用于更高档的微机。ISA 总线共有 98 条信号线。在扩展槽中，这 98 条信号线分成两段，第一段 62 条信号线可用于早期的 IBM PC/XT 系统，第二段 36 条信号线使 PC/AT 系统的寻址空间从 1MB 扩展到 16MB，并使数据线从 8 位拓宽到 16 位。分成两段的处理方法使 PC 总线具有良好的兼容性，只是在 PC/XT 系统中 62 条信号线内的部分信号线的名称与 ISA 总线略有区别。

图 9-1 为第一段 62 条信号线的排列和名称。这 62 条信号线按功能可分为 5 类。

1. 地址线 SA_0 ~ SA_{19}（共 20 条）

20 条地址线用以表示 16MB 地址空间中最低1MB 的内存地址或 I/O 地址。SA_0 为最低位，SA_{19}为最高位。用于表示 I/O 地址时，只有 SA_0 ~ SA_{15} 有效，即只有 65536 个 I/O 口可以被寻址。

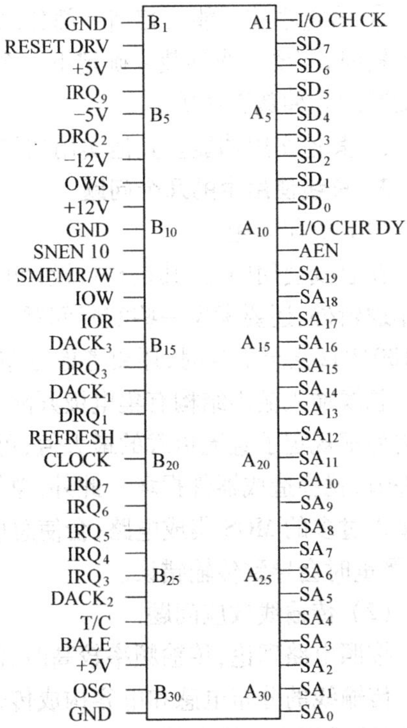

图 9-1　ISA 总线 62 线插槽

2. 数据线 $SD_0 \sim SD_7$（共 8 条）

8 条双向数据线用于在 CPU、存储器和 I/O 控制器之间传送数据。SD_0 为最低位，SD_7 为最高位，每次可传送一个低 8 位字节。

3. 控制线（共 21 条）

SMEMW 和 SMEMR 分别为内存储器写和读命令信号线，它们表达 CPU 想要对地址总线上提供的地址所指明的内存单元进行读写操作。前缀 S 可理解为 Small，即对“小”的 1MB 存储空间有效。因此，SMEMW和 SMEMR 仅在访问 16MB 地址空间中最低的 1MB 时被激活。

BALE 是总线控制器的地址锁存允许信号，用于把 CPU 给出的地址码锁存到扩展插件板上。

3 条 DMA 请求信号线 $DRQ_1 \sim DRQ_3$ 和 3 条 DMA 响应信号线 $DACK_1 \sim DACK_3$ 分别用于外围设备向 CPU 发出直接访问存储器的请求以及 CPU 对这种请求的认可。外围设备的 DMA 请求是通过 DMA 控制器向 CPU 发出的，在这 3 条请求线中，DRQ_1 级别最高，DRQ_3 级别最低。CPU 响应请求后，DMA 控制器将占用总线并进入 DMA 周期。

AEN 信号线为高电平时表示系统正处于 DMA 周期，在此期间，所有地址线、数据线、内存和 I/O 读写均受 DMA 控制器控制，而不再受 CPU 控制。

T/C 信号线可发出一个脉冲信号，表示以 DMA 方式传送数据已经达到了预定的字节数，以便结束一次 DMA 数据传送。

IOW 和 IOR 分别为 I/O 设备写和读命令信号线。

6 条中断请示信号线 $IRQ_3 \sim IRQ_7$ 和 IRQ_9 用于将 I/O 设备的中断请求信号经中断控制器传送至 CPU。在这 6 条信号线中，IRQ_3 级别最高，IRQ_9 级别最低。

OWS 信号线表示目前正处于高速存储，通知 CPU 无须插入等待周期。

REFRESH 信号线表明 CPU 对存储器刷新请求的响应。

4. 状态线（共 2 条）

I/O CH RDY 信号在正常情况下为高电平，表示 I/O 通道就绪。当低速设备开始工作时将此拉为低电平，以便在机器周期中插入称为等待状态的额外时钟周期，以同步 CPU 与低速设备之间的数据流。

I/O CH CK 信号线为 I/O 通道奇偶检查，低电平时表明外设接口或扩充存储器发现奇偶错误，将会向 CPU 发出一个不可屏蔽中断。

5. 辅助线和电源线（共 11 条）

OSC 线连接高频振荡器，频率为 14.31818MHz。

CLOCK 线是系统时钟信号线，频率为 OSC/3 =4.772727MHz。

RESET DRV 线用于重新启动系统。

电源线共有 8 条，分别为 +12V、-12V、+5V（2 条）、-5V 和地线（3 条）。

图 9-2 为第二段 36 条信号线的排列和名称。功能说明如下：

7 条地址线 $LA_{17} \sim LA_{23}$ 使 PC/AT 系统的地址线从 20 条扩展到 24 条（$LA_{17} \sim LA_{19}$ 与 62 线插槽中的 $SA_{17} \sim SA_{19}$ 是重复的）寻址空间达到 2^{24} = 16MB。

8 条双向数据线 $SD_{08} \sim SD_{15}$ 使 PC/AT 系统的数据线从

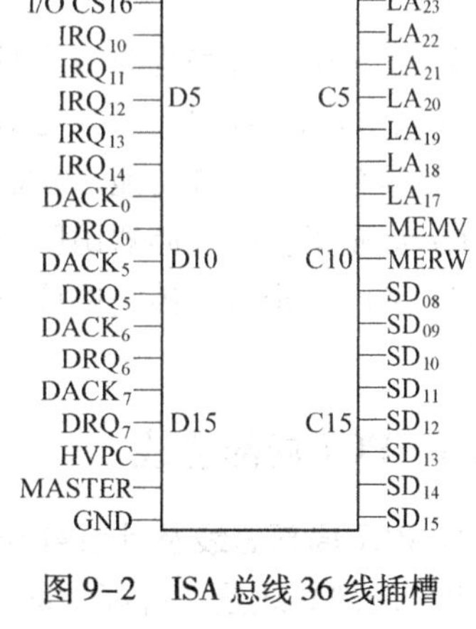

图 9-2 ISA 总线 36 线插槽

8 位扩展到 16 位。SD_{08} ~ SD_{15}用以传送高 8 位数据。

MEMR、MEMW 分别为存储器读和写命令信号线,用于访问最低 1MB 以上的存储空间。

通过把 MEM CS16 和 I/O CS16 线拉低,RAM 和 I/O 卡就可以在 16 位数据线而不是 8 位数据线上传送数据。

SBHE 为高位字节传送允许信号线。

MASTER 线允许一个有 CPU 的外设卡占用系统的地址、数据和控制线。但是这种占用不能超过 15ms,否则存储器内容会因得不到刷新而丢失。

36 线插槽中增加了 4 条 DMA 请求和 4 条 DMA 响应信号线,5 条中断信号线。另外,还增设了一条 +5V 电源线和一条地线。

9.2.3 EISA 总线

扩展工业标准结构(Extended Industrial Standard Architecture,EISA)总线是由 COMPAQ 等兼容机厂商联合于 1989 年推出的一种与 IBM 的 MCA 相抗衡的总线。EISA 总线是对 ISA 总线的扩展,除了保留符合 ISA 标准的 98 个引脚外,又增加了 90 个引脚,这 90 个引脚包括 16 条数据线、27 条地址线、12 条控制线、26 条电源线和地线、5 条保留线和 4 条系统制造商专用线。

EISA 总线的插槽与 ISA 卡完全兼容。EISA 总线插件板由上下两部分组成,上部是与 ISA 总线相同的 98 个引脚,下部是 EISA 特有的 90 个引脚。EISA 总线插槽的下半部有几个凸起的键,当 ISA 卡插入时,这几个键阻止它插入槽的下半部,因此它只与上半部分的 ISA 信号相连。而当 EISA 卡插入时,对应这几个键的位置留有开口,使卡可以深插下去与下半部的 EISA 信号相连。

EISA 总线相对 ISA 总线有如下特点:

1) 地址总线扩充到 32 位,意味着 EISA 系统所提供的存储容量已不再受系统体系结构的制约而能够操作 80x86 的整个存储器空间。

2) 32 位数据总线大大提高了数据传输能力,保证了系统性能的提高,使最大数据传输速率达 33MB/s。

3) 支持多主控总线功能,使普通微机的单处理器工作方式升格为多处理器工作状态。总线主控是指一种设备,它可以通过总线仲裁器申请控制总线,从而可以独立于 CPU,用 EISA 控制信号操作总线。多主控总线能支持智能型复杂外设所组成的总线主控体系结构,构成功能强大的系统。

4) 任一中断可编程为边缘触发或电平触发。边缘触发方式可以与 ISA 设备原有的中断驱动方式完全兼容,而电平触发方式可以使多个设备共享中断请求信号线。

5) 具有自动配置功能,可根据配置文件自动初始化,配置系统板和多扩展卡。

6) 扩充了直接存储器访问(DMA)的范围,提高了 DMA 传送速度。

7) 采用同步数据传送协议,可支持常规的一次传送,也可支持突发(Burst)方式即高速分组传送。

9.2.4 PCI 局部总线

1. PCI 局部总线及其系统结构

PCI 局部总线是一种高性能、32 位或 64 位地址数据线复用的总线。它的用途是在高度集成的外设控制器器件、扩展和处理器/存储器系统之间提供一种内部连接机制。

采用局部总线的原因是 Windows 等面向图形的操作系统使得标准 PC 的 I/O 结构在处理器和显示外设之间产生了数据瓶颈。使用了局部总线后，不仅解决了这个问题，还使其他许多性能也得到了提高。为了简化设计成本，并增加局部总线及扩展卡的选择余地，建立一种局部总线标准是很有必要的。

图 9-3 是一种典型的 PCI 局部总线系统结构。处理器、高速缓存和存储器子系统通过桥路与 PCI 局部总线相连，该桥路提供一条低时间延迟的通道，通过它，处理器能直接操作任何映射到存储器或 I/O 地址空间的设备。它还提供了一条高带宽通道，使 PCI 总线主控能直接操作主存储器。在不要求扩展能力时，PCI 联结器是一种微通道类型的联结器。同一块 PCI 扩展卡能应用在基于 ISA、EISA 和 MCA 的系统中。为提供一种从 5V 到 3.3V 器件的快速简捷的转换技术，PCI 规定了两种扩展卡联结器，一个给 5V 信号环境，另一个给 3.3V 信号环境。为实现电压平稳过渡，规定了 3 种电气类型的扩展卡，一种是仅能插入 5V 联结器的 5V 卡，一种仅用于 3.3V 联结器的 3.3V 卡，另一种是可用于 5V 和 3.3V 联结器的通用卡。

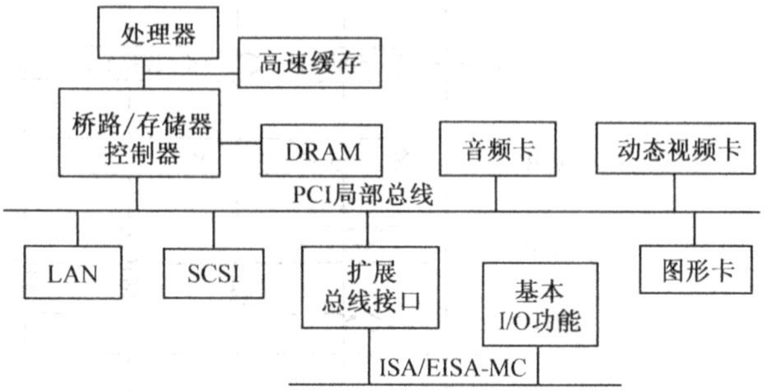

图 9-3　PCI 系统框图

2. PCI 局部总线信号线

为了能实现寻址、数据处理、接口控制和总线仲裁等功能，PCI 接口要求作为目标的设备至少有 47 条引脚，作为总线主控的设备至少有 49 条引脚。图 9-4 是按功能分类的 PCI 引脚，必要的引脚在左边，任选的引脚在右边。左边的引脚总共为 49 条，其中属于仲裁功能的两条信号线只是作为总线主控的设备才需要。图中的信号方向是针对总线主控/目标组合设备而言的。

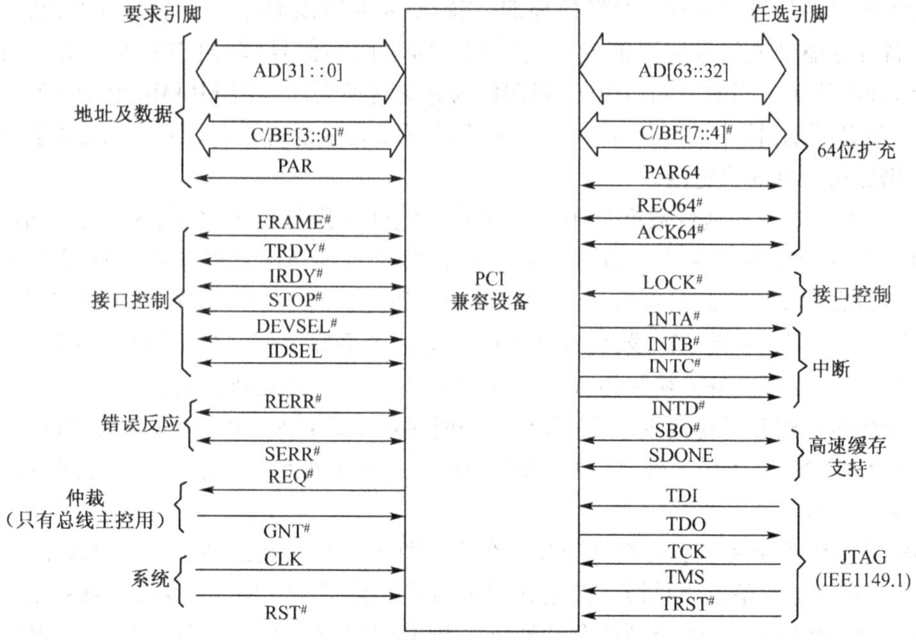

图 9-4　PCI 引脚

下面结合 PCI 总线的信号传送过程介绍一部分信号线的功能。图 9-5 是 PCI 总线的基本读操作。

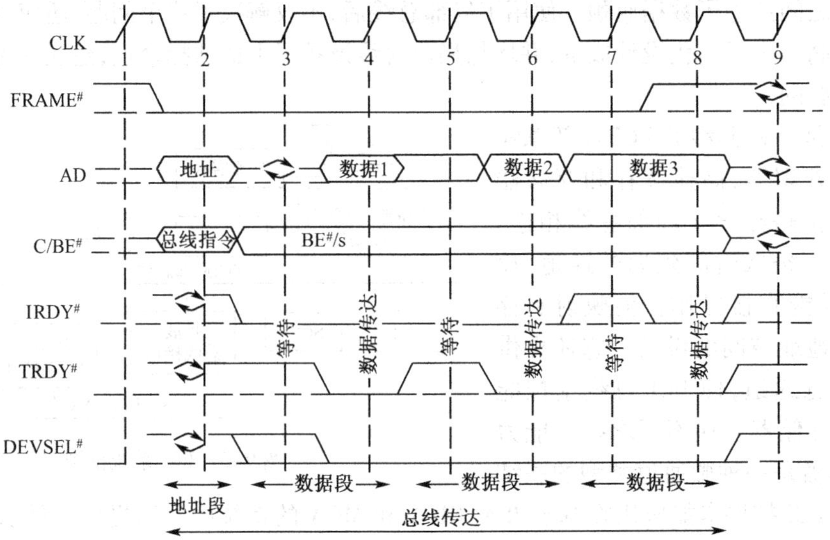

图 9-5　PCI 总线的基本操作

CLK 是时钟信号线，为 PCI 的所有信号传送提供时序，其他大多数信号都在 CLK 的上升沿采样，所有别的时间参数都是基于这个上升沿而定义的。PCI 操作频率最高可达 33MHz，此时一个时钟脉冲的周期是 0.03μs。

FRAME#信号指示总线操作的起始与终止。信号名后的"#"标志说明该信号为低电平有效。FRAME 信号由当前总线主控设备发往目标设备。该信号转为低电平，表明总线传送开始。当该信号升至高电平，表明当前是最后一个数据传送期。图中的双箭头表示一个转换周期。由一个以上的设备驱动的信号必须有一个转换周期，该转换周期用以避免在一个设备停止驱动信号而另一个设备开始驱动该信号时可能发生的冲突。对不同的信号，转换周期发生的时间不一样。FRAME 信号用传送之间的空闲(IDLE)周期作为它的转换周期。当 FRAME 和 IRDY 均无效时，便是一个 IDLE 周期(图中的时钟 9)。双箭头后的虚线表示没有设备驱动，虚线处于高电平，表示假定它仍保持原有的稳定值。

AD 信号是三态双向地址数据复用线。起始虚线处于高低电平之间，说明三态信号是不确定值。FRAME 有效后的第一个周期(时钟 2)是地址期，此时 AD 引脚包括一个 32 位有效地址，由总线主控设备驱动。在地址期和随后的数据期之间应该有一个转换周期，因此在时钟 2 有效后，总线主控设备停止驱动 AD 线，此时 AD 信号又处于不确定值。当 DEVSEL#有效时，在转换周期(时钟 3)后，目标设备必须驱动 AD 线，而目标可以提供有效数据的最早时钟是时钟 4。数据期可以由数据传送和等待周期组成，若在同一时钟沿 IRDY#和 TRDY#都有效，数据就传送，若 IRDY#和 TRDY#中有一个为无效，就插入等待周期。在时钟 4、6、8 数据成功地传送；在时钟 3、5、7 插入了等待周期。

C/BE#是总线指令和字节有效复用线。在地址期，C/BE#传送总线指令。总线指令由总线主控设备发出，对目标设备说明总线主控正在请示的传送类型。C/BE#信号线共有 4 条，可以表示 16 种传送类型，例如设总线指令为"存储器读"，则 C/BE#[3..0]上的信号电平为 0110，此时表明总线主控想要从一个映射于存储器地址空间的由 AD 线所给定的单元中读取数据。在数据期,C/BE#指明32位数据中哪个字节通道传输的数据是有效的,AD线上则传送数据。C/BE#[3]信号线对应于字节3,而C/BE#[0]信号线对应于字节0,信号线上的电平“0”有效,“1”为无效。因此同样的0110电平,在数据期表示字节3和0有效。即使是无效字节的AD线也应驱动到稳定值,因为在所有的字节上都必须进行奇偶校验。

IRDY#信号表示主控设备已准备好进行传送。当FRAME#和IRDY#均无效时,接口处于IDLE状态。FRAME#有效后的第一个周期是地址期,此时IRDY#处于转换周期。地址期后总线主控驱动IRDY#有效,表明总线主控已准备好接收数据。数据传送期间IRDY#无效能产生等待周期。当FRAME#和IRDY#都无效时,所有传送都停止。

TRDY#信号表示目标设备已准备好进行数据传输。地址期也是该信号的转换周期。TRDY#有效说明AD上已有有效数据。只有当IRDY#和TRDY#都有效时才能完成数据传送。TRDY#无效也能产生等待周期。

DEVSEL#信号表示目标设备已被选中。作为输出信号可以由被选中的目标设备发出,也可以作为输入信号表明在总线上的某个设备已被选中。只有DEVSEL#有效,才能驱动TRDY#。

下面简要说明其他必要的引脚信号:

PAR是奇偶校验信号线。AD线和C/BE#线的数据校验采用偶校验。在地址期后一个时钟,PAR稳定有效。对数据期,在写传送中,PAR在TRDY#有效后一个时钟稳定有效;在读传送中,PAR在TRDY#有效后一个时钟稳定有效。一旦PAR有效,它必须保持有效直到当前数据期后一个时钟,因此PAR与AD有相同的时序,但延迟一个时钟。在地址期和写数据期,总线主控驱动PAR,在读数据期,由目标设备驱动PAR。

STOP#信号表明当前目标设备要求主控设备停止数据传送。从前面的介绍中可知由总线主控引起的传送终止机制分为两步,首先是FRAME#无效时IRDY#有效,表明最后一个数据期正在进行,此时IRDY#和TRDY#都有效,然后当FRAME#和TRDY#都无效时传送终止。这是总线主控已完成它想要进行的传送所引起的终止,是总线主控终止PCI传送的最常见原因。目标启动的终止使用STOP#信号,STOP#信号一旦发出就一直保持到FRAME#无效为止。引起目标启动终止的原因有两种,一种是目标设备因死锁等原因无法传送或接收数据而要求终止,另一种是目标设备在数据传送过程中无法在规定时间内作出应答而要求终止。

IDSEL是设备初始化选择信号。在读写配置空间时用作片选信号(配置空间的概念将在后面说明)。

PERR#是奇偶校验错误信号。当检测出数据奇偶错误时,在数据期结束后两个时钟,由数据接收设备发出PERR#有效信号,并至少持续一个时钟周期。

SERR#为系统错误信号,用于反馈地址奇偶错误等将引起重大事故的致命性错误。

REQ#是由总线主控向仲裁器发出的申请信号,表示该设备要使用总线。

GNT#是仲裁器向总线主控发出的允许信号,表示上述申请已被允许。

RST#是复位信号。在该信号有效期间,所有PCI信号必须被驱动到它们的起始状态。

上面已说明了全部必要的引脚信号,任选引脚信号不再加以说明。

3. PCI局部总线的主要特点

PCI总线有很多特点,这里对其中的一部分加以说明。

(1) PCI总线宽度能从32位扩展到64位

PCI支持需要64位数据通道的设备。64位需要增加39条引脚,即图9-4中右边的AD[63::32]、C/BE[7::4]#、PAR64、REQ64#和ACK64#。以64位读操作为例,总线主控通过使REQ64#有效

(波形与 FRAME#一样)来要求一次 64 位读操作,目标通过使 ACK64#有效(波形与 FRAME#一样)来应答该要求。在地址期,AD[63::32]没有实质性内涵,但在 64 位数据期含有有效数据。C/BE[7::4]#在地址期也没有实质性内涵,但在数据期含有高 4 字节有效信号。

(2) PCI 支持无限读写突发方式

PCI 的基本总线传送是突发传送。一个突发传送由一个地址期和多个数据期组成,理论上数据期可以有无限多个。只要 IRDY#和 TRDY#有效,总线主控和目标之间每个时钟沿都在传送数据。突发传送是由总线指令决定的。

(3) 允许 PCI 局部总线扩展卡和器件的自动配置

PCI 规范定义了 3 种物理地址空间:存储器地址空间、I/O 地址空间和配置地址空间。配置空间是 PCI 局部总线和其他总线的最大区别之一,它用于扩展卡和器件的自动配置。某些总线的扩展卡往往需要设置开关和跳线,而 PCI 总线扩展卡插入系统就能使用,实现了"即插即用"。关于配置空间,下面还将专门介绍。

(4) 定义了 5V 和 3.3V 两种信号环境

考虑到节能的绿色计算机的要求,也为 PCI 总线用于便携机开辟道路,PCI 总线为支持3.3V 电压而定义了 5V 和 3.3V 两种信号环境。为了使这两种信号环境可以很容易地转换,PCI 定义了两种扩展卡联结器,一种是 5V 联结器,一种是 3.3V 联结器,分别提供两种信号环境;同时又定义了 3 种扩展卡,如图 9-6 所示,一种是 5V 卡,卡上的 I/O 缓存由 5V 电源供电;一种是 3.3V 卡,I/O 缓存由 3.3V 电源供电;第三种是双电压信号卡,称之为通用卡。最好使用双电压缓存器,即接到任一电源线都能工作。母板定义了总线信号环境,通用卡能检测到本卡使用在什么信号环境中,并调整自己来适应这个环境。实现从 5V 过渡到 3.3V 的最好办法是将 5V 器件技术移入 3.3V 信号环境,也就是将 5V 卡尽快转换成通用卡,并尽快使更多的新 PCI 系统使用 3.3V 信号环境。

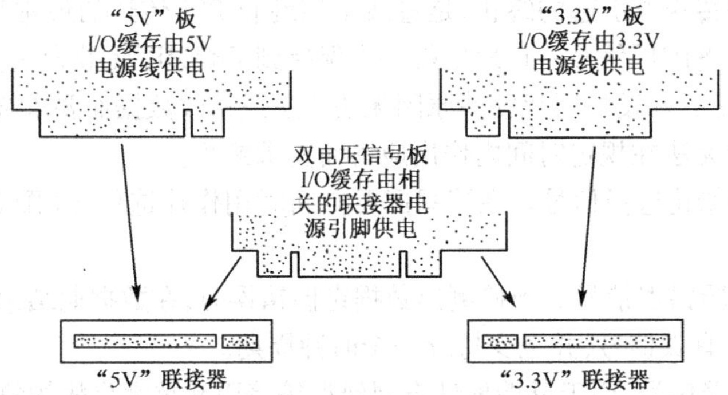

图 9-6 PCI 卡联结器

PCI 局部总线还有很多其他的优点,如多路复用结构减少了 PCI 器件的引脚数目,从而也缩小了联结器和扩展卡的尺寸;总线独立于处理器,使 PCI 支持多种系列的处理器,也可适用于未来的处理器等,这些优点不再详细列举。

4. PCI 设备的配置空间

为了实现自动配置,PCI 总线规范要求每个 PCI 设备都要有 256B 的空间来存放设备说明等配置信息。当 PCI 扩展卡插入系统时,系统能根据配置空间的信息自动为扩展卡及设备分配存储地址、端口地址和中断线等。

配置空间分成预定首区和设备关联区。预定首区占64B,对这个区域,各PCI设备必须服从统一的数据结构,其余192B由设备规定。图9-7是首区布置图,适用于“首区类型”为00H的情况。

31	16	15	10	
设备标设符		销售商标识符		00H
状态		指令		04H
类别码			版本标识符	08H
BIST	首区类型	延迟计时器	高速缓存线范围	0CH
				10H
				14H
				18H
基本地址寄存器				1CH
				20H
				24H
保留				28H
保留				2CH
扩展ROM基地址				30H
保留				34H
保留				38H
Max-Lat	Mn-Gnt	中断引脚	中断线	3CH

图9-7　PCI设备配置空间首区布置图

销售商标识符是一个由微机工业界成员组成的联盟分配的,设备标识符和版本标识符由销售商分配。类别码寄存器的编码值指明设备的基本类别,例如02H表示网络控制器,03H表示显示控制器,04H表示多媒体设备等。每个基本类别下还有子类别,例如网络控制器下的子类别代表以太网控制器,01H代表令牌环控制器;显示控制器下的00H子类别代表VGA兼容控制器,01H代表XGA控制器;多媒体设备下的00H子类别代表视频,01H代表音频等。

指令寄存器的每一不同的位代表不同的含义,如第0位的值表示该设备是否使用I/O空间,第1位表示该设备是否使用存储空间,第2位表示该设备能否作为总线主控设备等。状态寄存器的不同位表示某些出错状态,如第15位为1表示该设备检测到一个奇偶错误。一些寄存器的含义不再一一说明。

9.2.5　AGP总线

加速图形端口(Accelerated Graphics Port,AGP)总线是由AGP执行者论坛于1996年8月提出的一种新型视频接口标准,它是专门为3D加速而设置的加速图形接口,其技术支持3D图形数据跨过PCI总线,把主存和显存连接起来,解决了PCI总线设计中对于超高速系统的瓶颈问题。美国Intel公司把AGP技术用于Pentium系列高档的处理器平台上。

严格地讲,AGP不能称作总线,而是一种接口标准,原因在于它是一种点对点连接的端口,除了图形控制器专用外,暂时还不能被别的设备使用,人们习惯上称它为AGP总线,因为它有与ISA总线和PCI总线相似的插槽等总线特征。

1. AGP的总线系统和特点

AGP总线在系统主存与显存之间提供了一条通道,使3D图形数据不通过PCI总线,由主存直接送入显存,这样就解决了PCI总线形成的系统瓶颈。其优点在于以相对低的价格达到高性能3D图形的描绘功能。AGP总线的系统结构如图9-8所示。

AGP的设计目的是对PCI总线的增强和扩充,实现高性能的3D图像处理。AGP总线是在66.6MHz的PCI Reversion 2.1规范的基础上进行扩充而形成的,其主要性能特点如下:

1) 采用双泵(双时钟)技术。利用66.6MHz的时钟信号上升沿和下降沿可以同时存取数据,相当于使工作时钟频率提高为原来的两倍,即达到133MHz。

2) AGP允许图形控制器直接访问系统主内存,因此AGP可直接对系统主存中的图像进行处理,其优点可减少主内存和图形控制器之间的数据传输量,从而加快数据传输速度。

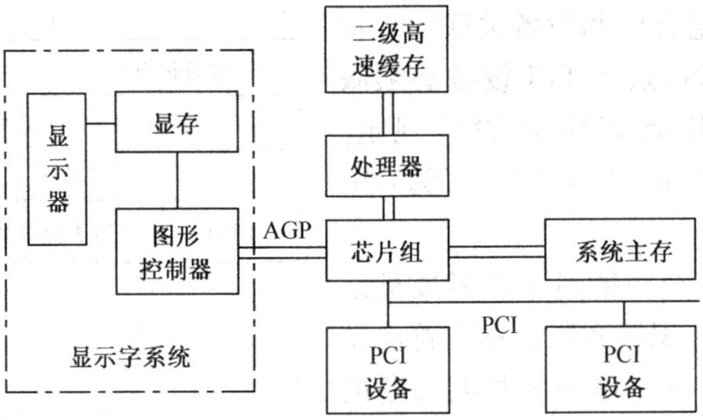

图 9-8　AGP 总线的系统结构图

3）采用流水线技术进行内存读写，减少了总线阻塞，提高了图形处理效率。

4）采用多路信号分离技术，把总线上的地址信号与数据信号分离，通过使用边带寻址（Side Band Address，SBA）总线来提高随机内存的访问速度。

5）采用 DIME 技术，AGP 将纹理数据置于帧缓冲区之外的系统主内存，从而让出帧缓冲区和带宽供其他功能使用，以获得更高的屏幕分辨率，或者允许 Z 缓冲产生更大的屏幕面积。

2. AGP 的工作模式

AGP 支持 3 种工作模式，即 ×1、×2 和 ×4 模式。这 3 种工作模式随着 × 号后边系数的增加，图形性能依次提高，目前微机 BIOS 中一般都采用 ×4 模式。AGP 工作模式的性能如表 9-1 所示。

表 9-1　AGP 的工作模式的性能

模　式	工作频率/MHz	数据传输率/（MB/s）	传输触发方式
×1	66	266	上升沿
×2	133	532	上升沿和下降沿
×4	1064	1064	上升沿和下降沿

3. AGP 与 PCI 的比较

采用 AGP 的目的是为了解决 PCI 总线形成的系统瓶颈，不是用 AGP 去取代 PCI。它既具有 PCI 的一些特性又有一些超过 PCI 的性能，在表 9-2 中列出了 AGP 和 PCI 两者的主要性能和指标，供读者参考。

表 9-2　AGP 和 PCI 的主要性能指标比较

性能指标	PCI	AGP
传输方式	同步	同步
数据优先存取	不支持	支持
总线时钟/MHz	33	66
带宽/（MB/s）	133	533
插槽	最多 5 个	1 个
信号线数	49	65

9.3 微机常用接口标准

微机常用的接口标准有 ATA 接口标准、SCSI 接口标准、USB 接口标准、IEEE 1394 接口标准和 VXI 接口标准

9.3.1 ATA 接口标准

ATA(AT - Attachment)中文的含义为 AT 嵌入式。国内有的文献中把 ATA 接口标准亦称 IDE(Integrated Device Electronics,集成设备电子部件)接口标准。最初它是由 Compag 公司和 Western Digital 公司合作推出的作为硬盘控制器特定接口标准。该接口把早期的硬盘接口中的控制器部分设置到驱动器中,故在硬盘适配卡中减少了控制器部分,大大简化了硬盘适配器逻辑电路。驱动器中借助于控制器逻辑可采用不同编码方式和定位方式,大幅度提高了磁道密度和位密度,从而大大增加了磁盘存储空间的容量。控制器设置到驱动器中解决了驱动器和控制器之间的数据丢失问题,增强了数据传输的可靠性且提高了数据传输速率。

随着硬盘速度不断提高、容量不断增大的硬件环境的出现,硬盘驱动器生产厂商组织以 SFF (Small Form Factor)的名义,于 1993 年在 ATA 标准的基础上推出一个增强型 ATA 标准,称之为 ATA -2 标准(亦称 EIDE 标准),不仅性能有了较大提高,而且 ATA -2 接口可集成在主板上,不必再单独配置适配卡,增加了系统的可靠性。随着计算机技术的飞跃发展,其后又推出了 ATA -3、ATA -4、ATA -5、ATA -6 和 SERIAL ATA 等 ATA 高新技术标准。

下面把 ATA 接口标准的几个突出问题表述如下:

1) ATA标准仅是一个硬盘标准,故其只支持硬盘。伴随接口技术的不断发展,之后推出的版本支持外存的范围不断扩大,如 ATA -2 标准支持符合 ATAPI(AT Attachment Packet Interface)接口标准的硬盘、磁带驱动器乃至 CD - ROM 驱动器等。

2) ATA 标准提供了一个和主板连接器插口相接的 ATA 插座,最多只能挂两个硬盘。ATA -2能提供两个接口插座,可连接 4 个符合 ATAPI 接口的设备。

3) ATA 标准最多允许硬盘的磁头数为 16 个,这样就限定了硬盘最大容量为 528MB。作为其后继标准 ATA -2 支持大容量硬盘、磁带机等,其中硬盘最大容量达 8. 4GB。

4) ATA 标准中的 DMA 方式是一种可选方式,一般很少使用,它支持 PIO0、PIO1、PIO2 三种 PIO 方式传送数据。该标准采用的 3 种 PIO 方式的最小总线周期分别为 600ns、383ns、240ns。ATA -2 标准增加了 PIO3 和 PIO4 两种新 PIO 方式传送数据,总线周期分别为 180ns 和 120ns。ATA -2 标准中 DMA 方式得到充分利用,DMA 方式分别为单字 DMA 方式和多字 DMA 方式,前者每次 DMA 请求得到响应后仅传送一个 16 位字信息,后者只要 DMA 请求信号不降下可以连续传送 16 位字,直到请求信号降下时,停止传送。

5) 继 ATA、ATA -2 推出后,又推出一些功能更强的新型 ATA 类接口标准,如 ATA -3、ATA -4、ATA -5、ATA -6 等标准。其中 ATA -3 只是对可靠性、安全性和电源管理等提出新的规范,并未定义任何新的操作方式,ATA -4 标准把 ATA -2、ATA -3 和 ATAPI 等标准集成,支持更高速的传送方式。

表 9-3 列出了各种 ATA 类标准的数据传输方式和性能。

表 9-3 ATA 类标准的数据传输方式和性能

传 输 方 式	最小总线周期/ns	数据传输速率/(MB/s)	标 准
PIO0	600	3.3	ATA/IDE
PIO1	383	5.2	ATA/IDE
PIO2	240	8.3	ATA/IDE
PIO3	180	11.1	ATA-2/EIDE
PIO4	120	16.6	ATA-2/EIDE
单字 DMA0	960	2.1	ATA-2/EIDE
单字 DMA1	480	4.2	ATA-2/EIDE
单字 DMA2	240	8.3	ATA-2/EIDE
多字 DMA0	480	4.2	ATA-2/EIDE
多字 DMA1	150	13.3	ATA-2/EIDE
多字 DMA2	120	16.6	ATA-2/EIDE

9.3.2 SCSI 接口标准

SCSI(Small Computer System Interface)是小型计算机接口的简称。它是由 Novell 公司于 1984 年最先推出的一种接口标准,1986 年成为 ANSI 标准,之后为提高数据传输率和改善接口兼容性,ANSI 又相继推出 SCSI-2 和 SCSI-3 标准。

最初,作为一种双向并行接口总线,SCSI 在试图连接面向字节的块存储设备时逐步发展起来。早期的 SCSI 标准规定系统可以通过 1 字节宽并带有奇偶校验的数据总线和一组 9 线控制总线,设计了可以和 8 个设备实现连接的接口,用于连接硬盘、磁带或几台微机,从某种意义上讲它就像一个小型高性能网络。随着新型 SCSI 接口标准的推出,SCSI 还广泛应用于光盘、CD-ROM、扫描仪和打印机等设备。SCSI 作为一个高速智能接口在数据采集、图像处理、文件服务器和实施控制等领域发挥了很大作用。

1. SCSI 系统结构

SCSI 的系统结构如图 9-9 所示。SCSI 系统可以只有一个主机、一个主机适配器和一个外设控制器,也可以有多个主机以及多个主机适配器和外设控制器。主机适配器和外设控制器统称为 SCSI 设备。如果采用 8 位数据总线,一个主机最多可带 8 个 SCSI 设备,这是由总线仲裁方式决定的。如果采用 16 位或 32 位总线,则能带的 SCSI 设备可以更多一些。每个外设控制器可以带一个或多个外设。每台 SCSI 都有自己的识别号 ID,每台外设也都有自己的识别号 LUN,都从 0 开始编号。

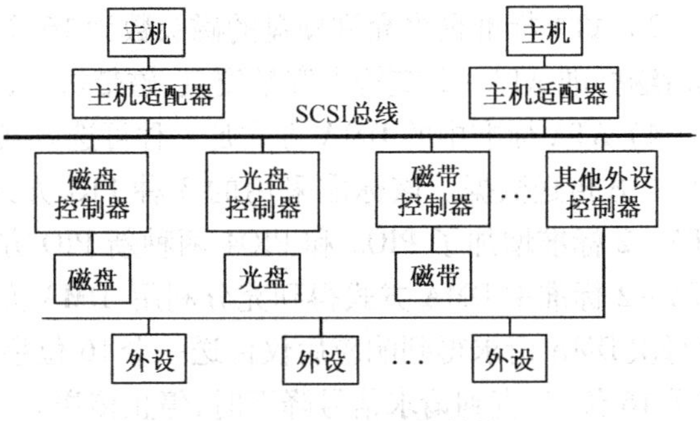

图 9-9 SCSI 系统结构

主机和主机适配器之间是系统总线,主机适配器和外设控制器之间是 SCSI 总线,外设控制器和外设之间是设备总线。这样的系统构成使得 SCSI 总线并不直接与外设接口,不需要按照具体外设的物理性能给予特有的处理,而是只需要一组通用的高级命令通过外设控制器控制各种外设，从而使 SCSI 总线具有很好的通用性。

2. SCSI 总线信号

这里以 8 位数据 SCSI 总线、单端方式传输信号为例，介绍一下 SCSI 总线信号线。传输线是一根 50 芯电缆，接口信号如图 9-10 所示。

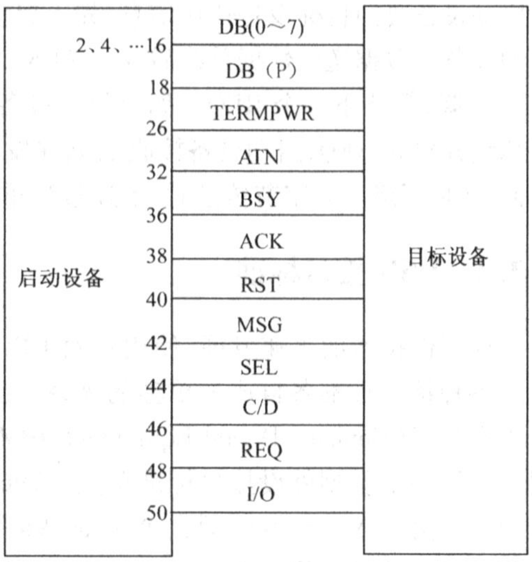

图 9-10　SCSI 总线信号

- DB(0 ~ 7)：8 位数据总线。
- DB(P)：奇偶校验位。
- TERMPWR：终端电源(Terminator Power)，是 SCSI 设备的片外电源供电电路接入线。
- ATN：注意(Attention)，这是主设备发出的有信息要传送的信号，希望引起目标设备的注意。
- BSY：该信号为真，表明 SCSI 设备处于"忙"(Busy)状态。
- ACK：启动设备对目标设备的应答(Acknowledge)信号。
- RST：要求总线上所有设备复位。
- MSG：在消息(Message)阶段由目标设备置为真。
- SEL：选择(Select)信号，启动设备选择目标设备或目标设备选择启动设备。
- C/D：表明数据总线所送信息的类型(Control/Data)。
- REQ：目标设备向启动设备发出数据传送请求(Request)。
- I/O：表明数据传送的方向，也用以区分选择阶段和重选阶段。

其余信号线用作接地线和保留线。

3. SCSI 总线操作

SCSI 总线操作分为 8 个阶段：总线空闲阶段、仲裁阶段、选择阶段、重选阶段、命令阶段、数据阶段、状态阶段和消息阶段。

1）总线空闲阶段表明总线未被使用。任何其他阶段执行结束后都可以进入这个阶段，系统复位后也进入这个阶段。

2）仲裁阶段是多主机多设备情况下的总线竞争阶段，由空闲阶段进入。总线仲裁方法是各个要求使用总线的设备将自己的 ID 设备号交给总线，ID 最大即优先级最高的设备获得总线使用权，其余设备退出仲裁。

3）仲裁结束后即进入选择阶段，由赢得总线的启动设备选择目标设备，方法是输出自己的 ID 号和要选目标设备的 ID 号，选中的目标设备作出应答，启动设备确认后结束选择。

4）重选阶段是目标设备由于某种原因中断总线占用一段时间后，为了继续进行被中断的 I/O 进程，重新占用总线，而再次参加仲裁，赢得总线后用 ID 号选择启动设备的阶段。

5）命令、数据、状态、消息阶段称为信息传送阶段，由选择/重选阶段进入。命令阶段是目标设备从启动设备取指令的阶段；数据阶段是数据输出输入阶段；状态阶段是目标设备通知启动设备执行结果的阶段；消息阶段是诸如断开消息、保存数据指针消息等其他信息的输入/输出阶段。启动设备与目标设备之间的信息交换过程是这样实现的：由 MSG、C/D 和 I/O 三个信号的组合确定数据传送类型，即区分命令、数据、状态、消息各个阶段，并由 I/O 信号决定信息传送方向，

I/O为真时由目标设备向启动设备传送，为伪时则反之。传送信息由 REQ 请求，ACK 应答。如果启动设备要向目标设备传送信息，先由启动设备置 ATN 为真，目标设备接到信号后建立 REQ，启动设备将数据送至数据总线后建立 ACK，目标设备读入数据并使 REQ 下降，然后启动设备使 ACK 下降，等待下一个 REQ。如果目标设备要向启动设备传送数据，由目标设备把数据送至数据总线并建立 REQ，启动设备接收数据并发出 ACK，目标设备收到后使 REQ 下降，然后启动设备使 ACK 下降。多字节传送时，上述过程重复进行。

9.3.3 USB 接口标准

计算机技术的飞速发展，使用户对 CPU 和外设连接的接口标准提出了通用的要求，用于解决各种接口标准各自成为单独的体系、互不兼容，不能共享的问题。在这种需求下，1994 年由 7 家公司（Compag、Digital Equipment、IBM、Intel、Microsoft、NEC 和 Notrhern Telcom）联合开发制定了第一个新型外设接口标准草案，1996 年公布了 USB1.0 版本，之后又制定了 USB1.1 版本、2.0 版本。Microsoft 公司在 Windows98 版本操作系统中编入了对 USB 接口的支持软件后，目前的微型计算机均设置了 USB 接口，因使用方便，USB 接口标准已经成为最流行的通用型接口标准。

USB（Universal Serial Bus）是一个通用串行总线接口标准，之所以受到用户欢迎，其一，也是最重要一点是它的通用性。USB 用一种通用的连接器连接多种类型的外设，其通用连接器为 4 针插头，替代了形形色色的串/并接口。其二，USB 支持热插拔连接、即插即用，USB 能自动识别 USB 系统设备的接入或断开，方便了用户操作。其三，USB 接口具备较快的传输速度。USB1.0 分别提供了 1.5 MB/s 的 USB 低速和 12 MB/s 的 USB 全速，后者比普通串口要快 100 倍。USB2.0 版本在 USB1.0 的基础上又提高了 USB 的传输速度，其速度达 480 MB/s。其四，USB 能提供 +5 V、500 mA 的电源，供低功率 USB 设备使用。其五，USB 采用星形层次结构和 Hub 技术，允许一个主控机连接多达 127 个外设。下面分部分较详细地介绍一下 USB 总线接口。

1. USB 总线接口性能介绍

（1）接口信号线

USB 接口标准包含 4 条信号线，分别用于传送信号和提供电源。其中：

- D + 和 D - 为信号线（由一对双绞线组成）。
- V_{BUS}和 GND 为电源线。

（2）电器标准

USB 设备有两种供电方式，分别为总线供给方式和自给方式。总线供给方式中，USB 依靠 USB 主机或根 Hub 提供的电压为 5V、最大电流为 500mA 的电源为 USB 设备供电。自给方式由 USB 设备自带电源解决供电。

USB 采用了 APM（Advanced Power Management）技术。USB 通过与主机电源管理系统交互处理各种电源事件。当某 USB 设备不用时，电源管理系统将其置为挂起状态，一旦有数据传输时，再唤醒设备，动态的电源管理有效地节省了系统能源。

（3）USB 设备的几个概念

① USB 设备（USB device）。USB 设备包括 Hub 设备和功能设备两部分。Hub 设备就是集线器，其功能为完成 USB 设备的增、减、插拔检测和电源管理等。功能设备为一些在线电路组成的完成某项具体功能的硬件设备，负责在总线上发送和接收数据或控制信息。

② 端点(endpoint)。端点是USB设备内部的独立寄存器端口,USB设备驱动程序可以直接对这些寄存器端口进行操作,每个寄存器端口都有一个端点号供USB驱动程序寻址。为了有条不紊地工作,每个USB外设需要分配一个逻辑地址。主机软件就是通过对端点号和设备地址与每个端点通信。需要提出的是,尽管一个USB设备可以有多个端点,但每个USB设备必须有一个端点零(端点号为零的端点)负责设置和实施控制类型信号的传输。USB系统软件通过端点零可读取USB设备的描述寄存器内容,这些寄存器提供了识别设备的必需信息,如端点数目及操作性质。

③ 管道(pipe)。管道是用来描述USB中信息传输的通道,它是一个逻辑概念。USB中的信息传送发生在主机软件和USB设备端点之间,故人们把主机软件和主机到USB设备端点之间的通路统称为管道。简单地讲,USB设备有多少个支持数据传送的端点,也就有多少个管道,但要强调的是端点零对应的管道称为默认管道,USB主机对外设的控制要通过默认管道实现。

(4) USB描述器(USB description)

USB描述器是一个数据结构,每个USB设备都要具备,用户驱动程序通过USB描述器获得相应信息。当设备连接后,USB系统软件将根据USB描述器所提供的信息进行决断和实施操作。USB设备均具备设备描述器、设置描述器、接口描述器和端点描述器4类描述器。

① 设备描述器。每个USB设备均有一个设备描述器,它记录了设备所有默认管道的信息和设备的一般信息。

② 设置描述器。每个USB设备可以有一个或多个设置描述器,它记录了设置的一般信息和设置时所需的端口数。

③ 接口描述器。接口描述器记录了接口的一般信息,它能指定接口支持设备的类型和用该接口通信时所用端点描述器数(不计端点零)。一种设置可以支持一个或多个接口。

④ 端点描述器。端点描述器记录了它所支持的传输类型和最大传输速率。一个接口可以包含一个或多个端点描述器,分别定义各自通信端点。

2. USB系统组成

USB系统是由硬件和软件两大部分组成。

(1) USB系统硬件部分

USB硬件部分包括USB主机、USB设备和连接电缆。

① USB主机。在微型计算机系统中,它就是一个带有USB主控制器的PC,是整个USB系统的主控机。

② USB主控制器。USB主控制器的任务是完成USB接口传输信息的初始化,它负责产生由主机软件调度的数据传输。

③ 根Hub和USB Hub。根Hub为USB主控制器一级的集线器,其任务就是连接通道面对主控机传送信息。USB Hub为USB接口一级的集线器,其功能是为其他USB设备提供扩展端口,接入更多的USB设备。多个USB Hub并接在根Hub上。

④ 功能设备。它就是插在USB Hub上的外设。

⑤ 连接电缆。它为四芯电缆,分上游插头和下游插头,分别与USB Hub和外设相连。

(2) USB系统软件部分

USB软件部分主要由3个驱动程序来组成,分述如下:

① USB 设备驱动程序(USB Device Drivers)。此程序主要是把 I/O 请求包发给 USB 设备,I/O 请求包能完成对目标设备传输信息的设置。

② USB 驱动程序(USB Driver)。此程序在设备设置时读取描述器的内容,获取 USB 设备的特征标记,并根据这些标记,在请求发生时组织数据传输。

③ 主控制器驱动程序(Host Controller Driver)。该程序主要完成对 USB 交换的调度,并通过根 Hub 或其他 USB Hub 完成对交换的初始化。

3. USB 信息传输方式

(1) USB 信息流

USB 信息流中大致可分为 4 种类型的数据流,它们分别为控制信息流、块数据流、中断数据流和实时数据流。

① 控制信息流。所谓控制信息流是当 USB 设备加入系统时,USB 系统软件与设备之间传送的控制和状态信息流,其结果是为 USB 接口传送数据做好一切准备工作。

② 块数据流。USB 接口在传送大批数据时,采用的信息流形式。

③ 中断数据流。此种形式主要在传输少量随机输入信息时使用。例如:输入字符、坐标和突发事件的申报信号等。因为中断数据流属随机输入,急待 USB 接口的处理,所以此种数据流应以较高的速度传输。

④ 实时数据流。此种信息流是 USB 接口传送连续且速率固定的数据,其带宽与所传输数据的采样率有关。因为实时数据流的实时性要求,数据流要有固定速率和及时性,故 USB 总线系统对此进行了专门的特殊设计,确保其低误码率和安置较大缓冲区得以实现。

(2) USB 系统的数据传输

USB 系统信息流中有 4 种类型的数据流,与其对应的数据传输方式也有 4 种方式。

① 控制传输(Control)。控制传输主要用作与配置设备之间信息的传输控制。控制传输是双向传输,一般传输经历 3 个阶段,分别为 setup 阶段、data transmission 阶段和 status 阶段。在 setup 阶段,USB 主机发出命令给设备;在 data transmission 阶段,传输上阶段所设定的数据;在 status 阶段,主机接收设备返回的握手信号。USB 协议规定 USB 设备必须用端点零完成控制传送,当 USB 设备第一次被 USB 主机检测到时和 USB 主机交换信息。其内容是提供设备配置、设定外设和传送状态的双向通信。

② 批传输(Bulk)。它用来传送大批数据,可以是单向也可以是双向,批传输传送的时间性要求不高,但要确保数据的正确性。

③ 中断传输(Interrupt)。它用于随机的、少量的数据传送,其信息传输是单向的。USB 中断传输是用查询方式实现的,主机要频繁地请求端点输入,当查询到输入时进行数据传送。

④ 等时传输(Isochronous)。等时传输用于传送连续性、实时性较强的信息,可单向也可双向传输。此种方式的特点是要求传输速率固定、时间性强、不计传送错误,也就是传输中出现错误也不复执。

4. USB 交换的传送包格式

(1) USB 传送包的种类

传送包是用来产生所有 USB 交换的机制,USB 总线的数据传输包含一个或多个交换(Transaction),而每个交换均由传送包组成。所以,传送包是组成了 USB 交换的基本单位,表 9-4 列出了 USB 交换中传送包的类型。

表 9-4　USB 交换中传送包的类型

传送包类型	PID 名称	PID_3	PID_2	PID_1	PID_0
Token	OUT	0	0	0	1
Token	IN	1	0	0	1
Token	SOF	0	1	0	1
Token	SETUP	1	1	0	1
Data	$DATA_0$	0	0	1	1
Data	$DATA_1$	1	0	1	1
Handshake	ACK	0	0	1	0
Handshake	NAK	1	0	1	0
Handshake	STALL	1	1	1	0
Special	PRE	1	1	0	0

其中,PID 表示传送包的分类,PID 由 8 位组成,高 4 位用于传送包的分类编码,低 4 位用作校验,其格式如图 9-11 所示。

PID_0	PID_1	PID_2	PID_3	PID_0 校验	PID_1 校验	PID_2 校验	PID_3 校验

图 9-11　PID 格式

从表 9-4 可以看出,通过 PID 格式可以识别各种传送包的不同类型。例如标志包(Token)中有 OUT、IN、SOF 和 SETUP 4 种类型,其中 OUT 类型在 PID 的格式中用高 4 位 1、0、0、0 示出。USB 总线上的每一次交换一般都需要 3 个传送包才能实现,它们分别是标志包、数据包、握手包,但是等时传输不需要握手包。

USB 总线上的每一次交换的过程:首先由主机发出标志传送包,该包中有 USB 设备地址码、端点号、传输方向和传输类型等信息;然后数据源向数据目的发送数据传送包或发送无数据传送的指示信息信号,在每一次交换中,数据传送包中的数据最多为 1023B;最终是数据目的方向数据源发送一个握手信息包,提示数据是否正常发送的反馈信息,若出现发送错误,则需重复执行。

传送包作为 USB 数据传输的基本方式,与以前的专线专用方式不同,在此方式下,几个不同目标的传送包可以组合在一起共享总线,从而节约了系统资源。

(2) USB 传送包的格式

USB 传送包分为 4 种格式,分别为标志包、数据包、握手包和特殊包。

① 标志包。USB 总线是一种基于标志的总线协议,每个交换都以标志包为首部,标志包定义了要传输交换的类型,其格式如图 9-12 所示。

8bit	8bit	7bit	4bit	5bit
SYNC	PID	ADDR	ENDP	CRC

图 9-12　标志包格式

- SYNC:8 位同步域,所有的包都是从同步域开始,输入电路利用它来同步,以便识别有效数据的到来。
- PID:8 位类型域,例如标志包有 4 种类型,分别为 OUT、IN、SOF 和 SETUP。

- ADDR:7 位地址域，用来确定包的传输目的地，其最多有 128 个传输目的地。
- ENDP:4 位端点域，用来确定包要传输到设备的哪个端点号，每个设备最多有 16 个端点号。
- CRC:5 位检查域，用于 ADDR 域和 ENDP 域的校验。

表 9-4 中示出，标志传送包中包含 SOF、OUT、IN 和 SETUP 等 4 种类型，具体介绍如下：

- SOF 帧起始包。USB 的总线时间以帧为单位，一个帧周期可以描述为在主机发帧开始标志后总线开始工作，主机将发送或接收几个交换，交换完成后进入帧结束间隔区，总线处于空闲状态，并等待下一个帧开始标志的到来，一帧的持续时间为 1 ms，每一帧都有单独的标号。SOF 传送包通知目标设备每一帧的开始。它由主机在每帧的开始以广播形式传送到所有的全速设备，每隔 1ms 广播一次。
- OUT 发送包。系统软件利用发送包将数据传到目标 USB 设备。发送标志包包含 PID 域、类型检查域、USB 目标设备地址、端点号和 5 位 CRC 检查域。在交换的发送中，只有 3 种传输类型，即控制传输、批传输和等时传输。发送标志包后面跟有一个数据包，若在批传输中后面还跟有一个握手包。
- IN 接收包。系统软件利用接收包从设备中读取信息。接收标志包包含 PID 类型域、类型检查域、USB 设备地址、端点号和 5 位 CRC 检查域。在交换的接收中有控制传输、批传输、中断传输和等时传输 4 种传输类型。一个接收交换以根 Hub 广播的接收包开始，然后是由目标设备返回的数据包。除等时传输以外，根 Hub 还会发还给目标设备一个握手包，用以确定是否收到了数据。
- SETUP 设置包。在控制传输开始时由主机发送设置包，其只用于控制传输的设置，设置包传送主机的一个请求，目的是让目标设备来完成。设置包后可能有一个或多个接收和发送交换的执行，或只包含一个从端点传向主机的状态。

② 数据包。根据主机是请求设备发送数据还是请求目标设备接收数据，分别送 IN Token 到设备某一端点或送 OUT Token 到目标设备的某一端点。前者设备将以数据包的形式响应，后者设备将接收数据包。每个数据包包含了 SYNC 域、PID 域、DATA 域和 CRC 域 4 个部分，其格式如图 9-13 所示。

8bit	8bit	0-1023bit	5bit
SYNC	PID	DATA	CRC

图 9-13　数据包的格式

③ Handshake 握手包。USB 系统使用握手包报告交换状态，握手包是由数据接收方发送至数据发送方。握手包包括 ACK、NAK 和 STALL 三种类型，其中 ACK 应答包表示接收方接收数据正确，NAK 无应答包通知根 Hub 和主控设备无法返回数据，表示功能设备不能接收来自宿主的数据或没有任何数据返回给宿主。STALL 挂起包表示功能设备无法完成数据传输，需要主机干预，使设备从挂起状态恢复正常。

④ Special 特殊包。特殊包由同步 SYNC 域和一个全速传送的 PID 域组成，它主要是为低速设备服务的。由于低速设备只能支持控制传输和中断传输，而且在交换中携带的数据仅为 8 字节，因此当主机希望在低速方式下与低速设备通信时，这就要先将一个特殊包作为开始包发送，然后才能与低速设备通信。

5. USB 总线接口工作过程

从 USB 设备插到 USB 总线接口或从 USB 总线上移开时,USB 总线接口的宏观工作过程如下:

1) 当 USB 设备接到 Hub 上,Hub 就会告知主机发生了设备接入事件,设备进入连接状态,此时 Hub 上与该设备相接的端口是关闭的,还未进入使能状态。

2) 由主控机检测 Hub,确认设备的接入事件和端口号。

3) 主控机了解到有新设备接入端口即将该端口使能,并传送一个重启命令。

4) Hub 向端口送一个持续 100ms 的重启命令信号,当重启命令信号结束时,端口被打开。Hub 向 USB 设备提供 100mA 电流,USB 设备进入上电状态,至此所有寄存器和状态重新设置,并响应默认地址。

5) USB 设备在收到唯一地址前,可以通过设备的默认地址访问默认管道(实际上就是端口所对应的管道)。主控机读取设备的描述器,获得设备默认管道的最大数据传输量,此时 USB 设备处于地址默认状态。

6) 主控机给 USB 设备派发一个唯一地址,USB 设备进入地址状态。

7) 主控机读取设备的配置信息。

8) 主控机根据配置信息和 USB 设备的用途向设备派发一个配置值,USB 设备进入了配置状态,所有端点准备就绪并开始工作,此时 USB 设备就可以使用了。

9) 当 USB 设备从总线接口上移开时,Hub 通知主控机发生了设备移走事件,该设备的端口进入关闭状态,此时,主控机将更新 USB 系统的局部拓扑逻辑信息。

9.3.4 IEEE 1394 接口标准

IEEE 1394 委员会于 1986 年开始主持研制 IEEE 1394 接口标准化工作。1992 年它采纳了 Apple 公司的 IEEE 1394 的标准规范提案。1995 年 IEEE 协会正式接纳其为一个工业标准,称之为 IEEE 1394 高性能串行总线标准。IEEE 1394 标准推出后,因其高速度等优异性能,迅速得到推广和应用。美国硬盘驱动厂家 Seagate 等公司把 IEEE 1394 作为硬盘接口标准,Microsoft 和 Intel 等公司在共同制定的 PC 97 和 PC 98 系统设计指南中,也规定把 IEEE 1394 和 USB 一起作为外设新接口标准加以推广。

1. IEEE 1394 主要性能介绍

IEEE 1394 作为一种高性能的串行总线标准,其主要性能如下:

(1) 传输速率高

市场上目前发售的 IEEE 1394 标准的大规模集成电路一律支持 400MB/s 的数据传输速度,为了适应更高速的需求,技术人员正在研究更高速的传输速度,如开发 1GB/s 级的大规模集成电路。

(2) 优越的实时性能

IEEE 1394 接口支持异步和同步两种模式传送,加上 IEEE 1394 的高传输速度,在同步传送模式中可用于实时地传送视频和音频数据,能保证图像和声音不会出现时断时续的现象,这对多媒体数据传送来讲是特别重要的。

(3) 带电插拔、即插即用性能

IEEE 1394 采用设备自动配置技术,具备热插拔和即插即用的功能,方便了用户。USB 设备插入和移出后,IEEE 1394 会自动调整局部拓扑结构,实现网络重构和自动分配 ID。

（4）直接提供电源的性能

IEEE 1394 标准的接口信号线采用 6 芯电缆，其中 4 根信号线组成两对双绞线传送信息，另外两根作为电源线向被连接的设备提供 4 ~ 10V/1.5A 的电源。其优点是免除了为每台设备配置独立的供电系统，并且当设备断电和出现故障时，也不会影响整个系统的正常运行。

（5）通用性强的性能

IEEE 1394 允许采用菊花链和树型结构，实现混合连接。混合连接时，在一个接口上最多可连接 63 个不同种类的设备。正因为其具有通用性强的性能，它连接的设备不仅数量多，而且种类繁琐，包括传统外设，如硬盘、光驱、打印机、扫描仪；多媒体设备，如声卡、视频卡；电子产品，如数码相机、DVD 播放机、视频电话；家用电器，如 VCR、HDTV、音响等。也为微机外设和电子产品提供了统一的接口，增强了通用性。

2. IEEE 1394 的协议层次

IEEE 1394 标准既可用于连接内部总线，又可用于设备之间的电缆连接。IEEE 1394 总线设备设计成可以提供多个接头的形式，允许采用菊花链和树型拓扑结构。

IEEE 1394 标准用一组三层协议使主控机与外设交互标准化，其三层协议为物理层、链接层和交换层，由串行总线管理将这 3 个层次连接起来，如图 9-14 所示。

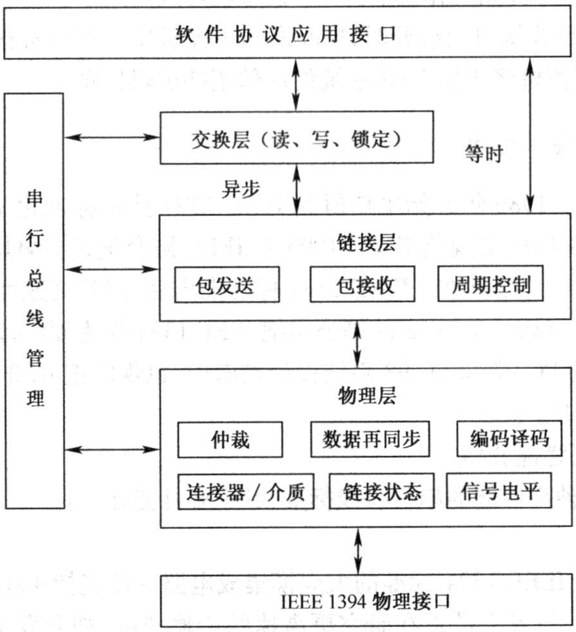

图 9-14　IEEE 1394 协议结构图

（1）物理层(physical layer)

物理层根据不同总线的物理介质，将数据链接层的逻辑信号转换成实际的物理电信号，并提供了保证每次只有一种设备传输数据的仲裁服务。该层又包含物理协议子层和物理介质相关子层，其中物理协议子层的功能是控制和管理总线仲裁方式，提供了使用本地时钟再同步数据以及数据传输速度的自动检测。物理介质相关子层定义了机械和电器接口以及信号传输的方法。

(2) 链接层(link layer)

链接层定义了以数据传输包形式进行的数据传输服务。该层为异步传输数据包和等时传输数据包提供了包传送功能,主要完成数据的编址、校验和数据包的制作。

(3) 交换层(transaction layer)

交换层定义了请求应答协议,用以执行总线传输。该层支持对异步传输协议的读/写和锁定,读命令使接收端向发送端返回数据,写命令使发送端发送数据到接收端,锁定命令综合了读/写两种功能,该层隐藏了 IEEE 1394 较低层的细节,方便了用户的使用。

(4) 串行总线管理(serial bus management)

串行总线管理模块提供了基本的控制功能和标准的 CSRS,这些都是总线上节点所必需的功能。

9.3.5 VXI 总线接口标准

VXI(VMEbus Extension for Instrumentation),即 VME 总线在测量仪器领域的扩展。这是一种新型测量仪器的标准总线,1987 年,由美国的惠普(HP)、泰克(TEK)、雷卡(Racal)等 5 家公司在国际上率先成立了 VXI 总线联合体。1988 年美国制定了 VXI 总线军用标准,1992 年又制定了 IEEE - 1155 标准。1993 年制定了 VXI 即插即用(又译为插入即用)标准,并成立了 VXI 即插即用系统联盟。1996 年,VXI 总线系统已实现全球标准化。

1. VXI 总线的性能

VXI 总线系统具有标准化、通用化、系列化、模块化的显著优点,集测量、计算、通信功能于一体,是 20 世纪 90 年代一项高新科技。它不仅继承了 GPIB 智能仪器和 VME 总线的特点,还有高速、模块化、易于使用等优势。其主要性能如下:

1) VXI 总线是开放式结构的总线系统。标准统一,使用灵活。在组建系统时能真正做到“即插即用”(Plug & Play)。

2) 数据传输速率快(40MB/s),吞吐量大,系统组建灵活方便,易于同其他总线兼容。

3) VXI 总线系统组成的仪器系统由传统的“多机箱堆放式”发展成“单机箱多模块式”。它具有安装密度高、体积小、重量轻、易于携带等优点,能减小仪器与被测装置的引线长度,降低系统噪声、改善屏蔽效果。

4) VXI 总线系统具有很高的可靠性、良好的电磁兼容性和很强的抗干扰能力,具有有效的自检与自诊断能力和良好的可维修性,大大延长了使用寿命。其平均故障间隔时间(MTBF)一般能达到 10 万小时,最高可达 70 万小时(折合为 80 年使用期)。

5) VXI 总线系统容易实现系统集成,大大缩短研制周期。能实现系统资源共享,系统易于升级和扩展,易于根据各种现场的需要快速更换模块,重新组合系统。

6) VXI 总线系统有着丰富的软件开发工具。

7) VXI 总线系统便于用户自行开发“虚拟仪器”。虚拟仪器(VI)是测量仪器、计算机与软件三者的有机结合。它将仪器硬件(如 A/D、D/A 转换器,数字 I/O)、计算机资源(如微处理器、存储器、显示器)、软件(如软面板、图形界面、数据处理、信息交换等)有效地结合起来,构成软硬结合、虚实共体的新一代电子仪器。

2. VXI 总线系统的结构特点

(1) 标准模块

分 A 尺寸(3.9in × 6.3in)、B 尺寸(9.2in × 6.3in)、C 尺寸 (9.2in × 13.4in)、D 尺寸

(14.4in×13.4in) 4 种。其中,C 尺寸约占 85%。VXI 的电气结构是在 0 槽控制器的控制下,各仪器模块可通过高速通信通道联络,同步工作,仪器之间经局部总线进行数据交换。机箱分 5 槽、13 槽等规格。

(2) 系统的结构

VXI 总线系统可简化为资源管理器和装置组态寄存器两种。资源管理器用于完成下述软件功能:识别所有的仪器、对管理器进行自检、分配存储器、分配中断线、分配通信等级。资源管理器可管理 0~255 共计 256 个 VXI 总线仪器。

VXI 总线组态寄存器用于存储仪器模块的各种信息。每个 VXI 总线仪器都包含以下信息:仪器型号及装置类型、通信能力、状态信息、存储器的需求。VXI 总线的通信又分两种类型:消息基、寄存器基。前者是高级的标准 VXI 总线通信协议,例如字串行协议;后者不支持高级通信协议,仅支持 VXI 总线的配置寄存器,因此不能通用。

(3) 控制器结构

常用的控制器有以下几种:

① IEEE-488 控制器。它可以接几个主机箱,也可同时接 IEEE-488 仪器。其特点是具有最普通的仪器界面,容易将 VXI 总线仪器与 IEEE-488 仪器混合使用,最高传输速率为 1MB/s,最多可控制 168 个标准模块,价格最低。

② 嵌入式(也称内置式)VXI 总线控制器。它能直接放入主机箱中,并具有一台通用计算机(486 或 586 微机)的全部功能。其主要特点是外形尺寸小,能直接控制 VXI 总线及 12 个标准模块,传输速率可达 40MB/s,速度最快。

③ MXI 控制器。其价格与 IEEE-488 控制器相当,传输速率可达 20~33MB/s。

(4) VXI 即插即用系统的结构

采用 VXI 即插即用标准能够降低成本并完全支持对 VXI 仪器、控制器和软件的操作,便于实现系统集成与软件编程。该系统是通过一个被称作"框架"的特殊部分,用作连接 VXI 总线仪器与系统软件的桥梁。此框架能提供可操作的软件,并规定了一个良好的软、硬件环境。目前通用的框架就是由 Windows 所支持的,称为 WIN 框架。它是基于 Windows 软件,采用 Intel PC 技术支持最广泛的编程语言,并可移植到 Windows 98 环境中。

从技术上讲,WIN 框架采用 Windows 的图形用户界面,通过动态链接库(DLL)和虚拟仪器软件结构(VISA)通信 I/O 来控制 VXI 仪器。WIN 框架包括仪器驱动器、软面板、在线文件、基本结构数据、VISA 通信 I/O 和标准安装程序。VXI 即插即用系统的应用程序必须通过 VISA 通信 I/O 之后,才能经硬件 I/O 去控制 VXI 总线仪器。

9.4 习题

1. 什么是总线标准和接口标准? 二者有何差异?
2. 微机总线和接口标准可分为哪几类?
3. 微机总线的规范是什么? 评价一种总线的性能有哪几种指标?
4. ISA 总线由哪几类总线组成? 各有多少条?
5. 什么是 PCI 设备的配置空间? 起什么作用?
6. 试比较 PCI 总线和 AGP 总线。
7. 为什么要使用 AGP 图形加速端口? AGP 总线采用了哪些先进技术?

8. ATA/ATA－2 接口标准的功能是什么？

9. SCSI 总线的信号线是如何定义的？其总线操作过程分为哪几个阶段？

10. 什么是 USB？简述 USB 的系统组成。

11. USB 有哪几种数据传输方式？

12. USB 总线上每一次交换至少需要哪几个包才能完成？

13. IEEE 1394 的协议层次结构是什么？

14. VXI 总线有哪几种控制器结构？

附　录

附录 A　BIOS 功能调用

INT	功能号(AH)	功　能	入口参数	出口参数
5		屏幕显示式		
10	0	设置显示方式	AL =00　40×25　黑白文本方式 =01　40×25　彩色文本方式 =02　80×25　黑白文本方式 =03　80×25　彩色文本方式 =04　320×200　4 色图形方式 =05　320×200　黑白图形方式 =06　640×200　黑白图形方式 =07　80×25　单色文本方式 =08　160×200　16 色图形 PCjr =09　320×200　16 色图形 PCjr =0A　640×200　4 色图形 PCjr =0B　保留 EGA =0C　保留 EGA =0D　320×200　16 色图形 EGA =0E　640×200　16 色图形 EGA =0F　640×350　4 色图形 EGA =10　640×350　彩色图形 EGA =11　640×480　单色图形 EGA =12　640×480　16 色图形 EGA =13　320×200　256 色图形 EGA =40　80×30　彩色文 CGE400 =41　80×50　彩色文 CGE400 =42　640×400　彩色文 CGE400	
10	1	置光标类型	CH_{0-3} = 光标起始行 CL_{0-3} = 光标结束行	
10	2	置光标位置	BH = 页号(文本方式时) BH = 0(图形方式时) DH,DL = 行,列	
10	3	读光标位置	BH = 页号(文本方式时) BH = 0(图形方式时)	CH,CL = 光标起始行,结束行 DH,DL = 当前行,列
10	4	读光笔位置		AH =0 光笔未触发 =1 光笔触发 文本方式时:CH = 像素行 BX = 像素列 图形方式时:DH = 字符行 DL = 字符列
10	5	置显示页	AL = 页号	屏幕显示新显示页中的字符
10	6	屏幕初始化或上滚	AL = 上滚行数 AL = 0 滚全屏 AL = 0 滚全屏 CH = 左上角行号 CL = 左上角列号 DH = 右下角行号 DL = 右下角列号	

（续）

INT	功能号(AH)	功　能	入口参数	出口参数
10	7	屏幕初始化或下滚	AL = 下滚行数 AL = 0 滚全屏 BH = 滚入行属性 CH = 左上角行号 CL = 左上角列号 DH = 右下角行号 DL = 右下角列号	
10	8	读光标位置的字符和属性	BH = 显示页(文本方式时) BH = 0(图形方式时)	AH = 属性 AL = 字符或 0
10	9	在光标位置显示字符及其属性	BH = 显示页(文本方式时) AL = 字符 BL = 属性 CX = 字符重复次数	一个或多个字符显示在屏幕上(或写到显示页中)
10	A	在光标位置显示字符	BH = 页号(文本方式时) BH = 前景色(图形方式时) AL = 字符 CX = 字符重复次数	
10	B	置彩色调色板(320×200)	BH = 彩色调板 ID BL = 和 ID 配套使用的颜色	
10	C	写像素	DX = 行(0－199) CX = 列(0－639) AL = 像素值	点显示在屏幕上
10	D	读像素	DX = 行(0－199) CX = 列(0－639)	AL = 像素
10	E	显示字符(光标前移)	AL = 字符 BL = 前景色	字符显示在屏幕上(或写到显示页中)
10	F	取当前显示方式		AH = 字符列数 AL = 显示方式 BH = 当前显示页数(文本方式)
10	13	显示字符串(适用于 AT 机)	ES:BP = 串地址 CX = 串长度 DH,DL = 起始行,列 BH = 页(文本方式时) AL = 0,BL = 属性 串:char,char…… AL = 1,BL = 属性 串:char,char…… AL = 2 串:char,char,char,attr.…… AL = 2 串:char,char,char,attr.……	字符显示在屏幕上(或写到显示页中) 光标返回起始位置 光标跟随移动 光标返回起始位置 光标跟随移动

（续）

INT	功能号(AH)	功　能	入口参数	出口参数
11		设备检验		AX＝返回值: 0位＝1,配有磁盘 1位＝1,80287协处理器 4,5位 ＝01,40×25BW(彩色板) ＝10,80×25BW(彩色板) ＝11,80×25BW(黑白板) 6,7位＝软盘驱动器号 9,10,11位＝RS－232板号 12位＝游戏适配器 13位＝串行打印机 14,15位＝打印机号
12		测定存储器容量		AX＝字节数(KB)
13	0	软盘系复位	DL＝驱动器号 (0和1为软盘,80H,81H为硬盘)	
13	1	读软盘状态	DL＝驱动器号 (0和1为软盘,80H,81H为硬盘)	AL＝状态字节
13	2	读扇区	AL＝扇区数 CH,CL＝磁道号,扇区号 DH,DL＝磁头号,驱动器号 ES:BX＝数据缓冲器地址	读成功:AH＝0 AL＝读取的扇区数 读失败: AH＝错误代码
13	3	写扇区	AL＝扇区数 CH,CL＝磁道号,扇区号 DH,DL＝磁头号,驱动器号 ES:BX＝数据缓冲器地址	写成功:AH＝0 AL＝读取的扇区数 写失败: AH＝错误代码
13	4	检验磁盘扇区	AL＝扇区数 CH,CL＝磁道号,扇区号 DH,DL＝磁头号,驱动器号	成功:AH＝0 AL＝读取的扇区数 失败:AH＝错误代码
13	5	格式化盘磁道	ES:BX＝磁道地址 DH,DL＝磁头号,驱动器号 CH＝柱面号低8位 CL的6,7位＝柱面号高2位	成功:AH＝0 失败:AH＝错误代码
14	0	初始化串行通信口	AL＝初始化参数 DX＝通信口号(0,1)	AH＝通信口状态 AL＝调制解调器状态
14	1	向串行通信口写字符	AL＝字符 DX＝通信口号(0,1)	写成功:(AH)7＝0 写失败:(AH)7＝1 AH_{0-6}＝通信口状态
14	2	从串行通信口读字符	DX＝通信口号(0,1)	读成功:(AH)7＝0 (AL)＝字符 读失败:(AH)7＝1 AH_{0-6}＝通信口状态
14	3	取通信口状态	DX＝通信口号(0,1)	AH＝通信口状态 AL＝调制解调器状态

（续）

INT	功能号(AH)	功 能	入 口 参 数	出 口 参 数
15	0	启动盒式磁带机		失败:CF=1,AH=错误码
15	1	停止盒式磁带机		失败:CF=1,AH=错误码
15	2	磁带分块读	ES:BX=数据传输区地址 CX=字节数	AH=状态字节 AH=00 读成功 =01 冗余检验错 =02 无数据传输 =04 无引导 =86H 非法命令
15	3	磁带分块写	DS:BX=数据传输区地址 CX=字节数	(同上)
16	0	从键盘读字符		AL=字符码 AH=扫描码
16	1	读键盘缓冲区字节		ZF=0 AL=字符码 AH=扫描码 ZF=1 缓冲区空
16	2	取键盘状态字节		AL=键盘状态字节
17	0	打印字符,回送状态字节	AL=字节 DX=打印机号	AH=打印状态字节
17	1	初始化打印机回送状态字节	DX=打印机号	AH=打印状态字节
17	2	取状态字节	DX=打印机号	AH=打印状态字节
1A	0	读时钟		CH:CL=时:分 DH:DL=秒:1/100 秒
1A	1	置时钟	CH:CL=时:分 DH:DL=秒:1/100 秒	
1A	2	读时钟(适用于 AT 机)		CH:CL=时:分(BCD) DH:DL=秒:1/100 秒(BCD)
1A	6	置报警时间(适用于 AT 机)	CH:CL=时:分(BCD) DH:DL=秒:1/100 秒(BCD)	CF=1 时钟没有工作
1A	7	清除报警(适用于 AT 机)		

附录 B MS－DOS(INT 21H)功能调用

功能号 AH=	功　能	入口参数	出口参数
00H	退出用户程序并返回操作系统		
01H	键盘输入字符		AL=输入字符
02H	显示器输出字符	DL=输出字符	
03H	串行设备输入字符		AL=输入字符
04H	串行设备输出字符	DL=输出字符	
05H	打印机输出字符	DL=输出字符	
06H	直接控制台 I/O	DL=FF(输入) DL=字符(输入)	AL=输入字符
07H	直接控制台输入(无回显)		AL=输入字符
08H	键盘输入字符(无回显)		AL=输入字符
09H	显示字符串	DS:DX=缓冲区	
0AH	输入字符串	DS:DX=缓冲区	
0BH	检查标准输入状态		AL=00 无键入
0CH	清输入缓冲区并执行指定的功能	AL=功能号 (01,06,07,08 或 0A)	
0DH	初始化盘状态		
0EH	选择当前盘	DL=盘号	AL=系统盘的数目
0FH	打开文件	DS:DX=FCB 首址	AL=00 成功 AL=FF 未找到
10H	关闭文件	DS:DX=FCB 首址	AL=00 成功 AL=FF 未找到
11H	查找第 1 个目录项	DS:DX=FCB 首址	AL=00 成功 AL=FF 未找到
12H	查找下一个目录项	DS:DX=FCB 首址	AL=00 成功 AL=FF 未找到
13H	删除文件	DS:DX=FCB 首址	AL=00 成功; AL=FF 未找到
14H	顺序读 1 个记录	DS:DX=FCB 首址	AL=00 成功 AL=01 文件结束 AL=03 缓冲不满
15H	顺序写 1 个记录	DS:DX=FCB 首址	AL=00 成功 AL=FF 盘满
16H	建立文件	DS:DX=FCB 首址	AL=00 成功 AL=FF 未找到

（续）

功能号 AH =	功　能	入 口 参 数	出 口 参 数
17H	文件更名	DS:DX = FCB 首址 （DS:DX + 17）= 新名	
19H	取当前盘盘号		AL = 盘号
1AH	置磁盘传输区	DS:DX = 传输区首址	
1AH	文件分配表 （FAT）（当前盘）		DS:BX = 盘类型字节地址 DX = FAT 表项数 AL = 每簇扇区数 CX = 每扇区字节数
21H	随机读 1 个记录	DS:DX = FCB 首址	AL = 00 成功 AL = 01 文件结束 AL = 01DTA 太小 AL = 03 缓冲不满
22H	随机写 1 个记录	DS:DX = FCB 首址	AL = 00 成功 AL = 01 盘满 AL = 02DTA 太小
23H	取文件长度 （结果在 FCB 中）	DS:DX = 首址	AL = 00 成功 AL = FF 未找到
24H	置随机记录号	DS:DX = FCB 首址	
25H	置中断向量	AL = 中断类型号 DS:DX = 入口首址	
26H	建立一个程序段	DX = 段号	
27H	随机读若干个记录	DS:DX = FCB 首址 DX = 记录数	AL = 00 成功 AL = 01 文件结束 AL = 02 DTA 太小 AL = 03 缓冲不满
28H	随机写若干个记录	DS:DX = FCB 首址 DX = 记录数	AL = 00 成功 AL = 01 盘满 AL = 02 DTA 太小
29H	分析文件名	DS:SI = 字符串地址 ES:DI = FCB 首址 AL = 分析时采取动作	ES:DI = FCB 首址 AL = 00 标准文件 AL = 01 多义文件 AL = FF 非法盘符
2AH	取日期		CX:DX = 日期 AL = 星期
2BH	置日期	CX:DX = 日期	AL = 00 成功 AL = 01 失败
2CH	取时间		CS:DX = 时间
2DH	置时间	CX:DX = 时间	AL = 00 成功 AL = 01 失败
2EH	置写校验状态	AL = 状态 00 断开　01 接通	
2FH	取磁盘传输区首址		ES:BX = 传输区首址

(续)

功能号 AH =	功　能	入口参数	出口参数
30H	取 DOS 版本号		AL = 版号, AH = 发行号(次版本号)
31H	终止用户程序并驻留在内存	AL = 推出码 DX = 程序长度(以节为单位)	
33H	置/取 Ctrl - Break 检查状态	AL = 00 取状态 AL = 01 置状态 DL	DL = 状态 00 断开 01 接通
35H	取中断向量	AL = 中断类型号	ES:BX = 入口首址
36H	取盘剩余空间数	DL = 盘号	BX = 可用簇数 DX = 总簇数 CX = 每扇区字节数 AX = 每簇扇区数
38H	取国别信息(2.1 版) 3.1 版取/置国别信息(见手册)	DS:DX = 信息区首址 AL = 0	DS:DX = 国别数据首址
39H	建立 1 个目录	DS:DX = 字符串地址	CF = 00 成功
3AH	删除 1 个目录	DS:DX = 字符串地址	CF = 00 成功
3BH	改变当前目录	DS:DX = 字符串地址	CF = 00 成功
3CH	建立文件	DS:DX = 字符串地址 CX = 文件属性字	AX = 文件号(句柄)
3DH	打开文件	DS:DX = 字符串地址 AL = 0 读 AL = 1 写 AL = 2 读/写 有文件共享,详见手册	AX = 文件号(句柄)
3EH	关闭文件	BX = 文件号(句柄)	
3FH	读文件或设备	BX = 文件号(句柄) CX = 读出字节数 DS:DX = 缓冲区首址	AX = 实际读出字节数
40H	写文件或设备	BX = 文件号(句柄) CX = 写入字节数 DS:DX = 缓冲区首址	AX = 实际写入字节数
41H	删除文件	DS:DX = 字符串地址	
42H	改变文件读写指针	BX = 文件号(句柄) CX:DX = 位移量 AL = 0 绝对移动 AL = 1 相对移动 AL = 2 绝对移动	DX:AX = 新的指针位置
43H	置/取文件属性	DS:DX = 字符串地址 AL = 0 置文件属性 AL = 1 置属性	CX = 文件属性

(续)

功能号 AH =	功　　能	入口参数	出口参数
44H	设置文件 I/O 控制	BX = 文件号(句柄) AL = 0 取状态 AL = 1 置状态 AL = 2,4 读数据 AL = 3,5 写数据 AL = 6 取输入状态 AL = 7 取输出状态 AL = 8 特殊块设备可改变吗? AL = 9 逻辑设备是本地或远程 AL = 0AH 句柄是本地或远程 AL = 0BH 改变共享复执计数	DX = 状态
45H	复制文件号(句柄)	BX = 文件号 1(句柄 1)	AX = 文件号 2(句柄 2)
46H	强制复制文件号(句柄)	BX = 文件号 1(句柄 1) CX = 文件号 2	CX = 文件号 1(句柄 1)
47H	取当前目录路径名	DL = 盘号 DS:SI = 字符串地址	DS:SI = 字符串地址
48H	分配内存空间	BX = 申请内存数量	AX:0 分配内存首址 BX = 最大可用内存空间(失败时)
49H	释放内存空间	ES = 内存始址	
4AH	修改已分配的内存空间	ES = 原内存始址 BX = 再申请数量	BX = 最大可用内存空间(失败时)
4BH	装入 1 个程序	DS:DX = 字符串地址 EX:BX = 参数区首址 AL = 0 装入执行 AL = 3 装入不执行	CF = 0 成功 CF = 1 失败(AX 为错误代码)
4CH	终止当前程序并返回调用程序	AL = 退出码	
4DH	取退出码		AX = 退出码
4EH	查找第一个文件	DS:DX = 字符串地址 CX = 属性	DTA 中
4FH	查找下一个文件	DTA	DTA 中
54H	取写校验状态		AL = 状态(00—断开,01—接通)
56H	文件更名	DS:DX = 字符串地址 ES:DI = 新名地址	
57H	置/取日期和时间	BX = 文件号(句柄) AL = 0 读 AL = 1 写 DX:CX = 日期和时间	DX:CX = 日期和时间
59H	取扩充错误	BX = 0000H	AX = 扩充错误代码 BH = 错误级别 [JP3]BL = 建议采取的措施 CH = 地点

（续）

功能号 AH =	功　能	入口参数	出口参数
5AH	建立临时文件	DS:DX = 以反斜杠(\)为结尾的字符串地址 CX = 文件属性	AX = 文件句柄 DS:DX = 附有新文件的文件路径名串地址
5BH	建立新文件	功能基本同 3CH 号功能，只是若已存文件并不截短为 0，以失败返回	
5CH	锁定/开锁文件访问	AL = 00H 锁定 = 01H 开锁 BX = 文件句柄 CX:DX = 偏移量高位:低位 SI:DI = 长度高位:低位	CF = 0 成功 CF = 1 失败(AX 为错误代码)
5EH	AL = 00H 取机器名	DS:DX = 内存缓冲区地址	计算机名字符填入缓冲区 CH = 0 没有名字；CH 不等于 0 定义了名字号；CL = 名字的 NET-BIOS 名字号
	AL = 02H 设置打印机配置	BX = 重定向量表的索引 CX = 配置字符串长度 DS:SI = 打印机配置缓冲区的地址	CF = 0 成功 CF = 1 失败(AX 为错误代码)
	AL = 03H 取打印机配置	BX = 重定向量表的索引 ES:SI = 打印机配置缓冲区的地址	ES:SI = 打印机配置字符串的地址 CX = 数据长度
5FH	AL = 02H 取重定向清单条目	BX = 重定向量索引(从 0 始) DS:DI = 存放本地设备名的 28 字节缓冲区地址 ES:DI = 存放网络名的 28 字节缓冲区地址	BH = 0 设备状态标志 B0 = 0 有效 = 1 无效 BL = 设备类型 CX = 被存储的参数值 DS:DI = 本地设备名地址 ES:DI = 网络名地址
		BL = 03H 打印机备 = 04H 文件设备 CX = 为调用者保存数值 DS:DI = 源设备名串地址 ES:DI = 目标网络名串地址	CF = 0 成功 CF = 1 失败(AX 为错误代码)
	AL = 04H 取消重定向	DS:DI = 设备名或网络名地址	CF = 0 成功 CF = 1 失败(AX 为错误代码)
62H	取程序段前缀地址		BX = 当前进程 PSP 段地址

注：功能号 AH = 0H ~ 2EH 适用 DOS 1.0 以上版本；
AH = 2FH ~ 57H 适用 DOS 2.0 以上版本；
AH = 58H ~ 62H 适用 DOS 3.0 以上版本。

附录 C　ASCII 码编码表

	列	0	1	2	3	4	5	6	7
行	654位 / 3 210位	000	001	010	011	110	101	110	111
0	0000	UNL	DLE	SP	0	@	P	‘	p
1	0001	SOH	DC1	!	1	A	Q	a	q
2	0010	STX	DC2	“	2	B	R	b	r
3	0011	ETX	DC3	#	3	C	S	c	s
4	0100	EOT	DC4	$	4	D	T	d	t
5	0101	ENQ	NAK	%	5	E	U	e	u
6	0110	ACK	SYN	&	6	F	V	f	v
7	0111	BEL	ETB	´	7	G	W	g	w
8	1000	BS	CAN	(	8	H	X	h	x
9	1001	HT	EM	)	9	I	Y	i	y
A	1010	LF	SUB	*	:	J	Z	j	z
B	1011	VT	ESC	+	;	K	[	k	{
C	1100	FF	FS	,	<	L	\	l	|
D	1101	CR	GS	–	=	M	]	m	}
E	1110	SO	RS	.	>	N	↑	n	~
F	1111	SI	US	/	?	O	←	o	DEL

控制符号的定义

		DEL Data line escape	转义
NUL Null	空白	DC1 Device control 1	机控 1
SOH Start of heading	序始	DC2 Device control 2	机控 2
STX Start of text	文始	DC3 Device control 3	机控 3
ETX End of text	文终	DC4 Device control 4	机控 4
EOT End of tape	送毕	NAK Negative acknowledge	未应答
ENQ Enquiry	询问	SYN Synchronize	同步
ACK Acknowledge	应答	ETB End of transmitted block	组终
BEL Bell	响铃	CAN Cancel	作废
BS Backspace	退格	EM End of medium	载终
HT Horizontal	横格	SUB Substitute	取代
LF Line feed	换行	ESC Escape	换码
VT Vertical tab	纵表	FS File separator	文件隔离符
FF From feed	换页	GS Group separator	组隔离符
CR Carriage return	回车	RS Record separator	记录隔离符
SO Shift out	移出	US Union separator	单元隔离符
SI Shift in	移入	DEL Delete	删除
		SP Space	空格

精品教材推荐目录

序号	书号	书名	作者	定价	获奖情况
1	978-7-111-44718-4	大学计算机基础(Windows 7+Office 2010) 第3版	刘瑞新	39.00	
2	978-7-111-43012-4	新编C语言程序设计教程	钱雪忠	39.90	
3	978-7-111-33365-4	C++程序设计教程—化难为易地学习C++	黄品梅	35.00	十二五
4	978 7 111 38149 5	C#程序设计教程	刘瑞新	39.00	
5	978-7-111-48279-6	Visual Basic 程序设计教程(第3版)	刘瑞新	39.90	
6	978-7-111-41357-8	Visual Basic.NET 程序设计教程(第2版)	刘瑞新	39.00	
7	978-7-111-31223-9	ASP.NET 程序设计教程(C#版)第2版	崔　淼	38.00	
8	978-7-111-46103-6	Android 应用程序开发	汪杭军	49.00	
9	978-7-111-45858-6	数据库系统原理及应用教程 第4版	苗雪兰 刘瑞新	39.90	十二五、十一五
10	978-7-111-45454-0	数据库原理及应用(Access版)第3版	吴　靖	39.00	北京精品教材
11	978-7-111-48219-2	Visual FoxPro 程序设计教程(第3版)	刘瑞新	39.90	
12	978-7-111-39525-6	多媒体技术应用教程(第7版)	赵子江	39.00	十二五、十一五、全国优秀畅销书奖
13	978-7-111-44520-3	计算机网络——原理、技术与应用(第2版)	王相林	49.90	浙江精品教材
14	978-7-111-36023-0	无线移动互联网——原理、技术与应用	崔　勇	52.00	十二五、北京精品教材立项
15	978-7-111-20898-3	TCP/IP 协议分析及应用	杨延双	39.00	北京精品教材
16	978-7-111-46983-4	网络安全技术及应用(第2版)	贾铁军	49.00	上海精品教材
17	978-7-111-43389-7	操作系统原理	周　苏	49.90	
18	978-7-111-35895-4	Linux 应用基础教程——Red Hat Enterprise Linux/CentOS 5	梁如军	58.00	
19	978-7-111-23424-1	嵌入式系统原理及应用开发	陈　渝	35.00	北京精品教材
20	978-7-111-45795-4	数据结构与算法(第3版)	张小莉	39.90	
21	978-7-111-42690-5	数据结构与算法(Java版)	罗文劼	43.00	
22	978-7-111-26532-0	软件开发技术基础(第2版)	赵英良	34.00	十二五、十一五
23	978-7-111-27907-5	计算机软件技术基础	李淑芬	30.00	北京精品教材立项
24	978-7-111-26103-2	信息安全概论	李　剑	28.00	
25	978-7-111-40081-3	防火墙技术与应用	陈　波	29.00	
26	978-7-111-40995-3	单片机原理及应用教程(第3版)	赵全利	39.00	
27	978-7-111-20743-6	80x86/Pentium 微机原理及接口技术(第2版)	余春暄	42.00	北京精品教材
28	978-7-111-48266-6	微型计算机原理及应用技术(第3版)	朱金钧	45.00	
29	978-7-111-32804-9	计算机组装、维护与维修教程	刘瑞新	36.00	
30	978-7-111-40461-3	汇编语言与接口技术(第2版)	叶继华	39.90	